Die elastischen Platten

Die Grundlagen und Verfahren zur Berechnung ihrer Form-
änderungen und Spannungen, sowie die Anwendungen der
Theorie der ebenen zweidimensionalen elastischen
Systeme auf praktische Aufgaben

Von

Dr.-Ing. A. Nádai

Privatdozent der Universität Göttingen

Mit 187 Abbildungen im Text
und 8 Zahlentafeln

Springer-Verlag Berlin Heidelberg GmbH
1925

ISBN 978-3-662-11488-9   ISBN 978-3-662-11487-2 (eBook)
DOI 10.1007/978-3-662-11487-2

Vorwort.

Die Aufgaben des Ingenieurs haben schon oft die Mechanik um bedeutende Probleme bereichert. Unter den zweidimensionalen elastischen Systemen bieten die ebenen Platten und die nach Umdrehungsflächen gekrümmten elastischen Schalen zwei charakteristische Aufgabengruppen der Statik, die in hohem Maße der mathematischen Behandlung zugänglich sind. Die Platten und Schalen sind Elemente der Konstruktionen, die dem Ingenieur in einer Fülle der verschiedenartigsten Fälle hinsichtlich ihrer Form, ihrer Belastung und ihrer Randbefestigung in den Anwendungen entgegentreten.

Während die Theorie der Biegung der elastischen Platten auf ein Jahrhundert ihres Bestehens zurückblicken kann und in ihren Grundgedanken bereits durch die bedeutendsten Bearbeiter der mathematischen Elastizitätslehre entwickelt worden ist, verdankt die Theorie der Biegung der gewölbten Schalen zwei lebenden Forschern ihre Ausbildung, nämlich den bahnbrechenden Arbeiten von E. Meißner in Zürich und H. Reißner in Charlottenburg.

Das vorliegende Buch ist aus dem Wunsch hervorgegangen, die wichtigsten Mittel für den Ingenieur bereitzustellen, deren er zur Bestimmung der Formänderungen der ebenen Platten und zur Berechnung der in ihrem Innern wirkenden Spannungen bedarf. Die entwickelten Berechnungsverfahren dürfen über die Fälle der Plattenbiegung hinaus das Interesse des Ingenieurs und des angewandten Mathematikers beanspruchen, in denen sie sich als nützlich erwiesen haben, weil sie das Handwerkzeug zur Bestimmung aller ebenen Spannungs- und Verzerrungszustände elastischer Körper bilden dürften.

Den Maschineningenieur haben die ebenen und gewölbten Wandungen der unter Druck stehenden Maschinengehäuse und Kessel zu einer genaueren Untersuchung der Formänderungen und der Festigkeit der Platten und Schalen angeregt. Hier waren es besonders die Forderungen des Dampfturbinenbaues, die zu einer sorgfältigen und eingehenden Beschäftigung mit einigen von diesen schwierigen Aufgaben der Festigkeitslehre angeregt haben.

Unter der Vielgestaltigkeit der Ausführungsformen der Eisenbetonbauweise sind andererseits Bauwerke entstanden, die in ihrer organischen Verbindung von stabförmigen Tragwerken mit flächenhaft ausgebildeten Teilen den Ingenieur oft vor neuartige statische Aufgaben stellen. Zu ihrer Bewältigung erweist sich mehr und mehr die Notwendigkeit, die Theorie der zweidimensionalen elastischen Körper heranzuziehen. Die Formänderungsgesetze eines unvollkommen elastischen

Baustoffes wie des Betons bedürfen zwar unter einer zweiseitigen Biegungsbeanspruchung noch ihrer genaueren Untersuchung, wie auch die Gesetze, nach denen sich die in ihrem Innern durch Eiseneinlagen erst tragfähig gemachten Betonplatten verbiegen. Trotzdem dürfte die genaue Beschreibung der Spannungszustände einer elastisch-isotropen Platte unter den in den Anwendungen am häufigsten vorkommenden Belastungsfällen sehr nützlich sein. Die Gesichtspunkte, nach denen die Eiseneinlagen in den ebenen Wandungen der großen Flüssigkeits- und Stückgutbehälter aus Beton und in den, in einem Gitter von regelmäßig angeordneten Punkten belasteten oder unterstützten Betonplatten am sparsamsten zu verteilen sind, welche als durchlaufende Decken, als Brückenfahrbahnen oder als Fundamentplatten von Gebäuden viel Verwendung gefunden haben, werden an Hand der Theorie der biegungsfesten elastisch-isotropen Platten sich für die Zwecke der Anwendungen hinreichend genau feststellen lassen. Diese Theorie dürfte zur Zeit das vollkommenste Mittel bilden, das die Mechanik dem Ingenieur zur Verfügung stellen kann, der sich ein genaueres Bild über die Art der Verteilung der Spannungen in diesen Konstruktionen verschaffen will. Sie gewährt ihm einen weit befriedigenderen Einblick in diese letztere, als die an ihrer Statt gelegentlich herangezogenen, mechanisch unzulänglich begründeten Rechnungsverfahren.

Den Ingenieuren, die sich mit diesen Aufgaben beschäftigt haben, werden die vorhandenen Lücken in den experimentellen Grundlagen der Lehre von der Biegung der vollkommen und besonders der unvollkommen-elastischen Platten kaum entgangen sein, ebensowenig auch die Schwierigkeiten, welche einige Belastungsfälle selbst bei den elastisch-isotropen Platten einer mathematischen Behandlung bereitet haben oder noch bereiten, die eine Bedeutung für die Anwendungen haben. Der Umstand, daß es ein universelles Rechnungsverfahren bisher nicht gibt, das in allen Fällen der Belastungen und der Grenzbedingungen von elastischen Platten mit einem geringen Maß von Rechenarbeit die Spannungen zu ermitteln gestattet, hat nicht zu verhindern vermocht, daß man die strengen Lösungen für eine große Zahl von praktisch wichtigen Belastungsfällen aufgefunden hat. Diese Lösungen und die mit ihrer Hilfe ermittelten Spannungsverteilungen in elastischen Platten enthalten viele wertvolle Ergebnisse der Rechnung für die Anwendungen. Diese Erfolge der seit einem Jahrhundert in den Arbeiten der Förderer der Elastizitätslehre weit ausgebauten Theorie der Biegung der elastischen Platten werden den weiterstrebenden Ingenieur und angewandten Mathematiker anspornen, den zur Lösung derartiger Aufgaben der Festigkeitslehre ihnen zu Gebote stehenden sinnreichen Verfahren ihre Aufmerksamkeit zu widmen und die Versuche fortzusetzen, um die noch vorhandenen Lücken in den experimentellen Grundlagen der Berechnungsverfahren zu beseitigen und diese letzteren weiter zu vervollkommnen und zu vereinfachen.

Die Grundlagen der technischen Elastizitätslehre werden, soweit sie für das ins Auge gefaßte Sondergebiet erforderlich sind, entwickelt. An mathematischen Hilfsmitteln werden die Anfangsgründe der Theorie der linearen Differentialgleichungen vorausgesetzt, wie sie im Studiengang der Bau- oder der Maschineningenieur-Abteilungen der Technischen Hochschulen entwickelt zu werden pflegen. In einigen Anwendungen der Rechnung habe ich auf ihre vollständige Wiedergabe verzichtet und mich begnügt, die hauptsächlichsten Schritte anzudeuten und ihre Ergebnisse anzuführen. Bei der Behandlung der Plattenaufgaben haben die vom Altmeister der Elastizitätslehre A. E. H. Love eingeführten Spannungsmittelkräfte und Spannungsmomente sich als sehr zweckmäßig erwiesen. Von der von Michell und von Love weit ausgebauten Theorie der Biegung beliebig dicker ebener Platten habe ich keinen Gebrauch gemacht, weil für die praktischen Anwendungen die Beschränkung der Untersuchung auf dünne Platten im Sinne der Annahmen, die den von Gustav Kirchhoff abgeleiteten Gleichungen zugrunde liegen, in den meisten Fällen wohl ausreichen dürfte. Die wiederholten Anregungen meines verehrten Lehrers, A. Stodola in Zürich, und die schöne Auswahl von Aufgaben der Festigkeitslehre, die den Inhalt der vor einigen Jahren erschienenen beiden Bände von „Drang und Zwang" von A. und L. Föppl bildet, haben mich darin bestärkt, den Verfahren und den Hauptanwendungen der Plattenlehre eine eingehendere Darstellung zu widmen.

Ich gedenke sehr dankbar des regen Gedankenaustausches mit Herrn L. Prandtl, mit dem ich seit fünf Jahren so oft Gelegenheit hatte über viele der im folgenden berührten Fragen der Elastizität und der Mechanik der bildsamen Formänderungen zu sprechen und dem ich meinen herzlichsten Dank auch für die Möglichkeit aussprechen möchte, den Gegenstand durch verschiedene Versuchsreihen über die mich interessierenden Fragen im Institut für angewandte Mechanik der Universität Göttingen ergänzt zu haben. Die zu ihrer Vornahme erforderlichen Mittel wurden mir von der Jubiläumsstiftung der deutschen Industrie in dankenswerter Weise zur Verfügung gestellt.

Der Gutehoffnungshütte in Oberhausen und der Beton- und Eisenbetonbauunternehmung von Wayss & Freytag in Neustadt a. d. Haardt habe ich für die liebenswürdige Überlassung einer Anzahl von Lichtbildern ihrer Plattenkonstruktionen für den Druck besonders zu danken. Schließlich möchte ich nicht verfehlen, der Verlagsbuchhandlung für ihre Bereitwilligkeit, mit der sie auf meine Wünsche bei der Drucklegung eingegangen ist, und für die sorgfältige Herstellung des Satzes und der Abbildungen meinen besten Dank auszusprechen.

Göttingen, im April 1925.

A. Nádai.

Inhaltsverzeichnis.

III. Die Behandlung der Aufgaben der Plattenstatik mittels der Differenzenrechnung.

IV. Ebene Gleichgewichtszustände.

I. Die Grundlagen der Lehre von der Plattenbiegung.

1. Elastizität, Bildsamkeit, Festigkeit.

Die Körper, die wir gewohnt sind als starr anzusehen und als fest zu bezeichnen, sind es bei näherem Zusehen nicht. In einem Teil der Mechanik, der sich mit der Beschreibung der Veränderungen ihrer Gestalt beschäftigt, wird von der Erfahrungstatsache Gebrauch gemacht, daß man solche Veränderungen an den Körpern beobachten kann, für die allein die jeweiligen Werte der Kräfte bestimmend sind, die als ihre Ursachen angesehen werden. Mit diesen, im Vergleich zu den Abmessungen der Körper meist sehr kleinen Gestaltsänderungen werden wir uns im folgenden zu beschäftigen haben.

Diese Gestaltsänderungen der Oberfläche der Körper sind die Folge der Verschiebungen der kleinsten Massenteilchen, aus denen sie sich aufbauen. Die Kräfte, unter deren Wirkung sie entstehen, greifen entweder gleichmäßig an den einzelnen Massenpunkten an — Massenkräfte — oder sie werden an den Stellen übertragen, wo die Körper mit angrenzenden Massen in Berührung stehen — Oberflächenkräfte.

Unter den mechanischen Grundeigenschaften der festen Körper und im besonderen der Baustoffe des Ingenieurs treten ihre Elastizität, ihre Bildsamkeit und ihre Festigkeit hervor. Es bedürfte der Aufzählung einer langen Reihe von Erfahrungstatsachen und der Beschreibung von Beobachtungen verschiedener Art, um diesen, dem täglichen Sprachgebrauch entnommenen Begriffen eine genauer eingeschränkte mechanische Deutung zu geben. Im Gebrauch, den wir vom Begriff der Elastizität in der Festigkeitslehre gewohnt sind zu machen, begnügen wir uns damit, unter ihr die Eigenschaft der Körper zu verstehen, in ihre ursprüngliche Gestalt zurückzukehren, wenn die Kräfte ihre anfänglichen Werte wieder angenommen haben. Neben diesen elastischen Teilen der Formänderungen sind nach einer Rückkehr zur ursprünglichen Last oft weitere Änderungen der Gestalt zu beobachten, die man als bleibende Formänderungen bezeichnet, wenn sie mit der Zeit nicht verschwinden.

Man nennt die Körper dehnbar, bildsam (plastisch), wenn sie bleibende Formänderungen größeren Betrages ertragen können, ohne daß dabei ihr Zusammenhang in ihren kleinen Teilchen merklich gelockert wird. Diese Fähigkeit wird durch den Grad der Verschiebbarkeit einzelner Atomschichten im Kristallkorn, sowie durch die Zusammenhangsverhältnisse der Kristallkörner einheitlicher Beschaffenheit bestimmt, aus denen sich die festen Körper, wie die Metalle und die Gesteine, aufbauen. Sie hängt aber auch wesentlich von der Temperatur und von der Art ihrer Beanspruchung ab. Ein Material kann spröde oder bildsam sein, je nachdem unter welchen Bedingungen es belastet wird. Marmor oder Sandsteinzylinder, die in einer Festigkeitsmaschine auf Druck belastet werden, verhalten sich wie spröde Körper, sie zeigen bis zum Bruch keine nennenswerte Änderung ihrer Gestalt. Wenn die Zylinder in der achsialen Richtung belastet und auf ihrem Mantel einem hohen Flüssigkeitsdruck ausgesetzt werden, lassen sie sich, wie von Kármán[1]) zeigen konnte, plastisch deformieren. Die reinen Metalle sind bereits unter einer Zugspannung sehr starker bildsamer Formänderungen fähig. Die Plastizität beruht bei den verschiedenen Körpern auf Vorgängen verschiedener Art (Verschiebbarkeit der Körner in einem feuchten Ton, Bildung der Gleitflächen in den Körnern der Metalle). Soweit die Entstehung bildsamer Formänderungen bei den Metallen (das „Fließen" der Metalle) in Betracht kommt, haben die Grenzbelastungen (die Fließgrenze) für den Ingenieur eine Bedeutung, unter denen diese Materialien sich in stärkerem Maße plastisch zu deformieren beginnen.

Wenn das Gleichgewicht der Kräfte, die an einem Konstruktionsteil angreifen, aufhört sicher zu sein, tritt die Gefahr seiner Zerstörung in den Vordergrund. Mit einer Labilität des Gleichgewichtes der Kräfte, die an kleinen Teilen des Körpers, z. B. an seinen Gefügebestandteilen angreifen, beginnt die Auflockerung des Körperzusammenhanges, die Bildung von Rissen, der Gleit- oder der Bruchflächen, die der Festigkeit der Körper eine Grenze setzen.

2. Der Formänderungszustand.

Wenn man die Änderung der Gestalt eines Körpers zu beschreiben hat, wird man von einer willkürlichen Anfangslage seiner materiellen Punkte auszugehen und mit ihr die Lage der Punkte im Endzustand zu vergleichen haben. Wir beziehen die Lage der Punkte im Anfangszustand auf ein feststehendes Koordinatensystem, beispielsweise auf ein rechtshändiges, rechtwinkeliges Achsensystem

---

[1]) Festigkeitsversuche unter allseitigem Druck. Mitt. üb. Forsch.-Arb. Heft 118.

x, y, z. Der Formänderungszustand des Körpers wird bekannt sein, wenn die Komponenten der Verschiebung ξ, η, ζ in der Richtung der Koordinatenachsen angegeben werden können, um die sich ein beliebiger Punkt x, y, z in seinem Innern relativ zu seiner Anfangslage verschoben hat. Wenn beispielsweise seine Punkte Verschiebungen ξ parallel zur Richtung der x-Achse beschreiben, die auf einer zur yz-Ebene parallelen Ebene gleich und proportional x sind, während die Verschiebungen η und ζ Null sind, spricht man von einer Dehnung in der x-Richtung. Ein in beliebiger Richtung zur Dehnungsrichtung x geneigtes Bündel paralleler Ebenen bildet nach der Verzerrung wieder ein paralleles Bündel (Abb. 1 und 2). In demselben haben sich die Abstände der Ebenen vergrößert und die einzelnen Ebenen übereinander verschoben. Das Maß

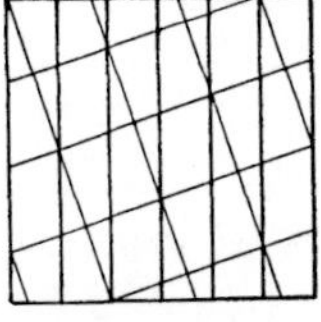 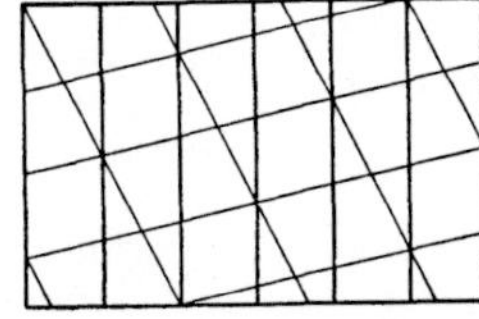

Abb. 1. Abb. 2.

für die Verlängerung der zur x-Achse parallelen Strecken ist die Verlängerung der Längeneinheit oder die spezifische Dehnung ε_x. In einer Richtung, welche einen beliebigen Winkel mit der x-Achse bildet, wird der Körper gedehnt, außerdem erfahren die zu ihr senkrechten Ebenen eine Gleitung. Das Maß für diese letztere ist die spezifische Schiebung oder die Strecke, um die sich zwei Ebenen, deren Entfernung gleich der Längeneinheit ist, übereinander verschoben haben.

Zwei reine Dehnungen in zwei beliebigen Richtungen lassen die Schnittgeraden der zu den Dehnungsrichtungen senkrechten Ebenen undeformiert. Daraus folgt, daß durch drei nicht komplanare reine Dehnungen sich der allgemeine Verzerrungszustand erzeugen läßt.

Wenn die spezifischen Dehnungen und Schiebungen sich von einer Stelle $x\,y\,z$ zur anderen ändern und Funktionen der Koordinaten sind, bezieht man sie auf die Längen- und Winkeländerungen der Kanten eines Elements $dx \cdot dy \cdot dz$. Diese Änderungen sind stets nur kleine Bruchteile dieser Strecken, bzw. des rechten Winkels im ursprünglichen Zustand. Die Länge dx verlängert sich um $\dfrac{\partial \xi}{\partial x}\,dx$, die Verlängerung der Längeneinheit der Strecke dx oder die spezifische Dehnung in der x-Richtung ist daher $\varepsilon_x = \dfrac{\partial \xi}{\partial x}$.

Die spezifischen Dehnungen der Substanz im Punkte x, y, z sind demnach in den Richtungen x, y, z

$$\varepsilon_x = \frac{\partial \xi}{\partial x}, \qquad \varepsilon_y = \frac{\partial \eta}{\partial y}, \qquad \varepsilon_z = \frac{\partial \zeta}{\partial z}. \tag{1}$$

Der rechte Winkel, den die Strecken dx und dy bildeten, ändert sich infolge der Verzerrung um den kleinen Betrag $\gamma_{xy} = \dfrac{\partial \xi}{\partial y} + \dfrac{\partial \eta}{\partial x}$

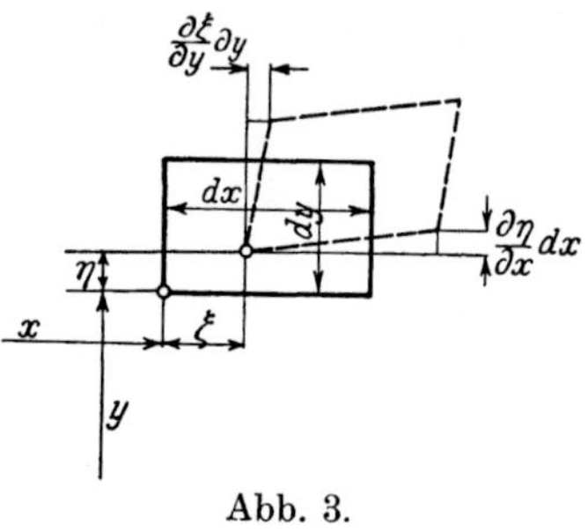

Abb. 3.

(Abb. 3). Die Winkeländerungen der Strecken $dx\,dy$, $dy\,dz$, $dz\,dx$ oder die spezifischen Schiebungen, welche das Material in den entsprechenden Richtungen erleidet, sind demnach

$$\gamma_{xy} = \frac{\partial \xi}{\partial y} + \frac{\partial \eta}{\partial x}, \qquad \gamma_{yz} = \frac{\partial \eta}{\partial z} + \frac{\partial \zeta}{\partial y},$$
$$\gamma_{zx} = \frac{\partial \zeta}{\partial x} + \frac{\partial \xi}{\partial z}. \tag{2}$$

Der Rauminhalt des Rechtkants $dx\,dy\,dz$ im verzerrten Zustande ist $(1 + \varepsilon_x)(1 + \varepsilon_y)(1 + \varepsilon_z)\,dx\,dy\,dz$. Bis auf Größen höherer Ordnung beträgt seine auf die Raumeinheit bezogene Zunahme:

$$e = \varepsilon_x + \varepsilon_y + \varepsilon_z = \frac{\partial \xi}{\partial x} + \frac{\partial \eta}{\partial y} + \frac{\partial \zeta}{\partial z}. \tag{3}$$

Die Größe e heißt die räumliche Dehnung.

3. Der Spannungszustand.

Bildet man das Verhältnis der in einem Flächenelement eines Körpers übertragenen Kraft zu dieser Fläche, so nähert sich dieses, wenn die Fläche unbegrenzt verkleinert wird, einem Grenzwert, der die spezifische Spannung in der betreffenden Schnittrichtung heißt. Der Spannungszustand ist an einer beliebigen Stelle des Körpers bekannt, wenn man die Größe, die Richtung und den Sinn der auf die Flächeneinheit jedes, in beliebiger Lage angenommenen Flächen- oder Schnittelements bezogenen Kraft anzugeben vermag. Die zum Flächenelement senkrechte Komponente der Spannung heißt eine Normal-, ihre in die Richtung des Schnittes fallende Komponente eine Schubspannung.

In einem zur xy·Ebene parallelen Schnittelement sei die Normalspannung mit σ_z bezeichnet. Sie sei, wenn sie für das Material eine Zugbeanspruchung zur Folge hat, positiv, im entgegengesetzten Falle, wenn sie eine Druckbeanspruchung zur Folge hat, negativ angenommen. Die resultierende Schubspannung in dem Element werde in ihre zu den Achsrichtungen x und y parallelen Komponenten τ_{zx} und τ_{zy} zerlegt. Bei dieser Bezeichnungsweise stimmt der erste Zeiger mit der Richtung der Normalen des Flächenelementes überein, der zweite zeigt die Richtung an, in der die Komponente (für den Körperteil, dessen nach außen gerichtete Normale wie die positive z-Achse zeigt) zu nehmen ist. Eine zyklische Vertauschung der Zeiger x, y, z in σ_z, τ_{zx}, τ_{zy} liefert die Spannungskomponenten der Schnittrichtungen yz und zx (Abb. 4).

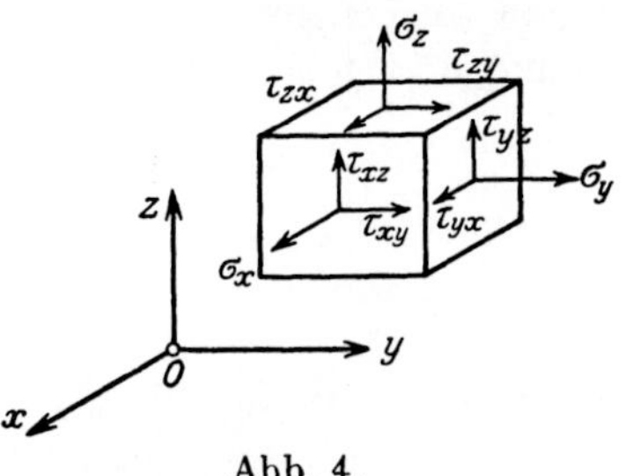

Abb. 4.

Um die Bedingungen anzuschreiben, welche mit Rücksicht auf das Gleichgewicht der Kräfte unter den Spannungskomponenten bestehen müssen, betrachten wir das Gleichgewicht der Kräfte an einem aus dem Körper an der Stelle $x\,y\,z$ herausgeschnittenen Rechtkant mit den Seitenlängen dx, dy, dz. Von den Spannungskomponenten sind zur x-Achse parallel die Normalspannung σ_x und die Schubspannungen τ_{yx}, τ_{zx}. Bei der Bildung der Komponentensumme in dieser Richtung ist jede dieser Spannungen mit der Fläche zu multiplizieren, auf der sie wirkt, und zu beachten, daß die gleichbezeichneten Beiträge, die von zwei parallelen Seitenflächen stammen, sich um ein Differential voneinander unterscheiden. Unter der Annahme, daß im Element keine Massenkraft wirkt, lautet die Gleichgewichtsbedingung der Kraftkomponenten in der x-Richtung

$$\left(\sigma_x + \frac{\partial \sigma_x}{\partial x}\,dx\right)dx\,dz - \sigma_x\,dy\,dz + \left(\tau_{yx} + \frac{\partial \tau_{yx}}{\partial y}\,dy\right)dz\,dx - \tau_{yx}\,dz\,dx$$
$$+ \left(\tau_{zx} + \frac{\partial \tau_{zx}}{\partial z}\,dz\right)dx\,dy - \tau_{zx}\,dx\,dy = 0.$$

Sie liefert die erste der drei Gleichungen

$$\frac{\partial \sigma_x}{\partial x} + \frac{\partial \tau_{yx}}{\partial y} + \frac{\partial \tau_{zx}}{\partial z} = 0,$$
$$\frac{\partial \sigma_y}{\partial y} + \frac{\partial \tau_{zy}}{\partial z} + \frac{\partial \tau_{xy}}{\partial x} = 0, \tag{4}$$
$$\frac{\partial \sigma_z}{\partial z} + \frac{\partial \tau_{xz}}{\partial x} + \frac{\partial \tau_{yz}}{\partial y} = 0,$$

deren folgende durch zyklische Vertauschung der Zeiger x, y, z aus der ersten hervorgehen.

Die drei Gleichgewichtsbedingungen, welche sich auf das Verschwinden der Komponentensumme der Momente beziehen, zeigen die Gleichheit der Schubspannungskomponenten

$$\tau_{xy} = \tau_{yx}, \qquad \tau_{yz} = \tau_{zy}, \qquad \tau_{zx} = \tau_{xz} \tag{4a}$$

an. Durch diese drei Gleichungen ermäßigt sich die Zahl der den Spannungszustand beschreibenden Größen von 9 auf 6. Den Beweis, daß die 6 Spannungskomponenten σ_x, σ_y, σ_z, τ_{xy}, τ_{yz}, τ_{zx} tatsächlich ausreichen, um einen homogenen Spannungszustand zu beschreiben, liefert die Tatsache, daß man mit ihrer Hilfe die Spannungskomponenten in einem beliebigen, zu den Koordinatenebenen schiefen Schnitt anzugeben vermag.

4. Der ebene Spannungszustand.

Man erhält einen solchen, wenn man z. B. $\sigma_z = 0$, $\tau_{zx} = 0$, $\tau_{zy} = 0$ annimmt.

An einem kleinen prismatischen Element (Abb. 5), das man sich durch zwei zur xy-Ebene, eine zur zx- und eine zur zy-Ebene parallele Ebene und schließlich durch einen zur x-Achse parallelen Schnitt begrenzt denkt, dessen nach außen gerichtete Normale n den Winkel α mit der x-Achse bildet, wird das Gleichgewicht der Kräfte durch die Gleichungen

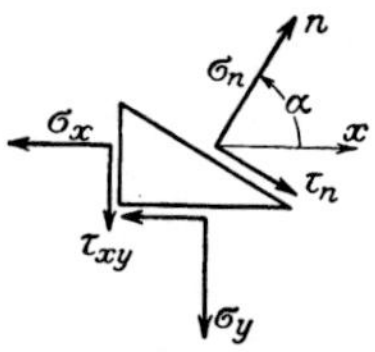

$$\sigma_n \cos\alpha + \tau_n \sin\alpha = \sigma_x \cos\alpha + \tau_{xy}\sin\alpha,$$
$$\sigma_n \sin\alpha - \tau_n \cos\alpha = \sigma_y \sin\alpha + \tau_{xy}\cos\alpha \tag{5}$$

Abb. 5.

ausgedrückt. In ihnen sind mit σ_n die Normal- und mit τ_n die Schubspannung im schiefen Schnitt bezeichnet. Löst man diese Gleichungen nach σ_n und τ_n auf

$$\sigma_n = \frac{\sigma_x + \sigma_y}{2} + \frac{\sigma_x - \sigma_y}{2}\cos 2\alpha + \tau_{xy}\sin 2\alpha,$$

$$\tau_n = \frac{\sigma_x - \sigma_y}{2}\sin 2\alpha - \tau_{xy}\cos 2\alpha, \tag{6}$$

nimmt das Glied $\dfrac{\sigma_x + \sigma_y}{2}$ in der ersten auf die linke Seite, quadriert und addiert, so entsteht

$$\left(\sigma_n - \frac{\sigma_x + \sigma_y}{2}\right)^2 + \tau_n^2 = \tau_m^2, \qquad \text{wo} \qquad \tau_m^2 = \frac{(\sigma_x - \sigma_y)^2}{4} + \tau_{xy}^2. \tag{7}$$

In den Veränderlichen σ_n, τ_n ist dies die Gleichung eines Kreises. Er heißt der Mohrsche Spannungskreis und dient zur Darstellung des ebenen Spannungszustandes.

Wir nehmen an, daß das rechtwinklige Koordinatensystem σ_n, τ_n, in dem der Kreis (Abb. 6) dargestellt ist, parallel zu den x, y-Achsen liege. Der Mittelpunkt M des Spannungskreises liegt nach Gl. (7) auf der σ_n-Achse in der Entfernung $\overline{OM} = (\sigma_x + \sigma_y):2$ von O. Sein Halbmesser τ_m ist die Hypotenuse eines rechtwinkeligen Dreieckes mit den Katheten $\dfrac{\sigma_x - \sigma_y}{2}$ und τ_{xy}. Die Richtung des schiefen Schnittes BB und seiner Normalen $\overline{MN}$ sei in der Figur des Spannungskreises ebenfalls eingetragen. Die Gerade MN bildet dann mit der x-Achse den Winkel α. Wir ziehen einen Strahl $\overline{MA}$ aus M, der den Winkel 2α mit der x-Achse einschließt, und tragen auf ihm die Strecke $\dfrac{\sigma_x - \sigma_y}{2}$ und senkrecht zu ihm τ_{xy} auf. Die Hypotenuse MS des so entstandenen rechtwinkeligen Dreieckes (das in Abb. 6 schraffiert wurde) ist der Halbmesser τ_m des Spannungskreises und die Koordinaten des Punktes S sind nach Gl. (6) und (7) gleich σ_n und τ_n. Wenn sich die Schnittrichtung BB oder auch ihre Normale MN mit einer Winkelgeschwindigkeit um den Mittelpunkt des Spannungskreises dreht, wandert der Punkt A mit der doppelten Geschwindigkeit in derselben Richtung auf dem Kreise. Die Normalspannung σ_n erreicht ihren größten, bzw. ihren kleinsten Wert, wenn S in die Punkte S_1 oder S_2 fällt. Wir nennen diese Werte die **Hauptspannungen** und bezeichnen sie mit σ_1, bzw. mit σ_2. Sie sind im Mohrschen Kreis durch die Strecken OS_1 und OS_2 oder durch

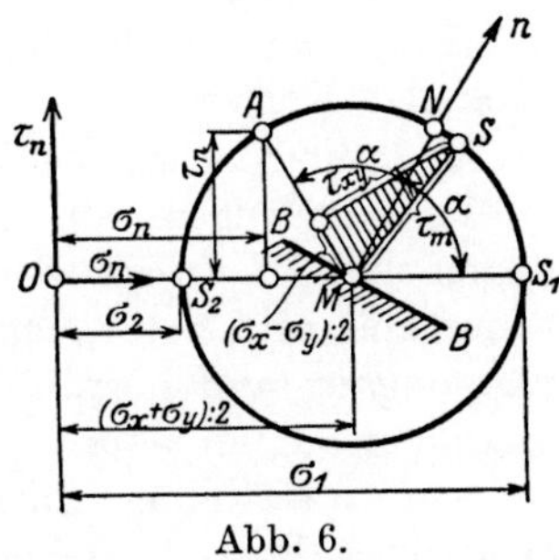

Abb. 6.

$$\sigma_1 = \frac{\sigma_x + \sigma_y}{2} + \tau_m, \qquad \sigma_2 = \frac{\sigma_x + \sigma_y}{2} - \tau_m \qquad (8)$$

gegeben.

Die zugehörigen **Hauptrichtungen** werden durch die Richtungen der Kathete des Dreiecks in den Lagen S_1 (oder S_2) oder durch die beiden Winkel beschrieben, für welche

$$\operatorname{cotg} 2\,\alpha = \frac{\sigma_x - \sigma_y}{2\,\tau_x} \qquad (9)$$

ist. Die größte Schubspannung

$$\tau_m = \sqrt{\frac{(\sigma_x - \sigma_y)^2}{4} + \tau_{xy}^2} \qquad (10)$$

tritt in den Winkelhalbierenden der Hauptrichtungen auf.

Ein ebener Spannungszustand mit $\sigma_x = \sigma_y = 0$ oder den Hauptspannungen $\sigma_1 = \tau_{xy}$, $\sigma_2 = -\tau_{xy}$ wird als **reine Schubbeanspruchung** bezeichnet.

Der allgemeine Spannungszustand läßt sich stets aus drei ebenen Spannungszuständen zusammensetzen und wird nach O. Mohr[1]) durch seine drei Hauptkreise dargestellt.

----

[1]) A. Föppl: Vorlesungen über technische Mechanik Bd. 5.

5. Das Elastizitätsgesetz.

Die hauptsächlichen Baustoffe des Ingenieurs bestehen aus Haufwerken von kleinen Körperchen kristallinischer Beschaffenheit, die einer oder mehreren Grundsubstanzen angehören können. Trotzdem Kristalle von der Richtung abhängige Eigenschaften und deshalb eine von dieser abhängige Elastizität besitzen, sind die elastischen Eigenschaften der aus kleinen Kriställchen zusammengesetzten Körper wegen der regellosen Orientierung ihrer ausgezeichneten Richtungen im Mittel von der Richtung unabhängig. Wenn die kleinen Bausteine der Körper fest aneinanderhaften und jener zweiten Art der Formänderung zu widerstehen vermögen, die in den inneren bleibenden Veränderungen der Kristallkörner besteht, erzeugen die Spannungen im Haufwerk der Kristallite mit ihnen verhältnisgleiche Dehnungen und Schiebungen und die Verzerrungen, die von einem Spannungszustand herrühren, lagern sich einfach über die von einem zweiten erzeugten über.

Ein unter einer Spannung σ_x auf Zug oder auf Druck beanspruchtes Material dehnt sich in der x-Richtung gleichmäßig aus und zieht sich in allen zur x-Richtung senkrechten Richtungen gleichmäßig zusammen. Eine Normalspannung σ_x erzeugt die Dehnungen

$$\varepsilon_x = \frac{\sigma_x}{E}, \qquad \varepsilon_y = \varepsilon_z = -\,\nu\,\frac{\sigma_x}{E}.$$

Die Größe E heißt der Elastizitätsmodul, sie hat die Dimension einer spezifischen Spannung. Die unbenannte Zahl ν gibt das Verhältnis der Querzusammenziehung zur Längsdehnung an. Die Querdehnungszahl ν (auch Poissonsche Zahl genannt) ist für Glas $^1/_4$, für Eisen etwa $^3/_{10}$. Für Zement und Beton ist ν wesentlich kleiner und kann im Mittel etwa gleich $^1/_8$ bis $^1/_{10}$ genommen werden. Aus dem Umstand, daß während der betrachteten Formänderung in den zur x-Richtung schief gelegenen Schnittrichtungen Schubspannungen wirken und Schiebungen auftreten, folgt, daß diese letzteren ebenfalls verhältnisgleich sein müssen. Der Proportionalitätsfaktor ergibt sich, wenn man die Schubspannung und die Schiebung für eine beliebige Richtung, beispielsweise für eine unter 45 Grad zur Zugrichtung geneigte Schnittrichtung berechnet. In dieser Ebene ist $\tau = \sigma_x$ und $\gamma = 2\,(1+\nu)\,\varepsilon_x$, somit ist

$$\gamma = \frac{2\,(1+\nu)\,\tau}{E}. \tag{11}$$

Man bezeichnet die Größe $G = \dfrac{E}{2\,(1+\nu)} = \dfrac{\tau}{\gamma}$ als den Schubmodul des Stoffes.

Nachdem der allgemeine Spannungszustand aus drei Zug- oder Druckbeanspruchungen σ_x, σ_y, σ_z und aus drei Schubbeanspruchungen τ_{xy}, τ_{yz}, τ_{zx} sich zusammensetzt, haben wir als Ausdruck für das Elastizitätsgesetz (Hookesches Gesetz) eines isotropen Materiales die sechs Gleichungen:

$$\varepsilon_x = \frac{\partial \xi}{\partial x} = \frac{1}{E}(\sigma_x - \nu\,\sigma_y - \nu\,\sigma_z), \qquad \gamma_{xy} = \frac{\partial \xi}{\partial y} + \frac{\partial \eta}{\partial x} = \frac{\tau_{xy}}{G}$$

$$\varepsilon_y = \frac{\partial \eta}{\partial y} = \frac{1}{E}(\sigma_y - \nu\,\sigma_z - \nu\,\sigma_x), \qquad \gamma_{yz} = \frac{\partial \eta}{\partial z} + \frac{\partial \zeta}{\partial y} = \frac{\tau_{yz}}{G} \qquad (12)$$

$$\varepsilon_z = \frac{\partial \zeta}{\partial z} = \frac{1}{E}(\sigma_z - \nu\,\sigma_x - \nu\,\sigma_y), \qquad \gamma_{zx} = \frac{\partial \zeta}{\partial x} + \frac{\partial \xi}{\partial z} = \frac{\tau_{zx}}{G}$$

Wenn im Gefüge eines Stoffes ein Bestandteil eine wesentlich geringere Festigkeit als die anderen besitzt — ein sehr geläufiges Beispiel ist das Gußeisen mit seinen eingelagerten, weichen Graphitteilchen — oder wenn die kleinsten Teilchen, trotzdem sie gut miteinander verwachsen sind, leicht, d. h. unter geringen Spannungen bleibende Verschiebungen erleiden (z. B. weiches, ausgeglühtes Kupfer), genügen die Formänderungen nicht dem Elastizitätsgesetz.

Unter den in elastischer Hinsicht zwar unvollkommenen, aber wegen der Billigkeit ihrer Herstellung in den Konstruktionen des Hoch- und Gründungsbaues viel angewendeten Verbundkörpern ist einer der wichtigsten der Beton, dessen elastische Eigenschaften in mancher Hinsicht denen des Gußeisens ähneln. Der aus einer Mischung von Zement, Kies und Sand mit einem Wasserzusatz erzeugte Beton hat wie das Gußeißen im Gebiete der Druckspannungen eine konkave Spannungs-Dehnungskurve. Die Zusammendrückungen nehmen für gleiche Spannungsstufen mit der steigenden Spannung zu. Die genauere Beobachtung hat gezeigt, daß die Belastungskurven der porösen, mit zahllosen, feinen Spalten und unvollkommenen inneren Haftflächen durchsetzten Körper, wie des Betons oder des Gußeisens, von den Entlastungskurven abweichen (elastische Hysteresis). Die Praxis des Eisenbetonbaues hat es im Laufe der letzten Jahrzehnte verstanden, die Unvollkommenheit des Betons durch die Verwendung von Eiseneinlagen auszugleichen (Abb. 7), die ihn vor allem gegen die Zugspannungen widerstandsfähig machen. Man hat auch gelernt, die auf Grund des Hookeschen Gesetzes entwickelte Elastizitätslehre auf die hauptsächlichsten Anwendungsbeispiele des Betons unter der Berücksichtigung seines vom vollkommen elastischen Körper abweichenden Verhaltens zu übertragen.

Um die Erforschung der Elastizitäts- und Festigkeitseigenschaften des Betons mit und ohne Eiseneinlagen haben sich in Deutschland besonders C. v. Bach und O. Graf (man vergleiche die Berichte über die Versuche in der Festigkeitsanstalt der Techn. Hochsch. Stuttgart, die Hefte des Deutschen Ausschusses für Eisenbeton und der Mitt. üb. Forsch.-Arb.), Foerster, M.: „Die Grundzüge des Eisenbetonbaues", 2. Aufl., Berlin: Julius Springer 1921. E. Mörsch: „Der Eisenbetonbau, seine Theorie und Anwendungen", 5. Aufl., Stuttgart 1920, 1922 und E. Probst: „Vorl. üb. Eisenbeton" (1. Bd. 2. Aufl. 1923; 2. Bd. 1922. Berlin: Julius Springer) verdient gemacht, auf deren eingehende Untersuchungen hinzuweisen ist. Vgl. auch das „Handbuch für Eisenbeton", Berlin: W. Ernst & Sohn 1921. — Neuerdings hat K. Eisenmann (Der Bauingenieur, Bd. 5, S. 540. 1924) durch feine Elastizitätsmessungen an Betonkörpern, die er auf Zug oder auf Druck nur schwach beanspruchte, eine völlige Linearität zwischen den Spannungen und den elastischen Anteilen der Dehnungen festgestellt. — Eine weitere Klärung des elastischen Verhaltens von Eisenbetonplatten ist von den in den Technischen Hochschulen in Dresden und Stuttgart in Angriff genommenen Versuchen zu erwarten.

Abb. 7.7 Die Eiseneinlagen der Außen- und Zwischenwände eines 13 m langen, 6,6 m breiten und 5,5 m tiefen Flüssigkeitsbehälters aus Eisenbeton.

Stoffkästen einer Papierfabrik. Die beiden Längswände und die Querwände sind als rechteckige Platten mit je zwei Netzen kreuzweise verlegter Eisen bewehrt. Die Wände haben eine Dicke von 16 cm. Das eiserne Gerippe der Wände ist vor dem Anbringen der hölzernen Verschalungsform aufgenommen, in der die Wände später betoniert werden. — Ausführung: Wayss & Freytag Akt.-Ges., Neustadt a. d. Haardt.

6. Die Grundgleichungen.

Die drei Gleichgewichtsbedingungen der Spannungen (4), S. 5, enthalten, wenn man in ihnen die Gleichheit der zugeordneten Schubspannungen nach (4a) berücksichtigt, die sechs Spannungskomponenten σ_x, σ_y, σ_z, τ_{xy}, τ_{yz}, τ_{zx}. Es sind dies drei lineare, homogene partielle Differentialgleichungen, die zur Angabe eines in einem elastischen Körper möglichen Spannungszustandes noch nicht hinreichen. Dazu ist nötig, sie mit den sechs Gleichungen (12), S. 9, in Beziehung zu setzen, welche das Elastizitätsgesetz zum Ausdruck bringen. Diese Gleichungen enthalten außer den Spannungen noch drei weitere unbekannte Funktionen der Koordinaten x, y, z, nämlich die Komponenten ξ, η, ζ der Verschiebung. Es stehen dann insgesamt neun voneinander unabhängige Gleichungen zur Bestimmung der neun unbekannten Funktionen der Koordinaten x, y, z zur Verfügung, die zur Angabe besonderer Formänderungs- und Spannungszustände von elastischen Körpern hinreichen, wenn die Werte der Spannungen oder der Verschiebungen auf den Begrenzungsflächen des Körpers gegeben sind.

Wenn man die sechs Gleichungen (12) nach den Spannungen auflöst und ihre Werte in die drei Gleichgwichtsbedingungen (4) einsetzt, ergeben sich die drei Grundgleichungen der Elastizitätslehre

$$\frac{\partial e}{\partial x} + (1 - 2\nu)\,\Delta\,\xi = 0, \qquad \frac{\partial e}{\partial y} + (1 - 2\nu)\,\Delta\,\eta = 0,$$

$$\frac{\partial e}{\partial z} + (1 - 2\nu)\,\Delta\,\zeta = 0. \tag{13}$$

In ihnen bedeutet das Zeichen Δ eine abkürzende Schreibweise für

$$\Delta u = \frac{\partial^2 u}{\partial x^2} + \frac{\partial^2 u}{\partial y^2} + \frac{\partial^2 u}{dz^2}$$

und e die räumliche Dehnung (S. 4, Gl. (3)).

Jedem System von Funktionen ξ, η, ζ, das diesen drei linearen, homogenen, partiellen Differentialgleichungen genügt, entspricht ein möglicher Formänderungs- und Spannungszustand in einem elastischen Körper.

Bildet man der Reihe nach die partiellen Ableitungen der ersten, zweiten und dritten der Gleichungen (13) nach den Unabhängigen x, y und z und ihre Summe, so folgt für die räumliche Dehnung e die Differentialgleichung

$$\Delta e = 0.$$

Die Gleichungen (13) gelten nur unter der Voraussetzung, daß die Verschiebungen ξ, η, ζ an keiner Stelle des Körpers mit seinen Abmessungen im undeformierten Zustande vergleichbar sind.

7. Steigung und Krümmung.

Eine krumme Fläche $z = f(x, y)$ werde durch eine zur z-Achse parallele Ebene in einer Kurve geschnitten. Bedeutet n eine Länge, die in der Richtung ihrer Spur mit der x, y-Ebene gemessen wird, so ist der Tangens des Winkels β_n, den die Tangente der Schnittkurve im Punkt $x y z$ mit der $x y$-Ebene bildet, gleich

$$\operatorname{tg} \beta_n = \frac{\partial z}{\partial n} = \frac{\partial f(x, y)}{\partial n}.$$

Wenn n mit den Richtungen x bzw. y zusammenfällt, wird analog

$$\operatorname{tg} \beta_x = \frac{\partial z}{\partial x}, \qquad \operatorname{tg} \beta_y = \frac{\partial z}{\partial y}.$$

Der Zuwachs der Ordinaten z in der Richtung n ist:

$$dz = \frac{\partial z}{\partial x} dx + \frac{\partial z}{\partial y} dy.$$

Nach Division mit dn und Einführung des Winkels α, den die Richtung n mit der x-Achse bildet, folgt hieraus die Steigung $\frac{\partial z}{\partial n}$ der Fläche $z = f(x y)$ in der Richtung n:

$$\frac{\partial z}{\partial n} = \frac{\partial z}{\partial x} \cos \alpha + \frac{\partial z}{\partial y} \sin \alpha. \tag{14}$$

Auf einer Schichtenlinie der Fläche $z = f(x, y)$ oder einer Kurve $z = \text{konst.}$ ist in der Richtung der Kurve $\partial z / \partial n' = 0$ und nach (14

$$\operatorname{tg} \alpha' = - \frac{\partial z}{\partial x} \bigg/ \frac{\partial z}{\partial y}. \tag{15}$$

Um den Winkel α'' oder die Richtung n'' im Punkte x, y zu finden, in der die Fläche $z = f(x, y)$ am steilsten ist, bilden wir die Ableitung der Gl. (14) nach α und setzen sie gleich Null. Es folgt

$$\operatorname{tg} \alpha'' = \frac{\partial z}{\partial y} \bigg/ \frac{\partial z}{\partial x}. \tag{16}$$

Die Richtungen n' und n'' stehen senkrecht aufeinander, denn $\operatorname{tg} \alpha' \operatorname{tg} \alpha'' = - 1$. Die größte Steigung der Fläche $f(x y)$ ergibt sich nach (14) und (16)

$$\sqrt{\left(\frac{\partial z}{\partial x}\right)^2 + \left(\frac{\partial z}{\partial y}\right)^2}. \tag{17}$$

Ein Schnitt der Fläche $z = f(x, y)$, der ihre Normale im Punkte x, y enthält, heißt ein Normalschnitt. Die Normalschnitte einer schwach gekrümmten Fläche, deren Ordinaten z sehr klein gegen x und y

sind, stehen nahezu senkrecht zur x,y-Ebene. Umgekehrt schneidet jede zur xy-Ebene senkrechte Ebene mit genügender Genauigkeit aus einer solchen Fläche in jedem Punkte x,y ihrer Schnittkurve einen Normalschnitt heraus.

In einem Normalschnitt, dessen Spur n auf der x,y-Ebene den oben eingeführten Winkel α mit der x-Achse einschließt, wird die Krümmung $\dfrac{1}{\varrho_n}$ bei einer schwach gekrümmten Fläche aus der Gl. (14) erhalten, wenn man diese nochmals auf sich selbst anwendet:

$$\frac{1}{\varrho_n} = \frac{\partial^2 z}{\partial n^2} = \frac{\partial}{\partial x}\left(\frac{\partial z}{\partial n}\right)\cdot\cos\alpha + \frac{\partial}{\partial y}\left(\frac{\partial z}{\partial n}\right)\cdot\sin\alpha$$

oder mit Benutzung von Zeigern für die Ableitungen von z nach x und y:

$$\frac{1}{\varrho_n} = z_{nn} = z_{xx}\cdot\cos^2\alpha + 2\,z_{zy}\cdot\sin\alpha\cos\alpha + z_{yy}\cdot\sin^2\alpha. \qquad (18)$$

Entsprechend wird die Krümmung in einem Schnitt m, der senkrecht zum ersten steht, gleich:

$$\frac{1}{\varrho_m} = z_{mm} = z_{xx}\cdot\sin^2\alpha - 2\,z_{xy}\sin\alpha\cos\alpha + z_{yy}\cos^2\alpha. \qquad (18\,\text{a})$$

Die Addition dieser Gleichungen ergibt:

$$\underline{z_{nn} + z_{mm} = z_{xx} + z_{yy},} \qquad (19)$$

oder auch

$$\frac{1}{\varrho_n} + \frac{1}{\varrho_m} = \frac{1}{\varrho_x} + \frac{1}{\varrho_y} = \text{konst.}, \quad \text{den Satz von Euler.} \quad (20)$$

Man nennt den vorstehenden Ausdruck die **mittlere Krümmung** der Fläche $z = F(x,y)$.

Bildet man die zweite Ableitung $z_{nm} = \dfrac{\partial^2 z}{\partial n\,\partial m}$ ähnlich wie vorhin die Größe z_{nn} und führt an Stelle des einfachen den doppelten Winkel $2\,\alpha$ ein, so entstehen mit (Gl. 18) zusammen die zwei Gleichungen

$$\begin{aligned} 2\,z_{nn} &= z_{xx} + z_{yy} + (z_{xx} - z_{yy})\cos 2\,\alpha + 2\,z_{xy}\sin 2\,\alpha, \\ 2\,z_{nm} &= \qquad\quad - (z_{xx} - z_{yy})\sin 2\,\alpha + 2\,z_{ry}\cos 2\,\alpha. \end{aligned} \qquad (21)$$

Diese Gleichungen besitzen dieselbe Form wie die Formeln (6) des ebenen Spannungszustandes. Daher lassen sich die Sätze über den Mohrschen Spannungskreis sinngemäß auf die Krümmungen einer Fläche $z = f(x,y)$ übertragen. Den zweiten Ableitungen von z: z_{xx}, z_{yy}, z_{xy}, z_{nn}, z_{nm}, entsprechen der Reihe nach die Spannungskomponenten: σ_x, σ_y, τ_{xy}, σ_n, $-\tau_{nm}$.

Man bezeichnet auch z_{xy} als die **Torsion** der krummen Fläche z im Punkte x,y, bezüglich der Schnittrichtungen x,y. Die Torsion verschwindet in den Hauptschnitten der Fläche $z = f(x, y)$, in denen die Hauptkrümmungen:

$$\frac{z_{xx} + z_{yy}}{2} \pm \sqrt{\frac{(z_{xx} - z_{yy})^2}{4} + z_{xy}}$$

auftreten.

8. Platten und Schalen.

Wenn in einem elastischen Körper eine Koordinate klein im Vergleich zu den anderen ist, oder mit anderen Worten, wenn man die Formänderungen und die Spannungen von scheiben- oder plattenförmigen elastischen Körpern zu beschreiben hat, sind Vereinfachungen der Rechnung zu erwarten. Diese sind außer den stabförmigen Körpern wichtige Elemente der Konstruktionen des Ingenieurs, es entspricht deshalb einem praktischen Bedürfnis, wenn wir uns mit ihren Formänderungen und mit ihren Spannungszuständen eingehend beschäftigen werden.

Unter den durch zwei benachbarte Flächen begrenzten elastischen Körpern wollen wir für eine Platte ihre Biegungssteifigkeit oder ihre Fähigkeit als kennzeichnend betrachten, quer zu ihrer Mittelfläche gerichtete Kräfte durch die Momente der über ihre Querschnitte verteilten inneren Spannungen aufzunehmen. Wir beschränken die Bezeichnung auf die Platten, deren Mittelfläche in ihrem undeformierten Zustand eine Ebene ist[1]).

Die durch zwei benachbarte Flächen begrenzten elastischen Körper, deren Mittelfläche im unbelasteten Zustand gewölbt ist, werden elastische Schalen genannt. Weitaus die wichtigsten Aufgaben über die Festigkeit der flächenhaft ausgedehnten elastischen Körper beziehen sich auf die (ebenen) Platten und auf solche Schalen, deren Mittelfläche eine einfache geometrische Gestalt haben, besonders auf die Kegel-, Kugel- und Ringflächenschalen[2]).

---

[1]) Die durch ein System von Kräften nur in ihrer Ebene verzerrten (nicht verbogenen) Platten werden wohl auch als Scheiben bezeichnet. Ihre wichtigsten Anwendungsbeispiele sind die rasch umlaufenden Räder der Dampf- und Gasturbinen, deren Theorie in A. Stodolas Werk: Die Dampf- und Gasturbinen, Verlag von Julius Springer, Berlin, 6. Aufl. 1923 erschöpfend dargestellt ist.

[2]) Hinsichtlich der Theorie der Biegung der gewölbten Schalen ist auf die grundlegenden Abhandlungen von H. Reissner in der Müller-Breslau-Festschrift 1912 „Spannungen in Kugelschalen (Kuppeln)", Leipzig: A. Kröner, und von E. Meißner: „Das Elastizitätsproblem für dünne Schalen von Ringflächen-, Kugel- oder Kegelform" in der Physikalischen Zeitschrift 1913, S. 343 zu verweisen. Meißners Untersuchungen haben ihre Fortführung in einer Reihe von ausgezeichneten Dissertationen der Technischen Hochschule Zürich gefunden. — Vgl. auch A. und L. Föppl: „Drang und Zwang", Eine höhere Festigkeitslehre für Ingenieure, 2. Bd. (Oldenbourgh) 1921.

Das elastische Verhalten einer Platte hängt wesentlich vom Verhältnis ihrer Dicke zu ihren sonstigen Abmessungen ab. Wir haben bereits erwähnt, daß die Differentialgleichungen für die Verschiebungskomponenten nur so lange linear sind, als keine der Verschiebungen mit einer Körperabmessung vergleichbar ist. Diese Forderung grenzt genauer das Dickenverhältnis nach unten hin ab, oberhalb dessen die linearen Differentialgleichungen mit hinreichender Genauigkeit gelten. Sie verlangt, daß die größten elastischen Verschiebungen ihrer Punkte — das sind ihre Durchbiegungen oder die Auslenkungen ihrer Mittelfläche im verbogenen Zustand — nirgends die Größe der Dicke erreichen dürfen.

Wir werden

a) von „Platten" sprechen, wenn ihre Formänderungen und ihre Spannungen durch die Verschiebungen der Punkte ihrer Mittelfläche sich beschreiben lassen und wenn ihre Durchbiegungen sehr klein im Vergleich mit ihrer Dicke sind;

b) von dicken Platten, wenn ihre Stärke mit ihren übrigen Abmessungen vergleichbar ist und ihre Formänderungszustände nur durch die drei Ortsfunktionen ξ, η, ζ zu erfassen sind, und

c) von Platten mit großer Ausbiegung, wenn ihre Durchbiegungen von der Größenordnung ihrer Dicke sind. Ihre Theorie gestaltet sich erheblich verwickelter, weil die Linearität der Differentialgleichungen für sie verloren geht. In ihren Spannungszuständen machen sich wegen der Ausdehnung der Mittelfläche die Gewölbespannungen bemerkbar, aus den ebenen Platten entstehen allmählich schwachgewölbte elastische Schalen[1]).

---

[1]) Die zur Mittelebene quer gerichtete Belastung einer Platte wird an einem kleinen Element, das durch eine zu ihrer Mittelebene senkrechte Zylinderfläche begrenzt ist, durch den Unterschied der in ihr parallel zur Last übertragenen Scherkräfte und durch eine kleine Komponente im Gleichgewicht gehalten, die die Normalkräfte in der Schnittfläche liefern. Letztere rührt davon her, daß die Erzeugenden der Zylinderfläche des Elementes wegen der Krümmung der Platte sich ein wenig gegeneinander neigen werden. Quer zur Plattenebene gerichtete Scherkräfte können, wie man aus der Gleichgewichtsbedingung der Momente der Spannungen erkennt, nur in Verbindung mit Biegungsmomenten auftreten und sind von der Größenordnung der Momente. Wenn nun die Dicke h der Platte abnimmt, nehmen die Momente und die transversalen Scherkräfte mit h^2 ab, während die Resultierende der zur Mittelebene parallelen Spannungen nur wie h kleiner werden. Mit abnehmender Dicke der Platte muß demnach der Anteil, den die ersteren zur Tragkraft der Platte beitragen, gegen den Anteil der letzteren abnehmen und die Art, wie die Last sich mit den inneren Spannungen ins Gleichgewicht setzt, sich völlig

9. Die Spannungsmomente einer Platte. Der Momentenkreis.

Zunächst sollen Biegungsfälle solcher Platten betrachtet werden, auf welche keine Kräfte in der Richtung ihrer Ebene wirken. Eine Platte werde aus einem elastischen Körper durch zwei parallele Ebenen und eine auf ihnen senkrecht stehende Zylinderfläche abgegrenzt. Ihre Punkte mögen auf ein rechtshändiges, rechtwinkeliges Koordinatensystem x, y, z bezogen werden, die xy-Ebene falle mit der Mittelebene der Platte in ihrem ungespannten Zustand zusammen. Ihre Dicke sei mit h bezeichnet.

An einem kleinen prismatischen Element, das man durch einen zur zx-, einen zur zy-Ebene und durch einen zur z-Achse parallelen Schnitt aus der Platte abgrenzt, dessen nach außen gerichtete Normale n den Winkel α mit der x-Achse bildet, wirken in der Entfernung z von der Mittelebene parallel zu dieser letzteren die Normalspannungen σ_x, σ_y, die Schubspannung τ_{xy}, eine Normal- (σ_n) und

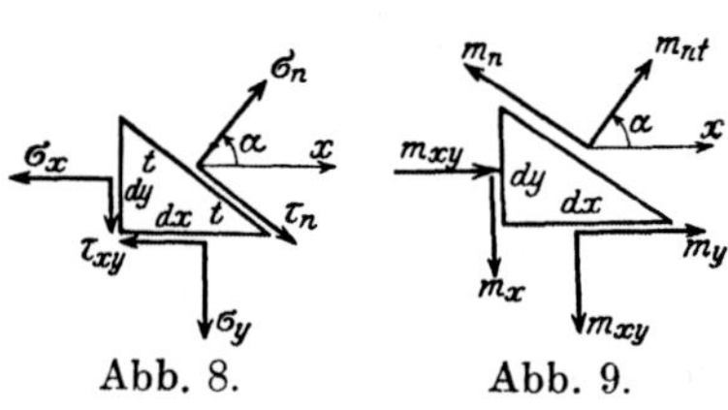

Abb. 8.   Abb. 9.

eine Schubspannung τ_n (im schiefen Schnitt tt, Abb. 8). Diese Größen sind durch die Gleichungen 4. (5) S. 6.

$$\sigma_n \cos \alpha + \tau_{nt} \sin \alpha = \sigma_x \cos \alpha + \tau_{xy} \sin \alpha$$
$$\sigma_n \sin \bar{\alpha} - \tau_{nt} \cos \alpha = \sigma_y \sin \alpha + \tau_{xy} \cos \alpha \tag{5}$$

verbunden, welche das Gleichgewicht der Spannungen parallel zur Mittelebene zum Ausdruck bringen.

Auf Grund dieser Gleichungen läßt sich der Zusammenhang der Momente der Spannungen angeben, die in den Schnittebenen einer Platte übertragen werden. Um sie zu erhalten, multiplizieren wir die

---

ändern: die Platte verliert allmählich ihre Biegungssteifigkeit und geht schließlich in eine vollkommen biegsame elastische Haut über, die indessen nur, wenn in keiner Richtung in ihr Druckspannungen vorkommen, in geringem Maße noch tragfähig ist. Die Theorie der unendlich kleinen, seitlichen Auslenkungen dünner, vollkommen biegsamer Häute (Membranen) hat wegen ihrer mathematischen Verwandtschaft zu verschiedenen physikalischen Problemen (Potentialtheorie) und hier vor allem zur Theorie der Plattenbiegung eine Bedeutung. Für die Anwendungen in der Festigkeitslehre wichtig sind noch die Spannungszustände von biegsamen Häuten mit großer seitlicher Auslenkung, deren Theorie A. Föppl (Vorl. über techn. Mechanik Bd. 5, S. 121 [4. Aufl.], 1922) entwickelt hat, weil sich die Gleichgewichtszustände der dünnen Platten mit abnehmender Stärke diesen Grenzzuständen nähern. Den allmählichen Übergang von den steifen Platten sehr kleiner Durchbiegung zu diesen letzteren bilden die Platten mit Gewölbespannungen, die wir schon oben erwähnt haben.

Gl. (5) mit $z\,dz$, integrieren ihre beiden Seiten zwischen den Grenzen $z = -\,h/2$ und $z = h/2$, wo h die Dicke der Platte ist, und führen die folgenden Bezeichnungen ein:

$$m_x = \int \sigma_x z\,dz, \qquad m_{xy} = \int \tau_{xy} z\,dz,$$
$$m_y = \int \sigma_y z\,dz, \qquad m_{yx} = \int \tau_{yx} z\,dz, \tag{22}$$
$$m_n = \int \sigma_n z\,dz, \qquad m_{nt} = \int \tau_{nt} z\,dz.$$

Wir nennen die drei ersten Integrale oder die auf die Schnittbreite eins bezogenen Momente der Normalspannungen σ_x, σ_y, σ_n um die Achsrichtungen y, x, t (Abb. 9) die **Biegungsmomente der Platte**. Die Zeiger x, y, n von den Biegungsmomenten m_x, m_y, m_n deuten die Normalenrichtung der Schnitte an, für welche sie zu bilden sind. Die in denselben Schnitten wirkenden Momente der Schubspannungen τ_{xy}, τ_{yx}, τ_{nt} bezeichnen wir als die **Scherungs-(Torsions-)momente** m_{xy}, m_{yx}, m_{nt} der Platte (bezogen auf die Längeneinheit der Schnittbreite). Wegen der Gleichheit der zugeordneten Schubspannungen $\tau_{xy} = \tau_{yx}$ müssen auch die **Scherungs-momente** $m_{xy} = m_{yx}$ in zwei zueinander senkrechten Querschnitten einer Platte gleich sein.

Die Biegungs- und die Scherungsmomente der Platte sind in der Abb. 8 durch ihre Achsvektoren dargestellt, deren Pfeile in der üblichen Weise nach jener Seite gerichtet gezeichnet sind, von der aus gesehen die Momente entgegen dem Uhrzeigersinn drehen. (Um sich die positiven Richtungen der Momente oder die Achsvektoren in Abb. 8 oder in einem beliebigen Plattenschnitt zu verschaffen, wählt man in jedem Schnitt einen Punkt mit positiver Koordinate z und trägt in ihm die Spannungen σ_x, ... mit ihren positiven Richtungen ein. Der Drehsinn der so entstehenden Momente wird als der positive eingeführt.)

Die mit $z\,dz$ multiplizierten und integrierten Gleichungen (5) S. 16 ergeben, wenn die eben eingeführten Definitionsgleichungen für die Spannungsmomente der Platte berücksichtigt werden, die Beziehungen

$$m_n \cos\alpha + m_{nt} \sin\alpha = m_x \cos\alpha + m_{xy} \sin\alpha,$$
$$m_n \sin\alpha - m_{nt} \cos\alpha = m_y \sin\alpha + m_{xy} \cos\alpha, \tag{23}$$

welche mit Rücksicht auf das Gleichgewicht unter den Momenten bestehen müssen. Die formale Übereinstimmung der Gleichungspaare (5) und (23) gestattet die Übertragung der Sätze über den ebenen Spannungszustand auf die Biegungs- und Scherungsmomente einer Platte. Dem Spannungskreis (8) von Mohr entspricht hier der Momentenkreis:

$$\left(m_n - \frac{m_x + m_y}{2}\right)^2 + m_{nt}^2 = \frac{(m_x - m_y)^2}{4} + m_{xy}^2, \tag{24}$$

wenn man das Biegungsmoment m_n und das Torsionsmoment m_{nt} als die Veränderlichen betrachtet. Es gibt an jeder Stelle x, y einer Platte zwei zueinander und zur Mittelebene senkrechte Hauptschnitte, in welchen das Biegungsmoment seinen größten und seinen kleinsten Wert annimmt. Dies sind die Hauptbiegungsmomente:

$$\frac{m_x + m_y}{2} \pm \sqrt{\frac{(m_x - m_y)^2}{4} + m_{xy}^2} \, . \tag{25}$$

Die Summe der Biegungsmomente für zwei senkrechte Schnitte

$$m_n + m_t = m_x + m_y \tag{25a}$$

ist eine unveränderliche Größe.

In den Hauptschnitten verschwindet das Scherungsmoment. Dies erreicht seinen absolut genommenen größten Wert

$$\sqrt{\frac{(m_x - m_y)^2}{4} + m_{xy}^2} \tag{25b}$$

in einer der winkelhalbierenden Ebenen der Hauptschnitte. Die letzteren sind durch den Winkel

$$\cot g \, \alpha = \frac{m_x - m_y}{2 \, m_{xy}} \tag{26}$$

bestimmt.

Nimmt man die Hauptbiegungsrichtungen als Koordinatenrichtungen x und y an, so sind $m_x = m_1$, $m_y = m_2$, $m_{xy} = 0$. Die Komponenten M_x und M_y des resultierenden Momentes $\sqrt{m_n^2 + m_{nt}^2}$ des schiefen Schnittes sind gleich:

$$M_x = - m_2 \cos \varphi, \qquad M_y = m_1 \sin \varphi.$$

Durch Elimination von φ ergibt sich hieraus

$$\frac{M_x^2}{m_2^2} + \frac{M_y^2}{m_1^2} = 1$$

als geometrischer Ort des Endpunktes aller Vektoren $M = \sqrt{M_x^2 + M_y^2}$ des resultierenden Momentes im schiefen Schnitt eine Ellipse.

10. Die Differentialgleichung der elastischen Fläche einer Platte.

Wenn die Dicke h einer Platte klein gegen ihre übrigen Abmessungen ist, sind ihre Dehnungen von einfacher Art. Die Punkte einer zur Mittelebene senkrechten Geraden liegen nach der Biegung wieder auf einer Geraden und bilden eine Normale der Fläche, in die die Mittelebene im verbogenen Zustand der Platte übergeht[1]). Wir

---

[1]) Im § 15 wird nachgewiesen, daß diese einfache Gestaltänderung einer dünnen Platte eine Folge des Umstandes ist, daß das Verhältnis der Dicke

nennen diese Fläche ihre elastische Fläche und bezeichnen ihre Ordinaten als die Durchbiegungen w der Platte. Wenn diese letzteren nicht nur gegen x und y, sondern auch gegen ihre Dicke h klein sind, wird die Mittelfläche um Beträge gedehnt, die neben den Dehnungen im Abstande z von ihr von höherer Ordnung klein sind. Wir werden die von der Wölbung der Platte herrührenden Dehnungen der Mittelfläche später (S. 270) berechnen und begnügen uns hier mit dem Hinweis, daß sie neben den Dehnungen vernachlässigt werden können, die in einiger Entfernung von ihr auftreten, wenn w klein gegen h ist.

Ein Punkt mit den Koordinaten x, y, z, der außerhalb der Mittelebene $z = 0$ der Platte liegt, hat sich nach ihrer Biegung parallel zur x, y-Ebene um die kleinen Strecken ξ und η in der Richtung der x- bzw. der y-Achse verschoben (Abb. 10). Nachdem die Punkte einer zur Mittelebene senkrechten Geraden nach der Biegung eine Normale der elastischen Fläche w bilden, sind diese kleinen Verschiebungen gleich

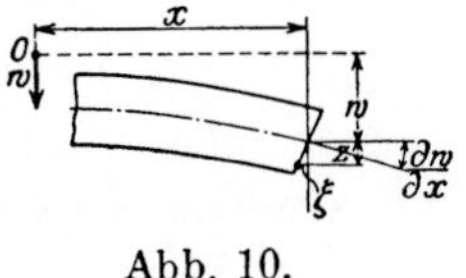

$$\xi = - z \frac{\partial w}{\partial x}, \qquad \eta = - z \frac{\partial w}{\partial y}. \qquad (27)$$

Abb. 10.

Aus den Verschiebungen ξ, η bestimmen sich die Dehnungen $\varepsilon_x, \varepsilon_y$ und die spezifische Schiebung γ_{xy} nach den Gl. (1) und (2):

$$\varepsilon_x = \frac{\partial \xi}{\partial x} = - z \frac{\partial^2 w}{\partial x^2}, \quad \varepsilon_y = \frac{\partial \eta}{\partial g} = - z \frac{\partial^2 w}{\partial y^2},$$

$$\gamma_{xy} = \frac{\partial \xi}{\partial y} + \frac{\partial \eta}{\partial x} = - 2 z \frac{\partial^2 w}{\partial x \partial y}. \qquad (28)$$

Die Beschränkung auf kleine Plattenstärken hat eine Vereinfachung zur Folge. Wenn auf der Oberfläche der Platte $z = - h/2$ ein Druck p lastet, ist die Normalspannung σ_z, welche senkrecht zur Mittelebene gerichtet ist, im Innern der Platte nicht gleich Null, weil sie auf der belasteten Seite $z = - h/2$ $\sigma_z = - p$ ist. Allein in einer dünnen Platte sind der Druck p und die Spannungen σ_z nur klein im Vergleich mit den Spannungen σ_x, σ_y, τ_{xy} der Biegung. Die Normalspannung σ_z darf deshalb neben den Span-

---

zu den Abmessungen der Platte hinreichend klein angenommen wird. Die Annahme des „Geradebleibens" der Lotrechten der Mittelebene enthält keine neue Hypothese, welche ihre Berechtigung erst der Bestätigung der aus der Theorie gezogenen Schlüsse durch Versuche verdankt, wie dies des öfteren angenommen zu werden pflegt.

2*

nungen σ_x, σ_y vernachlässigt werden[1]). Mit $\sigma_z = 0$ ergeben die Gl. (12) mit den Gl. (28)

$$\sigma_x = \frac{E}{1-\nu^2}(\varepsilon_x + \nu\,\varepsilon_y) = -\frac{Ez}{1-\nu^2}\left(\frac{\partial^2 w}{\partial x^2} + \nu\,\frac{\partial^2 w}{\partial y^2}\right)$$

$$\sigma_y = \frac{E}{1-\nu^2}(\varepsilon_y + \nu\,\varepsilon_x) = -\frac{Ez}{1-\nu^2}\left(\frac{\partial^2 w}{\partial y^2} + \nu\,\frac{\partial^2 w}{\partial x^2}\right) \qquad (29)$$

und für die Schubspannung τ_{xy}

$$\tau_{xy} = G\,\gamma_{xy} = -2\,Gz\,\frac{\partial^2 w}{\partial x\,\partial y}. \qquad (30)$$

In diesen Formeln bedeuten E den Elastizitäts-, G den Schubmodul und ν die Querdehnungszahl des Materiales.

Wir ziehen es vor statt mit den Spannungen σ_x, σ_y, τ_{xy}, mit ihren Momenten m_x, m_y, m_{xy} zu rechnen, deren Definitionsgleichungen

$$m_x = \int \sigma_x z\,dz, \quad m_y = \int \sigma_y z\,dz, \quad m_{xy} = \int \tau_{xy} z\,dz \qquad (31)$$

waren. Nach Einführung der Gl. (29) und (30) und Integration nach z (von $-h/2$ bis $h/2$) erhalten wir die drei **Grundformeln für die Spannungsmomente einer Platte in rechtwinkeligen Koordinaten:**

$$\text{Biegungsmoment} \begin{cases} m_x = -N\left(\dfrac{\partial^2 w}{\partial x^2} + \nu\,\dfrac{\partial^2 w}{\partial y^2}\right) \\[2mm] m_y = -N\left(\dfrac{\partial^2 w}{\partial y^2} + \nu\,\dfrac{\partial^2 w}{\partial x^2}\right) \end{cases} \qquad (32)$$

$$\text{Scherungsmoment } m_{xy} = -(1-\nu)\,N\,\frac{\partial^2 w}{\partial x\,\partial y}.$$

In diesen Formeln bedeutet N die Abkürzung für

$$N = \frac{E h^3}{12(1-\nu^2)}. \qquad (33)$$

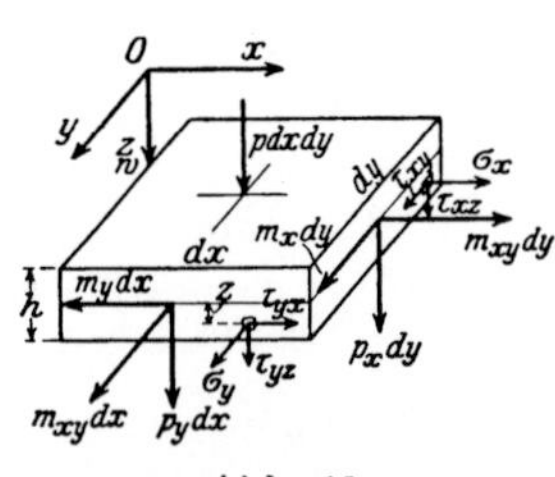

Abb. 11.

Man nennt die Größe N die **Plattensteifigkeit**. Sie hat die Dimension eines Momentes (kg cm).

Wir betrachten nunmehr das Gleichgewicht der Kräfte und Momente, die an einem kleinen prismatischen Element $dx\,dy\,h$ der Platte angreifen (Abb. 11). In den Querschnitten $dy\,h$, bzw. $dx\,h$, deren nach außen gerichtete Normale

---

[1]) Eine Ausnahme bilden die Bezirke in der Umgebung der Angriffsstellen von **stark konzentrierten Kräften** („Einzelkräften"), wo der Formänderungs- und Spannungszustand verwickelter ist.

entgegen der positiven Richtung der x- bzw. der y-Achse zeigt, wirken außer den Spannungsmomenten m_x, m_y, m_{xy}, die Scherkräfte

$$p_x = \int \tau_{xz}\, dz, \quad \text{bzw.} \quad p_y = \int \tau_{yz}\, dz \tag{34}$$

senkrecht zur Mittelebene. Die positiven Richtungen dieser (ebenfalls auf die Längeneinheit der Schnittbreite bezogenen) Scherkräfte sind in zwei Seitenflächen des prismatischen Elements aus der Abb. 11 zu ersehen.

In den Gleichgewichtsbedingungen der Momente bezüglich der x-, bzw. der y-Achse ist zu berücksichtigen, daß sich die Momente m_x, m_y, m_{xy} um ein Differential ändern, wenn x, y um dx, dy zunehmen. Sie lauten

$$p_x = \frac{\partial m_x}{\partial x} + \frac{\partial m_{xy}}{\partial y}, \quad p_y = \frac{\partial m_y}{\partial y} + \frac{\partial m_{xy}}{\partial x}. \tag{35}$$

Führt man hier die Ausdrücke aus (32) ein, so ergeben sich **die Formeln für die Scherkräfte einer Platte in rechtwinkeligen Koordinaten.**

$$p_x = - N \frac{\partial \Delta w}{\partial x}, \quad p_y = - N \frac{\partial \Delta w}{\partial y}. \tag{36}$$

Hier und im folgenden bedeutet Δw die Abkürzung für den vielgebrauchten Differentialausdruck:

$$\Delta w = \frac{\partial^2 w}{\partial x^2} + \frac{\partial^2 w}{\partial y^2}.$$

Aus den Gl. (32) folgt, daß die Summe der Biegungsmomente gleich

$$m_x + m_y = - (1 + \nu)\, N \Delta w \tag{36a}$$

ist.

Schließlich ist die Gleichgewichtsbedingung der zur Mittelebene senkrechten Kräfte anzugeben. Wenn man beachtet, daß die Unterschiede der in den Schnitten x und $x + dx$, y und $y + dy$ übertragenen Scherkräfte der äußeren Last $p\, dx\, dy$ am Element $dx\, dy$ (Abb. 11) das Gleichgewicht halten müssen, erhält man die Gleichung

$$\frac{\partial p_x}{\partial x} + \frac{\partial p_y}{\partial y} + p = 0. \tag{37}$$

Sie liefert, wenn die Ausdrücke für die Scherkräfte p_x, p aus (36) eingeführt werden, die lineare, partielle Differentialgleichung vierter Ordnung für die Durchbiegung w der Platte:

$$\frac{\partial^4 w}{\partial x^4} + 2 \frac{\partial^4 w}{\partial x^2 \partial y^2} + \frac{\partial^4 w}{\partial y^4} = \Delta \Delta w = \frac{p}{N}. \tag{38}$$

In ihr ist die auf die Flächeneinheit der Oberfläche $z = - h/2$ bezogene Last p (sie wurde in der Richtung der zunehmenden Durchbiegungen w als positiv eingeführt) als eine beliebig gegebene Funktion der Koordinaten x und y zu betrachten.

Einer partiellen Differentialgleichung, wie der **Plattengleichung**:

$$\Delta \Delta w = f(x, y)$$

genügt eine Fülle von Funktionen w der Koordinaten x und y. Zu jeder solchen Funktion gehört ein in einer elastischen Platte möglicher Spannungszustand mit den Momenten (32) und den Scherkräften (36).

Die Spannungsmomente für Beton.

Wie wir schon erwähnten, haben die porösen Materialien eine kleine Querdehnungszahl ν. Unter ihnen ist der für die Anwendungen der Plattentheorie wichtigste der Beton. Man wird bei diesem Stoff in erster Näherung $\nu = 0$ annehmen dürfen und erhält dann die Spannungsmomente in der einfachen Form:

$$m_x = -N\frac{\partial^2 w}{\partial x^2}, \qquad m_y = -N\frac{\partial^2 w}{\partial y^2}, \qquad m_{xy} = -N\frac{\partial^2 w}{\partial x\,\partial y}. \qquad (39)$$

11. Die Anstrengung der Platte.

Für die größte Inanspruchnahme einer verbogenen Platte sind gewöhnlich die zu ihrer Mittelebene parallelen Spannungen σ_x, σ_y, τ_{xy} maßgebend. In Platten, die in ihrer Mittelebene nicht gespannt werden, erreichen diese, mit der Entfernung z von ihr linear zunehmenden Biegungsspannungen ihre absolut genommen größten Werte σ_x', σ_y', τ_{xy}' in den beiden Oberflächenschichten $z = \pm\, h : 2$; sie sind mithin in der Entfernung z von der Mittelebene durch die Verhältnisse

$$\sigma_x : \sigma_x' = \sigma_y : \sigma_y' = \tau_{xy} : \tau_{xy}' = 2\,z : h$$

bestimmt. Führt man in die Ausdrücke für die Spannungsmomente (22) diese Werte ein, so ergeben sich die größten Biegungsspannungen gleich

$$\sigma_x' = \pm\, 6\,m_x : h^2, \qquad \sigma_y' = \pm\, 6\,m_y : h^2, \qquad \tau_{xy}' = \pm\, 6\,m_{xy} : h^2. \qquad (40)$$

Die größte Normalspannung und die größte zur Oberfläche parallele Schubspannung sind hiernach in zwei Plattenquerschnitten $x = $ konst. bzw. $y = $ konst. gleich dem auf die Längeneinheit der Schnittbreite bezogenen Biegungs- bzw. Scherungsmoment, geteilt durch das ebenfalls auf die Längeneinheit der Schnitte bezogene „Widerstands"-moment $h^2 : 6$.

Man weist an Hand der Ausdrücke (29) für σ_x, σ_y, τ_{xy} und der ersten und der zweiten Gleichgewichtsbedingung (4) leicht nach, daß die

Kurven der Schubspannungen τ_{xz} bzw. τ_{yz} in den Schnitten $x = $ konst. bzw. $y = $ konst. in Abhängigkeit von der Koordinate z Parabeln sind. τ_{xz}, τ_{yz} sind für $z \pm h/2$ gleich Null und erreichen ihre größten Werte τ_{xz}', $\tau_{yz}'^1$ in der Mittelebene $z = 0$ der Platte. Da die durch diese Parabelbögen eingeschlossenen Flächeninhalte mit den Scherkräften p_x bzw. p_y [siehe die Gl. (35)', S. 21] der Platte gleich sind, ergeben sich die größten Schubspannungen τ_{xz}', τ_{yz}' auch gleich

$$\tau_{xz}' = \frac{3\,p_x}{2}, \qquad \tau_{yz}' = \frac{3\,p_y}{2}. \tag{41}$$

Diese Schubspannungen sind im allgemeinen neben den Biegungsspannungen σ_x', σ_y', τ_{xy}' von untergeordneter Bedeutung. Sie können jedoch in der Umgebung der Angriffsflächen stark konzentrierter Kräfte größere Werte erlangen.

Die zulässige Beanspruchung.

Ein homogener Spannungszustand wird durch seine drei Hauptkreise (Abb. 12) gegeben. Wenn seine Hauptspannungen σ_1, σ_2, σ_3 allmählich im gleichen Verhältnis vergrößert werden, gelangt das Material schließlich in einen Zustand, in dem es entweder sich plastisch zu deformieren (in dem es zu fließen) beginnt oder in dem ein Bruch sich zu entwickeln beginnt. Die Gesamtheit der größten Hauptkreise bildet die Grenzspannungszustände, die für die zulässige Inanspruchnahme eines Materiales maßgebend sind. Der Übergang in den bildsamen Zustand kann unstetig, d. h. plötzlich unter einem bestimmten Spannungszustand eintreten. Er ist dann

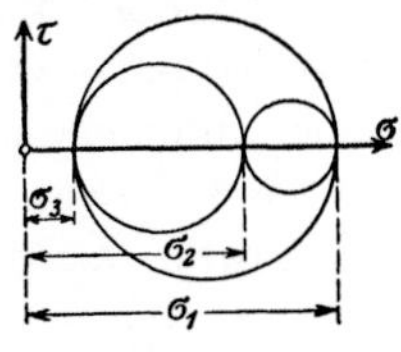

Abb. 12.

an einer groben Gleitflächen-, Fließfigurenbildung leicht erkennbar. Beispiel: weiches, feinkörniges Eisen. Er kann jedoch auch ganz allmählich erfolgen, indem die Hauptwerte der Spannungen vergrößert werden müssen, bis sich die bleibenden Formänderungen stärker ausgebildet haben. Letzteres scheint beispielsweise der Fall zu sein, wenn ein Material zuerst plastisch deformiert wurde und nachher unter einem Zustand wieder belastet wird, bei dem die Hauptrichtungen eine andere Lage zum Körper einnehmen oder bei dem die Hauptspannungen in einem anderen Verhältnis zueinander stehen. Da diese Verhältnisse noch wenig geklärt sind, wird man sich vorerst mit der Festsetzung solcher Grenzkreise begnügen müssen, unter deren Spannungszuständen bleibende Formänderungen noch als ungefährlich angesehen werden. Im „spröden" Zustand der Körper tritt der Bruch ein, bevor die Teilchen (unter den betreffenden

Spannungszuständen) sich plastisch verschieben konnten. Wenn von den Hauptspannungen mindestens eine eine Zugspannung ist und dem Bruch keine nennenswerten bildsamen Formänderungen vorangingen, beobachtet man oft, daß die Bruchfläche senkrecht zur größten Zugspannung verläuft. Es scheint, daß die Grenzspannungszustände, die einen solchen Bruch ergeben, in erster Näherung durch einen bestimmten Wert der größten Zugspannung ausgezeichnet sind[1]). In der Bruchfläche ist ein unzerstörtes Korngefüge zu erkennen. Wenn unter den Hauptspannungen keine Zugspannung vorkommt, verläuft die Bruchfläche gewöhnlich in der Nähe der Richtungen, in denen die Schubspannungen ihre größten Werte haben. Derartige Bruchflächen fühlen sich bei weichem Material pulverig an (Beispiel: die Bruchkegel eines gedrückten Sandstein- oder Marmorzylinders). Da der endgültigen Ausbildung des Bruches bei dieser Art der Bruchflächen oft eine nennenswerte Verschiebung der Körperteile parallel zu ihnen vorangeht, wird das Gefüge in deren Umgebung (in einer oft schon mit freiem Auge erkennbaren Schicht) zerstört. Wir bezeichnen nach dem Vorschlage von L. Prandtl, der auf diese Verschiedenheiten des Bruchaussehens zuerst hingewiesen hat, die erste Art von Brüchen als Trennungs-, die zweite als Verschiebungsbrüche.

Nach der Mohrschen Theorie des Bruchzustandes[2]) berühren die größten Hauptkreise von sämtlichen, in einem beanspruchten Körper möglichen Spannungszuständen, unter welchen entweder ein Verschiebungsbruch eintritt oder der Körper in den bildsamen Zustand gerät, eine dem jeweiligen Material eigentümliche „Grenzkurve"[3]) (Abb. 13).

---

[1]) Wir müssen es uns versagen, auf die neuen Versuche von Griffith (Phil. Trans. Roy. Soc. London 1921, Ser. A. Bd. 221, S. 163) und von Joffé (Z. f. Physik 1924) hier einzugehen, durch die der Bruch durch Zugspannungen in einem neuen Lichte erscheint.

[2]) Z. V. d. I. 1900, S. 1524 oder Föppl, A.: Vorl. ü. techn. Mech. Bd. 5 und A. u. L. Föppl: Drang u. Zwang, Bd. 1 u. 2.

[3]) Die Mohrschen Anschauungen wurden besonders durch die Versuche von J. Guest (Phil. Mag. 1900, Ser. 5. Vol. 43) für die dehnbaren Metalle und von A. Föppl (Mitt. a. d. mech. techn. Labor. München, 1900) und von Th. v. Kármán (Forsch.-Arb. Ing. Heft 118, für gesteinartige Körper bestätigt. Vgl. auch P. Ludwik (Z. Metallkunde 1922). — Es muß einen Mohrschen Kreis geben, der sowohl die Möglichkeit für einen Verschiebungs-, als auch für einen Trennungsbruch zuläßt. Es ist der kleinste der Hauptkreise (in Abb. 13 ist er dick ausgezogen), für den $\sigma_1 = $ der größten zulässigen Zughauptspannung wird und der die Mohrsche Umhüllende berührt. Die Hauptkreise für die Trennungsbrüche liegen alle innerhalb dieses Kreises, einige von ihnen sind als punktierte Kreise in der Abb. 13 gezeichnet. Diese Grenzkreise fügen sich also der Umhüllenden nicht mehr an.

Die am meisten gefährdete Stelle der Platte liegt in einer der Oberflächenschichten $z = \pm\, h/2$ dort, wo der größte Hauptkreis des Spannungszustandes während der steigenden Belastung zuerst die Grenzkurve berührt. In der Mohrschen Darstellung des allgemeinen dreiachsigen Spannungszustandes ist sein Durchmesser gleich der Differenz der algebraisch genommen größten und kleinsten Hauptspannung.

Zur Berechnung einer Platte auf Festigkeit werden deshalb die Hauptspannungen in der am meisten gefährdeten Stelle anzugeben sein. Die Hauptspannungen werden nach (40) aus den Hauptmomenten mit Hilfe des Momentenkreises ermittelt. Die Dicke der Platte oder die zulässige Belastung, welche auf sie wirken darf, sind dann mit Rücksicht auf einen Verschiebungsbruch

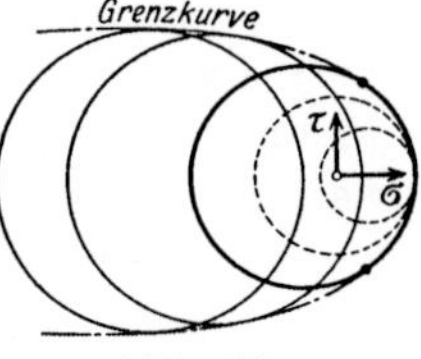

Abb. 13.

oder den Eintritt der Plastizität so zu wählen, daß der mit der algebraisch größten und mit der kleinsten Hauptspannung gezeichnete Hauptspannungskreis die Grenzkurve gerade berührt.

Schubspannungstheorie.

Wenn beispielsweise das Material einer Platte ein bildsames Metall ist, hängt nach den Versuchen von J. Guest[1]) und andern der Eintritt der Plastizität im großen und ganzen von der Überschreitung einer größten Schubspannung ab. Da diese dem halben Unterschied der algebraisch größten und kleinsten Hauptspannung gleich ist, liegt die am meisten gefährdete Stelle der Platte dort, wo dieser Unterschied seinen größten Wert annimmt. Bei der Berechnung von τ_{max} sind mit Rücksicht darauf, daß das erste Fließen in einer der Randschichten der Platte zu erwarten ist, zwei Fälle zu unterscheiden. Wenn die beiden Hauptspannungen σ_1 und σ_2 (die dritte ist an der Oberfläche gleich Null oder doch nahezu gleich Null, wenn ein Druck p auf sie wirkt) gleiches Vorzeichen haben, ist nur die absolut genommen größere der beiden maßgebend und die größte Schubspannung gleich ihrer Hälfte. Wenn hingegen die beiden Hauptspannungen σ_1 und σ_2 verschiedenes Vorzeichen haben, ist τ_{max} gleich $(\sigma_1 - \sigma_2):2$. Die Dicke der Platte ist so zu wählen, daß an der gefährdeten Stelle:

$$\text{im ersten Falle} \qquad \tau_{\mathrm{max}} = \frac{\sigma_{\mathrm{max}}}{2} \leqq \frac{k_z}{2}\,,$$

$$\text{im zweiten Falle} \qquad \tau_{\mathrm{max}} = \frac{\sigma_1 - \sigma_2}{2} \leqq \frac{k_z}{2}$$

$$(42)$$

---

[1]) A. a. O. Ferner vgl. des Verfassers Bericht über die Fließgrenze des Eisens in der Schweiz. Bauzg., Zürich 1924.

ist, wo k_z die zulässige Beanspruchung auf Zug (die im Zugversuch ermittelte Fließgrenze) bezeichnet. Mit Benutzung der Beziehungen aus dem Momentenkreis ist die Dicke der Platte aus der Forderung

$$\text{im ersten Falle} \quad \frac{m_x + m_y}{2} \pm \frac{1}{2}\sqrt{(m_y - m_x)^2 + 4\,m_{xy}^2} \leq \frac{k_z h^2}{6},$$

$$\text{im zweiten Falle} \quad \sqrt{(m_y - m_x)^2 + 4\,m_{xy}^2} \leq \frac{k_z h^2}{6} \tag{43}$$

zu ermitteln.

Liegt hingegen die Gefahr eines Trennungsbruches vor, so hat man nur dafür zu sorgen, daß die größte Hauptzugspannung nirgends größer wird, wie die Bruchspannung des reinen Zugversuches.

12. Einfachste Anwendungen der Plattengleichung. Gleichmäßige Biegung. Die elliptische Platte. Sinusförmige Belastung einer rechteckigen Platte.

Die Grundlage für die Berechnung der Spannungen einer durch Momente oder durch seitwärts gerichtete Kräfte nur wenig aus ihrer Ebene verbogenen elastischen Platte bilden die Gleichungen (32), (36) und (38), die wir der Übersicht halber hier nochmals folgen lassen:

$$\text{Biegungsmomente:} \quad \begin{cases} m_x = -N\left(\dfrac{\partial^2 w}{\partial x^2} + \nu\,\dfrac{\partial^2 w}{\partial y^2}\right) \\[2mm] m_y = -N\left(\dfrac{\partial^2 w}{\partial y^2} + \nu\,\dfrac{\partial^2 w}{\partial x^2}\right) \end{cases} \tag{44}$$

$$\text{Scherungsmoment:} \quad m_{xy} = -(1-\nu)\,N\,\frac{\partial^2 w}{\partial x\,\partial y} \tag{45}$$

$$\text{Scherkräfte:} \quad \begin{cases} p_x = -N\dfrac{\partial}{\partial x}\,\varDelta w \\[2mm] p_y = -N\dfrac{\partial}{\partial y}\,\varDelta w \end{cases} \tag{46}$$

$$\text{Plattengleichung:} \quad \varDelta \varDelta w = p/N \tag{47}$$

$$\text{Größte Randspannungen:} \quad \sigma_{x\,\max} = \pm\frac{6\,m_x}{h^2}, \quad \sigma_{y\,\max} = \pm\frac{6\,m_y}{h^2}$$

$$\tau_{xy\,\max} = \pm\frac{6\,m_{xy}}{h^2} \tag{48}$$

(w Durchbiegung der Platte, p Druckbelastung auf der Fläche $z = -h/2$, h Dicke, ν Querdehnungszahl, $N = E h^3/12\,(1-\nu^2)$ Plattensteifigkeit, E Elastizitätsmodul.)

a) Wir betrachten zunächst einige Sonderfälle der Plattengleichung. Wenn auf der Fläche $z = -h/2$ der Platte keine Druckbelastung wirkt, ist $p = 0$. Ihre Durchbiegung w_1 genügt dann der homogenen Plattengleichung

$$\Delta \Delta w_1 = \frac{\partial^4 w_1}{\partial x^4} + 2 \frac{\partial^4 w_1}{\partial x^2 \partial y^2} + \frac{\partial^4 w_1}{\partial y^4} = 0. \qquad (49)$$

Kennt man ein partikuläres Integral w_0 der nicht homogenen Plattengleichung (47), so ist ihre allgemeine Lösung gleich

$$w = w_0 + w_1, \qquad (49\,\text{a})$$

wo w_1 der homogenen Gleichung

$$\Delta \Delta w_1 = 0$$

genügt.

b) Biegung nach einer Zylinderfläche. Wir überzeugen uns, daß in den Biegungsgleichungen (44) bis (48) der elastischen Platte der Fall der Biegung eines im Vergleich zu seiner Höhe h sehr breiten Stabes von rechteckigem Querschnitt enthalten ist. Wenn seine Belastung $p = p_0 f(x)$ und seine Durchbiegung w nur von einer Koordinate (x) abhängen, geht die partielle Differentialgleichung (47) für die Funktion w in eine gewöhnliche lineare Differentialgleichung vierter Ordnung

$$\frac{d^4 w}{d x^4} = \frac{p_0}{N} \cdot f(x) = \frac{12 \, (1 - \nu^2) \, p_0}{E \, h^3} \cdot f(x) \qquad (50)$$

über. Für einen durch einen Druck $p = p_0 f(x)$ verbogenen Stab lautet die Differentialgleichung der elastischen Linie bekanntlich

$$\frac{d^4 w}{d x^4} = \frac{p}{J E},$$

wo mit J das Trägheitsmoment des Stabquerschnittes bezeichnet ist. Wenn sein Querschnitt ein Rechteck von der Höhe h und der Breite eins ist, wird $J = h^3/12$ und

$$\frac{d^4 w}{d x^4} = \frac{12 \, p_0}{E \, h^3} \cdot f(x). \qquad (51)$$

Der Vergleich der Gl. (50) und (51) zeigt, daß sie sich durch einen konstanten Faktor $(1 - \nu^2)$ auf der rechten Seite unterscheiden. Wenn die auf die Längeneinheit der Breite bezogene Belastung in beiden Fällen die gleiche ist, besitzt ein sehr breiter Streifen einer Platte, der nur in seiner Querrichtung verbogen wird, eine $1 - \nu^2$ mal kleinere Durchbiegung an jeder Stelle, als ein aus ihm herausgeschnittener schmaler Stab. Im Plattenstreifen ergeben sich die Scherkräfte

$$p_x = - N \frac{d^3 w}{d x^3}, \qquad p_y = 0$$

und die Momente

$$m_x = - N \frac{d^2 w}{d x^2}, \qquad m_y = \nu\, m_x, \qquad m_{xy} = 0.$$

In einem zur y-Achse parallelen, breiten Plattenstreifen, dessen Durchbiegungen nur von der Koordinate x abhängen, wirken auch in seiner Querrichtung Biegungsmomente. Sie sind ν mal kleiner als die Momente m_x in der Biegungsrichtung.

Wenn der Druck $p = p_0 = \text{konst.}$ gleichförmig verteilt ist, ist eine partikuläre Lösung der nicht homogenen Gl. (47)

$$w_0 = \frac{p_0\, x^4}{24\, N}. \tag{52}$$

Gemäß a) (49a) folgt, daß die allgemeine Lösung einer durch einen unveränderlichen Druck $p = p_0$ belasteten elastischen Platte

$$w = \frac{p_0\, x^4}{24\, N} + w_1$$

ist, unter w_1 eine Funktion verstanden, für die $\varDelta\varDelta w_1 = 0$ ist. Die elastische Fläche w einer durch einen gleichförmig verteilten Druck $p = \text{konst.}$ belasteten Platte enthält also stets die partikuläre Lösung eines Plattenstreifens w_0. Für manche Zwecke ist es vorteilhafter, als partikuläres Integral eines der folgenden

$$w_0 = \frac{p_0\,(x^4 + y^4)}{24\, N} \quad \text{oder} \quad w_0 = \frac{p_0\,(x^2 + y^2)^2}{24\, N}$$

zu benutzen.

c) **Potenzausdrücke.** Der homogenen Plattengleichung

$$\varDelta\varDelta w = 0 \tag{53}$$

genügen alle Funktionen, welche Lösungen der Differentialgleichung

$$\varDelta u = \frac{\partial^2 u}{\partial x^2} + \frac{\partial^2 u}{\partial y^2} = 0 \tag{54}$$

sind, ferner: $(x^2 + y^2)\,u$. Da der reelle oder der imaginäre Teil jeder regulären analytischen Funktion der komplexen Veränderlichen $z = x + iy$ der auf zwei Veränderliche beschränkten Laplaceschen Differentialgleichung

$$\frac{\partial^2 u}{\partial x^2} + \frac{\partial^2 u}{\partial y^2} = 0$$

genügt, stehen für die Plattentheorie eine Fülle von Lösungen der Gl. (53) zur Verfügung.

So entstehen beispielsweise aus den Potenzen $z^n = u + iv$ der komplexen Veränderlichen $z = x + iy$ die Potenzausdrücke der Koordinaten x und y:

$$z = x + iy, \qquad\qquad \text{reeller Teil: } u = x,$$
$$z^2 = x^2 + 2ixy - y^2, \qquad\qquad u = x^2 - y^2,$$
$$z^3 = x^3 + 3ix^2y - 3xy^2 - iy^3 \qquad\qquad u = x^3 - 3xy^2,$$
$$\cdots\cdots\cdots\cdots \qquad\qquad \cdots\cdots\cdots$$

$$\text{imaginärer Teil: } v = y,$$
$$v = 2xy,$$
$$v = 3x^2y - y^3,$$
$$\cdots\cdots\cdots$$

und die Funktionen: $(x^2 + y^2)u$, $(x^2 + y^2)v$. Eine jede dieser Funktionen ist mit einer beliebigen Konstanten multipliziert eine Lösung der homogenen Plattengleichung (53).

Die lineare Funktion

$$w = c_0 + c_1 x + c_2 y$$

gibt keinen Anlaß zur Entstehung eines Spannungszustandes in einer elastischen Platte, weil die Spannungsmomente die zweiten Ableitungen der Durchbiegung w nach den Koordinaten x und y enthalten. Sie dient lediglich zur Fixierung einer elastischen Fläche $w = f(x, y)$ im Raume.

d) **Reine Biegung.** Zur quadratischen Funktion

$$w = c_1 x^2 + 2c_2 xy + c_3 y^2$$

gehört ein besonders einfacher Spannungszustand einer elastischen Platte. Berechnet man nämlich mit Hilfe der Differentialausdrücke (44), (45) ihre Spannungsmomente, so ergeben sie sich gleich

$$m_x = -2N(c_1 + \nu c_3),$$
$$m_y = -2N(\nu c_1 + c_3),$$
$$m_{xy} = -2(1 - \nu)Nc_2,$$

also unabhängig von den Koordinaten x und y. Scherkräfte treten nicht auf, weil die Ableitungen von $\Delta w = 2(c_1 + c_3)$ nach x und y verschwinden. Wenn $m_x = m_y = m$ und $m_{xy} = 0$ angenommen werden, ist

$$w = -\frac{m(x^2 + y^2)}{2(1 + \nu)N},$$

die Platte krümmt sich in allen Richtungen gleich stark nach einer Kugelfläche (nach einem flachen Umdrehungsparaboloid). (Gleichmäßige Biegung.) Wenn hingegen $m_x = m_y = 0$, $m_{xy} = m$ gesetzt werden, ist die elastische Fläche

$$w = -\frac{mxy}{2(1 - \nu)N}$$

ein flaches hyperbolisches Paraboloid. Die Krümmung ist sattelförmig. (Gleichmäßige Torsion oder Schubbeanspruchung einer Platte, Abb. 14.) Wenn schließlich $m_x = m$, $m_y = m_{xy} = 0$, wird

$$w = \frac{m(x^2 - \nu y^2)}{2(1 - \nu^2)N}.$$

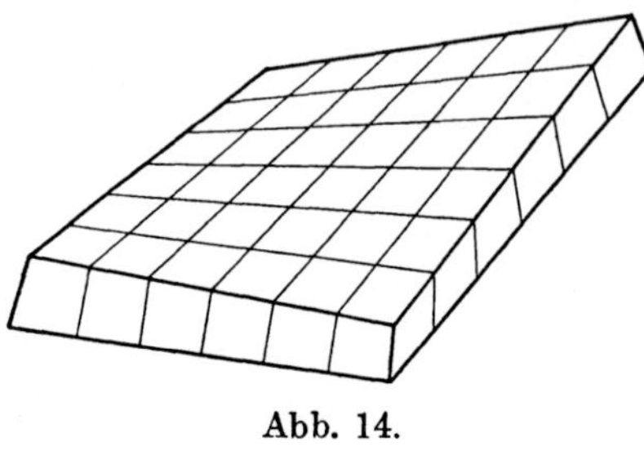

Abb. 14.

Durch die zur y-Achse parallelen Querschnitte werden jetzt keine Spannungen übertragen. Wir dürfen uns deshalb parallel zu dieser Richtung aus der Platte einen Streifen von beliebiger Breite herausgeschnitten denken, ohne daß sich die Spannungen in seinem Innern ändern. So erhalten wir den Sonderfall der reinen Biegung eines Stabes, dessen Querschnitte ein flaches Rechteck bilden, durch zwei Kräftepaare. Der Physiker Cornu hat die sattelförmige Krümmung dieser Fläche an flachen Glasprismen von rechteckigem Querschnitt beobachtet und sie zur Bestimmung der Poissonschen Zahl ν herangezogen. Zieht man etwa auf der Breitseite des Stabes einen Kreis und beobachtet den Wölbungspfeil zweier Durchmesser, deren einer senkrecht und deren zweiter parallel zur Stabachse angenommen wird, so ist das Verhältnis der Pfeile die Querdehnungszahl ν.

c) Ein weiteres Beispiel für die Anwendbarkeit der Potenzansätze bietet die elastische Fläche einer durch einen gleichmäßigen Druck $p = p_0 = $ konst. belasteten, eingespannten elliptischen Platte. Setzt man

$$w = c\left(\frac{x^2}{a^2} + \frac{y^2}{b^2} - 1\right)^2,$$

unter a, b und c Konstante verstanden, und bildet mit dieser Funktion

$$\Delta\Delta w = 8c\left[3\left(\frac{1}{a^2} + \frac{1}{b^2}\right)^2 - \frac{4}{a^2 b^2}\right],$$

so zeigt sich, daß die Funktion w eine Lösung der Plattengleichung

$$\Delta\Delta w = \frac{p_0}{N} = \text{konst.}$$

wird, wenn man die Konstante c gleich

$$c = \frac{p_0}{8N} \cdot \frac{1}{\left[3\left(\frac{1}{a^2} + \frac{1}{b^2}\right)^2 - \frac{4}{a^2 b^2}\right]}$$

wählt. Längs der Ellipse

$$\frac{x^2}{a^2} + \frac{y^2}{b^2} = 1$$

verschwinden die Durchbiegungen w und auch die Ableitungen der elastischen Fläche $\dfrac{\partial w}{\partial x}$ und $\dfrac{\partial w}{\partial y}$. Um die Spannungsmomente der elliptischen Platte anzugeben, berechnen wir die zweiten Ableitungen von w

$$\frac{\partial^2 w}{\partial x^2} = \frac{4c}{a^2}\left[\frac{3x^2}{a^2} + \frac{y^2}{b^2} - 1\right],$$

$$\frac{\partial^2 w}{\partial y^2} = \frac{4c}{b^2}\left[\frac{x^2}{a^2} + \frac{3y^2}{b^2} - 1\right],$$

$$\frac{\partial^2 w}{\partial x \partial y} = \frac{8cxy}{a^2 b^2}$$

und erhalten mit Benutzung der Formeln (44) (45) die Spannungsmomente gleich

im Mittelpunkt der Ellipse: $x = y = 0$, $\qquad m_x = 4cN\left(\dfrac{1}{a^2} + \dfrac{\nu}{b^2}\right),$

$$m_y = 4cN\left(\frac{\nu}{a^2} + \frac{1}{b^2}\right), \qquad m_{xy} = 0;$$

am Ende der großen Achse: $x = a$, $y = 0$, $\qquad m_x = -8cN\dfrac{1}{a^2},$

$$m_y = -8cN\frac{\nu}{a^2}, \qquad m_{xy} = 0;$$

am Ende der kleinen Achse: $x = 0$, $y = b$, $\qquad m_x = -8cN\dfrac{\nu}{b^2},$

$$m_y = -8cN\frac{1}{b^2}, \qquad m_{xy} = 0.$$

Wenn $a > b$, ist das am Ende der kleinen Halbachse wirkende Einspannungsmoment $m_y = \dfrac{8cN}{b^2}$ das absolut genommen größte. Die größte Inanspruchnahme einer eingespannten elliptischen Platte, die einen gleichmäßig verteilten Druck p_0 trägt, ist demnach nach (40) gleich

$$\sigma_{y\,\mathrm{max}} = \pm\frac{6\,m_{y\,\mathrm{max}}}{h^2} = \pm\frac{6\,p_0}{b^2 h^2\left[3\left(\dfrac{1}{a^2} + \dfrac{1}{b^2}\right)^2 - \dfrac{4}{a^2 b^2}\right]}.$$

Wenn $a = b$ ist, geht die Ellipse in einen Kreis über, wir erhalten die Gleichung der elastischen Fläche einer gleichmäßig belasteten eingespannten Kreisplatte vom Halbmesser a

$$w = \frac{p_0}{64\,N}[x^2 + y^2 - a^2]^2$$

Aus der vorletzten Formel berechnet man ihre größte Inanspruchnahme gleich:

$$\sigma_{max} = \pm \frac{3\,p_0\,a^2}{4\,h^2}.$$

f) **Sinusförmige Belastung einer rechteckigen Platte.** Als ein letztes Beispiel betrachten wir die Funktion

$$w = c \sin \frac{\pi x}{a} \sin \frac{\pi y}{b}, \tag{54a}$$

a, b und c mögen Konstante sein. Durch diese Funktion wird über der x, y-Ebene eine unbegrenzte Fläche aus regelmäßigen Wellenbergen und Wellentälern dargestellt. Ihre Ordinate w verschwindet auf den Geraden $x = 0$, $\pm a$, $\pm 2\,a$, ... und $y = 0$, $\pm b$, $\pm 2\,b$, ... Durch sie wird die x, y-Ebene in gleiche Rechtecke mit den Seiten a und b geteilt. Wir können mit Hilfe dieser Funktion die verbogene Gestalt einer rechteckigen Platte darstellen. Um die Belastung p anzugeben, unter der sie nach dieser Fläche verbogen wird, bilden wir die zweiten Ableitungen der Funktion w

$$\frac{\partial^2 w}{\partial x^2} = -\frac{c\,\pi^2}{a^2} \sin \frac{\pi x}{a} \sin \frac{\pi y}{b}, \qquad \frac{\partial^2 w}{\partial y^2} = -\frac{c\,\pi^2}{b^2} \sin \frac{\pi x}{a} \sin \frac{\pi y}{b},$$

$$\Delta w = \frac{\partial^2 w}{\partial x^2} + \frac{\partial^2 w}{\partial y^2} = -c\,\pi^2 \left(\frac{1}{a^2} + \frac{1}{b^2} \right) \sin \frac{\pi x}{a} \sin \frac{\pi y}{b}$$

und berechnen mit ihrer Hilfe

$$\Delta \Delta w = c\,\pi^4 \left(\frac{1}{a^2} + \frac{1}{b^2} \right)^2 \sin \frac{\pi x}{a} \sin \frac{\pi y}{b}.$$

Wählt man den Druck p einer Platte gleich

$$p = N \Delta \Delta w = N c\,\pi^4 \left(\frac{1}{a^2} + \frac{1}{b^2} \right)^2 \cdot \sin \frac{\pi x}{a} \sin \frac{\pi y}{b},$$

so wird w zu einer Lösung dieser Differentialgleichung. Die „Belastungsfläche" p dieser Platte wird also durch eine ähnliche Funktion dargestellt, wie ihre elastische Fläche oder ihre Durchbiegung w.

Aus dieser unbegrenzten Platte schneiden wir durch vier gerade Schnitte $x = 0$, $x = a$, $y = 0$, $y = b$ eine rechteckige Platte mit den Seitenlängen a und b heraus. Auf ihren Seiten verschwindet die Durchbiegung w. Die obigen Gleichungen zeigen, daß ferner auf den Seiten auch die zweiten Ableitungen $\frac{\partial^2 w}{\partial x^2}$ und $\frac{\partial^2 w}{\partial y^2}$ überall gleich Null sind. Weiter folgt, daß auch die Biegungsmomente m_x und m_y, welche nach den Formeln (44) gleich

$$m_x = -N\left(\frac{\partial^2 w}{\partial x^2} + \nu\,\frac{\partial^2 w}{\partial y^2}\right) = Nc\pi^2\left(\frac{1}{a^2} + \frac{\nu}{b^2}\right)\sin\frac{\pi x}{a}\sin\frac{\pi y}{b}$$

$$m_y = -N\left(\frac{\partial^2 w}{\partial y^2} + \nu\,\frac{\partial^2 w}{\partial x^2}\right) = Nc\pi^3\left(\frac{\nu}{a^2} + \frac{1}{b^2}\right)\sin\frac{\pi x}{a}\sin\frac{\pi y}{b}$$

sind, auf dem Rande des Rechteckes verschwinden. Die elastische Fläche w, die Belastungsfläche p und die beiden Momentenflächen m_x, m_y sind bei diesem Spannungszustand einer rechteckigen Platte affine Flächen. Sie werden durch einen Hügel über dem Rechteck dargestellt, dessen Schnitte parallel zu den Rechteckseiten Halbwellen einer gewöhnlichen Sinuslinie sind. Die Konstante c stellt den größten Biegungspfeil der verbogenen Platte dar, der im Mittelpunkt $x = a/2$, $y = b/2$ des Rechtecks auftritt. Bezeichnet p_0 die Flächenbelastung der Platte an derselben Stelle, so ergibt die Gl. (54a) für den größten Biegungspfeil den Wert

$$c = \frac{p_0}{\pi^4 N\left(\dfrac{1}{a^2} + \dfrac{1}{b^2}\right)^2}.$$

Im Mittelpunkt des Rechtecks $x = \dfrac{a}{2}$, $y = \dfrac{b}{2}$ erreichen die Biegungsmomente m_x und m_y ihre größten Werte:

$$m_{x\,\mathrm{max}} = Nc\pi^2\left(\frac{1}{a} + \frac{\nu}{b}\right), \qquad m_{y\,\mathrm{max}} = Nc\pi^2\left(\frac{\nu}{a} + \frac{1}{b}\right).$$

13. Die Grenzbedingungen elastischer Platten.

Eine Platte kann innerhalb einer gegebenen Umrißlinie unter einer gegebenen Belastung noch in verschiedener Weise verbogen werden, je nachdem wie sie auf ihrem Rande unterstützt oder befestigt ist. Um die Gestalt ihrer elastischen Fläche aus ihrer Differentialgleichung

$$\Delta\Delta w = f(x, y)$$

bestimmen zu können, wird man die Grenzbedingungen anzugeben haben, denen sie auf dem Rande zu genügen hat.

Die Momente und die Scherkräfte der Platte ergeben sich aus ihrer elastischen Fläche w nach den Formeln (32) und (36). In jedem Element $ds \cdot h$ der Randbegrenzung, dessen nach außen gerichtete Normale die Richtung n hat, gehört zu einer gegebenen Lösung w der Plattengleichung ein bestimmtes Biegungsmoment m_n, ein Scherungsmoment m_{ns} und eine Scherkraft p_n.

Wenn umgekehrt aus den Randwerten der Momente und der Scherkräfte einer Platte ihre elastische Fläche bestimmt werden soll, entsteht die Frage, ob hierzu die Randwerte sowohl des Biegungs- als des Scherungsmomentes und der Scherkraft, also von drei Größen entlang des Randes anzugeben sind. Wie Gustav Kirchhoff in seiner berühmten Abhandlung „Über das Gleichgewicht und die Bewegung einer elastischen Scheibe"[1]) bemerkt hat, gelangt man auf Grund seiner für elastisch deformable Körper aufgestellten und das Prinzip der virtuellen Momente enthaltenden Gleichung zu der obigen partiellen Differentialgleichung und nur zu zwei Ausdrücken für ihre statischen Grenzbedingungen. Lord Kelvin und P. G. Tait[2]) haben 1876 gezeigt, daß in einer dünnen Platte eine Schar von Verteilungen der Randscherungsmomente und der Randscherkräfte praktisch dieselbe elastische Fläche bestimmen. Diese Spannungszustände unterscheiden sich nur innerhalb eines schmalen Flächenstreifens, der entlang des Plattenrandes verläuft, voneinander. Unter ihnen ist die von Kirchhoff angegebene Randverteilung enthalten.

Diese für die Biegungstheorie der dünnen Platten und Schalen bedeutsame Bemerkung stützt sich auf den in der Elastizitätslehre häufig gebrauchten Satz, nach dem die Spannungen in einem beanspruchten Körper sich nicht merklich ändern, wenn man zu den vorhandenen Kräften noch ein Gleichgewichtssystem von Kräften hinzufügt, das auf einem kleinen Teil seiner Oberfläche angreift.

Wir wollen uns ein Stück der Platte mit ihrer zylindrischen Randbegrenzung gegeben denken (Abb. 15). Auf dem unendlich

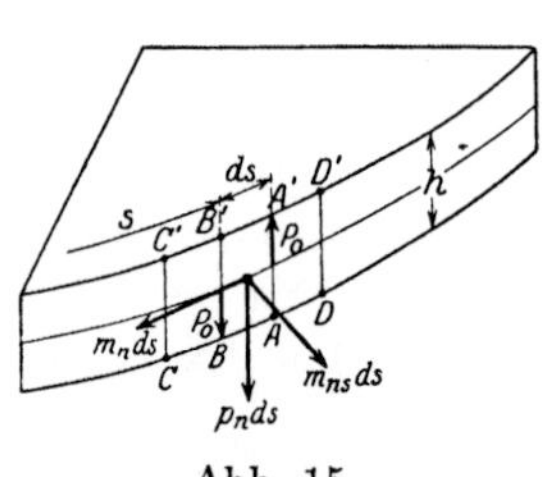

Abb. 15.

kleinen Rechteck $AA'BB'$ wirken eine Scherkraft $p_n\,ds$ senkrecht zur Mittelfläche, ein Biegungsmoment $m_n\,ds$ und ein Scherungsmoment $m_{ns}\,ds$. Wir fügen in dem kleinen Rechteck $AA'BB'$ zwei gleich große, aber entgegengesetzt gerichtete Momente $m_0\,ds$ und $-\,m_0\,ds$ hinzu. Das eine: $-\,m_0\,ds$ werde durch Schubspannungen τ erzeugt, welche parallel zur Mittelfläche gerichtet und genau in derselben Weise verteilt sind wie die, die das Moment $m_{ns}\,ds$ erzeugen. Das im entgegengesetzten Sinne drehende $m_0\,ds$ bestehe aus einem Paar von Kräften P_0, welche in den Seiten AA' und BB', senkrecht zur Mittelfläche und um ds voneinander entfernt wirken. Da die Abmessungen des Rechtecks $AA'BB'$ von der Größenordnung der

---

[1]) Crelles Journal, Bd. 40, S. 51. 1850.

[2]) W. Thomson und P. G. Tait: Natural Philosophy, 2. Ed. 1879—1883.

Plattendicke h sind, wird in einer dünnen Platte die Wirkung der zusätzlichen Momente sich bereits in geringer Entfernung vom Rande verlieren. Die zusätzlichen Momente werden den Spannungszustand im Innern der Platte nicht viel stören können. Dies ist ebensowenig der Fall, wenn auch in den benachbarten Flächenelementen $AA'DD'$ und $BB'CC'$ des Randes (Abb. 15) ähnliche Gleichgewichssysteme von Momenten hinzugefügt werden. Wählt man diese um ein Differential kleiner bzw. größer als die Momente $m_0\,ds$ in $AA'BB'$ und denkt sich die Randspannungen in derselben Weise weiter entlang des Randes verändert, so hat man schließlich ein System von Kräften und von Momenten auf dem Rande hinzugefügt. Es steht uns frei sie mit den Randscherkräften und mit den Randscherungsmomenten zusammenfassen.

In der Linie AA' bleibt eine Einzelkraft dP_0 übrig, welche, mit der Scherkraft $p_n\,ds$ vereinigt, eine neue Scherkraft $p_n'\,ds$ gleich

$$p_n'\,ds = p_n\,ds + dP_0$$

liefert. Nun ist wegen

$$m_0\,ds = P_0\,ds, \qquad m_0 = P_0;$$

die neue Randscherkraft ist demnach gleich

$$p_n' = p_n + \frac{\partial m_0}{\partial s}.$$

Das neue Randscherungsmoment nimmt den Wert

$$m_{ns}' = m_{ns} - m_0$$

an. Das Biegungsmoment m_n bleibt ungeändert. Damit ist gezeigt, daß die ursprünglichen Randscherkräfte p_n und Randmomente m_{ns} und die neuen p_n', m_{ns}' mit Ausnahme eines schmalen Streifens längs der Randkurve dem nämlichen Spannungszustand und derselben elastischen Fläche der Platte angehören. Da das Moment m_0 als eine willkürliche Funktion der Randbogenlänge s angenommen werden durfte, gibt es unendlich viele solcher — wie wir sie nennen wollen — elastisch gleichwertiger Randverteilungen p_n', m_{ns}'.

Wenn wir $m_0 = m_{ns}$ wählen, bleibt eine Randverteilung

$$p_n' = p_n + \frac{\partial m_{ns}}{\partial s}, \qquad m_{ns}' = 0$$

übrig, bei der das Scherungsmoment überall längs des Randes verschwindet.

Dies läßt sich auch so ausdrücken: Die Randscherungsmomente m_{ns} einer Platte lassen sich stets durch eine Verteilung von Randscherkräften $\partial m_{ns}/\partial s$ ersetzen. Diese letzteren sollen die Ersatzscherkräfte der Platte genannt werden.

Wenn die Aufgabe vorliegt, eine elastische Fläche zu vorgeschriebenen Randwerten p_n, m_n, m_{ns} zu bestimmen, braucht nach dem eben Gesagten nicht verlangt zu werden, daß zur elastischen Fläche Scherkräfte p_n'' und Momente m_n'', m_{ns}'' gehören sollen, die in jedem Punkte der Begrenzung gleich jenen Größen sind; es genügt sie so zu bestimmen, daß

$$m_n = m_n'', \qquad p_n + \frac{\partial m_{ns}}{\partial s} = p_n'' + \frac{\partial m_n''}{\partial s} \tag{55}$$

sind. Unter den mit zwei Strichen bezeichneten Größen können die in der Plattentheorie abgeleiteten Differentialausdrücke verstanden werden. Dies sind die von G. Kirchhoff auf anderem Wege abgeleiteten Grenzbedingungen der Randscherkräfte und Randmomente.

Läßt man die Normalenrichtung n des Randelementes $ds\,h$ mit der positiven x- oder mit der positiven y-Achse zusammenfallen, führt für die Größen p_x'', p_y'', m_{xy}'' ihre Ausdrücke aus Gl. (36) S. 21 ein und bezeichnet mit

$$q_x = p_x + \frac{\partial m_{xy}}{\partial y}, \qquad q_y = p_y + \frac{\partial m_{xy}}{\partial x} \tag{56}$$

die Summen der Scher- und der Ersatzscherkräfte, so ergeben sich für sie in rechtwinkeligen Koordinaten die Ausdrücke

$$q_x = -N\left[\frac{\partial^3 w}{\partial x^3} + (2-\nu)\frac{\partial^3 w}{\partial x\,\partial y^2}\right],$$

$$q_y = -N\left[\frac{\partial^3 w}{\partial y^3} + (2-\nu)\frac{\partial^2 w}{\partial x\,\partial y^2}\right]. \tag{57}$$

Nach diesen Formeln sind die Auflager- oder Stützkräfte in den Plattenschnitten $x =$ konst. bzw. $y =$ konst. zu berechnen. Eine genau nach dem durchgebogenen Rand gekrümmte, starre Unterlage müßte außer den Biegungsmomenten m_x bzw. m_y diese Kräfte aufnehmen.

Um einige der in den Anwendungen häufig vorkommenden Fälle der Grenzbedingungen zu erwähnen, wollen wir annehmen, daß der Plattenrand durch eine Schnittebene $x =$ konst. gebildet wird.

a) Die elastische Fläche $w = f(x, y)$ einer längs der Geraden $x =$ konst. in der xy-Ebene vollkommen eingespannten Platte hat den Bedingungen

$$w = 0, \qquad \frac{\partial w}{\partial x} = 0$$

zu genügen.

b) Wenn ein Rand $x = $ konst. frei ist, müssen die Biegungsmomente m_x und die Stützkräfte q_x verschwinden, und wir haben die Grenzbedingungen

$$\frac{\partial^2 w}{\partial x^2} + \nu \frac{\partial^2 w}{\partial x^2} = 0, \qquad \frac{\partial^3 w}{\partial x^3} + (2 - \nu) \frac{\partial^2 w}{\partial x \, \partial y^2} = 0.$$

c) In einem frei aufgestützten Rand $x = $ konst. ist das Biegungsmoment $m_x = 0$. Da die Gestalt einer verbogenen Platte durch zwei Randbedingungen bestimmt wird, hat man noch eine weitere Bedingung hinzuzufügen. Man wird entweder vorschreiben können, nach welcher Kurve sich der Rand durchbiegt, oder man wird angeben müssen, wie sich die Stützkräfte q_x auf ihm verteilen sollen. Im ersten Falle lauten die Grenzbedingungen

$$\frac{\partial^2 w}{\partial x^2} + \nu \frac{\partial^2 w}{\partial y^2} = 0, \qquad w = f_1(y);$$

im zweiten Falle

$$\frac{\partial^2 w}{\partial x^2} + \nu \frac{\partial^2 w}{\partial y^2} = 0, \qquad q_x = - N \left[\frac{\partial^3 w}{\partial x^3} + (2 - \nu) \frac{\partial^3 w}{\partial x \, \partial y^2} \right] = f_2(y).$$

Frei aufgestützte Ränder lassen hiernach verschiedene Möglichkeiten der Auflagerung zu.

Man hat in der Plattenstatik die Grenzbedingungen für eine freiaufliegende Platte in der Form: $m_n = 0$, $w = 0$ angenommen, unter m_n das Biegungsmoment verstanden, dessen Ebene senkrecht zur Randkurve steht. Wenn die Platte parallele Lasten trägt, welche alle in derselben Richtung wirken, wird von einem freiaufliegenden Rand stillschweigend vorausgesetzt, daß die Stützkräfte auf ihm nirgends ihr Vorzeichen ändern. Wenn man, wie es hier geschehen ist, die Kurve $w = f_1(s)$ (s ist die Bogenlänge der Randkurve) vorschreibt, nach der sich der Rand krümmt, ist zu beachten, daß dadurch das Verteilungsgesetz der Auflagerkräfte q_n mit bestimmt wurde. Man wird deshalb, nachdem man die Lösung den Grenzbedingungen $m_n = 0$, $w = 0$ angepaßt hat, sich davon zu überzeugen haben, ob die Stützkräfte entlang der Randkurve ihr Vorzeichen nicht ändern. Wenn dieses der Fall ist, hat man eine Lösung für eine freiaufliegende Platte aufgestellt.

So werden die Grenzbedingungen einer freiaufliegenden, rechteckigen Platte gewöhnlich in der Form $m_n = 0$, $w = 0$ angenommen. Wir werden weiter unten zeigen können, daß die Stützkräfte einer rechteckigen Platte, welche durch einen gleichförmigen Druck belastet wird und deren Durchbiegungen und Biegungsmomente auf dem Rande verschwinden, in der Nähe der Ecken ihr Vorzeichen ändern. Wie die Erfahrung lehrt und durch die Theorie sich bestätigen läßt,

sind für eine durch einen gleichförmigen Druck belastete rechteckige
Platte, die man auf einen starren ebenen Rahmen gelegt hat, nicht
die Grenzbedingungen $m_n = 0$, $w = 0$ maßgebend. Die Ränder einer
„freiaufliegenden" rechteckigen Platte berühren nur in einzelnen
Punkten die Unterlage und heben sich von dieser sonst ab.

d) **Die Navierschen Grenzbedingungen** $w = 0$, $\Delta w = 0$.
Die in einer Ebene frei aufgestützten Platten. Ein Sonderfall
der Grenzbedingungen verdient eine besondere Erwähnung. Zerlegt
man die partielle Differentialgleichung vierter Ordnung der elastischen Fläche w einer verbogenen Platte

$$\Delta \Delta w = F(x, y) \tag{57a}$$

in zwei Differentialgleichungen zweiter Ordnung

$$\Delta u = F(x, y), \qquad \Delta w = u(x, y), \tag{57b}$$

so erkennt man, daß man die Funktion $u = \dfrac{\partial^2 w}{\partial x^2} + \dfrac{\partial^2 w}{\partial y^2}$ unabhängig
von w bereits zu bestimmen vermag, wenn für sie eine Randbedingung
vorgeschrieben wird. Der einfachste Fall ist, wenn man auf dem
Rande der Platte $\Delta w = u = 0$ und $w = 0$ vorschreibt. Die beiden
Gleichungen zweiter Ordnung (57b), in die die partielle Differentialgleichung vierter Ordnung (57a) zerfällt, sind dann unter den nämlichen
Randbedingungen ($u = 0$ bzw. $w = 0$) zu integrieren. Diese Grenzbedingungen sollen als die **Navierschen** bezeichnet werden, weil
zwei Grundlösungen der Plattenstatik, die
man dem Begründer der mathematischen
Elastizitätslehre verdankt, diesen Bedingungen genügten.

Wenn der Rand ein ebenes Vieleck aus
geraden Linien ist, längs dessen die **Navier-**
schen Grenzbedingungen $w = 0$, $\Delta w = 0$ vorgeschrieben sind, sprechen wir auch von einer
durch diese Linien begrenzten, **in einer**
Ebene frei aufgestützten Platte.

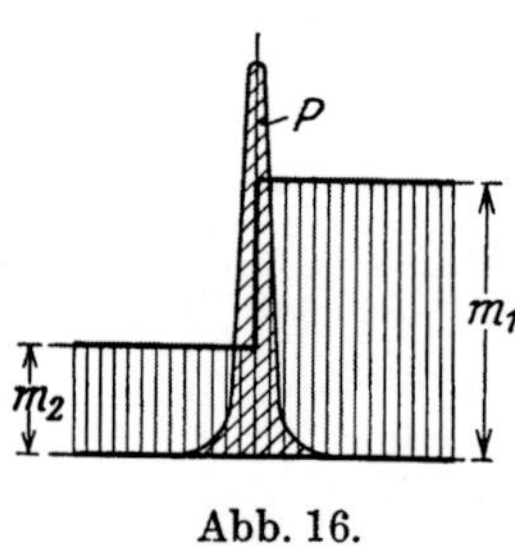

Abb. 16.

Wir haben bisher bei der Bestimmung der Ersatzscherkräfte stillschweigend eine Kurve ohne Knick als Begrenzung der Platte vorausgesetzt und eine ebensolche Kurve für die Verteilung der Scherungsmomente angenommen. Nehmen wir beispielsweise an, daß das
Scherungsmoment auf einem geraden Rand $x =$ konst. sich an einer
Stelle $y = y_0$ unstetig ändere, derart, daß es in der Umgebung dieser
Stelle für $y > y_0$ den Wert $m_{xy} = m_1$ und für $y < y_0$ den Wert
$m_{xy} = m_2$ habe, so wird das Integral der Ersatzscherkräfte auf einem

Stück des Randes, das von $y = y_0 - \varepsilon$ bis $y = y_0 + \varepsilon$ reicht, gleich

$$\int \frac{\partial m_{xy}}{\partial y}\, dy = [m_{xy}]_{y_0-\varepsilon}^{y_0+\varepsilon} = m_1 - m_2$$

dem Sprung des Momentes m_{xy} sein. Es entsteht also an der Sprungstelle $y = y_0$ des Drillungsmomentes eine **konzentrierte Kraft**:

$$P = m_1 - m_2 \,.$$

An dieser Stelle ist die Ersatzscherkraft dem Sprung des Scherungsmomentes gleich.

Wenn die Randkurve selbst Unstetigkeiten und zwar **scharfe Ecken** besitzt, liegt derselbe Fall vor. Sind die Werte des Scherungsmomentes in zwei Schnittflächen, die einen Winkel miteinander bilden, m_1 und m_2, so ändert sich das Drillungsmoment bei der Umfahrung der Ecke um den Betrag $m_1 - m_2$. Beim Ersatz entsteht wieder eine konzentrierte Kraft $P = m_1 - m_2$. Die beiden Werte m_1 und m_2 sind hier durch die Gleichgewichtsbedingung am Plattenelement oder die Gl. (23) miteinander verknüpft. In einer Ecke, deren Kanten einen rechten Winkel mit einander bilden, sind beide gleich und drehen in bezug auf die nach außen gerichtete Normale in entgegengesetztem Sinne. Hieraus folgt der Satz: **In einer scharfen Ecke der Plattenbegrenzung, deren Schnittrichtungen einen rechten Winkel mit einander bilden, ergibt sich beim Ersatz der Scherungsmomente eine Einzelkraft senkrecht zur Platte gleich dem doppelten Wert des Scherungsmomentes an dieser Ecke.** Die Ersatzscherkräfte liefern in einer Ecke keine konzentrierte Kraft, wenn in ihr das Scherungsmoment m_{xy} verschwindet. Da dieses nach Gl. (32) der zweiten Ableitung $\dfrac{\partial^2 w}{\partial x\, \partial y}$ proportional ist, muß diese Ableitung in der Ecke verschwinden. In einer **freien Ecke** muß also außer den Grenzbedingungen b) (S. 37) auch noch die Bedingung $\partial^2 w/\partial x\, \partial y$ erfüllt sein.

14. Versuche mit quadratischen Platten aus Flußeisen.

Die Grundlagen der Theorie der Biegung dünner Platten sind nur selten einer Überprüfung durch den Versuch unterworfen worden. Für die elastisch-isotropen, d. h. aus einem Haufwerk von regellos orientierten Kristallkörnern aufgebauten Körper, deren Teilchen unter den in Betracht gezogenen Spannungszuständen gut zusammenhalten und keine merklichen bleibenden Verschiebungen erfahren, sind zwar die allgemeinen Grundlagen ihrer mathematischen Elastizitätstheorie erfüllt. Sie werden durch die zahlreichen Versuche gestützt, die man mit stabförmigen Körpern aus diesen Stoffen gemacht hat. Trotzdem liegt ein Bedürfnis vor, die Erfahrung durch weitere Versuche, die mit plattenförmigen Körpern gemacht sind, zu ergänzen, weil sich die Sätze über die Grenzbedingungen nur durch Versuche mit plattenförmigen Körpern bestätigen lassen und man anderseits erfahren möchte, bis zu welchem Grade die der Rechnung zugrunde gelegten Grenzbedingungen freiaufliegender und eingespannter Plattenränder in den praktischen Konstruktionen als tatsächlich erfüllt betrachtet werden können[1]).

Mit einer rechteckigen Platte läßt sich ein Belastungsfall herstellen, der in bezug auf eine einfache Berechnung der Spannungen und der Form der verbogenen Platte und eine genaue und bequeme Einhaltung der Grenzbedingungen in einem Versuch kaum zu wünschen übrig lassen dürfte. Es ist der Belastungsfall der gleichmäßigen Schubbeanspruchung einer Platte, an dem Lord Kelvin und Tait zuerst die Möglichkeit des Ersatzes der Torsionsmomente einer Platte durch Scherkräfte gezeigt haben.

Wir knüpfen an die auf S. 29 betrachtete Lösung der homogenen Plattengleichung

$$w = c\,x\,y \tag{58}$$

an. Für diese elastische Fläche verschwinden nach den Grundformeln die Biegungsmomente m_x und m_y und die Scherkräfte p_x und p_y. Von Null verschieden ist nur das Moment

$$m_{xy} = -(1-\nu)\,N\,\frac{\partial^2 w}{\partial x\,\partial y} = -(1-\nu)\,N\,c. \tag{59}$$

---

[1]) Unter den Elastizitätsversuchen, die den Vergleich mit der Theorie an plattenförmigen Körpern anstrebten oder zulassen, sind mir nur die mit kreisförmigen Platten gemachten Versuche von A. Föppl (Mitt. a. d. mech.-techn. Laboratorium der Techn. Hochsch. München 1900) und von Max Enßlin (Dingler, Bd. 318, Heft 45, 46, 50, 51. 1903) bekannt. Die beobachtete Gestalt der in der Mitte und exzentrisch (Föppl) oder ringförmig (Enßlin) durch eine Einzelkraft belasteten, freiaufliegenden Platten aus Flußeisen stimmte gut mit der theoretisch verlangten Gestalt der durchgebogenen Platte überein, die absoluten Werte des aus den Biegungsversuchen abgeleiteten Elastizitätsmoduls standen aber nicht in befriedigender Übereinstimmung mit dem aus anderen Versuchen bestimmten Wert. Zu erwähnen wäre ferner die schöne Arbeit von Walter Ritz über die Berechnung der Frequenzen von transversal schwingenden, freien quadratischen Platten, über deren Zahlen alte Beobachtungen von Strehlke vorliegen. — Die verdienstvollen Versuche, die C. v. Bach mit plattenförmigen Körpern ausführen ließ (man findet ihre Zusammenstellung im Anhang zu seinen beiden Vorträgen: „Das Ingenieurlaboratorium und die Materialprüfungsanstalt der Techn. Hochschule Stuttgart", K. Wittwer, Stuttgart 1915) lassen sich zu einer Überprüfung der Plattentheorie kaum heranziehen, weil bei ihnen kein Wert auf die Einhaltung genauer definierbarer Randbedingungen gelegt wurde.

Hier ist mit $N = h^3 E / 12 (1 - \nu^2)$ die Plattensteifigkeit bezeichnet (h ist die Dicke der Platte, E ihr Elastizitätsmodul, ν die Querdehnungszahl). Denkt man sich durch die Geraden $x = \pm a$ und $y = \pm b$ eine rechteckige Platte abgegrenzt, die nach der Fläche (58) verbogen wird, so müssen, um diese Fläche zu erzeugen, in den Reckteckseiten nur Scherungsmomente angebracht werden, die nach Gl. (59) überall den nämlichen Wert haben. Wir wollen diesen Wert mit $- m_0$ bezeichnen. Nach Einführung des Schubmoduls $G = E / 2 (1 + \nu)$ des Plattenstoffes nimmt die Gl. (58) die Form

$$w = \frac{6\, m_0}{G\, h^3} \cdot x\, y \tag{60}$$

an. Die zur Mittelebene der Platte parallele Schubspannungskomponente τ_{xy}, die in der Entfernung z von ihr wirkt und nach Gl. (30) gleich

$$\tau_{xy} = - 2\, G\, z\, \frac{\partial^2 w}{\partial x\, \partial y} = - \frac{12\, m_0\, z}{h^3}$$

ist, nimmt ihre absolut genommen größten Werte unter den Oberflächenschichten $z = \pm h/2$ der Platte

$$\tau_{\max} = \mp \frac{6\, m_0}{h^2} \tag{61}$$

an. Alle übrigen Spannungskomponenten σ_x, σ_y, σ_z, σ_{xz}, τ_{yz} sind bei diesem Spannungszustand einer rechteckigen Platte in allen Punkten gleich Null.

Denkt man sich in jedem Flächenelement $h\, dy$ (oder $h\, dx$) der Berandung $x = \pm a$ (bzw. $y = \pm b$) (Abb. 17) nach den Regeln für die Bildung der Ersatzscherkräfte das Scherungsmoment $m_{xy}\, dy$ (bzw. $m_{xy}\, dx$) durch ein Paar mit zur Mittelebene senkrechten Kräften Q ersetzt, so erkennt man unmittelbar, daß das resultierende Moment in jeder der vier Seiten $x = \pm a$ (bzw. $y = \pm b$) durch ein Kräftepaar ersetzt werden kann, dessen Einzelkräfte $Q = m_0$ in den vier Ecken des Recktecks wirken. Faßt man die zwei in jeder Ecke zurückbleibenden Einzelkräfte Q zu einer Kraft $P = 2\, Q = 2\, m_0$ zusammen,

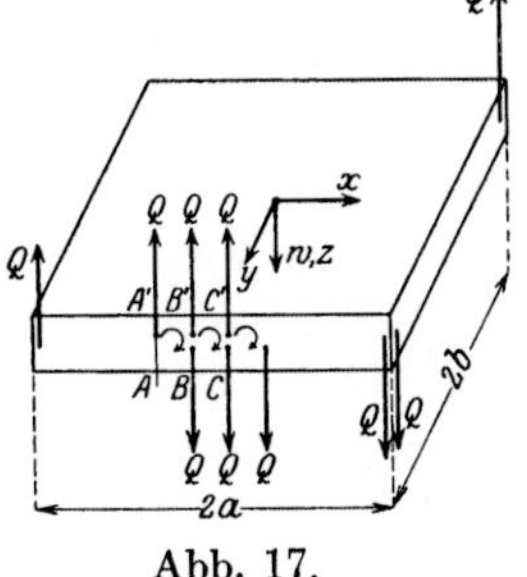

Abb. 17.

so verbleiben schließlich in den Ecken vier gleiche, zur Platte senkrechte Einzelkräfte P, während die Ränder sonst zwischen den Ecken frei von äußeren Spannungen sind. Je zwei von diesen Einzelkräften, die in den Endpunkten einer Diagonalen

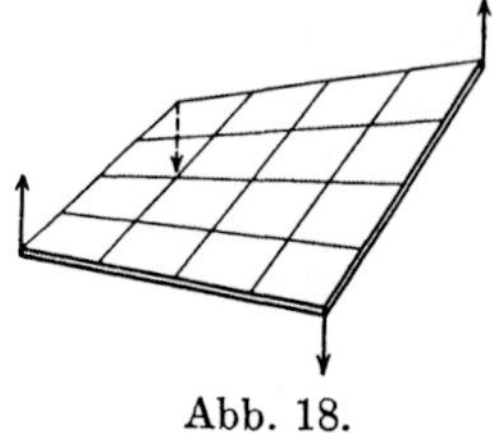

Abb. 18.

des Rechtecks angreifen, haben die gleiche Richtung (Abb. 18). Die Formeln für die elastische Fläche w (60) und für die größte Schubbeanspruchung τ_{max} (61) nehmen nunmehr mit der Eckkraft P die einfache Form an:

$$w = \frac{3\,P}{G\,h^3} \cdot xy, \qquad \tau_{max} = \frac{3\,P}{h^2}. \qquad (62)$$

Da der Spannungszustand der Platte (Abb. 17) in einer Festigkeitsmaschine sich verhältnismäßig leicht und genau verwirklichen läßt, eignet er sich in vortrefflicher Weise zu einer Prüfung der Grundlagen der Plattentheorie. Der Verfasser hat die Durchbiegungen von drei quadratischen Platten aus ausgeglühtem Flußeisen von rund 163 mm Seitenlänge und 5, 10 und 15 mm Dicke bestimmt, die in dieser Art belastet wurden[1]). Die Platten waren zuerst 15 mm stark, nach der ersten Versuchsreihe wurden sie auf 10, dann auf 5 mm abgehobelt

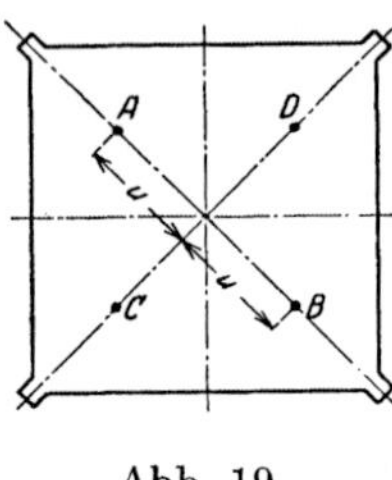

Abb. 19.

und jedesmal untersucht. Zur Messung der Formänderungen diente ein Gerät, mit dem die Durchbiegung der Platte zwischen den Verbindungslinien AB und CD von vier, auf den Diagonalen des Quadrates gelegenen Punkten beobachtet werden konnte (Abb. 19). Die Einzelkräfte in den Ecken wurden durch ein eigens zu diesem Zweck konstruiertes Gehänge (Abb. 20 und 21) in einer Festigkeitsmaschine von drei Tonnen (Bauart Mohr und Federhaff in Mannheim) erzeugt und gemessen. Die Schnitte der elastischen Fläche in Richtung der Diagonalen des Quadrates mußten als Funktionen des Meßabstandes $u = \sqrt{2}\,x = \sqrt{2}\cdot y$ nach der obigen Gleichung Parabeln

$$w = \left[\frac{3\,P}{2\,G h^3}\right] u^2$$

sein. Nachdem ein wahrscheinlichster Wert des Schubmoduls gleich $G = 780\,000$ kg/cm² ermittelt war, wurden mit diesem die Durchbiegungen nach der eben angeschriebenen Gleichung berechnet und ihre Werte mit den Beobachtungen verglichen. Die Zahlentafel 1 zeigt das Ergebnis des Vergleiches für die eine der untersuchten Platten. Die Durchbiegungen der 5 mm und 10 mm starken Platten zeigten Abweichungen, die an den meisten Meßstellen kleiner als ein Hundertstel ihres berechneten Wertes waren. Hingegen waren die beobachteten Durchbiegungen der 15 mm starken Platte durch-

---

[1]) Forschungsarbeiten auf dem Gebiete des Ingenieurwesens, herausgegeben vom V. d. I. 1915, Heft 170, 171, S. 16.

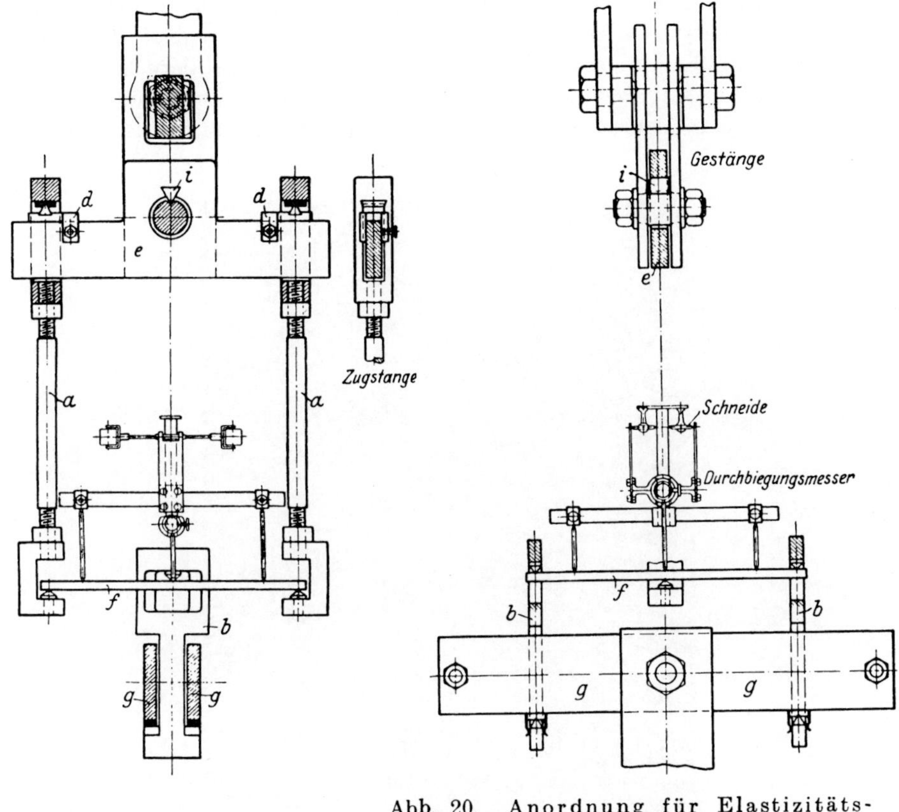

Abb. 20. Anordnung für Elastizitäts-versuche mit quadratischen Platten.
Die quadratische Platte (f) wird in ihren Ecken durch Kegelspitzen belastet. e ist ein Hebel, dessen mittlere Schneide i in einem Gestänge eingehängt ist, welches mit der Kraftmeßvor-richtung der Festigkeitsmaschine verbunden ist. Die Kräfte werden durch die Flacheisen g und die Zugstangen b auf die Platte übertragen. Der Durchbiegungsmesser steht mit 4 Füßchen auf der Platte. Die Durchbiegung wird mit Hilfe von Schneiden und Spiegeln wie beim Gerät von Martens beobachtet.

wegs größer als die berechneten und die Unterschiede nahmen mit der zunehmenden Meßlänge zu. Sie ergaben sich um so größer, je näher die Meßpunkte zu den Ecken angenommen wurden, wo die konzentrierten Kräfte angriffen. Diese Störung erklärt sich durch den Einfluß der Schubspannungen τ_{xz}, τ_{yz}, deren Pfeile senkrecht zur Mittelfläche gerichtet sind. In den dicken Platten mußte er sich stärker bemerkbar machen, wie in den dünnen, in denen er auf die nächste Umgebung der Ecken beschränkt bleibt. Da ihre Wirkung in der Kirchhoffschen Plattentheorie nicht berücksichtigt wird, ergeben sich bei dicken Platten die berechneten Durchbiegungen zu klein. Mit Ausnahme dieses durch die Einzelkräfte in dicken

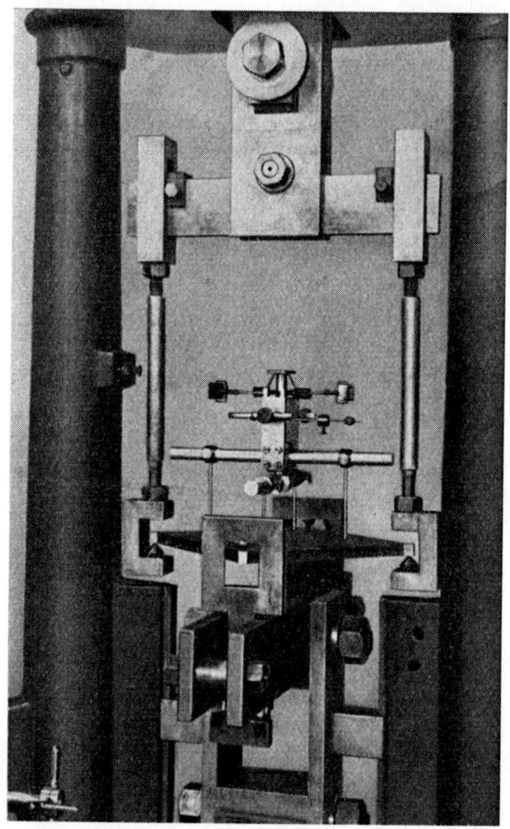

Abb. 21.   Versuchsanordnung.

Platten hervorgerufenen Störungsgebietes ergaben die Biegungsversuche mit den drei quadratischen Flußeisenplatten eine sehr befriedigende Bestätigung der Theorie. Auf einige weitere Versuche mit in einzelnen Punkten in statisch bestimmter Art unterstützten kreisförmigen Glasplatten, die zu einem ähnlichen Ergebnis führten, kommen wir weiten unten (S. 198) zurück, ebenso auch auf den „Einfluß der Wölbung" der Platte.

Zahlentafel 1. Biegungsversuche mit einer quadratischen Platte aus Flußeisen.

Dicke h cm	Be-lastung P kg	Meß-länge u cm	Beobachtung $2w$ 10^{-4} cm	Berechneter Wert 10^{-4} cm	Unterschied 10^{-4} cm	Unterschied v. T.
1,4958	506,3	4	96,0	93,1	$+\ 2,9$	$+31$
		5	150,2	145,5	$+\ 4,7$	$+32$
		6	216,3	209,4	$+\ 6,9$	$+33$
		7	296,9	285,2	$+11,7$	$+41$
		8	389,1	372,6	$+16,5$	$+44$
		9	494,0	471,6	$+22,4$	$+47$
		9,5	550,8	525,5	$+25,3$	$+48$
1,0000	199,43	4	121,9	122,7	$-\ 0,8$	$-\ 6$
		5	192,3	191,7	$+\ 0,6$	$+\ 3$
		6	275,8	276,0	$-\ 0,2$	$-\ 1$
		7	377,8	375,8	$+\ 2,0$	$+\ 5$
		8	494,7	492,0	$+\ 2,7$	$+\ 5$
		9	626,7	621,5	$+\ 5,2$	$+\ 8$
		9,5	703,8	692	$+11,8$	$+17$
0,5005	59,83	4	288	293,7	$-\ 5,7$	-19
		5	460	459	$+\ 1$	$+\ 2$
		6	664	661	$+\ 3$	$+\ 5$
		7	908	900	$+\ 8$	$+\ 9$
		8	1184	1175	$+\ 9$	$+\ 8$
		9	1484	1487	$-\ 3$	$-\ 2$
		9,5	1664	1657	$+\ 7$	$+\ 4$

15. Ebene Verzerrungszustände von dicken Platten.

Die Formeln für die Spannungsmomente und Scherkräfte der in den Abschnitten 9 bis 13 entwickelten Theorie der Biegung dünner Platten, die man auch als die Kirchhoffsche zu bezeichnen pflegt, lassen sich in strengerer Weise als dies bisher geschehen ist, aus gewissen partikulären Lösungen der elastischen Grundgleichungen herleiten. Man kann die Struktur der Lösungen der elastischen Grundgleichungen für einen durch zwei parallele Ebenen und eine zu diesen senkrechte Zylinderfläche begrenzten elastischen Körper bestimmen. Love[1]) und Michell[2]) haben diese allgemeinen Lösungen aufgestellt, ohne zu ihrer Angabe mehr Voraussetzungen zu benötigen, als die in den Grundgleichungen der Elastizitätslehre enthaltenen. Wir müssen es uns versagen, auf diesen Gegenstand näher einzugehen, hauptsächlich aus dem Grunde, weil bisher kein praktisches Bedürfnis bestanden zu haben scheint, die Spannungszustände beliebig dicker Platten zu kennen. Eine Ausnahme dürfte der Spannungszustand in der Umgebung der Angriffsfläche einer auf einer

---

[1]) Lehrbuch der Elastizität, deutsch v. Timpe. Teubner, Leipzig.
[2]) Proc. London Math. Soc. 1900.

Platte lastenden konzentrierten Kraft bilden, für den ein kurzer Abriß der strengen Theorie weiter unten (Abschnitt VII.) gegeben werden soll.

Hingegen sollen hier einige ausgewählte Sonderfälle von einfachen Verzerrungszuständen elastischer Körper betrachtet werden, die bereits das in der Kirchhoffschen Theorie vorausgesetzte Geradebleiben der Normalen der elastischen Fläche einer **dünnen** verbogenen Platte streng zu begründen gestatten.

a) **Der ebene Verzerrungszustand.** Für das Folgende ist es nützlich einen Sonderfall eines elastischen Körpers zu betrachten, in welchem die Verschiebungen und die Spannungen nur von zwei Koordinaten abhängen. Wir wollen annehmen, daß dies die Koordinaten x und z seien und daß alle Punkte, die im unverzerrten Zustand des Körpers auf einer zur xz-Ebene parallelen Ebene sich befunden haben, auch nach der Verzerrung auf solchen Ebenen liegen. Wenn wir von einer gleichförmigen Dehnung in Richtung der y-Achse absehen, ist die zu diesen Ebenen senkrechte Verschiebung η Null und alle Punkte, welche die gleichen Koordinaten x und z haben, verschieben sich in jeder dieser Ebenen um die gleichen Beträge ξ und ζ. Wegen $\eta = 0$ ist die Dehnung $\varepsilon_y = \dfrac{\partial \eta}{\partial y} = 0$ und weil ξ und ζ nur Funktionen von x und z sind, verschwinden auch die Schiebungen γ_{xy}, γ_{yz}, also auch die Schubspannungen τ_{xy}, τ_{yz}. Aus der zweiten der Gl. (12) folgt wegen $\varepsilon_y = 0$

$$\sigma_y = \nu\,(\sigma_x + \sigma_z) \tag{63}$$

und damit aus den beiden andern Gleichungen

$$\varepsilon_x = \frac{\partial \xi}{\partial x} = \frac{(1 - \nu^2)\,\sigma_x}{E} - \frac{\nu\,(1 + \nu)\,\sigma_z}{E} = \frac{1}{2\,G}\left[(1 - \nu)\,\sigma_x - \nu\,\sigma_z\right]$$

$$\varepsilon_z = \frac{\partial \zeta}{\partial z} = \frac{1}{2\,G}\left[(1 - \nu)\,\sigma_x - \nu\,\sigma_z\right]. \tag{64}$$

Von den drei Gleichgewichtsbedingungen Gl. (4) S. 5 bleiben die beiden Gleichungen übrig:

$$\frac{\partial \sigma_x}{\partial x} + \frac{\partial \tau_{xz}}{\partial z} = 0, \qquad \frac{\partial \sigma_z}{\partial z} + \frac{\partial \tau_{zx}}{\partial x} = 0. \tag{65}$$

Ihnen kann genügt werden, wenn die Spannungskomponente $\sigma_x, \sigma_z, \tau_{xz}$ den folgenden Ableitungen einer Funktion F der Veränderlichen x und z gleich gesetzt werden

$$\sigma_x = \frac{\partial^2 F}{\partial z^2}, \qquad \sigma_z = \frac{\partial^2 F}{\partial x^2}, \qquad \tau_{xz} = - \frac{\partial^2 F}{\partial x\,\partial z}. \tag{66}$$

Die Spannungen sind in einem Körper unter der Annahme $\tau_{xy} = \tau_{yz} = 0$ im Gleichgewicht, wenn die Spannungskomponenten $\sigma_x, \sigma_z, \tau_{xz}$ gleich den eben angeschriebenen Ableitungen einer beliebigen Funktion F gewählt werden. In einem elastisch verzerrten Körper sind die drei Spannungskomponenten außer durch die Bedingung des Gleichgewichtes durch die fernere Forderung eingeschränkt, daß es **zwei** Funktionen ξ und ζ geben muß, für welche die **drei** Gleichungen (12)

$$\varepsilon_x = \frac{\partial \xi}{\partial x} = \frac{1}{2G}\left[(1-\nu)\sigma_x - \nu\sigma_z\right]$$

$$\varepsilon_z = \frac{\partial \zeta}{\partial z} = \frac{1}{2G}\left[(1-\nu)\sigma_z - \nu\sigma_x\right] \tag{67}$$

$$\gamma_{xz} = \frac{\partial \xi}{\partial z} + \frac{\partial \zeta}{\partial x} = \frac{\tau_{xz}}{G}$$

allerorts befriedigt sein müssen. Das ist der Fall, wenn die Spannungen der Identität

$$\frac{\partial^2 \varepsilon_x}{\partial z^2} + \frac{\partial^2 \varepsilon_z}{\partial x^2} - \frac{\partial^2 \gamma_{xz}}{\partial x \partial z} = 0 \tag{68}$$

genügen, die aus den drei Gleichungen durch Beseitigung der Verschiebungen ξ, ζ hervorgeht. Sie verlangt, daß die Funktion F (wie sich durch Einführen der Ausdrücke von (67) und (66) ergibt) der partiellen Differentialgleichung

$$\frac{\partial^4 F}{\partial x^4} + 2\frac{\partial^4 F}{\partial x^2 \partial z^2} + \frac{\partial^4 F}{\partial z^4} = \Delta\Delta F = 0 \tag{69}$$

zu genügen hat. Jeder Funktion $F(x, z)$, die dieser Gleichung genügt, entspricht ein in einem elastisch deformierbaren Körper möglicher Spannungszustand mit den Spannungskomponenten (66). Diese Differentialgleichung und **Spannungsfunktionen** F, wie man auch die Funktionen nennt, aus welchen die Spannungskomponenten sich durch Bildung von Ableitungen berechnen lassen, die der Gl. (69) genügen, sollen uns jetzt zur Angabe einiger einfacher Spannungszustände in elastischen Körpern dienen.

b) **Die gleichförmige Biegung einer dicken Platte.** Als erstes Beispiel betrachten wir die Spannungsfunktion

$$F = \frac{cz^3}{6}, \tag{70}$$

c sei eine Konstante. Aus ihr ergeben sich nach den in den Gl. (66) vorgeschriebenen Ableitungen die Spannungskomponenten

$$\sigma_x = cz, \qquad \sigma_z = 0, \qquad \tau_z = 0. \tag{71}$$

Die Spannung σ_y ist nach (63) gleich $\sigma_x = \nu c \sigma_z$; τ_{zy} und τ_{xy} verschwinden nach Voraussetzung.

Alle Ebenen parallel zur xy-Ebene sind spannungslos. Wir können uns aus dem elastischen Körper durch zwei Ebenen $z = h/2$ und $z = -h/2$ einen scheibenförmigen Teil abgegrenzt denken, diese Ebenen bilden dann eine freie Oberfläche. In allen Schnittebenen $x = $ konst. wächst hingegen die spezifische Spannung σ_x linear mit der Koordinate z, in allen Schnittebenen $y = $ konst. wirkt eine veränderliche Spannung $\sigma_y = \nu c z$.

Zur Angabe des Formänderungszustandes stehen uns die drei Gl. (67) zur Verfügung, welche hier lauten

$$\frac{\partial \xi}{\partial x} = \frac{(1-\nu)cz}{2G}, \qquad \frac{\partial \zeta}{\partial z} = -\frac{\nu cz}{2G}, \qquad \frac{\partial \xi}{\partial z} + \frac{\partial \zeta}{\partial x} = 0. \qquad (72)$$

Die Integration der ersten Gleichung nach x und der zweiten nach z liefert

$$\xi = f_1(z) + \frac{1-\nu}{2G} \cdot czx,$$
$$\zeta = f_2(x) - \frac{\nu}{2G} \cdot cz^2, \qquad (73)$$

wo unter $f_1(z)$ und $f_2(x)$ zwei willkürliche Funktionen zu verstehen sind, welche nur von z bzw. von x abhängen. Sie unterliegen der Einschränkung, daß die dritte der Gl. (72) mit den eben angeschriebenen Werten von ξ und ζ identisch befriedigt sein muß. Wir erhalten aus ihr

$$\frac{df_1}{dz} + \frac{1-\nu}{2G} cx + \frac{df_2}{dx} = 0,$$

woraus

$$f_1 = c_1 z + c_2, \qquad f_2 = -\frac{1-\nu}{4G} \cdot cx^2 - c_1 x + c_3.$$

Zum Spannungszustand gehören mithin die Verschiebungen

$$\xi = \frac{1-\nu}{2G} cxz + c_1 z + c_2, \qquad \eta = 0,$$
$$\zeta = -\frac{c}{4G}[(1-\nu)x^2 + \nu z^2] - c_1 x + c_3. \qquad (74)$$

Sehen wir von der Verschiebung $\xi = c_1 z + c_2$, $\zeta = -cx + c_3$ ab, welche offenbar einer Parallelverschiebung und einer kleinen Drehung des Körpers ohne innere Deformation entspricht, so zeigen die Formeln (71) für die Spannungen und (74) für die Verschiebungen, daß wir es hier mit der gleichförmigen Biegung eines Rechtkants (Abb. 22) durch gleichförmig verteilte Kräftepaare zu tun haben. Sie erzeugen eine Deformation, bei der die Querschnitte sich drehen und eben bleiben.

Nach Überlagerung eines zweiten ebenen Verzerrungszustandes von derselben Art, dessen Ebene die yz-Ebene ist, ergibt sich die gleichförmige Biegung eines von den Ebenen $z = \pm\, h/2$ begrenzten plattenförmigen Körpers in zwei zueinander senkrechten Richtungen, bei der die Querschnitte parallel zur xz- und zur yz-Ebene eben bleiben.

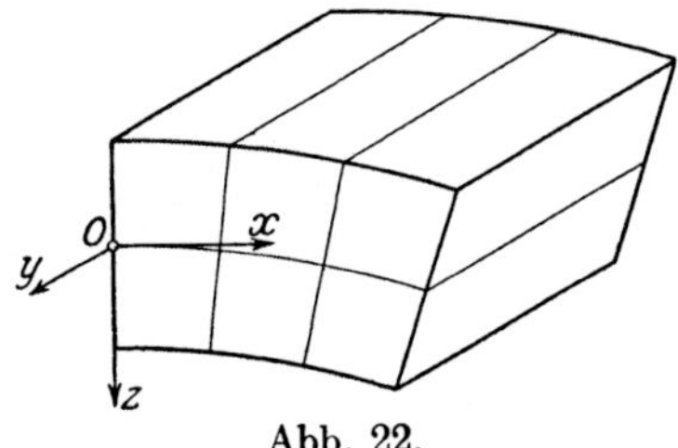

Abb. 22.

c) Die gleichförmig zunehmende Krümmung. In einem elastischen Körper von der Form eines Rechtkants, das von den Ebenen $x = 0$, $x = x$, $z = h/2$, $z = -\,h/2$ und durch zwei beliebige zur xz-Ebene parallele Schnitte begrenzt ist, sei die Spannungsfunktion

$$F = c\left(\frac{xz^3}{3} - \frac{h^2xz}{4}\right)$$

gegeben, wo c eine Konstante ist. Ihre Spannungskomponenten sind nach (66)

$$\sigma_x = 2\,cxz, \qquad \sigma_y = 2\,\nu cxz, \qquad \sigma_z = 0, \qquad \tau_{xz} = c\left(\frac{h^2}{4} - z^2\right).$$

Die Ebenen $z = \pm\, h/2$ sind wieder frei von Spannungen, während in den Ebenen $x = $ konst. die Normalspannung σ_x linear und die Schubspannung τ_{xz} parabolisch mit der Koordinate z sich ändert. Über einem Streifen von der Breite eins in einem Querschnitt $x = $ konst. haben die Schubspannungen τ_{xz} die Mittelkraft

$$\int \tau_{xz}\,dz = c\,h^3/6$$

und die Normalspannungen σ_x das Moment

$$\int \sigma_x z\,dz = \frac{ch^3}{6}\,x\,.$$

Die auf die Längeneinheit der Querschrittsbreite übertragene Scherkraft q parallel zur z-Achse hat den Wert $q = ch^3/6$ und das Biegungsmoment qx ist proportional x. Der Körper wird in den zur $x\cdot z$-Ebene parallelen Ebenen wie ein Balken durch eine an seinem Ende $x = 0$ angreifende Einzelkraft verbogen, die auf der Längeneinheit seiner Querschnittbreite gleich q ist.

Die Verschiebungen ξ und ζ ergeben sich in ähnlicher Weise, wie im vorigen Beispiel und sind

$$\xi = -\frac{3\,q\,z}{G\,h^3}\left[(1-\nu)\,x^2 + \frac{h^2}{2} - \frac{2-\nu}{3}\,z^2\right],$$

$$\eta = 0, \qquad \zeta = \frac{q}{G\,h^3}\left[(1-\nu)\,x^3 + 3\,\nu\,x\,z^2\right]. \tag{75}$$

Ein in der Biegungsebene des plattenförmigen Körpers angenommenes quadratisches Netz von geraden Linien $x = $ konst., $z = $ konst. nimmt

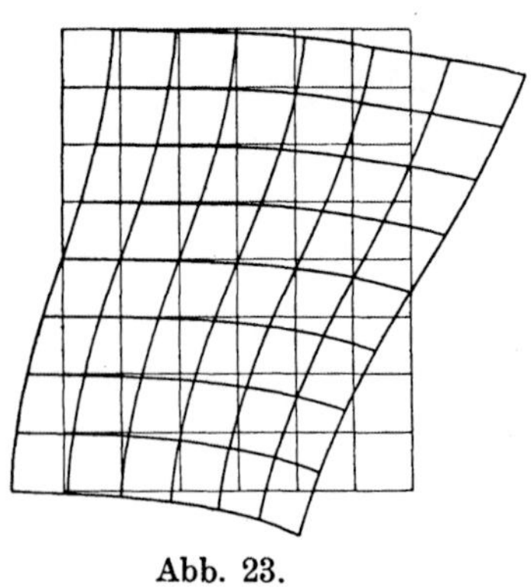

nach der Biegung die Form der Kurvenscharen in der Abb. 23 an. Die Ebenen $x = $ konst. oder die „Querschnitte" gehen bei der Biegung in gewölbte Flächen über. Doch lassen die vorstehenden Formeln erkennen, daß die Wölbung der Querschnittebenen nur für die Verzerrung eines Körpers von Bedeutung ist, dessen Abmessungen in der x-Richtung mit seiner Höhe vergleichbar sind, wie beispielsweise in dem kurzen Stück eines verbogenen Rechtkants, das in Abb. 23 zu sehen ist.

Abb. 23.

Wenn die Länge x größer wird und das Rechtkant in eine Platte von einer geringen Dicke h übergeht, sind z^2 und h^2 kleine Größen neben x und die sie enthaltenden Glieder können in (75) neben den anderen vernachlässigt werden. In einem Rechtkant, dessen Höhe h klein im Vergleich zu seinen übrigen Abmessungen ist, oder in einem Element $dx\,dy\,h$ einer elastischen Platte von geringer Dicke h, das in der angegebenen Weise auf Biegung beansprucht wird, sind die Verschiebungen hinreichend genau durch die Formeln

$$\xi = -\frac{3\,(1-\nu)\,q}{G\,h^3}\,x^2\,z, \qquad \zeta = \frac{(1-\nu)\,q}{G\,h^3}\,x^3$$

beschrieben. Aus ihnen folgt, daß die Verschiebung ξ der Punkte eines Querschnittes $x = $ konst.

$$\xi = -\frac{\partial \zeta}{\partial x}\,z$$

mit der Entfernung z linear anwächst.

Die Punkte, welche ursprünglich eine zur Mittelebene des Rechtkants senkrechte Gerade bilden, liegen also nach der Biegung auf einer Geraden, welche senkrecht zur Tangentialfläche seiner verbogenen Mittelfläche steht.

Durch die Überlagerung von zwei Spannungszuständen dieser und von zwei Spannungszuständen der unter b) beschriebenen Art, deren Biegungsebenen schief zu den xz- und yz-Ebenen, jedoch zueinander senkrecht stehen, läßt sich der allgemeinste Biegungszustand in einem Element $dx\,dy\,h$ eines plattenförmigen Körpers erzeugen, dessen Oberflächen $z = \pm h/2$ frei sind[1]). Die Formeln lassen erkennen, daß die Formänderungen eines Elementes $dx\,dy\,h$ einer dünnen Platte, deren Dicke h klein im Vergleich zu den Koordinaten x und y ist, im wesentlichen darin bestehen, daß die Punkte, welche ursprünglich eine zur Mittelebene der Platte senkrechte Gerade bilden, nach der Biegung wieder auf einer Geraden liegen, die sich senkrecht zur Tangentialfläche der verbogenen Mittelfläche stellt. Diese Gestaltänderung einer Platte ist mithin eine Folge der Annahmen, die den allgemeinen Gleichungen der Elastizität zugrunde liegen und der Voraussetzung einer kleinen Plattendicke. Mit ihrer Annahme wird keine neue Hypothese eingeführt, wie dies in einigen Darstellungen der Festigkeitslehre erwähnt zu werden pflegt.

d) **Biegung unter einem gleichförmigen Druck.** Als dritten Sonderfall, betrachten wir die Biegung eines plattenförmigen Körpers $- h/2 \leq z \leq h/2$, auf dessen Ebene $z = - h/2$ eine gleichförmig verteilte Druckspannung $\sigma_z = - p$ wirkt, während die andere $z = h/2$ unbelastet ist. In der Spannungsfunktion

$$F = c_1\, x^2 z + c_2\, x^2 + c_3 \left(x^2 z^3 - \frac{z^5}{5} \right),$$

die der Gl. (69) $\Delta\Delta F = 0$ genügt, lassen sich die Konstanten c_1, c_2, c_3 so bestimmen, daß auf der Ebene $z = - h/2$, $\sigma_z = - p$, $\tau_{xz} = 0$ und auf der Ebene $z = h/2$, $\sigma_z = 0$, $\tau_{xz} = 0$ sind. Man erhält so

$$c_1 = \frac{3p}{4h}, \qquad c_2 = - \frac{p}{4}, \qquad c_3 = - \frac{p}{h^3}$$

und die Spannungskomponenten:

$$\sigma_x = - \frac{2p}{h^3} (3 x^2 z - 2 z^3),$$

$$\sigma_z = - \frac{p}{2h^3} (4 z^3 - 3 z h^2 + h^3),$$

$$\sigma_y = \nu (\sigma_x + \sigma_z),$$

$$\tau_{xz} = - \frac{6 p x}{h^3} \left(\frac{h^2}{4} - z^2 \right).$$

---

[1]) Eine Ausnahme bildet der Formänderungszustand einer Platte in der Umgebung der Angriffsstelle einer konzentrierten Kraft. Er ist hier von verwickelterer Art.

Wenn die Dicke h (nebst der Koord. z) klein im Vergleich zu x ist, folgt aus diesen Formeln, daß die Schubspannung τ_{xz} und die zur z-Achse parallele Normalspannung σ_z neben den anderen Spannungen nur kleine Werte annehmen und daraus weiter, daß auch im Falle eines auf der Oberfläche $z = -h/2$ lastenden Druckes das Ergebnis von c) seine Geltung behält[1]).

II. Die Formänderungen und die Spannungen der biegsamen Platten.

16. Biegung einer kreisförmigen Platte nach einer Umdrehungsfläche.

Wenn die Ordinaten der verbogenen Mittelfläche einer Platte oder ihre Durchbiegungen nur Funktionen eines Abstandes r von einem festen Punkt sind, vereinfachen sich die Formeln der Plattenbiegung.

In einer derart verbogenen Platte treten in einem zylindrischen Schnitt $r =$ konst. außer den Normalspannungen nur eine Art von Schubspannungen auf, nämlich solche, die zur Mittelebene senkrecht gerichtet sind, während in einem Meridianschnitt nur Normalspannungen übertragen werden. In einem Flächenelement $h\,r\,d\alpha$ (mit h wird die Dicke der Platte, mit α der Winkel des Fahrstrahles r mit einer festen Richtung in der Mittelebene bezeichnet, Abb. 24) eines

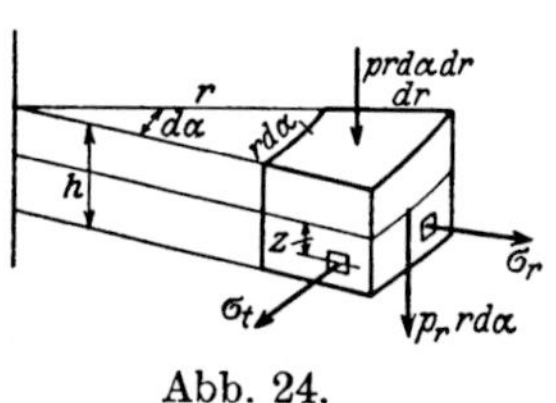

Abb. 24.

Zylinderschnittes vom Halbmesser r wird ein Biegungsmoment $m_r\,r\,d\alpha$ und eine Scherkraft $p_r\,r\,d\alpha$, in einem Element $h\,dr$ eines Meridianschnittes nur ein Biegungsmoment $m_t\,dr$ übertragen. Hier bedeuten m_r bzw. m_t die auf die Längeneinheit der Schnitte bezogenen Biegungsmomente, welche die Platte in der Richtung des Halbmessers r bzw. dazu senkrecht verbiegen. Wir nennen m_r das radiale und m_t das tangentiale Biegungsmoment und definieren diese Momente durch die Integrale

$$m_r = \int \sigma_r\,z\,dz, \qquad m_t = \int \sigma_t\,z\,dz, \tag{1}$$

---

[1]) Wenn man die elastischen Grundgleichungen in Zylinderkoordinaten r, z anschreibt, lassen sich in analoger Weise achsensymmetrische Spannungszustände in beliebig dicken kreisförmigen Platten angeben. Derartige Spannungszustände hat neuerdings A. Timpe: Achsensymmetrische Deformation von Umdrehungskörpern, Z. ang. Math. Mech. Bd. 4, S. 361. 1924, untersucht. — Vgl. auch weiter unten S. 311, sowie A. und L. Föppl: „Drang und Zwang“, 2. Bd. München 1920.

wo mit σ_r bzw. mit σ_t die Normalspannungen bezeichnet werden, die in der Richtung r bzw. dazu senkrecht im Abstande z von der Mittelebene der Platte parallel zu dieser letzteren wirken.

Bei der vorausgesetzten Gestaltänderung einer Platte geht ein Zylinderschnitt $r =$ konst. in ein Stück eines Kegelmantels über. Die Erzeugenden dieses Kreiskegels stehen senkrecht zur verbogenen Mittelfläche und bilden den kleinen Winkel $\varphi = \dfrac{dw}{dr}$ mit der Lage der Erzeugenden des zylindrischen Schnitts im unbelasteten Zustand der Platte. Hier bedeuten w die Ordinaten der elastischen Fläche oder die Durchbiegungen der Platte. Bei dieser Formänderung werden in ihrem Innern in der Richtung der Fahrstrahlen r und längs des Umfanges der Kreise $r =$ konst. Dehnungen ε_r bzw. ε_t geweckt. An Hand der Abb. 25 ergeben sich in einer Entfernung z von der Mittelebene für sie die Ausdrücke:

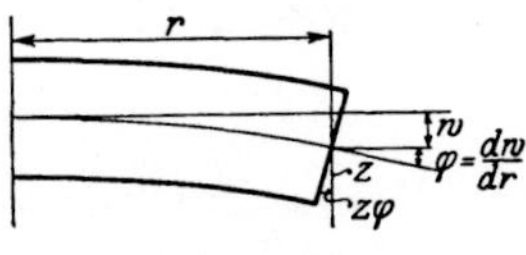

Abb. 25.

$$\varepsilon_r = - z \frac{d\varphi}{dr}, \qquad \varepsilon_t = - z \frac{\varphi}{r}. \tag{2}$$

Nach dem Elastizitätsgesetz drücken sich die tangentialen und radialen Biegungsspannungen σ_r und σ_t (die dritte Normalspannung σ_z ist überall gleich Null) mit Hilfe der Dehnungen ε_r und ε_t wie folgt aus:

$$\begin{aligned}
\sigma_r &= \frac{E\,z}{1 - \nu^2}(\varepsilon_r + \nu\,\varepsilon_t) = - \frac{E\,z}{1 - \nu^2}\left(\frac{d\varphi}{dr} + \nu\,\frac{\varphi}{r}\right), \\
\sigma_t &= \frac{E\,z}{1 - \nu^2}(\varepsilon_t + \nu\,\varepsilon_r) = - \frac{E\,z}{1 - \nu^2}\left(\nu\,\frac{d\varphi}{dr} + \frac{\varphi}{r}\right).
\end{aligned} \tag{3}$$

Setzt man diese Werte in die Gl. (1) ein, so ergeben sich die Ausdrücke für das **radiale** und das **tangentiale Biegungsmoment**

$$m_r = - N\left(\frac{d\varphi}{dr} + \nu\,\frac{\varphi}{r}\right), \qquad m_t = - N\left(\nu\,\frac{d\varphi}{dr} + \frac{\varphi}{r}\right), \tag{4}$$

wo mit $N = E h^3 / 12(1 - \nu^2)$ wieder die Plattensteifigkeit bezeichnet ist.

Mit Hilfe der eingeführten Momente und der Scherkräfte p_r, die in den Zylinderschnitten auftreten, lassen sich die Gleichgewichtsbedingungen eines kleinen prismatischen Elementes aufstellen, das man aus der Platte durch zwei benachbarte Zylinder- und Meridianschnitte abgegrenzt hat (Abb. 24 und 26). Bezeichnet p den auf der Seitenfläche $z = - h/2$ in der Richtung der positiven Durchbiegungen gerichteten Druck, der hier

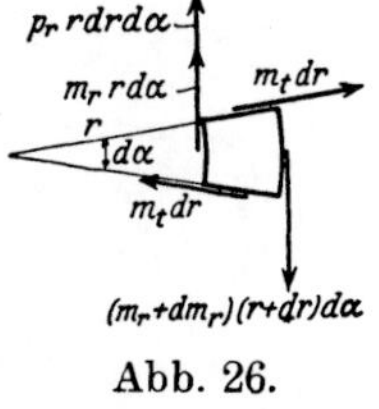

Abb. 26.

eine Funktion des Abstandes r vom Mittelpunkt der Platte ist, so wird das Gleichgewicht der Kräfte in der zur Ebene der Platte senkrechten Richtung durch die Bedingung

$$\frac{d(r\,p_r)}{dr} + r\,p = 0 \tag{5}$$

ausgedrückt. Die in der Richtung des Kreisumfanges wirkenden Komponenten der Momente ergeben die Gleichung (vgl. Abb. 26):

$$\frac{d(r\,m_r)}{dr} - m_t - r\,p_r = 0. \tag{6}$$

Die erste Gleichung läßt sich sofort nach r integrieren:

$$r\,p_r = -\int r\,p\,dr + c \tag{7}$$

und liefert die Scherkraft p_r, wenn die Belastung p der Platte gegeben ist.

Die Bedeutung der Integrationskonstanten c ergibt sich, wenn man den Druck p gleich Null annimmt. In einem zylindrischen Schnitt $r =$ konst. können in diesem Falle Scherkräfte p_r nur entstehen, wenn die Platte im Punkte $r = 0$ durch eine Einzelkraft belastet ist. Eine im Sinne der wachsenden Durchbiegungen w gerichtete Einzelkraft P erzeugt auf dem Umfang eines Kreises vom Halbmesser r Scherkräfte p_r, deren Mittelkraft gleich

$$2\,\pi\,r\,p_r = -P$$

sein muß[1]). Der Vergleich mit der für $p = 0$ angeschriebenen Gl. (7) ergibt

$$c = -\frac{P}{2\,\pi}. \tag{7a}$$

Wenn im Nullpunkt $r = 0$ keine Einzelkraft wirkt, ist in Gl. (7) $c = 0$ anzunehmen.

Setzt man die Ausdrücke für die Momente aus (4) und für die Scherkraft p_r aus (7) in die Momentengleichung (6) ein, so ergibt sich

$$r\,\varphi'' + \varphi' - \frac{\varphi}{r} = r\,\frac{d}{dr}\left(\frac{1}{r}\,\frac{d}{dr}(r\,\varphi)\right) = \frac{1}{N}\left[\int_0^r p\,r\,dr + \frac{P}{2\,\pi}\right] \tag{8}$$

eine lineare Differentialgleichung zweiter Ordnung für die Neigung φ des Meridianschnittes der elastischen Fläche.

---

[1]) Die positive Richtung der Scherkräfte p_r wird in einem Schnitt $r =$ konst. für den Plattenteil, der sich innerhalb des Kreises befindet, in der Richtung der wachsenden Durchbiegungen angenommen (Abb. 24). Wenn die im Kreismittelpunkt angreifende Einzelkraft P in dieser Richtung wirkt, müssen die Scherkräfte negativ sein, deshalb enthält die Gl. (7a) das negative Vorzeichen

Der homogenen Gleichung

$$r^2\,\varphi'' + r\,\varphi' - \varphi = 0 \tag{9}$$

genügen die Integrale

$$\varphi = c_1\,r + \frac{c_2}{r}, \tag{10}$$

der inhomogenen die Integrale

$$\varphi_1 = \frac{P}{4\,\pi\,N}\,r\ln r \tag{11}$$

und

$$\varphi_2 = \frac{1}{N}\cdot\frac{1}{r}\int r\,dr\int\frac{dr}{r}\int r\,p\,dr. \tag{12}$$

Mit diesen Funktionen lassen sich alle Fragen erledigen, die mit der Biegung der Platten nach Umdrehungsflächen zusammenhängen.

Die hier erhaltenen Lösungen lassen sich auch aus der Plattengleichung (38) S. 21

$$\varDelta\varDelta w = \frac{p}{N} \tag{12a}$$

ableiten. Die Summe der Biegungsmomente ist nach Gl. (25a), (36a) proportional der Größe $\varDelta w$:

$$m_r + m_t = m_x + m_y = -\,(1+\nu)\,N\varDelta w.$$

Setzt man hier die Ausdrücke für m_r und m_t ein, so erkennt man, daß der Differentialausdruck $\varDelta w$, sobald w nur eine Funktion von r ist, gleich

$$\varDelta w = \frac{d^2 w}{dr^2} + \frac{1}{r}\frac{dw}{dr}$$

ist. Die partielle Differentialgleichung (12a) geht somit in eine totale vierter Ordnung

$$\left(\frac{d}{dr^2} + \frac{1}{r}\frac{d}{dr}\right)\left(\frac{d^2 w}{dr^2} + \frac{1}{r}\frac{dw}{dr}\right) = \frac{p}{N} \tag{13}$$

über. Ihre allgemeine Lösung ist:

$$w = w_0 + c_1 + c_2\,r^2 + c_3\,r^2\ln r + c_4\ln r, \tag{14}$$

wo mit w_0 ein Integral der nichthomogenen Gl. (12a) bezeichnet ist. w_0 läßt sich vermöge der Gleichungen

$$\frac{1}{r}\frac{d}{dr}\left(r\frac{du}{dr}\right) = \frac{p}{N}, \qquad \frac{1}{r}\frac{d}{dr}\left(r\frac{dw_0}{dr}\right) = u \tag{15}$$

immer durch die Quadraturen

$$u = \frac{1}{N}\int\frac{dr}{r}\int r\,p\,dr, \qquad w_0 = \int\frac{dr}{r}\int r\,u\,dr \tag{16}$$

darstellen. Ein Vergleich der Ableitung $\varphi = \dfrac{dw}{dr}$, Gl. (10) bis (12) mit den letzten Formeln läßt erkennen, daß die zuerst erhaltene Funktion bis auf die anders bezeichneten Integrationsfestwerte mit (14) bis (16) identisch ist.

17. Die gleichmäßig belastete kreisförmige Platte.

Die vorstehenden Gleichungen sollen auf den Fall der Biegung einer kreisförmigen Platte angewendet werden, auf der ein Druck $p = p_0 =$ konst. lastet. Wir können zu diesem Zweck uns entweder der Gl. (10), (11) und (12) bedienen, oder die Lösung in der Form von Gl. (14) und (16) heranziehen. Aus der letzteren Gleichungsgruppe ergibt sich die elastische Fläche einer durch einen unveränderlichen Druck $p = p_0$ belasteten kreisförmigen Platte, wenn wir in Gl. (14) die Beiwerte $c_3 = c_4 = 0$ annehmen und die Funktion w_0 unter der Annahme $p = p_0 =$ konst. aus (16) berechnen. Wir müssen $c_3 = c_4 = 0$ annehmen, damit in der Mitte $r = 0$ der Platte keine unendlich großen Spannungsmomente sich ergeben.

Die Funktion w_0 bestimmt sich aus (16) gleich

$$w_0 = \frac{p_0\, r^4}{64\, N}.$$

Zur Bestimmung der noch übrig gebliebenen Integrationskonstanten c_1 und c_2 in der Lösung

$$w = \frac{p_0\, r^4}{64\, N} + c_1 + c_2\, r^2 \tag{17}$$

dienen die Grenzbedingungen, die auf dem Rande der Platte zu erfüllen sind. Der Halbmesser der Platte sei mit a bezeichnet.

a) **Wenn der Rand** $r = a$ **des Kreises eingespannt ist,** lauten die Grenzbedingungen

$$r = a, \qquad w = 0, \qquad \frac{dw}{dr} = \varphi = 0.$$

Sie sind erfüllt, wenn

$$c_1 = -\,2\,c_2\,a^2 = \frac{p_0\,a^4}{64\,N}$$

sind. Die elastische Fläche hat die Gleichung

$$w = \frac{p_0}{64\,N}(a^2 - r^2)^2 \tag{18}$$

und den Biegungspfeil in der Mitte $r = 0$

$$\frac{p_0\,a^4}{64\,N} = \frac{3\,(1 - \nu^2)\,p_0\,a^4}{16\,E\,h^3} = 0{,}176\,\frac{p_0\,a^4}{E\,h^3}$$

(wenn $v = {}^1/_4$ genommen wird). Die Spannungsmomente der eingespannten Platte berechnen sich nach den Formeln (4) aus (18) zu:

$$m_r = - N\left(\frac{d^2 w}{dr^2} + \frac{v}{r}\frac{dw}{dr}\right) = \frac{p_0}{16}\left[(1+v)a^2 - (3+v)r^2\right],$$

$$m_t = - N\left(v\frac{d^2 w}{dr^2} + \frac{1}{r}\frac{dw}{dr}\right) = \frac{p_0}{16}\left[(1+v)a^2 - (1+3v)r^2\right].$$

In der Mitte $r = 0$ sind

$$m_r = m_t = \frac{(1+v)p_0 a^2}{16},$$

im eingespannten Rand $r = a$ sind

$$m_r = -\frac{p a^2}{8}, \qquad m_t = -v\frac{p a^2}{8};$$

die Platte wird am stärksten auf ihrem Umfang in der radialen Richtung verbogen, ihre größte Inanspruchnahme beträgt dort

$$\sigma_{r\max} = \pm\frac{m_{r\max}}{h^2/6} = \mp\frac{3 p_0 a^2}{4 h^2}.$$

b) **Wenn der Rand frei aufliegt**, muß für $r = a$ die Durchbiegung w und das radiale Biegungsmoment m_r verschwinden:

$$r = a, \qquad w = 0, \qquad m_r = - N\left(\frac{d^2 w}{dr^2} = \frac{v}{r}\frac{dw}{dr}\right) = 0.$$

Die Bedingungen werden von der elastischen Fläche der frei aufliegenden Kreisplatte

$$w = \frac{p_0}{64(1+v)N}\left[(5+v)a^4 - 2(3+v)a^2 r^2 + (1+v)r^4\right] \qquad (19)$$

erfüllt. Ihr Biegungspfeil in der Mitte $r = 0$ ist (wenn $v = {}^1/_4$ genommen wird) gleich

$$\frac{(5+v)p_0 a^4}{64(1+v)N} = 0{,}738\frac{p_0 a^4}{E h^3}$$

und ihre Spannungsmomente sind gleich

$$m_r = \frac{(3+v)p_0}{16}(a^2 - r^2), \qquad m_t = \frac{p_0}{16}\left[(3+v)a^2 - (1+3v)r^2\right].$$

Die größten Biegungsmomente sind

$$m_r = m_t = \frac{(3+v)p_0 a^2}{16},$$

sie treten in der Mitte $r = 0$ des Kreises auf, wo die größte Inanspruchnahme der Platte gleich

$$\sigma_{max} = \pm \frac{3(3 + \nu)\, p_0\, a^2}{8\, h^2}$$

ist.

18. Die durch eine Einzelkraft in der Mitte belastete kreisförmige Platte.

Um für diesen Belastungsfall Formeln zu entwickeln, müssen wir eine Annahme darüber machen, in welcher Weise sich der Druck innerhalb der Angriffsfläche der Einzelkraft auf die Platte überträgt. Wir nehmen an, daß die Platte innerhalb eines Kreises, dessen Halbmesser c später klein gegen den Halbmesser a des Randkreises angenommen werden kann, durch einen gleichförmig verteilten Druck belastet sei (Abb. 27). Bezeichnet P die Einzelkraft, so ist dieser Druck $p = P : \pi c^2$. Auf dem kreisringförmigen Teil von $r = c$ bis zum Halbmesser $r = a$ des Randkreises sei die Oberfläche der Platte unbelastet. Wir müssen wegen der Unstetigkeit des Druckes das Grundgebiet in zwei Teilgebiete zerlegen. Im äußeren, ringförmigen Teil $c < r < a$, in dem kein

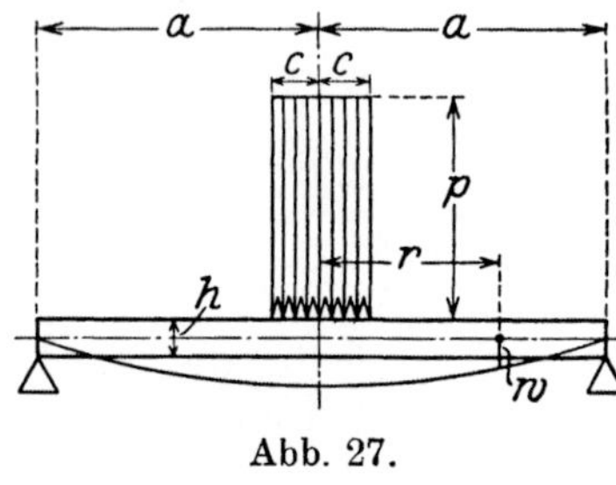

Abb. 27.

Druck sich auf die Platte überträgt, ist die homogene Plattengleichung $\Delta\Delta w = 0$ heranzuziehen, die hier nach (14) eine Durchbiegung

$$w = c_1 + c_2\, r^2 + c_3\, r^2 \ln r + c_4 \ln r$$

liefert. Innerhalb der „Druckfläche" der Einzelkraft $0 < r \leqq c$ gilt dagegen die inhomogene Plattengleichung

$$\Delta\Delta w' = \frac{P}{\pi c^2\, N} = \text{konst.}$$

Die Durchbiegung w' wird hier nach (14) durch eine Funktion

$$w' = \frac{P r^4}{64\, \pi c^2\, N} + c_1' + c_2'\, r^2$$

dargestellt[1]). Zur Bestimmung der in diesen Gleichungen vorkommenden sechs Beiwerte $c_1 \cdots c_2'$ stehen die Randbedingungen auf dem Kreis $r = a$ und die Stetigkeitsbedingungen auf dem Randkreis der Druckfläche $r = c$ zur Verfügung.

---

[1]) In ihr mußten die Funktionen $c_3'\, r^2 \ln r$, $c_4' \ln r$ fortgelassen werden, die im Nullpunkt unendlich große Spannungen ergaben.

a) Ihre an und für sich einfache, etwas umständliche Bestimmung führt im Falle eines frei aufliegenden Randes zu den folgenden Gleichungen für die elastische Fläche:

α) im äußeren, unbelasteten Ringgebiet $c \leqq r \leqq a$:

$$w = \frac{P}{16\,\pi\,N}\left[\frac{3+\nu}{1+\nu}(a^2 - r^2) - 2\,r^2 \ln\frac{a}{r}\right]$$
$$-\frac{P\,c^2}{16\,\pi\,N}\left[\frac{1-\nu}{2\,(1+\nu)}\left(1-\frac{r^2}{a^2}\right)+\ln\frac{a}{r}\right], \qquad (20)$$

β) innerhalb des vom Druck $p = P/\pi\,c^2$ belasteten Kreises $r = c$:[1]

$$w' = \frac{P}{16\,\pi\,N}\left\{\frac{r^4}{4\,c^2}+\left[\frac{(1-\nu)\,c^2 - 4\,a^2}{2\,(1+\nu)\,a^2}+2\ln\frac{c}{a}\right]r^2\right.$$
$$\left.+\frac{4\,(3+\nu)\,a^3 - (7+3\,\nu)\,c^2}{4\,(1+\nu)}+c^2\ln\frac{c}{a}\right\}. \qquad (21)$$

Die Spannungsmomente sind in dem unbelasteten Ringgebiet $c < r < a$ durch die Formeln gegeben:

$$m_r = \frac{(1+\nu)\,P}{4\,\pi}\ln\frac{a}{r}+\frac{(1-\nu)\,P\,c^2}{16\,\pi}\left(\frac{1}{r^2}-\frac{1}{a^2}\right),$$
$$m_t = \frac{P}{4\,\pi}\left[(1+\nu)\ln\frac{a}{r}+1-\nu\right]-\frac{(1-\nu)\,P\,c^2}{16\,\pi}\left(\frac{1}{r^2}+\frac{1}{a^2}\right) \qquad (22)$$

und für $0 < r < c$, innerhalb des Druckkreises der Kraft P gleich

$$m_r' = \frac{P}{4\,\pi}\left[(1+\nu)\ln\frac{a}{c}+1-\frac{(1-\nu)\,c^2}{4\,a^2}-\frac{(3+\nu)\,r^2}{4\,c^2}\right],$$
$$m_t' = \frac{P}{4\,\pi}\left[(1+\nu)\ln\frac{a}{c}+1-\frac{(1-\nu)\,c^2}{4\,a^2}-\frac{(3\,\nu+1)\,r^2}{4\,c^2}\right]. \qquad (23)$$

Mit Hilfe der letzten Formelgruppe ist der Verlauf der Biegungsmomente innerhalb des Druckkreises $r = c$ in der Abb. 28 für verschiedene Halbmesser c durch die stärker ausgezogenen Kurven angegeben worden. Wenn der Halbmesser des Druckkreises c verkleinert wird, nimmt das mit dem Faktor c^2 behaftete Glied in der Gl. (20) ab. Für kleine Werte von c im Vergleich zum Randkreishalbmesser a, d. h. wenn die Kraft P stark konzentriert ist, kann es dann neben dem ersten vernachlässigt werden.

---

[1] A. und L. Föppl haben im I. Band von „Drang und Zwang" (S. 178) den Biegungsfall einer kreisförmigen Platte betrachtet, die in der Mitte von $r = 0$ bis $r = c$ eine gleichförmig verteilte Last p und darüber hinaus, von $r = c$ bis $r = a$ einen Druck p_1 zu tragen hat. Aus ihren Formeln ergeben sich die obigen als der Sonderfall $p_1 = 0$.

Die elastische Fläche einer durch eine Einzelkraft P in ihrer Mitte belasteten und auf ihrem Rande $r = a$ frei aufliegenden Kreisplatte nähert sich mithin im Falle einer starken Konzentration der Kraft oder beim Übergang zur Punktbelastung der Fläche

$$w = \frac{P}{16\,\pi\,N}\left[\frac{3+\nu}{1+\nu}(a^2 - r^2) - 2\,r^2\ln\frac{a}{r}\right]. \tag{24}$$

Verlauf des radialen und tangentialen Biegungsmomentes in einer durch eine Einzelkraft in der Mitte belasteten kreisförmigen Platte für die Halbmesser $c = 0{,}1,\ \ 0{,}2,\ \ 0{,}4,\ \ 0{,}6\,a$ des Druckkreises.

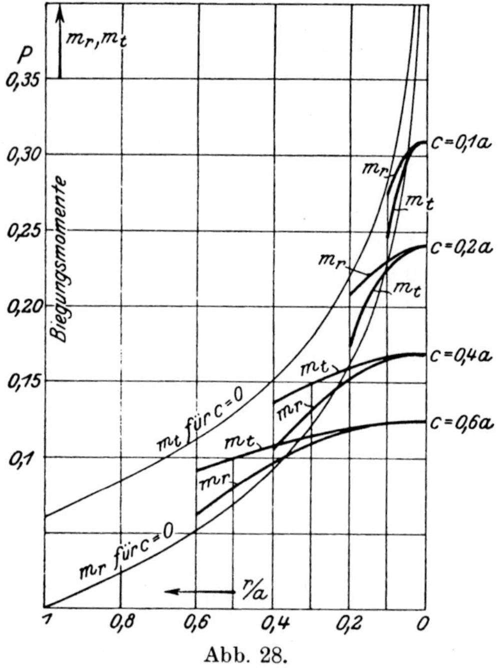

Abb. 28.

Dieser Teil der Funktion (20) genügt für sich der homogenen Plattengleichung. Man überzeugt sich leicht, daß die ersten Glieder in den Ausdrücken für die Spannungsmomente (22) und (23) gerade die Biegungsmomente sind, die zur elastischen Fläche der Punktbelastung (24) gehören. Diese beiden Momentenkurven sind in der Abb. 28 durch die dünn ausgezogenen Kurven dargestellt. An den Formeln (22) bestätigt sich, was man bei stärkerer Konzentration der Kraft P erwarten muß, daß nämlich die Spannungsverteilung der Platte in größerer Entfernung von der Angriffsstelle nicht von der Art (von der Größe des Druckgebietes und auch von der Form der Druckfläche) abhängig sein kann, wie sich die Kraft innerhalb ihrer Angriffsfläche verteilt. Der Verlauf der Momentenkurven im unbelasteten Gebiet einer durch eine Einzelkraft belasteten Platte wird demnach im wesentlichen durch die ersten Glieder in (22) oder allgemein durch die Lösung der Differentialgleichung $\varDelta\varDelta w = 0$ für die Punktbelastung dargestellt.

Eine Lösung, wie die in der Gl. (24) abgesonderte, welche an einer Stelle unendlich große Spannungen liefert, enthält, wie man sagt, eine Singularität. Derartige Lösungen können in der Plattenstatik oft mit Vorteil verwendet werden. Die eben abgesonderte elastische Fläche einer kreisförmigen Platte enthält ihre Singularität in der Teillösung der homogenen Plattengleichung:

$$w = \frac{P}{8\pi N}\, r^2 \ln r.\tag{25}$$

Man erkennt dies sofort, wenn man die Scherkräfte berechnet, die von dieser Teillösung herrühren:

$$p_r = -N\frac{d\,\Delta w}{dr} = -\frac{P}{2\pi r}.\tag{26}$$

Sie ergeben in jedem zylindrischen Schnitt, den man sich mit einem Halbmesser r um den Mittelpunkt des Kreises durch die Platte geführt denken kann, eine Mittelkraft gleich $-P$. Sie wachsen unbegrenzt an, wenn man den Schnittkreis auf seinen Mittelpunkt zusammenzieht.

Die freiaufliegende Kreisplatte mit einer in ihrer Mitte angreifenden Punktbelastung P hat also die elastische Fläche (24) mit dem Biegungspfeil

$$w_0 = \frac{3+\nu}{1+\nu}\cdot\frac{Pa^2}{16\pi N} = \frac{3(3+\nu)(1-\nu)}{4\pi}\frac{Pa^2}{Eh^3} = 0{,}586\,\frac{Pa^2}{Eh^3}$$

(wenn $\nu = {}^1/_4$ ist) und den Spannungsmomenten

$$m_r = \frac{(1+\nu)P}{2\pi}\ln\frac{a}{r}, \qquad m_t = \frac{P}{4\pi}\left[(1+\nu)\ln\frac{a}{r} + 1 - \nu\right].\tag{27}$$

b) Die Gleichung der elastischen Fläche einer durch eine Einzelkraft P in ihrer Mitte belasteten **eingespannten Kreisplatte** wird ebenso aus einem der Gleichung $\Delta\Delta w = 0$ genügenden Ansatz

$$w = c_1 + c_2 r^2 + c_3 r^2 \ln r$$

ermittelt. Die Beiwerte c_1 und c_2 bestimmen sich aus den Randbedingungen $r = a$, $w = 0$, $\dfrac{\partial w}{\partial r} = 0$, c_3 ist nach den Gleichungen (25) und (26) gleich:

$$c_3 = \frac{P}{8\pi N}.$$

Die eingespannte Kreisplatte hat die elastische Fläche

$$w = \frac{P}{16\pi N}\left[a^2 - r^2 - 2r^2\ln\frac{a}{r}\right],\tag{28}$$

mit dem Biegungspfeil

$$w_0 = \frac{Pa^2}{16\pi N} = \frac{3(1-\nu^2)Pa^2}{4\pi Eh^3} = 0{,}224\,\frac{Pa^2}{Eh^3} \qquad (\nu = {}^1/_4)$$

und die Spannungsmomente:

$$m_r = \frac{P}{4\pi}\left[(1+\nu)\ln\frac{a}{r} - 1\right], \qquad m_t = \frac{P}{4\pi}\left[(1+\nu)\ln\frac{a}{r} - \nu\right]. \quad (29)$$

19. Die Biegungsbeanspruchung von Platten durch Einzelkräfte.

Die Gl. (20) und (21) für die elastische Fläche einer kreisförmigen Platte, die in ihrer Mitte durch eine Einzelkraft belastet ist, gestatten einen Weg anzugeben, auf dem ihre Biegungsbeanspruchung sich ermitteln läßt. Wie wir bereits bemerkten, hängt der Verlauf der Spannungen in größerer Entfernung von der Angriffsstelle der Einzelkraft nicht davon ab, in welcher Weise sich diese letztere in ihrer Angriffsfläche auf die Platte überträgt. Dies heißt mit andern Worten, daß man den Spannungszustand in größerer Entfernung von der Angriffsfläche einer Einzelkraft durch die Lösung der Plattengleichung beherrscht, die an der Stelle der Mittelkraft der Belastungen eine in einem Punkt vereinigte Kraft ergibt.

Für eine freiaufliegende und für eine eingespannte Kreisplatte haben wir diese Lösungen mit den ihnen entsprechenden Momentenflächen in den Gl. (27) und (29) soeben ermittelt. Es hatten sich für diese letzteren trichterförmige Umdrehungsflächen ergeben, deren Meridianschnitte aus der logarithmischen Kurve bestanden. Die Momentenflächen von Platten mit anderen Randkurven oder Grenzbedingungen, welche durch Einzelkräfte belastet sind, werden in der Umgebung der Angriffsstellen ebenfalls aus ähnlichen, röhrenförmigen Flächen bestehen. Diese Flächen werden in größerer Entfernung von den Angriffsstellen sich nur wenig von den gesuchten Momentenflächen unterscheiden.

Im Kreismittelpunkt versagen jedoch diese Lösungen, weil sie unendlich große Spannungen liefern. Um den Verlauf der Spannungen auch in der Umgebung und im Innern der Druckfläche verfolgen zu können, müssen wir auf die vollständigen Lösungen zurückgreifen, in denen die lokale Verteilung der Kraft berücksichtigt wird. Die stark ausgezogenen Kurven der Spannungsverteilung in der Abb. 28 zeigen für eine kreisförmige Platte, welchen Verlauf man im Innern der Angriffsfläche einer Einzelkraft für die Momentenflächen zu erwarten hat, wenn sich der Druck gleichförmig in einer kreisförmigen Fläche auf die Platte überträgt.

Für den Scheitelwert des radialen und des tangentialen Biegungsmomentes ergibt sich im Mittelpunkt des Druckkreises $(r = 0)$ aus (23) die Formel

$$m'_{r\,\text{max}} = m'_{t\,\text{max}} = \frac{P}{4\pi}\left[(1+\nu)\ln\frac{a}{c} + 1 - (1-\nu)\frac{c^2}{a^2}\right]. \quad (30)$$

In ihr bedeuten a den äußeren Kreishalbmesser und c den Halbmesser des Druckkreises, auf dem die Einzelkraft P sich auf die Platte überträgt. Wenn das Verhältnis des Halbmessers c des Druckkreises zum Halbmesser a der Platte gleich einer der folgenden Zahlen c/a ist, ergeben sich für die Scheitelordinate m_{max} der Biegungsmomente in seinem Mittelpunkt $r = 0$ die Werte:

$$\begin{array}{lccccc}
c/a = & 1 & 0{,}9 & 0{,}8 & 0{,}7 & 0{,}6 \\
m_{\mathrm{max}} = 0{,}0647 & 0{,}0780 & 0{,}0926 & 0{,}1078 & 0{,}1250
\end{array}$$

$$\begin{array}{lccccc}
c/a = & 0{,}5 & 0{,}4 & 0{,}3 & 0{,}2 & 0{,}1 \\
m_{\mathrm{max}} = 0{,}1349 & 0{,}1684 & 0{,}1980 & 0{,}2390 & 0{,}3085\ P.
\end{array}$$

Wenn der Halbmesser c des Druckkreises klein ist, dürfen die mit c^2 behafteten Glieder in den Ausdrücken der Momente (22), die im belasteten Teil $c < r < a$ der Platte gelten, vernachlässigt werden. Ihr Verlauf ist dann außerhalb der Druckfläche bis an den Rand des Druckkreises der Kraft P identisch mit den Formeln (27) und kann aus den Momentenkurven für die Punktbelastung entnommen werden. Auf seinem Rande $r = c$ sind m_r und m_t nach (27)

$$\begin{aligned}
[m_r]_{r=c} &= \frac{(1 + \nu)\,P}{4\,\pi} \ln \frac{a}{c}\,, \\
[m_t]_{r=c} &= \frac{P}{4\,\pi} \left[(1 + \nu) \ln \frac{a}{c} + 1 - \nu \right].
\end{aligned} \tag{31}$$

Der gemeinsame Scheitel der Momentenkurven im Mittelpunkt $r = 0$ des Druckkreises hat dagegen die Ordinate

$$[m_r']_{r=0} = \frac{P}{4\,\pi} \left[(1 + \nu) \ln \frac{a}{c} + 1 \right] = [m_r]_{r=c} + \frac{P}{4\,\pi}\,, \tag{32}$$

sofern das Glied mit c^2/a^2 in Gl. (30) ebenfalls unterdrückt wird.

Der Vergleich der Formeln (32) und (31) zeigt, daß die Ordinate der beiden Momentenkurven im Scheitelpunkt (im Mittelpunkt $r = 0$ der Druckfläche) um den Betrag $m_0 = \dfrac{P}{4\,\pi}$ größer ist als der Wert, den das radiale Biegungsmoment (das von der Punktbelastung herrührt) am Rande $r = c$ des Druckkreises annimmt. Diese Bemerkung führt zur Aufstellung einer einfachen Regel, nach der die größte Inanspruchnahme einer durch eine Einzelkraft verbogenen Platte angegeben werden kann.

Wir können das Ergebnis, zu dem wir gelangt sind, anschaulich auch so ausdrücken: um die Biegungsbeanspruchung einer Platte durch eine Einzelkraft P zu bestimmen, denken wir uns ihren Spannungszustand für die Punktbelastung (für die „Singularität") gegeben. Wir schneiden den Angriffspunkt der Einzelkraft, in dessen Umgebung die Spannungen sonst unendlich groß werden müßten, mit einem kreisförmigen Schnitt vom Halbmesser c aus der Platte heraus (Abb. 29). Das kleine Loch, das in der Platte entstanden ist, werde hierauf durch eine Scheibe ausgefüllt, die in dasselbe paßt

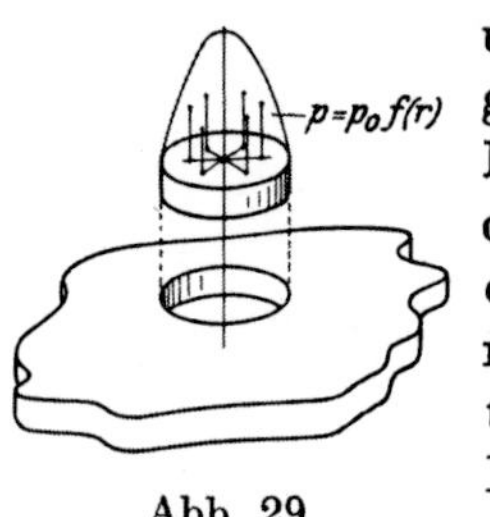

Abb. 29.

und auf der die Kraft P sich stetig nach einem gegebenen Gesetz $p = p_0 f(r)$ verteile. Damit die Momente der Platte nach dem Hereinschieben der kleinen Scheibe im Schnitt keinen Sprung erleiden, sind auf ihrem Rande vorher gewisse radiale Biegungsmomente anzubringen. Ihre Verteilung und Größe ergibt sich aus der Verteilung der Biegungsmomente m_r, die in diesem Schnitt vorher (bei der Punktbelastung) gewirkt haben. Gegenüber dem Zustand, in dem sich die Platte nach den genauen Formeln (23) befindet, besteht nach dem Hineinschieben der kleinen Kreisscheibe insofern ein Unterschied, als die elastische Fläche jetzt auf dem Kreise $r = c$ einen schwachen Knick aufweisen wird. Er rührt von der Vernachlässigung der mit dem Faktor c^2 behafteten Glieder in den obigen Gleichungen oder jener kleinen Momente her, die wir in den Momentengleichungen gestrichen haben und die erforderlich sind, um den Knick zu beseitigen.

Durch diese Vernachlässigung wird aber der Spannungszustand außerhalb der Druckfläche bis an ihren Rand unabhängig gemacht von der Verteilung des Druckes in der Angriffsfläche der Einzelkraft. Er ist im unbelasteten Teil der Platte bis an den Rand der Druckfläche ein für allemal durch den Verlauf der Momentenflächen gegeben, die zur Punktbelastung gehören.

Die Formeln (23) lassen schließlich erkennen, wie die Momentenflächen innerhalb der Druckfläche fortzusetzen sind. Ihre Meridianschnitte werden innerhalb der Druckfläche aus zwei Parabeln mit gemeinsamem Scheitel gebildet. Sie verbinden die Randordinaten der in Gl. (31) ermittelten Momente m_r und m_t auf dem Kreis vom Halbmesser $r = c$ mit dem gemeinsamen Scheitelwert der Momente Gl. (32). Es erübrigt sich noch, die Ordinate des gemeinsamen Scheitelpunktes anzugeben. Er liegt nach der Gl. (32) um den Betrag $m_0 = P/4\pi$ höher, wie der Punkt, in dem der Meridianschnitt des radialen Biegungsmomentes m_r der Punktbelastung den Zylinder $r = c$ schneidet.

Um den Einfluß abzuschätzen, den eine stärkere Konzentration des Druckes $p = p_0 f(r)$ auf die Größe m_0 und damit auf den Scheitelwert der Biegungsmomente hat, sind einige Verteilungen des Druckes p

(Abb. 30) zum Vergleich herangezogen und für sie die Größe m_0 berechnet worden:

Zahlentafel 2. Druckverteilung in der Angriffsfläche einer
Einzelkraft:

1. gleichförmig . . . . . $p = \dfrac{P}{\pi c^2}$, $m_0 = 0{,}065\ P$,

2. parabolisch (mit Scheitel
   im Mittelpunkt $r = 0$) $p = \dfrac{2P}{\pi c^2}\left(1 - \dfrac{r^2}{c^2}\right),$ $m_0 = 0{,}094\ P$,

3. kegelförmig . . . . . $p = \dfrac{3P}{\pi c^2}\left(1 - \dfrac{r}{c}\right),$ $m_0 = 0{,}103\ P$,

4. parabolisch (mit Scheitel
   im Randkreis $r = c$) . $p = \dfrac{6P}{\pi c^2}\left(1 - \dfrac{r}{c}\right)^2,$ $m_0 = 0{,}131\ P.$

Damit die vier verschiedenen Druckverteilungen einem gleichen mittleren Druck $p = P/\pi c^2$ entsprechen, müssen die größten Drucke im Mittelpunkt $r = 0$ sich wie die Zahlen $1 : 2 : 3 : 6$ verhalten. Die Größe m_0 nimmt dabei vom Wert $0{,}065\ P$ bis zum doppelten $0{,}131\ P$ zu. Wenn beispielsweise $c/a = 0{,}1$ ist, vergrößert sich der Scheitelwert des Biegungsmomentes jedoch nur von $0{,}29\ P$ auf $0{,}36\ P$.

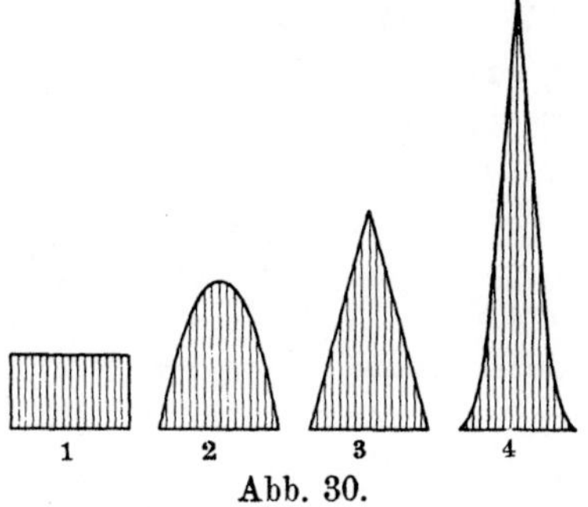

Abb. 30.

Die Regel zur Bestimmung des Verlaufes der Biegungsmomente und der größten Inanspruchnahme einer durch eine Einzelkraft verbogenen Kreisplatte läßt sich wie folgt zusammenfassen. Im unbelasteten Gebiet, außerhalb der Druckfläche ist der Spannungszustand (bis an den Rand der Druckfläche) durch den Verlauf der Momentenflächen für die Punktbelastung (Singularität) gegeben. Der Scheitelwert der Momente im Mittelpunkt des Druckkreises ist um den Betrag m_0 (Zahlentafel 2) größer als der Wert des radialen Biegungsmomentes auf dem Rande $r = c$ des Druckkreises. In seinem Innern können die Momente m_r und m_t bei verschiedenen Druckverteilungen durch zwei Parabeln mit gemeinsamem Scheitel angenähert werden.

Nachdem der Spannungszustand einer beliebigen Platte in der Umgebung der Angriffsstelle einer (nicht auf dem Rande angreifenden)

Einzelkraft sich nur um einen stetigen Spannungszustand mit den Momenten m_x, m_y, m_{xy}, von dem obigen unterscheidet, kann die Regel zur Ermittelung der Biegungsbeanspruchung von Platten auf beliebige Randbedingungen und Randkurven erweitert werden, wenn die Kraft genügend stark konzentriert ist, um die Abmessungen ihrer Angriffsfläche als klein gegen die übrigen Abmessungen ansehen zu dürfen, und wenn die Druckverteilung nicht zu stark von einer der Umdrehungsflächen (Abb. 30) abweicht.

Der Regel für die Berechnung der größten Inanspruchnahme einer durch eine Einzelkraft verbogenen Platte liegt die bisher nicht erwähnte Voraussetzung zugrunde, daß für sie lediglich die in der Platte auftretenden Biegungsspannungen maßgebend sind, oder mit anderen Worten, daß die Druckspannungen in den Flächen, in denen sich die Einzelkräfte auf die Platte übertragen, neben den Biegungsspannungen von untergeordneter Bedeutung sind. Wenn eine Kraft auf eine Platte zu übertragen ist, wird in den Anwendungen, diese Annahme wohl gewöhnlich erfüllt sein, weil der Konstrukteur es meist in der Hand hat, durch die Vergrößerung der Druckfläche dafür zu sorgen, daß die Druckspannungen in ihr keine gefährlichen Werte annehmen sollen[1]).

Wenn hingegen die Kräfte so stark konzentriert sind, daß auch die Druckspannungen große Werte annehmen, werden die Verhältnisse verwickelter. Man kann nach dem Vorgange von A. u. L. Föppl[2]) sich die Frage stellen, von welchem Halbmesser der Druckfläche an die Druckspannungen maßgebend sind. A. und L. Föppl fanden, daß man bei den praktisch vorkommenden Fällen den Halbmesser des Druckkreises c kleiner als ungefähr ein Drittel der Plattendicke h wählen müßte, wenn die Druckspannungen größer als die maximale Biegungsspannung werden sollen. Sie haben ferner darauf aufmerksam gemacht, daß in einem solchen Falle — wenn nämlich die Ab-

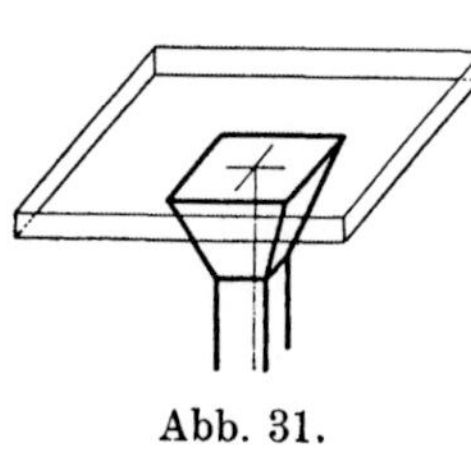

Abb. 31.

messungen der Druckfläche von der Größenordnung der Dicke der Platte oder kleiner als diese sind — die Kirchhoffsche Plattentheorie nicht zur Bestimmung der Verteilung der Spannungen in der Umgebung der Druckfläche herangezogen werden darf, weil ihre Voraussetzungen hier nicht mehr genau genug erfüllt sind. Man sieht dies

---

[1]) Ein Beispiel für die Befestigung einer Decke zur Aufnahme einer Einzelkraft ist eine der üblichen Formen der Säulenköpfe der sogenannten Pilzdecken (s. S. 141) des Eisenbetonbaues (Abb. 31).

[2]) „Drang und Zwang", eine höhere Festigkeitslehre für Ingenieure. 2. Aufl. Bd. 1, S. 192. München: R. Oldenbourg. 1924.

sofort ein, wenn man bedenkt, daß die Dehnungen $\varepsilon_x = \varepsilon_y = + \nu\, p/E$, die vom Druck p herrühren und in der Kirchhoffschen Theorie mit Recht vernachlässigt werden, in diesem Falle vergleichbar mit den Dehnungen σ_x/E, σ_y/E der Biegungsspannungen werden. In diesen Fällen reicht die zur Mittelebene senkrechte Verschiebung w der Platte nicht mehr zur Beschreibung des Formänderungszustandes in der Nähe der Angriffsstelle der Last aus und es sind auch die radialen Verschiebungen ϱ heranzuziehen.

Im Falle einer achsensymmetrischen Druckverteilung ist die Aufgabe der Spannungsermittelung im „Kernstück" — wie der mittlere, unter Druck stehende Teil der Platte von A. u. L. Föppl treffend bezeichnet wurde — eine Aufgabe der Theorie der „dicken" kreisförmigen Platte. Der Leser findet eine Berechnung der Spannungen des Kernstückes im 2. Bde. von „Drang und Zwang"[1]) und einen Abriß einer allgemeinen Theorie der durch unstetige Oberflächenkräfte belasteten dicken Kreisplatte im Abschnitt VII, woselbst die allgemeinen Ausdrücke für die axialen und radialen Verschiebungen einer kreisförmigen Platte aufgestellt sind, die 1. auf einer Seite ($z = 0$) durch einen von r abhängigen Druck p belastet ist (der auch eine unstetige Funktion von r sein kann), 2. auf der anderen Seite frei ist, 3. deren axiale Verschiebung auf dem Randkreise $r = a$ verschwindet und 4. deren Dicke h nicht mehr klein im Verhältnis zum Halbmesser a der Platte zu sein braucht[2]).

Die Tatsache, daß die Biegungsspannungen σ_r und σ_t in einer dünnen Platte (Kirchhoffsche Theorie) nur von ihrer Krümmung, beziehungsweise von den zweiten Ableitungen ihrer Durchbiegung abhängen, findet in den Formeln der dicken Platte ihren Ausdruck darin, daß der Formänderungszustand der dicken Platte für kleine Verhältnisse von h/a, der Dicke zum Halbmesser eine asymptotische Lösung besitzt. Die abgeleiteten Gleichungen gestatten den Verlauf der Spannungen in der Platte bis in die Nähe der Druckfläche und in dieser selbst zu verfolgen. Die Durchbiegungen ergaben sich nach dieser Rechnung bei starker Konzentration der Einzelkraft um etliche v. H. größer als ihre aus den Formeln der Kirchhoffschen Theorie abgeleiteten Werte.

20. Der Plattenstreifen und der Halbstreifen.

Ein Plattenstreifen entsteht aus einer rechteckigen Platte, wenn die Länge des einen Seitenpaares unbegrenzt vergrößert wird. Wir werden uns mit diesem Grenzfall einer rechteckigen Platte zuerst

---

[1]) a. a. O. Bd. 2, S. 182. 1920, 1. Aufl.
[2]) Schweiz. Bauzg., Zürich, Bd. 76, Nr. 23. 1920.

beschäftigen, weil sich eine Reihe wichtiger Biegungszustände der rechteckigen Platte auf Belastungsfälle des Plattenstreifens zurückführen läßt. Spannungszustände dieser Art, für die man Grenzbedingungen nur auf zwei Seiten zu erfüllen hat, lassen sich oft leichter auffinden, als die Lösungen einer rechteckigen Platte, auf deren Seiten insgesamt acht Bedingungen zu erfüllen sind. Da man auf ähnliche Belastungszustände übrigens in den praktischen Anwendungen des öfteren geführt wird, hat die Kenntnis der Spannungszustände des unendlich langen Plattenstreifens auch eine unmittelbare praktische Bedeutung in der Statik der auf Biegung beanspruchten rechteckigen Platte.

Entsprechendes kann auch von den Spannungszuständen der durch Kräfte zwar nicht verbogenen, aber in ihrer Ebene verzerrten Parallelstreifen gesagt werden. Wie später gezeigt wird, können zur Darstellung der ebenen Spannungszustände in einem Grundgebiet (Rechteck, Parallelstreifen, ...) die gleichen Funktionen herangezogen werden, auf die wir im folgenden bei der Darstellung gewisser Biegungszustände dieser Gebiete geführt werden. Wir begnügen uns hier mit dieser Feststellung und verweisen auf die Theorie der ebenen Gleichgewichtszustände (Abschn. IV, S. 222), wo das Weitere zu finden ist. Die zur Darstellung der Belastungsfälle der Plattenstreifen nützlichen Funktionen dienen auch zur Aufstellung der Lösungen in den Aufgaben der in ihrer Ebene verzerrten Parallelstreifen.

Der Parallelstreifen habe die Breite a und sei von den Geraden $x = 0$ und $x = a$ begrenzt. Wenn er außer durch diese beiden Geraden durch eine zu ihnen senkrechte Kante begrenzt ist und sich nur nach der einen Seite bis in das Unendliche erstreckt, bezeichnen wir ihn als einen Halbstreifen. Wir werden den Koordinatenanfangspunkt bei einem Halbstreifen stets in die eine seiner beiden im Endlichen gelegenen Ecken verlegen, im beiderseits unendlich langen Plattenstreifen nehmen wir ihn in einem Punkt der einen Kante an.

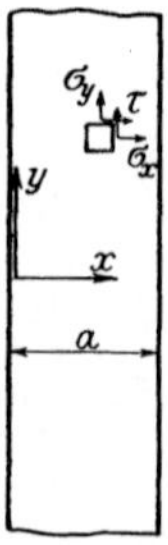

Elastische Flächen von verbogenen Parallel- oder Halbstreifen lassen sich aus der homogenen Plattengleichung sehr leicht angeben, wenn sie auf seinen beiden parallelen Kanten $x = 0$ und $x = a$ den Navierschen Grenzbedingungen verschwindender Randdurchbiegungen und Randeinspannungsmomente genügen. Wir erhalten sie vermöge eines Ansatzes

Abb. 32.

$$w_n = Y_n(y)\sin n\pi x/a \qquad \text{oder} \qquad = Y_n(y)\cos n\pi x/a, \qquad (33)$$

den zuerst M. Lévy[1]) zur Lösung von Plattenaufgaben benutzt

____

[1]) Comptes Rendus, Paris, Bd. 129, S. 535. 1899.

hat. $Y_n(y)$ bedeutet eine Funktion der Veränderlichen y allein, n kann irgendeine ganze Zahl sein. Führt man die eine oder die andere dieser Funktionen in die homogene Plattengleichung $\Delta \Delta w_n = 0$ ein, so wird sie zu einem partikulären Integral dieser Gleichung, wenn man die Funktion Y_n aus der gewöhnlichen Differentialgleichung

$$\frac{d^4 Y_n}{d y^4} - 2 \frac{n^2 \pi^2}{a^2} \cdot \frac{d^2 Y_n}{d y^2} + \frac{n^4 \pi^4}{a^4} \cdot Y_n = 0 \qquad (34)$$

bestimmt. Dieser Gleichung genügen entweder die Funktionen

$$Y_n = e^{\frac{n \pi y}{a}}, \quad e^{-\frac{n \pi y}{a}}, \quad y\, e^{\frac{n \pi y}{a}}, \quad y\, e^{-\frac{n \pi y}{a}} \qquad (35)$$

oder auch die Funktionen

$$\mathfrak{Sin}\, \frac{n \pi y}{a}, \quad \mathfrak{Cos}\, \frac{n \pi y}{a}, \quad y\, \mathfrak{Sin}\, \frac{n \pi y}{a}, \quad y\, \mathfrak{Cos}\, \frac{n \pi y}{a}. \qquad (36)$$

Damit stehen uns eine Fülle von Lösungen zur Verfügung, mit deren Hilfe verschiedenen Aufgaben aus der Statik rechteckiger oder streifenförmiger Platten genügt werden kann. In einem Halbstreifen $y > 0$, dessen Durchbiegungen im Unendlichen für $y = \infty$ verschwinden, kommen lediglich die Funktionen

$$w_n = \left(a_n + b_n \frac{n \pi y}{a}\right) e^{-\frac{n \pi y}{a}} \left(\sin \frac{n \pi x}{a} \quad \text{oder} \quad \cos \frac{n \pi x}{a}\right) \qquad (37)$$

in Betracht. Mit a_n und b_n werden in diesem Ansatz noch verfügbare Beiwerte bezeichnet. Unter Beschränkung auf die Form mit dem Sinus wird für $x = 0$ und $x = a$ (und die Vielfachen von a) $w_n = 0$. Auf diesen Geraden verschwindet aber auch die zweite Ableitung von w_n nach x. Da nun wegen $x = 0, a$, $w_n = 0$ auch $\frac{\partial^2 w}{\partial y^2} = 0$ ist, ist auf den Parallelkanten $x = 0$ und $x = a$ außer der Durchbiegung $\Delta w_n = 0$; auf diesen Geraden sind die Navierschen Grenzbedingungen (s. S. 38) erfüllt und auch die Biegungsmomente $m_x = - N \left(\frac{\partial^2 w}{\partial x^2} + \nu \frac{\partial^2 w}{\partial y^2}\right)$ sind auf dem Rand überall Null. Denselben Bedingungen genügt auch im allgemeinen eine Summe von Gliedern oder Einzellösungen:

$$w = \sum_n w_n = \sum_n \left(a_n + b_n \frac{n \pi y}{a}\right) e^{-\frac{n \pi y}{a}} \sin \frac{n \pi x}{a}. \qquad (38)$$

Ansätze von dieser Form werden uns später bei der Darstellung der Spannungszustände von Parallelstreifen mit verschwindenden Randdurchbiegungen und Einspannungsmomenten auf den beiden Parallelkanten $x = 0$ und $x = a$ gute Dienste leisten.

21. Der gleichmäßig belastete Plattenstreifen.

Spannungszustände elementarer Art ergeben sich im Plattenstreifen, wenn er eine nur von der Veränderlichen x abhängige Belastung $p = p_0 f(x)$ trägt. Wenn auch seine Durchbiegung w nur von x
abhängig ist, geht die partielle Differentialgleichung $N \Delta \Delta w = p$ in
die gewöhnliche über:

$$\frac{d^4 w}{d x^4} = \frac{p_0 f(x)}{N},$$

wo mit N die Konstante $N = E h^3 / 12 (1 - \nu^2)$ bezeichnet ist. Unter
den angenommenen Grenzbedingungen $x = 0$ und $x = a$, $w = 0$,
$m_x = 0$, und für einen gleichförmig verteilten Druck $p = p_0 = $ konst.
genügt ihr die Form des frei aufliegenden geraden Stabes:

$$w = \frac{p_0}{24 N} (x^4 - 2 a x^3 + a^3 x) \tag{39}$$

mit den Spannungsmomenten

$$m_x = - N \frac{d^2 w}{d x^2} = \frac{p_0}{2} (a x - x^2),$$

$$m_y = - \nu N \frac{d^2 w}{d x^2} = - \frac{\nu p_0}{2} (a x - x^2), \qquad m_{xy} = 0. \tag{40}$$

und den Auflagerkräften auf den Seiten $x = 0$ und $x = a$:

$$x = 0: \quad p_x = - N \frac{d^3 w}{d x^3} = p_0 a/2, \quad x = a: \ p_x = - p_0 a/2.$$

Der Vergleich mit den Formeln eines freiaufliegenden Stabes von
rechteckigem Querschnitt, dessen Höhe gleich der Plattendicke h und
dessen Breite gleich der Längeneinheit ist:

$$w = \frac{p_0}{2 E h^3} (x^4 - 2 a x^3 + a^3 x), \quad m_x = \frac{p_0}{2} (ax - x^2), \quad m_y = 0, \quad m_{xy} = 0,$$

zeigt, daß die Durchbiegung des Plattenstreifens $(1 - \nu^2)$-mal geringer (beispielsweise wenn $\nu = {}^1/_4$ genommen wird, $= {}^{15}/_{16}$ der
Durchbiegung des Stabes) ist. Die Biegungsmomente m_x im Plattenstreifen folgen demselben Gesetz, wie die im Stab, zu den ersteren
kommen in den zur x-Achse parallelen Schnitten Biegungsmomente
$m_y = \nu m_x$ hinzu, die beim Stab fehlen. Durch die Formeln (40)
ist offenbar der Biegungszustand im mittleren Teile einer langen
rechteckigen Platte unter gleichförmiger Belastung und den
obigen Randbedingungen gegeben.

Im Hinblick auf wiederholte spätere Anwendungen der Funktion w
(Gl. 39) auf die Biegungsaufgaben des Plattenstreifens und der rechteckigen Platte soll die Fläche w (Gl. 39) in eine Fouriersche

Reihe, welche nach den Funktionen $\sin n\pi x/a$ fortschreitet, entwickelt werden. Durch diese Entwicklung ist es möglich, einmal die im Bereich von $x = 0$ bis $x = a$ gegebene Funktion über das Gebiet hinaus fortzusetzen, in dem wir uns eigentlich für ihre Werte interessieren, und sie als Abschnitt einer periodischen Funktion darzustellen. Auf diesen Umstand kommt es uns aber weniger an, als vielmehr darauf, sie in einer Form zu besitzen, in der wir ihren Verlauf vermöge bestimmter Funktionen — hier werden es Sinuswellen sein — anzunähern vermögen. Die Entwicklung von Gl. 39 in eine Sinusreihe setzt uns nämlich in den Stand, die Verbindung mit den Lösungen w_n (Gl. 38) zur Befriedigung weiterer Randbedingungen im Plattenstreifen herzustellen.

An Stelle der elastischen Fläche w können wir bequemer ihre Belastungsfläche $p = p_0 =$ konst. in eine Sinusreihe entwickeln. Die Grenzbedingungen $x = 0$ und $x = a$, $w = 0$ und $\Delta w = 0$ des frei aufliegenden Plattenstreifens werden nicht verletzt werden, wenn seine Belastungsfläche nach dem in der Abb. 33 angedeuteten gebrochenen Linienzuge über das Grundgebiet $0 < x < a$ hinaus fortgesetzt wird. Diesen unstetigen Kurvenzug $(0 < x < a: p = p_0,$ $a < x < 2a: p = -p_0)$ mit einer Periodenlänge $2a$ stellt bekanntlich die Fourierreihe

$$\frac{4}{\pi}\, p_0 \sum_n \frac{1}{n} \sin \frac{n\pi x}{a} \quad (n = 1, 3, 5, \ldots) \quad (41)$$

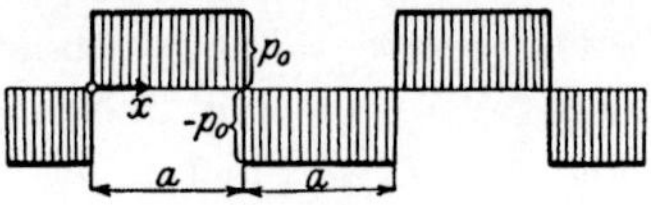

Abb. 33.

dar[1]), wie man durch Ausrechnung ihrer Beiwerte feststellt. Setzt man für p diese Reihe in die Gleichung $d^4 w/dx^4 = p/N$ ein, so erkennt man, daß dieser Gleichung und den Grenzbedingungen die Reihe

$$w = \frac{4}{\pi^5} \cdot \frac{p_0\, a^4}{N} \sum_n \frac{1}{n^5} \sin \frac{n\pi x}{a} \quad (n = 1, 3, 5, \ldots) \quad (42)$$

---

[1]) Zur Theorie der Entwicklung von stetigen und von unstetigen Linienzügen nach Fourierschen Reihen sei besonders auf K. Knopp: „Theorie und Anwendung der unendlichen Reihen", Julius Springer 1921, hingewiesen. — Eine periodische Funktion $f(x)$ mit der Periode $2a$ wird durch die Fouriersche Reihe

$$f(x) = \frac{a_0}{2} + \sum_{n=1}^{\infty} \left(a_n \cos \frac{n\pi x}{a} + b_n \sin \frac{n\pi x}{a} \right)$$

dargestellt, deren Beiwerte

$$a_n = \frac{1}{a} \int_0^{2a} f(x) \cos \frac{n\pi x}{a}\, dx, \qquad b_n = \frac{1}{a} \int_0^{2a} f(x) \sin \frac{n\pi x}{a}\, dx$$

sind.

genügt, durch die mithin die Funktion w (Gl. 39) innerhalb des Abschnittes von $0 \leq x \leq a$ dargestellt ist. Diese unendliche Reihe läßt sich viermal nach x ableiten, ohne daß dadurch ihre Konvergenz verloren geht. Nach zweimaliger Ableitung ergeben sich aus ihr die Reihen für die Spannungsmomente

$$m_x = \frac{m_y}{\nu} = \frac{4\,p_0\,a^2}{\pi^3\,N} \sum_n \frac{1}{n^3} \sin \frac{n\,\pi\,x}{a} , \qquad m_{xy} = 0 . \qquad (43)$$

Der Vergleich mit den Ausdrücken (40) zeigt, daß im Abschnitt $0 \leq x \leq a$ offenbar

$$a\,x - x^2 = \frac{8\,a^2}{\pi^3} \sum_n \frac{1}{n^3} \sin \frac{n\,\pi\,x}{a} \qquad (n = 1, 3, 5, \ldots) \qquad (44)$$

ist.

22. Der gleichmäßig belastete Halbstreifen.

Wir sind nunmehr in der Lage, die Gleichungen von einigen elastischen Flächen gleichmäßig belasteter Halbstreifen anzugeben, aus denen sich brauchbare Folgerungen für die Spannungszustände von rechteckigen Platten ziehen lassen.

Die elastische Fläche w eines durch einen gleichmäßig verteilten Druck $p = p_0 =$ konst. belasteten Halbstreifens, der von den Geraden $x = 0$, $x = a$ und $y = 0$ begrenzt ist, werde durch Überlagerung von zwei Flächen w' und w'' gebildet.

Der erste Teil w' von w sei die durch einen Druck $p = p_0 =$ konst. verbogene Fläche eines unendlich langen Plattenstreifens, die wir eben durch die Gl. (39) oder die Reihe (42)

$$w' = \frac{p_0}{24\,N}(x^4 - 2\,a\,x^3 + a^3\,x) = \frac{4\,p_0\,a^4}{\pi^5\,N} \sum_n \frac{1}{n^5} \sin \frac{n\pi x}{a} \quad \begin{matrix} (n = 1,3,5,\ldots) \\ (0 \leq x \leq a) \end{matrix} \quad (45)$$

ausgedrückt haben. Fügt man jetzt zu w' eine zweite Lösung w'' nach (38)

$$w'' = \frac{4\,p_0\,a^4}{\pi^5\,N} \cdot \sum_n \left(a_n + b_n \frac{n\,\pi\,y}{a} \right) e^{-\frac{n\pi y}{a}} \sin \frac{n\,\pi\,x}{a} \quad \begin{matrix} (n = 1,3,5,\ldots) \\ (0 < x < a,\, y > 0) \end{matrix} \quad (46)$$

hinzu, so wird an den Grenzbedingungen auf den Seiten $x = 0$ und $x = a$ nichts geändert und es besteht die Möglichkeit, die Summe w

$$w = w' + w'' \qquad (47)$$

noch beliebigen Grenzbedingungen auf der Geraden $y = 0$ anzupassen. Die Summe w erfüllt ebenso wie w' und w'' die Navierschen Grenzbedingungen $w = 0$, $\Delta w = 0$ auf den Geraden $x = 0$ und $x = a$ und die in der Summe noch vorkommenden Beiwerte a_n und b_n lassen sich den auf der Geraden $y = 0$ vorgeschriebenen Randbedingungen anpassen.

Sie sollen in den folgenden drei Fällen bestimmt werden:

a) auf der kurzen Seite $y = 0$ des Halbstreifens verschwinden die Durchbiegungen und die Biegungsmomente,

b) die Seite $y = 0$ ist eingespannt und

c) die Seite $y = 0$ ist frei.

a) **Auf der kurzen Seite des Halbstreifens seien die Navierschen Randbedingungen verschwindender Durchbiegungen und Einspannungsmomente erfüllt:** $y = 0$, $w = \Delta w = 0$. Damit die Summe $w = w' + w''$ oder

$$w = \frac{4\,p_0\,a^4}{\pi^5 N} \cdot \sum \left[\frac{1}{n^5} + \left(a_n + b_n\,\frac{n\,\pi\,y}{a} \right) e^{-\frac{n\pi y}{a}} \right] \sin \frac{n\,\pi\,x}{a} \qquad (48)$$

der Grenzbedingung $y = 0$, $w = 0$ genüge, muß der Beiwert a_n gleich

$$a_n = -\frac{1}{n^5}$$

gewählt werden. Der zweiten Bedingung $y = 0$, $\Delta w = 0$, oder der bei einer geradlinigen Auflage mit ihr identischen $y = 0$, $\dfrac{\partial^2 w}{\partial y^2} = 0$ wird genügt, wenn die zweite Ableitung des Summengliedes

$$\frac{1}{n^5} + \left(a_n + b_n\,\frac{n\,\pi\,y}{a} \right) e^{-\frac{n\pi y}{a}}$$

nach y oder wenn

$$\frac{n^2\,\pi^2}{a^2} \left(a_n - 2\,b_n + b_n\,\frac{n\,\pi\,y}{a} \right) e^{-\frac{n\pi y}{a}}$$

für $y = 0$ verschwindet. Das gibt

$$b_n = \frac{a_n}{2} = -\frac{1}{2\,n^5}.$$

Wir erhalten somit für die elastische Fläche die Gleichung

$$w = \frac{4\,p_0\,a^4}{\pi^5 N} \sum \left[1 - \left(1 + \frac{n\pi y}{2\,a} \right) e^{-\frac{n\pi y}{a}} \right] \frac{1}{n^5} \cdot \sin \frac{n\,\pi\,x}{a} \qquad \begin{array}{l} (n = 1,3,5,\ldots) \\ (y \geqq 0). \end{array} \qquad (49)$$

Wir überzeugen uns nachträglich, daß die zur Bestimmung des Beiwertes b_n erforderliche zweimalige Ableitung nach y von dieser Summe erlaubt war. Derartige Reihen konvergieren im ganzen Gebiet des Halbstreifens einschließlich seines Randes $y = 0$ noch so gut, daß sie selbst nach ihrer zweimaligen Ableitung zur praktischen Berechnung der Spannungsmomente sich gut eignen.

Wir haben den Spannungszustand, der zur elementaren Lösung w' gehört, bereits angegeben und beschränken uns deshalb nur auf die Wiedergabe der Momente der Zusatzlösung

$$w'' = -\frac{4\,p_0\,a^4}{\pi^5 N} \sum_n \frac{1}{n^5} \sin\frac{n\,\pi\,x}{a}\left[1 + \frac{n\,\pi\,y}{2\,a}\right] e^{-\frac{n\,\pi\,y}{a}}. \qquad (50)$$

Zu ihrer Berechnung dienen die Formeln für die Biegungsmomente:

$$m_x = -N\left(\frac{\partial^2 w''}{\partial x^2} + \nu\,\frac{\partial^2 w''}{\partial y^2}\right)$$

$$m_y = -N\left(\frac{\partial^2 w''}{\partial y^2} + \nu\,\frac{\partial^2 w''}{\partial x^2}\right)$$

und für das Scherungsmoment:

$$m_{xy} = -N(1-\nu)\frac{\partial^2 w''}{\partial x\,\partial y}.$$

Der Anteil der Lösung w'' zum Torsionsmoment ergibt sich beispielsweise

$$m''_{xy} = -\frac{2\,p_0\,a^2\,(1-\nu)}{\pi^3} \sum_n \frac{e^{-\frac{n\pi y}{a}}}{n^3}\left(1 + \frac{n\,\pi\,y}{a}\right)\cos\frac{n\,\pi\,x}{a}.$$

Wir erhalten auf der kurzen Seite des Halbstreifens $y = 0$ die folgende Verteilung des Torsionsmomentes

$$m''_{xy} = -\frac{2\,(1-\nu)\,p_0\,a^2}{\pi^3} \sum_n \frac{1}{n^3}\cos\frac{n\,\pi\,x}{a}$$

und auf der einen Langseite $(x = 0)$

$$m''_{xy} = -\frac{2\,(1-\nu)\,p_0\,a^2}{\pi^3} \sum_n \frac{e^{-\frac{n\pi y}{a}}}{n^3}\left(1 + \frac{n\,\pi\,y}{a}\right).$$

In der Ecke $x = 0$, $y = 0$ ist $m''_{xy} = -\dfrac{2\,(1-\nu)\,p_0\,a^2}{\pi^3} \sum_n \dfrac{1}{n^3}$.

Für die Scherkräfte p_x und p_y, die von den Anteilen w' und w'' herrühren, ergeben sich mit Hilfe der Formeln

$$p_x = -N\frac{\partial}{\partial x}\varDelta w, \qquad p_y = -N\frac{\partial}{\partial y}\varDelta w$$

die Ausdrücke

$$p_x = p_x' + p_x'' = \frac{p_0}{2}(a - 2\,x) - \frac{4\,p_0\,a}{\pi^2}\sum \frac{e^{-\frac{n\pi y}{a}}}{n^2}\cos\frac{n\,\pi\,x}{a}$$

$$ \qquad (51)$$

$$p_y = p_y' + p_y'' = \frac{4\,p_0\,a}{\pi^2}\sum \frac{e^{-\frac{n\pi y}{a}}}{n^2}\sin\frac{n\,\pi\,x}{a}.$$

Wir wollen schließlich die Ersatzscherkräfte auf den Rändern $y = 0$ und $x = 0$ des Halbstreifens angeben; da für den Anteil $w'\ m'_{xy}$ verschwindet, rühren diese nur von den Scherungsmomenten m''_{xy} des Anteiles w'' her. Sie sind nach **13** S. 36 gleich

$$\left[\frac{\partial m_{xy}}{\partial x}\right]_{y=0} = \frac{2\,(1-\nu)\,p_0\,a}{\pi^2} \sum \frac{1}{n^2} \sin \frac{n\,\pi\,x}{a}$$

$$\left[\frac{\partial m_{xy}}{\partial y}\right]_{x=0} = \frac{2\,(1-\nu)\,p_0\,y}{\pi} \sum \frac{e^{-\frac{n\pi y}{a}}}{n}$$

Ihre Vereinigung mit den Scherkräften **51** ergibt die Stützreaktionen oder die Randscherkräfte auf der Seite $x = 0$

$$q_x = p_x + \frac{\partial m_{xy}}{\partial y} = \frac{p_0\,a}{2} - \frac{4\,p_0\,a}{\pi^2} \sum \frac{e^{-\frac{n\pi y}{a}}}{n^2} \left(1 - \frac{1-\nu}{2} \cdot \frac{n\,\pi\,y}{a}\right) \tag{52}$$

und auf der Seite $y = 0$

$$q_y = p_y + \frac{\partial m_{xy}}{\partial x} = \frac{2\,(3-\nu)\,p_0\,a}{\pi^2} \sum \frac{1}{n^2} \sin \frac{n\,\pi\,x}{a}. \tag{53}$$

Die Maxima von q_x und q_y sind

$$(x = 0,\ y = \infty) \qquad q_x = \frac{p_0\,a}{2}$$

und

$$\left(x = \frac{a}{2},\ y = 0\right) \qquad q_y = \frac{2\,(3-\nu)\,p_0\,a}{\pi^2} \sum \frac{(-1)^{\frac{n-1}{2}}}{n^2}$$

Die letzte Summe ist 0,917, so daß wenn die Poissonsche Zahl gleich $\nu = {}^1/_4$ genommen wird, die beiden Maxima der Stützreaktionen sich wie

$$q_{x\,\text{max}} : q_{y\,\text{max}} = 0{,}500 : 0{,}511 = 0{,}979$$

verhalten. Der größte Wert, den die Stützreaktion in der Mitte der kurzen Seite des Halbstreifens erreicht, ist nahezu gleich dem Wert (nur um zwei Hundertstel größer als dieser), dem die Auflagerkräfte in großer Entfernung von der kurzen Seite, auf den beiden parallelen Kanten zustreben. In den Ecken $x = y = 0$ und $x = a$, $y = 0$ sind

$$q_x = \frac{p_0\,a}{2} \left(1 - \frac{8}{\pi^2} \sum \frac{1}{n^2}\right) \quad \text{und} \quad q_y = 0.$$

Wenn $n = 1, 3, 5, \ldots$ ist diese Summe $= \pi^2/8$, es verschwindet hier auch q_x. In den beiden Ecken sind die Auflagerkräfte Null. Nachdem jedoch das Torsionsmoment m_{xy} in den Ecken ungleich Null ist, verbleibt nach den Bemerkungen von S. 39 in jeder Ecke nach dem Satz über die Ersatzscherkräfte eine Einzelkraft gleich dem doppelten Wert des Scherungsmomentes in dieser Ecke oder

$$P = [2\,m_{xy}]_{\substack{x=0 \\ y=0}} = -\,\frac{4\,(1-\nu)\,p_0\,a^2}{\pi^3}\,\sum\frac{1}{n^3}.$$

Die Summe $\sum\dfrac{1}{n^3}$ ist $=1{,}051$; wenn $\nu = {}^1\!/_4$ angenommen wird, ist die konzentrierte Kraft gleich

$$P = -\,0{,}1017\,p_0\,a^2.$$

Über die Richtung dieser Einzelkraft P klärt der Drehsinn des Momentes in den beiden Schnitten auf, die in der Ecke $x = 0$, $y = 0$ sich schneiden. Man überzeugt sich leicht, daß die Eckkräfte entgegengesetzt zu den oben bestimmten stetig verteilten Auflagerkräften gerichtet sind. Durch diese Kräfte werden die Ecken des Halbstreifens am Abheben von ihrer Unterlage verhindert und auf diese letztere niedergedrückt (vgl. Abb. 34).

b) Wenn die kurze Seite des Plattenstreifens vollkommen eingespannt ist, bestimmen sich die Beiwerte a_n und b_n zu

$$a_n = b_n = -\,\frac{1}{n^5}.$$

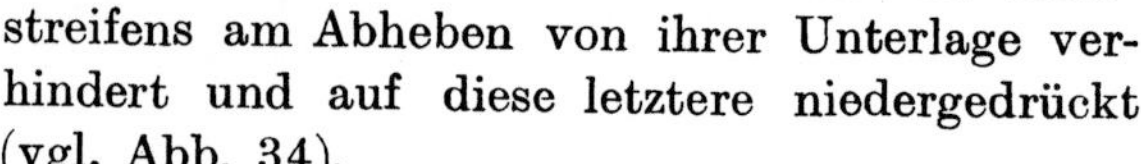

Abb. 34.

Die elastische Fläche w'' hat jetzt die Gleichung

$$w'' = -\,\frac{4\,p_0\,a^4}{\pi^5\,N}\,\sum\frac{e^{-\frac{n\pi y}{a}}}{n^5}\left(1 + \frac{n\pi y}{a}\right)\sin\frac{n\pi x}{a}$$

$$(n = 1,\,3,\,5,\,\ldots,\quad y \geqq 0) \tag{54}$$

Die Biegungsmomente sind

$$\begin{cases} m_x'' = -\,\dfrac{4\,p_0\,a^2}{\pi^3}\,\sum\left[1 + \nu + (1-\nu)\,\dfrac{n\pi y}{a}\right]\dfrac{e^{-\frac{n\pi y}{a}}}{n^3}\sin\dfrac{n\pi x}{a} \\[4ex] m_y'' = -\,\dfrac{4\,p_0\,a^2}{\pi^3}\,\sum\left[1 + \nu - (1-\nu)\,\dfrac{n\pi y}{a}\right]\dfrac{e^{-\frac{n\pi y}{a}}}{n^3}\sin\dfrac{n\pi x}{a}, \end{cases}$$

das Scherungsmoment ist

$$m_{xy}'' = -\,\frac{4\,(1-\nu)\,p_0\,a\,y}{\pi^2}\,\sum\frac{e^{-\frac{n\pi y}{a}}}{n^2}\cos\frac{n\pi x}{a}.$$

Entlang der eingespannten Seite $y = 0$ sind

$$m_x'' = m_y'' = -\,\frac{4\,(1+\nu)\,p_0\,a^2}{\pi^3}\,\sum\frac{\sin\dfrac{n\pi x}{a}}{n^3}, \qquad m_{xy}'' = 0.$$

Nun stellt die Reihe $\dfrac{8}{\pi^3}\sum \dfrac{\sin \dfrac{n\pi x}{a}}{n^3}$ nach (44) für $0 \leqq x \leqq a$ die Funktion $a x - x^2$ dar, somit sind auf $y = 0$ die Biegungsmomente gleich

$$m_x'' = m_y'' = -\frac{(1+\nu)\,p_0\,(a x - x^2)}{2}.$$

Wenn diese Momente mit den zum Anteil w' gehörigen vereinigt werden, ergeben sich auf der Seite $y = 0$ die resultierenden Biegungsmomente:

$$m_x = m_x' + m_x'' = -\frac{\nu\,p_0}{2}(a x - x^2)$$

$$m_y = m_y' + m_y'' = -\frac{p_0}{2}(a x - x^2).$$

Dies bemerkenswerte Ergebnis besagt, daß die Verteilung der Spannungsmomente im eingespannten Querschnitt $y = 0$ mit der Verteilung der Momente des Halbstreifens für $y = \infty$ völlig übereinstimmt. — Eine Einzelkraft tritt in den Ecken nicht auf, weil in ihnen $m_{xy} = 0$ ist.

c) **Wenn die Seite $y = 0$ frei ist**, lauten die Grenzbedingungen auf der kurzen Seite

$$y = 0, \qquad m_y = -N\left(\nu\,\frac{\partial^2 w}{\partial x^2} + \frac{\partial^2 w}{dy^2}\right) = 0$$

und

$$q_y = -N\left(\frac{\partial^3 w}{\partial y^3} + (2-\nu)\frac{\partial^3 w}{\partial x^2\,\partial y}\right) = 0.$$

Die Rechnung ergibt hier die elastische Fläche w'':

$$w'' = \frac{4\,\nu\,p_0\,a^4}{(3+\nu)\,\pi^5\,N}\sum\left[\frac{1+\nu}{1-\nu} - \frac{n\pi y}{a}\right]\frac{e^{-\dfrac{n\pi y}{a}}}{n^5}\sin\frac{n\pi x}{a} \qquad (n=1,3,5,\ldots). \quad (55)$$

Der Streifen biegt sich jetzt am stärksten in seiner freien Geraden $y = 0$ durch, auf der die Durchbiegung gleich

$$w = \frac{3-\nu}{24\,(1-\nu)(3+\nu)}\cdot\frac{p_0}{N}\cdot(x^4 - 2 a x^3 + a^3 x)$$

ist. Die Form der verbogenen freien Kante $y = 0$ folgt demselben Gesetz, nach dem sich die Schnitte $y = $ konst. des Plattenstreifens in großer Entfernung von ihr biegen, die Ordinaten sind aber in jedem Punkte des freien Randes

$$\frac{3-\nu}{(1-\nu)(3+\nu)}\ \text{mal}$$

(wenn $\nu = {}^1/_4$ angenommen wird 1,128 mal) größer als für $y = \infty$.

Die Biegungsmomente sind jetzt auf $y = 0$

$$m_x = \left[1 + \frac{\nu(1-\nu)}{3+\nu}\right]\frac{p_0(ax - x^2)}{2}, \qquad m_y = 0.$$

In den beiden Ecken verbleiben hier wieder Einzelkräfte, weil dort $m_{xz} \neq 0$ ist. Sie sind

$$P = \frac{16\,\nu\,p_0\,a^2}{(3+\nu)\,\pi^3}\sum\frac{1}{n^3} = 0,0418\,p_0\,a^2$$

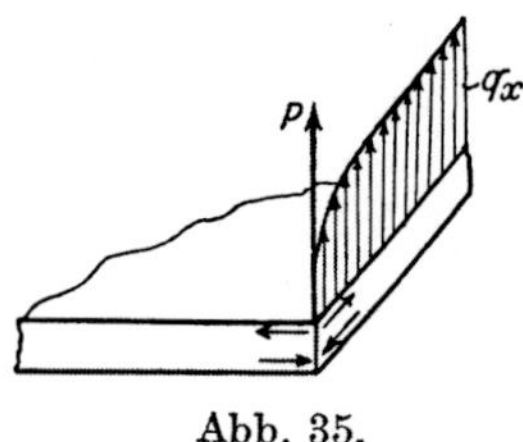

Abb. 35.

und haben die nämliche Richtung wie die stetig verteilten Stützreaktionen. Vgl. die beiden Skizzen 34 und 35, die den Verlauf der Stützreaktionen in der Umgebung einer Ecke mit verschwindenden Randdurchbiegungen und Randmomenten und einer Ecke, deren eine Seite frei ist, andeuten.

Die elastischen Flächen von gleichmäßig belasteten Halbstreifen sind in den Abb. 36, 37 und 38 mit Hilfe ihrer Schichtenlinien für die Fälle a), b) und c) wiedergegeben. Aus den Abbildungen ist auch der Verlauf der Stützkräfte auf den Plattenrändern zu entnehmen. (Die Angaben in den Abbildungen beziehen sich auf eine Poissonsche Zahl $\nu = {}^3/_{10}$.)

23. Der Plattenstreifen mit einer auf einer Geraden stetig oder auch unstetig verteilten Last.

Der Plattenstreifen sei durch die Geraden $x = 0$ und $x = a$ begrenzt. Auf ihn mögen auf der Geraden $y = 0$ (die jetzt keine Begrenzung bildet) nach irgendeinem Gesetz Lasten verteilt sein. Vermöge der Funktionen (38)

$$\left(a_n + b_n\frac{n\pi y}{a}\right)e^{-\frac{n\pi y}{a}}\sin\frac{n\pi x}{a}$$

lassen sich Spannungszustände in ihm angeben, die unter der Wirkung dieser Lasten hervorgebracht werden. Wegen der Symmetrie der verbogenen Fläche muß auf $y = 0$ $\dfrac{\partial w}{\partial y} = 0$ sein. Im Gebiet $y > 0$ genügen dieser Bedingung und der homogenen Plattengleichung die obigen Funktionen, wenn $a_n = b_n$ ist:

$$w_n(x, y) = a_n\left(1 + \frac{n\pi y}{a}\right)e^{-\frac{n\pi y}{a}}\sin\frac{n\pi x}{a}. \tag{56}$$

Für negative Werte von y ist dagegen

$$w_n(x, y) = a_n\left(1 - \frac{n\pi y}{a}\right)e^{+\frac{n\pi y}{a}}\sin\frac{n\pi x}{a}$$

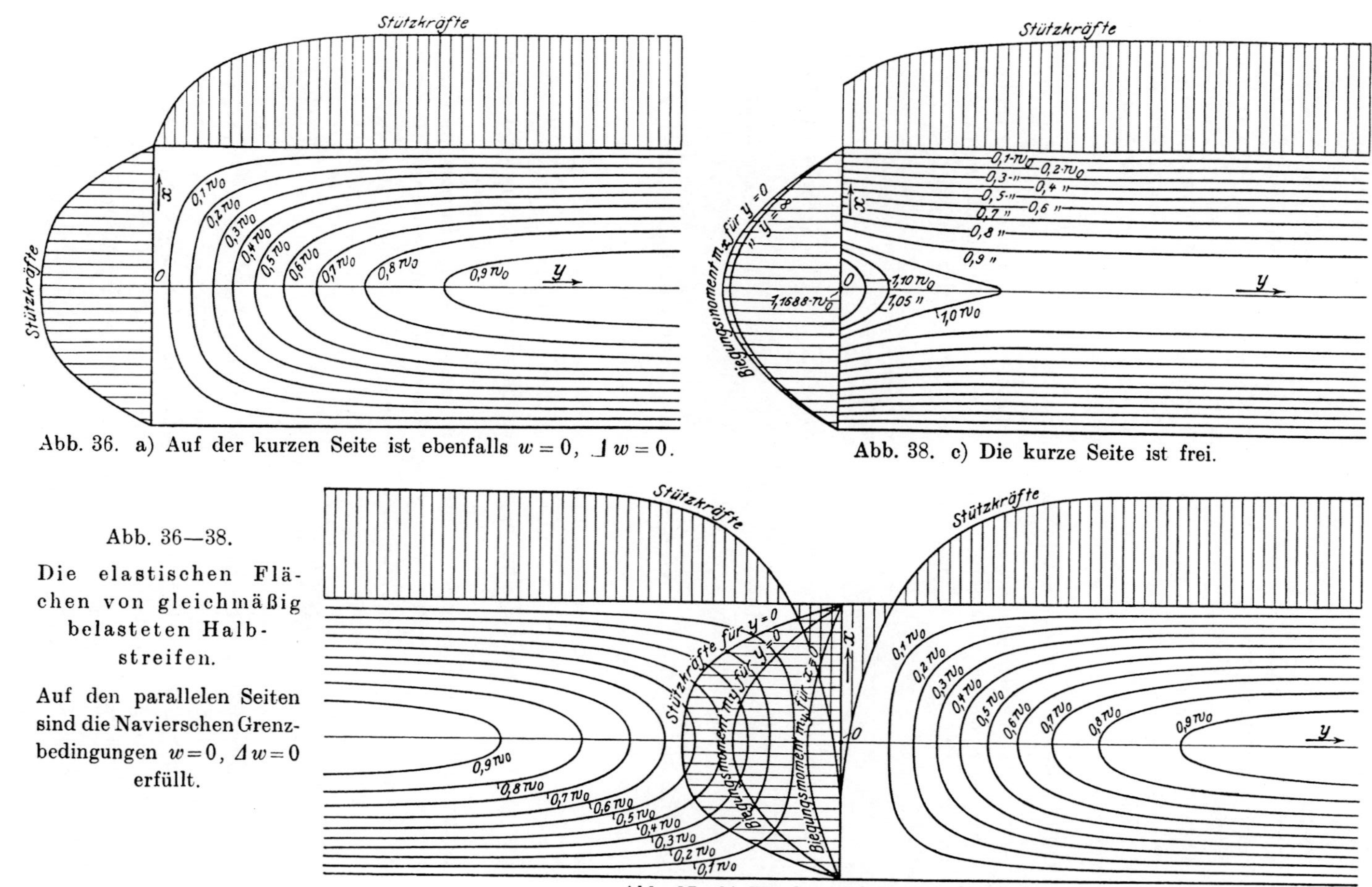

Abb. 36. a) Auf der kurzen Seite ist ebenfalls $w = 0$, $\varDelta w = 0$.

Abb. 38. c) Die kurze Seite ist frei.

Abb. 37. b) Die kurze Seite ist eingespannt.

Abb. 36—38.

Die elastischen Flächen von gleichmäßig belasteten Halbstreifen.

Auf den parallelen Seiten sind die Navierschen Grenzbedingungen $w = 0$, $\varDelta w = 0$ erfüllt.

anzusetzen. Wir werden hier auf eine Randwertaufgabe einer elastischen Platte geführt, in der der Anschluß einer elastischen Fläche unter Einhaltung von gewissen Stetigkeitsbedingungen an eine zweite Fläche verlangt wird. Ähnlich wie in einem durch Kräfte in seiner Ebene verbogenen Stab die Scherkraft an einer Stelle sich unstetig ändert, wo eine neue Last an ihm angreift, erleiden die Scherkräfte p_y der Platte beim Durchgang durch eine Linie $y =$ konst., auf der Lasten verteilt sind, eine sprunghafte Änderung. Die Scherkraft p_y ist dem Differentialquotient der elastischen Fläche $p_y = - N \dfrac{\partial \Delta w}{\partial y}$ verhältnisgleich. Diese Ableitung muß beim Durchgang durch die belastete Linie $y = 0$ sich unstetig ändern. Wir erhalten nun tatsächlich, wenn wir uns von der Seite der positiven Werte von y der Geraden $y = 0$ nähern

$$\frac{\partial \Delta w}{\partial y} = 2 \frac{n^3 \pi^3}{a^3} a_n \sin \frac{n \pi x}{a}$$

und wenn wir uns derselben Linie von der negativen Seite der y nähern,

$$\frac{\partial \Delta w}{\partial y} = - 2 \frac{n^3 \pi^3}{a^3} a_n \sin \frac{n \pi x}{a} .$$

Die Scherkraft $p_y = - N \dfrac{\partial}{\partial y} \Delta w$ erleidet beim Durchgang durch die belastete Gerade $y = 0$ einen Sprung um den Betrag

$$- 4 N \frac{n^3 \pi^3}{a^3} a_n \sin \frac{n \pi x}{a} .$$

Der zu bestimmende Spannungszustand des Plattenstreifens wird aus einer Summe von Gliedern von der Art (56) zusammengesetzt. Zur Bestimmung der Beiwerte a_n steht die eben auseinandergesetzte Unstetigkeitsbedingung zur Verfügung, nach der der Sprung in der Scherkraft gleich der Linienlast für die Längeneinheit $p = p_0 f(x)$ oder gleich

$$p_0 f(x) = \frac{4 \pi^3}{a^3} N \sum_n n^3 a_n \sin \frac{n \pi x}{a} \qquad (57)$$

sein muß.

Als Beispiel sei der Fall ins Auge gefaßt, daß die Linienlast auf einem Stück der Geraden $y = 0$, das von $x = \xi - c$ bis $x = \xi + c$ reicht, einen unveränderlichen Wert $p = p_0$ besitzt und darüber hinaus verschwindet (Abb. 39). Diese unstetige Linienlast kann im Bereich $0 < x < a$ vermöge der Fourierreihe

$$p = \frac{4 p_0}{\pi} \sum_n \frac{1}{n} \sin \frac{n \pi \xi}{a} \sin \frac{n \pi c}{a} \sin \frac{n \pi x}{a} \qquad (n = 1, 2, 3, \ldots) \qquad (58)$$

dargestellt werden. Man erhält sie, wenn man die Lastverteilung als eine ungerade Funktion von x in eine Sinusreihe entwickelt. Der Vergleich mit (57) zeigt, daß die Beiwerte der Summe gleich

$$a_n = \frac{p_0\,a^3}{n^4\,\pi^4\,N} \sin \frac{n\,\pi\,\xi}{a} \sin \frac{n\,\pi\,c}{a}$$

gesetzt werden müssen. Für die elastische Fläche ergibt sich damit

$$w = \frac{p_0\,a^3}{\pi^4\,N} \sum_n \frac{e^{-\frac{n\pi y}{n}}}{n^4} \left(1 + \frac{n\,\pi\,y}{a}\right) \sin \frac{n\,\pi\,\xi}{a} \sin \frac{n\,\pi\,c}{a} \sin \frac{n\,\pi\,x}{a} \qquad (59)$$

$$(n = 1, 2, 3, \ldots, y \geqq 0.$$

Hier bedeuten, um es zu wiederholen, p_0 die Linienlast auf der Längeneinheit des belasteten Stückes, $2\,c$ seine Länge ($2\,c\,p_0 = P$ ist die Gesamtlast), ξ den Abstand der Resultierenden des belasteten Stückes von der Seite $x = 0$ des Plattenstreifens und a seine Breite.

Wir können aus der Reihe (59) zwei Sonderfälle entnehmen. Der eine ergibt sich, wenn $\xi = c = \dfrac{a}{2}$ ist. Dann ist die Last P auf der Geraden $y = 0$ gleichförmig über die ganze Breite des Streifens von $x = 0$ bis $x = a$ verteilt (Abb. 40). Die Summenglieder mit den geraden Zahlen n heben sich fort. Als Lösung verbleibt die Summe:

$$w = \frac{p_0\,a^3}{\pi^4\,N} \sum \frac{e^{-\frac{n\pi y}{a}}}{n^4} \left(1 + \frac{n\,\pi\,y}{a}\right) \sin \frac{n\,\pi\,x}{a}$$

$$(n = 1, 3, 5, \ldots, y \geqq 0) \qquad (60)$$

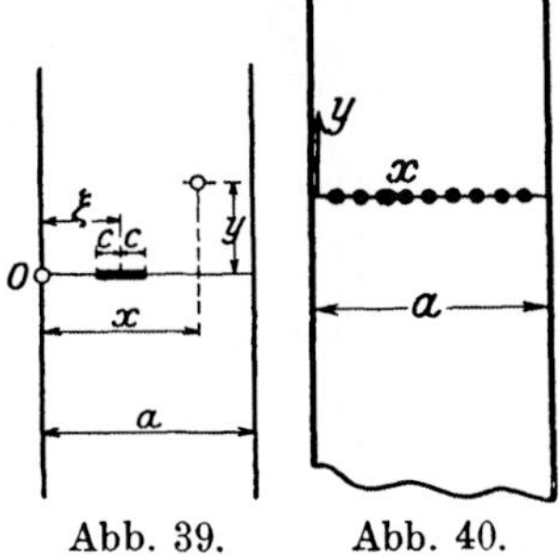

Abb. 39.   Abb. 40.

Nach dieser elastischen Fläche verbiegt sich beispielsweise die Decke über einem Raum, dessen Grundriß ein langgestrecktes Rechteck ist, unter der Last einer auf ihr aufgemauerten Querwand, wenn die Decke entlang den Wänden nur abgestützt ist (die Fläche ist mit Hilfe ihrer Schichtenlinien in der Abb. 41 dargestellt). Ihre größte Durchbiegung beträgt in der Mitte der belasteten Strecke $x = a/2$, $y = 0$

$$w_0 = \left(1 + \frac{1}{3^4} + \frac{1}{5^4} + \cdots\right) \frac{P\,a^2}{\pi^4 N} = \frac{1{,}015}{97{,}41}\,\frac{P\,a^2}{N} = 0{,}0104\,\frac{P\,a^2}{N},$$

wo mit $P = p_0\,a$ die Gesamtlast bezeichnet ist, welche sie zu tragen hat. Aus der Gl. (60) lassen sich die Spannungsmomente wie oben leicht berechnen.

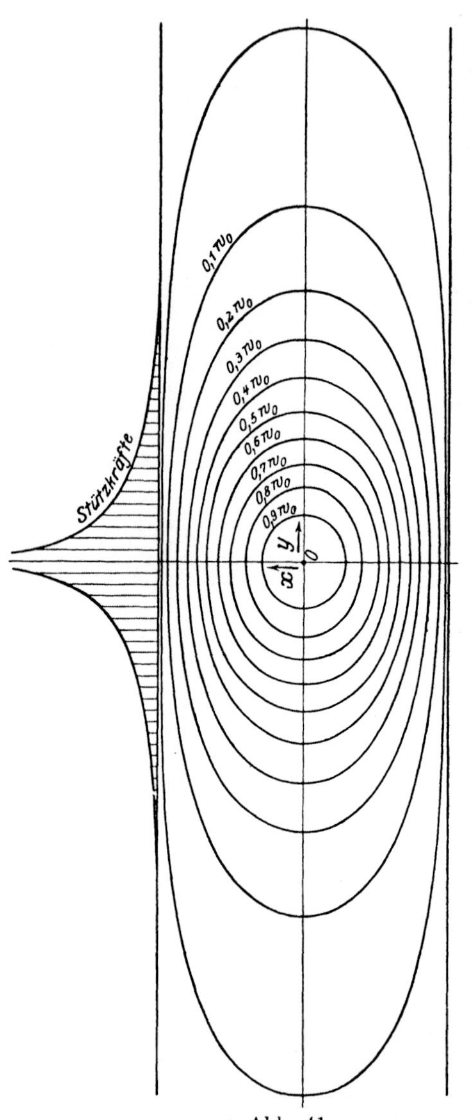

Abb. 41.

Ein weiterer wichtiger Sonderfall ergibt sich aus Gl. (59), wenn unter einem gegebenen Wert der Last $P = 2\,p_0\,c$ das belastete Stück $2\,c$ unbegrenzt verkürzt wird. Wir erhalten dann die elastische Fläche eines freiaufliegenden Plattenstreifens, auf den in einem beliebigen Punkt eine Einzelkraft wirkt (Abb. 42). Ähnlich wie die elastische Linie des freiaufliegenden Stabes, der durch eine Einzelkraft belastet ist, zur Angabe weiterer Biegungszustände des Stabes dienen kann, ergibt sich uns in diesem Biegungsfall eine Grundlösung der unendlich langen rechteckigen Platte. Sie eignet sich einerseits zu einer Beschreibung des Spannungszustandes von rechteckigen Platten auch bei endlichem Seitenverhältnis und es lassen sich auf sie anderseits weitere Belastungsfälle im Rechteck zurückführen. Für diesen Biegungsfall soll der Spannungszustand in Abschn. 25 angegeben werden.

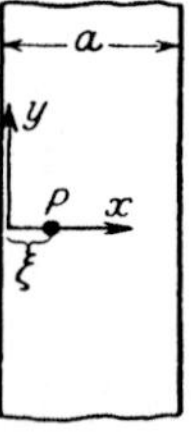

Abb. 42.

24. Regelmäßige Lastenzüge aus Einzelkräften.

Um für die Rechnung geeignete Ausdrücke für regelmäßige Lastenzüge aufzustellen, die sich aus lauter gleichen Einzelkräften zusammensetzen, knüpfen wir an eine abschnittsweise stetige Lastverteilung an, wie sie durch den Linienzug der Abb. 43 dargestellt wird und durch

welchen wir uns eine der einfachsten periodischen und zugleich unstetigen Lastenverteilungen längs einer geraden Linie als gegeben
denken wollen. Die auf die Längeneinheit bezogene Belastung $p = f(u)$
hat hier innerhalb des Abschnittes
$- c < u < c$ der unabhängigen Veränderlichen u den gleichen Wert
$p = p_0$ und darüber hinaus im Perio-
denstück von $u = - a$ bis $u = + a$
den Wert Null. Diese Belastungsfunktion wird durch die Kosinusreihe

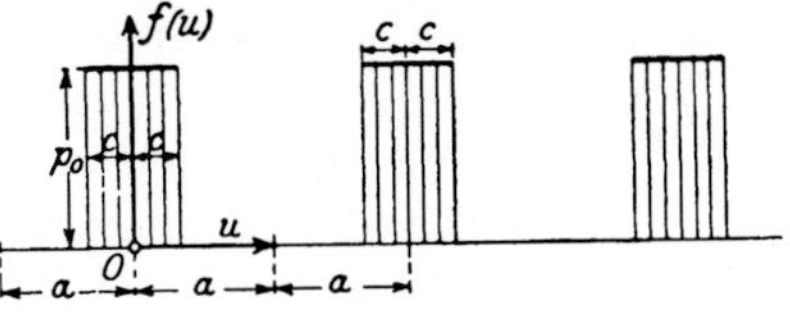

Abb. 43.

$$f(u) = \frac{a_0}{2} + \sum a_n \cos \frac{n \pi u}{a}, \qquad a_n = \frac{2}{a} \int_0^a f(u) \cos \frac{n \pi u}{a}\, du$$

oder wegen

$$0 < u < c, \ f(u) = p_0; \quad c < u < a, \ f(u) = 0;$$

$$a_0 = \frac{2 p_0}{a} \int_0^c du = \frac{2 p_0 c}{a}, \qquad a_n = \frac{2 p_0}{a} \int_0^c \cos \frac{n \pi u}{a}\, du = \frac{2 p_0}{n \pi} \sin \frac{n \pi c}{a}$$

durch die unendliche Reihe

$$f(u) = \frac{P}{a} \left[\frac{1}{2} + \sum \frac{\sin \frac{n \pi c}{a} \cdot \cos \frac{n \pi u}{a}}{n \pi c / a} \right], \quad (n = 1, 2, 3, \ldots) \quad (61)$$

dargestellt, in der mit $P = 2 p_0 c$ die in den Stücken $2 c$ (Abb. 43)
jeweils übertragene Kraft bezeichnet wird. Läßt man jetzt, um zu
einem Lastenzuge zu gelangen, der aus lauter gleichen und gleich
gerichteten Einzelkräften (Abb. 44) (Punktbelastungen) P besteht, in
jedem Gliede dieser Reihe die Länge des belasteten Stückes $2 c$
immer kleiner und kleiner werden, so ent-
steht aus ihr formal, weil bei festgehaltenem
n limes $\sin n \pi c / a : n \pi c / a$ in jedem Gliede
sich der Einheit nähert, die divergente Reihe

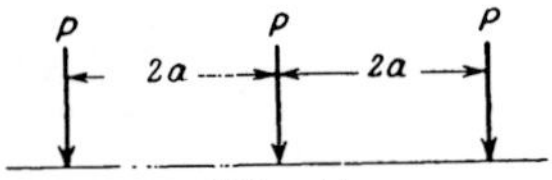

Abb. 44.

$$f(u) = \frac{P}{a} \left[\frac{1}{2} + \sum_n \cos \frac{n \pi u}{a} \right], \qquad (n = 1, 2, 3, \ldots) \quad (62)$$

Die Frage, welchen Sinn man einer derartigen Reihe beilegen soll,
wenn sich die Länge der belasteten Strecke $2 c$ der Null nähert,
wurde durch die schöne Bemerkung des Mathematikers Fejér[1] er-

----

[1] Fejér zeigte, daß das arithmetische Mittel der Teilsumme der Glieder
der Reihe (62), wenn man die Gliederzahl vermehrt, im unbelasteten Teil allent-
halben dem Wert Null zustrebt, während die Reihensumme in den Angriffspunkten der Einzelkräfte $u = 0, \pm a, \ldots$ keinem endlichen Wert sich nähert, was

ledigt, nach der eine solche Reihe noch „summierbar" durch das arithmetische Mittel der Teilsummen ist. Es steht deshalb nichts im Wege, wenn man sich nur dieser Summationsvorschrift erinnert, die Reihe (62) als einen analytischen Ausdruck einer im Punkte $u=0$ vereinigten Kraft P oder, genauer, eines Lastenzuges zu betrachten, der aus lauter gleichen Einzelkräften gemäß der Abb. 44 besteht, und es wird sich sogar sehr empfehlen, ihn in der Form (62) der Rechnung zugrunde zu legen, anstatt den Umweg über die Fouriersche Summe (61) einzuschlagen.

Im Hinblick auf die vielseitigen Anwendungen der Reihe (62) in der Plattenstatik ist es nützlich, sie sogleich zur Darstellung eines Lastenzuges heranzuziehen, wie ihn Abb. 45 wiedergibt. Er wird offenbar durch die Überlagerung von zwei Lastenzügen der vorerwähnten Art erhalten und durch die Differenz

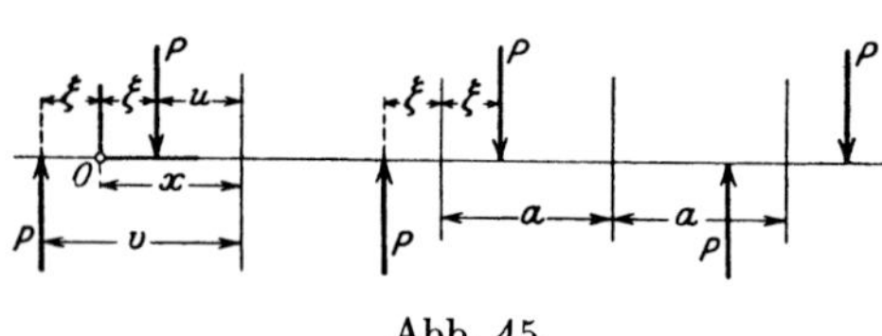

Abb. 45.

$$\frac{P}{a}\left(\frac{1}{2} + \sum \cos \frac{n\pi u}{a}\right) - \frac{P}{a}\left(\frac{1}{2} + \sum \cos \frac{n\pi v}{a}\right)$$

$$= \frac{P}{a} \sum \left(\cos \frac{n\pi u}{a} - \cos \frac{n\pi v}{a}\right) \tag{63}$$

ausgedrückt. Die Bedeutung der Strecken u und v geht aus der Abb. 45 hervor. Ersetzt man in (63) die Veränderlichen u und v vermöge der Gleichungen

$$v + u = 2x, \qquad v - u = 2\xi$$

durch die neue Veränderliche x und durch den aus der Abb. 45 zu entnehmenden Abstand ξ, so entsteht aus (63) die Summe

$$\frac{2P}{a} \sum_n \sin \frac{n\pi\xi}{a} \sin \frac{n\pi x}{a} \qquad (n = 1, 2, 3, \ldots). \tag{64}$$

Sie ist der analytische Ausdruck des Lastenzuges Abb. 45 mit x als laufender Koordinate.

Wenn man sich diesen Lastenzug auf eine unendliche Platte aufgebracht denkt, bringen seine symmetrisch angeordneten Einzelkräfte, weil sie abwechselnd in entgegengesetzten Richtungen wirken, auf den Halbierungssenkrechten der Angriffspunktentfernungen $x = 0, \pm a, \pm 2a, \ldots$ ersichtlich keine Durchbiegungen

man unmittelbar an Gl. (62) erkennt. Der Leser findet den sehr einfachen Beweis in dem schon mehrfach erwähnten Werke von K. Knopp: Theorie und Anwendungen der unendlichen Reihen, S. 455. Berlin: J. Springer 1922.

hervor. Die unendliche Platte wird durch diese Geraden in Parallel-streifen von gleicher Breite zerlegt, und der Lastenzug Abb. 45 erzeugt in jedem dieser Parallelstreifen dieselbe elastische Fläche, wie eine Einzelkraft P in einem freiaufliegenden Plattenstreifen von der gleichen Breite a. Das ist dieselbe Fläche, auf die wir durch den zweiten Sonderfall von Abb. 42, S. 82, geführt wurden. Wir erkennen, daß sich die Summe (64) in der Tat aus der Belastungsfunktion (57) ergibt, wenn die belasteten Strecken sich auf Punkte zusammen-ziehen. Damit ist bewiesen, daß eine Einzelkraft P, die im Punkte $x = \xi$, $y = 0$ eines durch die beiden Geraden $x = 0$ und $x = a$ begrenzten, freiaufliegenden Plattenstreifens in der Richtung der positiven Durchbiegungen (w) wirkt, durch die Summe (64) und daß die Scherkraft p_y in einem zur Geraden $y = 0$ unendlich benachbarten Schnitt $y = $ konst. (für $y > 0$), durch die Summe

$$p_y = -\frac{P}{a} \sum_n \sin\frac{n\pi\xi}{a} \sin\frac{n\pi x}{a} \qquad (n = 1, 2, \ldots) \qquad (65)$$

dargestellt wird.

25. Der durch eine Einzelkraft belastete, freiaufliegende Plattenstreifen.

Wie wir bereits in Abschn. 23 festgestellt haben, gehört dieser Bie-gungsfall ebenfalls unter die Spannungszustände von Plattenstreifen welche sich durch die Ansätze

$$w = \sum w_n = \sum a_n \left(1 + \frac{n\pi y}{a}\right) e^{-\frac{n\pi y}{a}} \sin\frac{n\pi x}{a} \qquad (y \geqq 0) \qquad (66)$$

darstellen lassen. Diese elastische Fläche ergibt in einem zur Geraden $y = 0$ unendlich benachbarten Schnitt mit positivem y die Scherkraft

$$p_y = -N\frac{\partial}{\partial y}\Delta w = -2N\sum_n \frac{n^3\pi^3}{a^3} \cdot a_n \sin\frac{n\pi x}{a} \qquad (n = 1, 2, \ldots). \qquad (67)$$

Damit diese Reihe in die Summe (65) übergeht, die wir eben ab-geleitet haben, ist a_n gleich

$$a_n = \frac{P a^2}{2\pi^3 N} \cdot \frac{1}{n^3} \sin\frac{n\pi\xi}{a}$$

zu wählen.

So folgt unmittelbar aus (66) mit diesem Werte von a_n

$$w = \frac{P a^2}{2\pi^3 N} \sum \frac{e^{-\frac{n\pi y}{a}}}{n^3}\left(1 + \frac{n\pi y}{a}\right) \sin\frac{n\pi\xi}{a} \sin\frac{n\pi x}{a} \qquad (68)$$

$$(y \geqq 0, \quad n = 1, 2, \ldots)$$

die Gleichung der elastischen Fläche eines durch eine Einzelkraft P im Punkte $x = \xi$, $y = 0$ belasteten, frei-aufliegenden Plattenstreifens von der Breite a.

Die größte Durchbiegung des in der Mitte $\xi = a/2$ belasteten Plattenstreifens ist mit $x = \dfrac{a}{2}$, $y = 0$ gleich

$$w = \left(1 + \frac{1}{3^3} + \frac{1}{5^3} + \cdots\right)\frac{Pa^2}{2\pi^3 N} = \frac{1{,}051}{2\pi^3}\cdot\frac{Pa^2}{N} = 0{,}01695\,\frac{Pa^2}{N}.$$

Die Reihe (66)

$$w = \Sigma\, w_n$$

hat die zweiten Ableitungen

$$\frac{\partial^2 w}{\partial x^2} = -\frac{\pi^2}{a^2}\sum n^2 a_n e^{-\frac{n\pi y}{a}}\left(1 + \frac{n\pi y}{a}\right)\sin\frac{n\pi x}{a},$$

$$\frac{\partial^2 w}{\partial y^2} = -\frac{\pi^2}{a^2}\sum n^2 a_n e^{-\frac{n\pi y}{a}}\left(1 - \frac{n\pi y}{a}\right)\sin\frac{n\pi x}{a}, \qquad (69)$$

$$\frac{\partial^2 w}{\partial x\,\partial y} = -\frac{\pi^3 y}{a^3}\sum n^3 a_n e^{-\frac{n\pi y}{a}}\cos\frac{n\pi x}{a}.$$

Diese zur Berechnung der Spannungsmomente erforderlichen Ableitungen von w lassen sich auch in der Form

$$2N\,\frac{\partial^2 w}{\partial x^2} = \varphi - y\frac{\partial\varphi}{\partial y}$$

$$2N\,\frac{\partial^2 w}{\partial y^2} = \varphi + y\frac{\partial\varphi}{\partial y} \qquad (70)$$

$$2N\,\frac{\partial^2 w}{\partial x\,\partial y} = \qquad y\frac{\partial\varphi}{\partial x}$$

schreiben, wenn mit φ die Funktion

$$\varphi = N\varDelta w = -2N\frac{\pi^2}{a^2}\sum n^2 a_n e^{-\frac{n\pi y}{a}}\sin\frac{n\pi x}{a} \qquad (71)$$

bezeichnet wird. Die drei Spannungsmomente m_x, m_y, m_{xy} (Gl. 32, S. 20) hängen hiernach allein von der Funktion φ und ihren ersten Ableitungen nach den Koordinaten ab. Wir erhalten für sie die Ausdrücke

$$2\,m_x = -(1+\nu)\varphi + (1-\nu)y\frac{\partial\varphi}{\partial y},$$

$$2\,m_y = -(1+\nu)\varphi - (1-\nu)y\frac{\partial\varphi}{\partial y}, \qquad (72)$$

$$2\,m_{xy} = \qquad -(1-\nu)y\frac{\partial\varphi}{\partial x}.$$

Wegen $\Delta \Delta w = 0$ genügt die Lösung $\varphi = N \Delta w$ der Gleichung $\Delta \varphi = \dfrac{\partial^2 \varphi}{\partial x^2} + \dfrac{\partial^2 \varphi}{\partial y^2} = 0$ (eine solche Funktion wird eine Potentialfunktion genannt). **Der Verlauf der Spannungsmomente im Plattenstreifen wird durch eine Potentialfunktion bestimmt.**

Der Spannungszustand kann aus zwei Teilen zusammengesetzt gedacht werden. Der eine Bestandteil

$$m_x = m_y = -\frac{(1+\nu)}{2}\,\varphi, \qquad m_{xy} = 0 \tag{73}$$

ist eine in allen Richtungen gleiche Biegungsbeanspruchung, deren Stärke der Größe φ in jedem Punkte xy proportional ist. Der zweite Teil

$$m_x = -m_y = (1-\nu)\cdot\frac{y}{2}\frac{\partial\varphi}{\partial y}, \qquad m_{xy} = -(1-\nu)\frac{y}{2}\cdot\frac{\partial\varphi}{\partial x} \tag{74}$$

enthält einen Spannungszustand, dessen beide Hauptbiegungsmomente nach

$$m_1 = -m_2 = \sqrt{\frac{(m_x - m_y)^2}{2} + m_{xy}^2} = (1-\nu)\frac{y}{2}\sqrt{\left(\frac{\partial\varphi}{\partial x}\right)^2 + \left(\frac{\partial\varphi}{\partial y}\right)^2} \tag{75}$$

gleich sind und sich nur im Vorzeichen voneinander unterscheiden und deren Größe der Steigung (dem Gradient) der Fläche φ proportional ist. Die Hauptbiegungsrichtungen bilden mit der x-Achse Winkel γ, für welche

$$\operatorname{cotg} 2\gamma = \frac{m_x - m_y}{2\,m_{xy}} = -\frac{\dfrac{\partial\varphi}{\partial y}}{\dfrac{\partial\varphi}{\partial x}} \tag{76}$$

ist.

26. Die mittlere Krümmung (die Fläche φ) des Plattenstreifens.

Die Ordinaten der Fläche φ sind ihrer Definition nach (vgl. S. 20)

$$\varphi = N \Delta w = -\frac{m_x + m_y}{1+\nu} = -\frac{P}{\pi}\sum \frac{e^{-\frac{n\pi y}{a}}}{n}\sin\frac{n\pi\xi}{a}\sin\frac{n\pi x}{a} \tag{77}$$

$$(n = 1, 2, \ldots, \quad y > 0)$$

proportional der mittleren Krümmung $\dfrac{1}{\varrho_x} + \dfrac{1}{\varrho_y} = \Delta w$ der elastischen Fläche w oder der Summe der Biegungsmomente $m_x + m_y$. Deshalb verschwinden bei einem freiaufliegenden Plattenstreifen die Randwerte der Funktion φ auf seinen Begrenzungsgeraden $x = 0$ und $x = a$. Bei der Beanspruchung einer Platte durch eine in der Richtung der wachsenden Durchbiegungen gerichteten Einzelkraft muß die Resultierende der Scherkräfte auf jeder geschlossenen Kurve,

welche die Angriffsstelle der Last in ihrem Innern enthält, für den um-
schlossenen Plattenteil den Wert $-P$ haben. Wenn wir uns auf konzentrischen Kreisen mit abnehmenden Halbmessern dem Angriffspunkt
$x = \xi$, $y = 0$ von P nähern, verteilen sich die Scherkräfte in den
zugehörigen zylindrischen Schnitten um so gleichmäßiger, je kleiner
ihr Halbmesser r ist. Für hinreichend kleine Werte von r sind die
Scherkräfte in den zylindrischen Schnitten p_r in der Umgebung des
Angriffspunktes einer Einzelkraft P gleich

$$p_r = - N \frac{d\,\Delta w}{dr} = - \frac{P}{2\,\pi\,r}\,. \tag{78}$$

(Vgl. Gl. (26) S. 61.)

Wie wir bereits bei der durch eine Einzelkraft in ihrer Mitte belasteten kreisförmigen Platte (S. 61) festgestellt haben, wird die
Funktion Δw im Angriffspunkt der Einzelkraft wie der Logarithmus
von r/a unendlich groß. Es folgt mit Rücksicht auf die Bedeutung
von φ (Gl. 77) hieraus, daß die Funktion φ, abgesehen von einer in
der Umgebung des Punktes $x = \xi$, $y = 0$ stetig veränderlichen
Funktion von x und y, eine Singularität besitzen und sich
dort wie

$$\varphi = \frac{P}{2\,\pi} \ln \frac{r}{a} \tag{79}$$

ändern muß.

Durch ihre Randwerte $\varphi = 0$ auf $x = 0$ und auf $x = a$, diese
letzte Angabe und die Bedingung, daß sie im Innern des Parallelstreifens der Differentialgleichung $\Delta \varphi = 0$ zu genügen hat, ist die
Fläche φ nunmehr vollständig bestimmt.

Als Lösung der Potentialgleichung kann die Fläche φ innerhalb
des Parallelstreifens entweder durch die Gestalt einer wenig
aus ihrer Ebene verzerrten dünnen Haut oder auch durch
das Strombild einer ebenen Flüssigkeitsströmung wiedergegeben werden. Die kleinen seitlichen Verschiebungen einer über
zwei parallele Leisten ausgespannten dünnen Haut, die an einer
Stelle (dem Angriffspunkt der Einzelkraft im Plattenstreifen) durch
einen zugespitzten Gegenstand aus ihrer Ebene gezerrt wird (Abb. 46),
folgen nämlich derselben Differentialgleichung $\Delta \varphi = 0$ und erfüllen
dieselben Randbedingungen wie die Funktion φ. Im Bilde einer
ebenen Flüssigkeitsströmung ist φ das Geschwindigkeitspotential
einer stationären Strömung, die aus einer Reihe von in regelmäßigen
Abständen nach Art der Abb. 47 auf einer Geraden angeordneten
Quellen entspringt und in ebenso angeordneten Punkten versickert.

Ähnlich wie ein unebenes Gelände auf einer Karte mit Hilfe
seiner Schichtenlinien, kann hier die Fläche φ durch die Projektion

ihrer Schnittkurven mit einer Reihe von zur Ebene des Plattenstreifens parallelen und voneinander gleich weit entfernten Ebenen auf die Grundebene dargestellt werden. In diesem **topographischen Bild** der Fläche φ wollen wir uns noch die senkrechten Kurven der Schichtenlinien eingezeichnet denken. In ihrer Richtung wären die zur Darstellung weiterer Einzelheiten in einer Geländeaufnahme benutzten Gefällslinien oder die „Schraffen" einzuzeichnen. Dieses Orthogonalnetz von Kurvenscharen bildet bei der ebenen Flüssigkeitsbewegung die Linien $\varphi =$ konst. oder die Kurven gleichen Geschwindigkeitspotentiales und die Stromlinien.

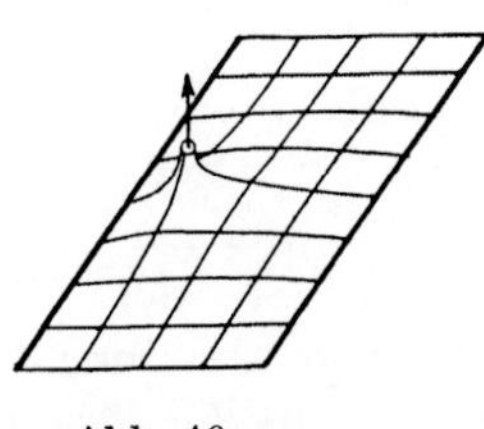

Abb. 46.

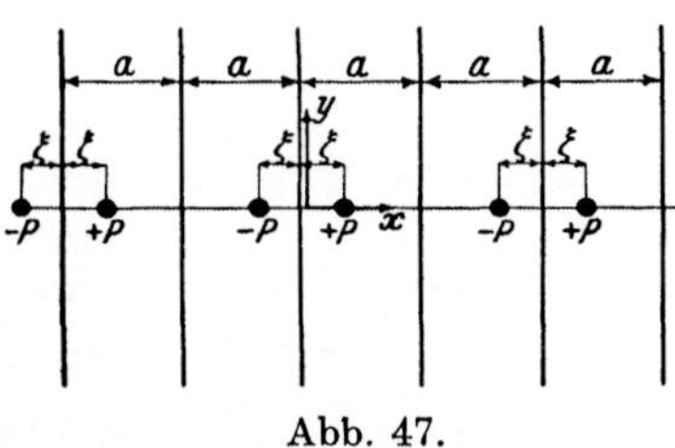

Abb. 47.

Die Darstellung der Fläche mittels dieses orthogonalen Kurvennetzes hat außer ihrer Anschaulichkeit den Vorzug, daß sich das letztere aus winkeltreuen Abbildungen ermitteln läßt. Dieses Netz bietet ferner die Möglichkeit zur Konstruktion der Gefällskomponenten $\dfrac{\partial \varphi}{\partial x}$ und $\dfrac{\partial \varphi}{\partial y}$ der Fläche φ, die zur Beschreibung des Spannungszustandes im Plattensteifen nach (72) ebenfalls zu ermitteln sind.

27. Darstellung der Fläche φ mit Hilfe von winkeltreuen Abbildungen[1]).

Wenn eine Funktion

$$Z = X + iY \tag{80}$$

vorliegt, wo $i = \sqrt{-1}$ und $X = f\,(x,y)$, $Y = g\,(x,y)$ gegebene

---

[1]) Für Leser, die mit den Anfangsgründen der Funktionentheorie weniger vertraut sind, wird angemerkt, daß die Paragraphen 27, 28, 29 und 30, in denen die Theorie der winkeltreuen Abbildungen zur Darstellung des Spannungszustandes eines durch eine Einzelkraft belasteten freiaufliegenden Plattenstreifens herangezogen wird, zum Verständnis der Berechnungsmethoden der rechteckigen Platte nicht erforderlich sind. — Zur Theorie winkeltreuer Abbildungen vgl. die Lehr- und Handbücher der Funktionentheorie (Osgood, Bieberbach, Burkhardt) oder Hurwitz-Courant: „Vorl. über allg. Funktionentheorie", ergänzt durch einen Abschnitt über „geometrische Funktionentheorie". Verlag von Julius Springer, Berlin 1922.

Funktionen der Veränderlichen x und y sind, entspricht jedem Wert der komplexen Veränderlichen $z = x + iy$ im allgemeinen ein Wert der komplexen Veränderlichen Z. Deutet man X und Y als die rechtwinkeligen Koordinaten eines Punktes in einer (der „Z“-)Ebene und ebenso x und y als die rechtwinkeligen eines Punktes einer zweiten (der „z“-)Ebene, so vermittelt die Gl. (80) eine Abbildung der z-Ebene auf die Z-Ebene, denn zeichnet man sich etwa in der z-Ebene eine Kurve $y = h(x)$, so entsprechen den Punkten der z-Ebene, die auf ihr liegen, die Punkte der Z-Ebene, deren rechtwinkelige Koordinaten

$$X = f[x, h(x)] \quad \text{und} \quad Y = g[x, h(x)] \tag{81}$$

sind.

Einer Schar gegebener Kurven in der z-Ebene (Abb. 48) entspricht eine Schar zugeordneter Kurven in der Z-Ebene (Abb. 49). Beschränkt man

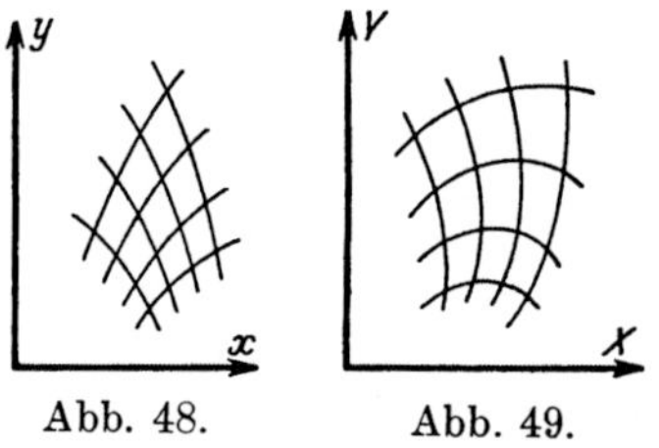

Abb. 48.   Abb. 49.

sich auf diejenigen Funktionen Z, die eine von der Richtung der kleinen Strecke dz unabhängige Ableitung dZ/dz besitzen, so sind die beiden Abbildungen in ihren kleinsten Teilen ähnlich. Dies soll soviel heißen, daß wenn man den Werten von x und y die kleinen Zuwächse $\varDelta x$ und $\varDelta y$ erteilt, so daß sich die komplexe Veränderliche z um den Betrag $\varDelta z = \varDelta x + i\varDelta y$ ändert und man die Zuwächse $\varDelta X$ bzw. $\varDelta Y$ aus Gl. (81) und schließlich $\dfrac{\varDelta Z}{\varDelta z} = \dfrac{\varDelta X + i\varDelta Y}{\varDelta x + i\varDelta y}$ berechnet, in der Grenze sowohl der reelle Teil, als auch der imaginäre Teil dieses Verhältnisses unabhängig von $\varDelta z$ wird. Nimmt man das eine Mal $dz = dx$ $(dy = 0)$ an, so daß $\dfrac{dZ}{dz} = \dfrac{\partial X}{\partial x} + i\dfrac{\partial Y}{\partial y}$ ist

und das andere Mal $dz = i\,dy$ $(dx = 0)$, so daß $\dfrac{dZ}{dz} = -i\dfrac{\partial X}{\partial x} + \dfrac{\partial Y}{\partial y}$

wird, so werden beide Ausdrücke einander gleich, wenn $\dfrac{\partial X}{\partial x} = \dfrac{\partial Y}{\partial y}$

und $\dfrac{\partial X}{\partial y} = -\dfrac{\partial Y}{\partial x}$ oder, was dasselbe ist, wenn die Funktionen X und Y der Veränderlichen x und y den partiellen Differentialgleichungen

$$\frac{\partial^2 X}{\partial x^2} + \frac{\partial^2 X}{\partial y^2} = 0, \qquad \frac{\partial^2 Y}{\partial x^2} + \frac{\partial^2 Y}{\partial y^2} = 0 \tag{82}$$

genügen. Dann verhalten sich die Zuwächse $\varDelta Z' = \varDelta R' e^{i\beta'}$, $\varDelta Z'' = \varDelta R'' e^{i\beta''}$ in der Z-Ebene, die zwei beliebigen, aus einem

Punkte der z-Ebene ausstrahlenden kleinen Strecken $\varDelta z' = \varDelta r' \cdot e^{i\alpha'}$, $\varDelta z'' = \varDelta r'' e^{i\alpha''}$ entsprechen, wie

$$\varDelta Z'' : \varDelta Z' = \varDelta z'' : \varDelta z',$$

woraus

$$\frac{\varDelta R''}{\varDelta R'}\, e^{i(\beta'' - \beta')} = \frac{\varDelta r''}{\varDelta r'}\, e^{i(\alpha'' - \alpha')} \qquad \text{oder} \qquad \begin{cases} \varDelta R'' : \varDelta R' = \varDelta r'' : \varDelta r', \\ \beta'' - \beta' = \alpha'' - \alpha'\,; \end{cases}$$

d. h. die beiden, durch die Endpunkte dieser Strecken gebildeten kleinen Dreiecke in der z- und in der Z-Ebene sind ähnlich: die Abbildungen sind konform.

So wird beispielsweise durch die Funktion

$$Z = z^2 \tag{82}$$

der durch die Geraden $\alpha = 0$ und $\alpha = \alpha$ begrenzte Winkelraum der z-Ebene ($z = r e^{i\alpha}$, Abb. 50) auf einen durch die beiden Geraden $\beta = 0$, $\beta = 2\,\alpha$ begrenzten Winkelraum in der Z-Ebene ($Z = R e^{i\beta}$, Abb. 51) winkeltreu abgebildet. Das Netz der Geraden $\alpha = \text{konst.}$ und der konzentrischen Kreise $r = \text{konst.}$ der z-Ebene (Abb. 50) bildet sich wegen $Z = R e^{i\beta} = z^2 = r^2 e^{2\,i\alpha}$ auf das Netz der Geraden $\beta = 2\,\alpha$ und der konzentrischen Kreise $R = r^2$ der Abb. 51 ab.

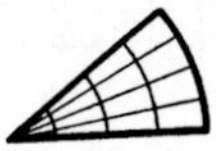

Durch die Funktion

$$Z = X + iY = \frac{C}{2\,\pi}\ln z'/c, \tag{83}$$

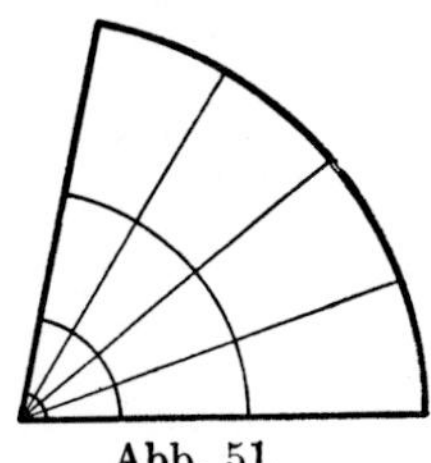

Abb. 50.

in der C und c zwei reelle Konstanten sein sollen, wird das in die negative Hälfte eines Parallelstreifens (Abb. 52) von der Breite C eingezeichnete Netz der geraden Linien $X = \text{konst.}$ und $Y = \text{konst.}$ der Z-Ebene in das Innere eines Kreises vom Halbmesser $r' = c$ der z'-Ebene (Abbildung 53) winkeltreu übertragen.

Abb. 51.

Durch die Trennung des reellen Teiles vom imaginären Teil in der Gl. (83) ergeben sich hier nämlich die Gleichungen

$$X = \frac{C}{2\,\pi}\ln\frac{r'}{c}, \qquad Y = \frac{C\,\alpha'}{2\,\pi} \tag{84}$$

(wenn für $z' = r' e^{i\alpha'}$ gesetzt und für den Logarithmus $\ln\dfrac{z'}{c} = \ln\dfrac{r'}{c} + \alpha' i$

sein Hauptwert genommen wird), welche zeigen, daß den Geraden $X = \text{konst.}$ und $Y = \text{konst.}$ in der z-Ebene konzentrische Kreise und ein Strahlenbüschel durch ihren Mittelpunkt entsprechen. Man kann, wie dies Abb. 52 zeigt, sich den Parallelstreifen in lauter gleiche Quadrate geteilt denken, so daß auf seine Breite C $2n$ Quadrate entfallen. Dann entsprechen den Geraden

$$X/C = 0, \ \frac{-1}{2\,n}, \ \frac{-2}{2\,n}, \ \ldots \tag{85}$$

die konzentrischen Kreise mit den Halbmessern in Abb. 53

$$r'/c = 1, \ q, \ q^2, \ q^3, \ \ldots, \tag{86}$$

wo $q = e^{-\pi/a}$ gesetzt ist und den Geraden $Y/C = 0, \ \dfrac{1}{2\,n}, \ \ldots$ (Abb. 52)

das Geradenbüschel $\alpha' = 0, \ \dfrac{\pi}{n}, \ \dfrac{2\,\pi}{n}, \ \ldots$ (Abb. 53) durch ihren Mittelpunkt. Der kurzen Seite $X = 0$ des Halbstreifens entspricht also
der Kreis $r' = c$ und dem unendlich fernen Punkt $X = -\infty$ sein
Mittelpunkt. Die Zuordnung der
einzelnen Quadrate ist in den
beiden Abbildungen an den fort-
laufenden Zahlen zu erkennen.

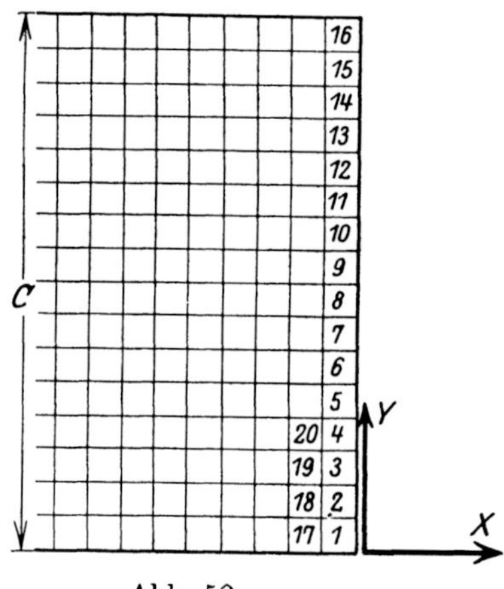

Abb. 52.

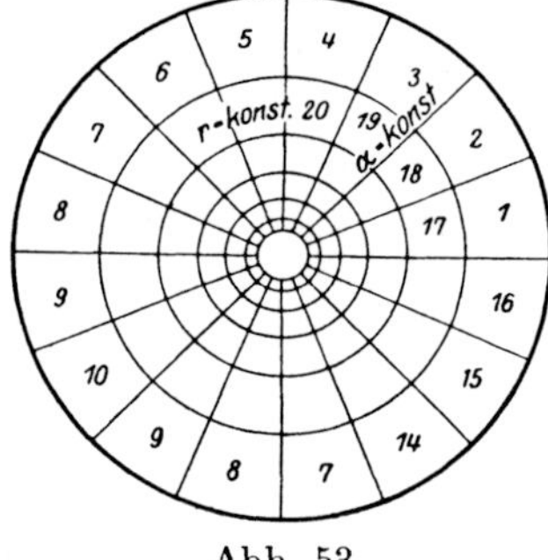

Abb. 53.

Zu den Kreisen der Abb. 53 gehören Werte von X, die nach der
Annahme in arithmetischer Folge zunehmen. Man kann die konzentrische Kreisschar und das in seinem Mittelpunkt sich schneidende
Geradenbüschel als die Schichtenlinien und die Linien des stärksten
Gefälles der trichterförmigen Fläche $X = \dfrac{C}{2\,\pi} \cdot \ln \dfrac{r'}{c}$ ansehen. Die absoluten Werte der Ordinaten dieser Umdrehungsfläche sind auf dem
Randkreise $r' = c$ gleich Null und nehmen gegen seinen Mittelpunkt
hin zu. Eine über dem Kreis $r' = c$ ausgespannte vollkommen biegsame, dünne Haut, die in seinem Mittelpunkt durch eine Einzelkraft
belastet ist, wölbt sich nach der Fläche X.

Beim Vergleich des Schichtenbildes der Funktion oder der Fläche X
über dem Kreis (Abb. 53) mit dem Schichtenbild der zu ermittelnden
Fläche φ des Parallelstreifens fallen die folgenden gemeinsamen

Eigenschaften auf: 1. beide genügen derselben Differentialgleichung
$$\frac{\partial^2 X}{\partial x^2} + \frac{\partial^2 X}{\partial y^2} = 0, \qquad \frac{\partial^2 \varphi}{\partial x^2} + \frac{\partial^2 \varphi}{\partial y^2} = 0, \qquad \text{2. sie haben die Randwerte}$$
Null und 3. in einem inneren Punkte des Gebietes (im Punkte $r' = 0$ im Kreis, bzw. im Punkte $x = \xi$, $y = 0$ im Parallelstreifen) werden ihre Ordinaten wie der Logarithmus einer gegen die Null strebenden Zahl unendlich groß. Führt man anderseits in Gl. (83) für die Veränderliche $z' = r'e^{i\alpha'}$ eine neue Funktion einer Veränderlichen $z = x + iy$ ein, so wird das Kreisinnere $|z'| < c$ auf ein neues Gebiet in der x, y-Ebene winkeltreu abgebildet. Den Kurven $X = $ konst. und $Y = $ konst. im Schichtenbild der z'-Ebene (Abb. 53) werden in der neuen z-Ebene Kurven $X = f(x, y)$ und $Y = g(x, y)$ entsprechen, die wieder zu einem Schichtenbild einer dünnen Haut in Beziehung stehen. Durch jede derartige Funktion entsteht ein neuer Schichtenplan einer dünnen Haut, die in der Bild-kurve des Kreises $r' = c$ eingespannt und im Bildpunkte seines Mittelpunktes belastet ist. Aus diesen Bemerkungen folgt, daß zur Darstellung der gesuchten Fläche φ über einem Parallelstreifen offenbar jene Funktion $z'/c = F(z) = F(x + iy)$ der Veränderlichen z benötigt wird, welche das Innere des Parallelstreifens $0 \leq x \leq a$, $-\infty < y < \infty$ auf das Innere des Kreises $r' = c$ in der z'-Ebene derart winkeltreu abbildet, daß dabei dem Angriffspunkt $x = \xi$, $y = 0$ der Last P im Parallelstreifen der Mittelpunkt des Kreises $r' = 0$ entspricht. Die konzentrischen Kreise im Schichten-bilde der Umdrehungsfläche (Abb. 53) werden durch diese Funktion in die Schichtenlinien der gesuchten Fläche φ über dem Parallel-streifen übergeführt, wenn

$$f(x, y) = X = \varphi = \text{konst.} \tag{87}$$

gesetzt wird. Die Funktion φ ist also der reelle Teil der Funk-tion $Z(z)$. Wird ihr imaginärer Teil $Y = g(x, y)$ fortab mit ψ be-zeichnet, so haben wir

$$Z = \varphi + i\psi = C/2\pi \cdot \ln z'/c. \tag{88}$$

Die Funktion z', welche jene Abbildung des Kreises auf einen Parallel-streifen leistet, ist nun

$$\frac{z'}{c} = \frac{r'e^{i\alpha'}}{c} = \frac{\sin\dfrac{\pi(z-\xi)}{2a}}{\sin\dfrac{\pi(z+\xi)}{2a}}. \tag{89}$$

Berechnet man nämlich den absoluten Betrag r' und das Argument α' der Veränderlichen $z' = r'e^{i\alpha'}$, so erhält man

$$\frac{r'^2}{c^2} = \frac{\operatorname{\mathfrak{Cof}}\dfrac{\pi y}{a} - \cos\dfrac{\pi(x-\xi)}{a}}{\operatorname{\mathfrak{Cof}}\dfrac{\pi y}{a} - \cos\dfrac{\pi(x+\xi)}{a}}, \qquad \operatorname{tg}\alpha' = \frac{\sin\dfrac{\pi\xi}{a}\operatorname{\mathfrak{Sin}}\dfrac{\pi y}{a}}{\cos\dfrac{\pi\xi}{a}\operatorname{\mathfrak{Cof}}\dfrac{\pi y}{a} - \cos\dfrac{\pi x}{a}}. \tag{90}$$

Dem Angriffspunkt der Last P ($x=\xi$, $y=0$ Abb. 54) in der z-Ebene entspricht, wie man sieht, der Mittelpunkt $r'=0$ des Kreises $r'=c$ (Abb. 55) in der z'-Ebene, dem unendlich fernen Punkt $y=\infty$ des Halbstreifens (Abb. 54) ein Punkt C auf dem Umfang des Kreises: $r'=c$,

$$\alpha' = \frac{\pi\xi}{a} \quad \text{(Abb. 55)};$$

dem Punkt $y=-\infty$ der zu C spiegelbildlich gelegene Punkt D und den Begrenzungsgeraden $x=0$ und $x=a$ des Parallelstreifens (Abb. 54) sind in der Tat die Kreisbögen CAD und CBD (Abb. 55) zugeordnet.

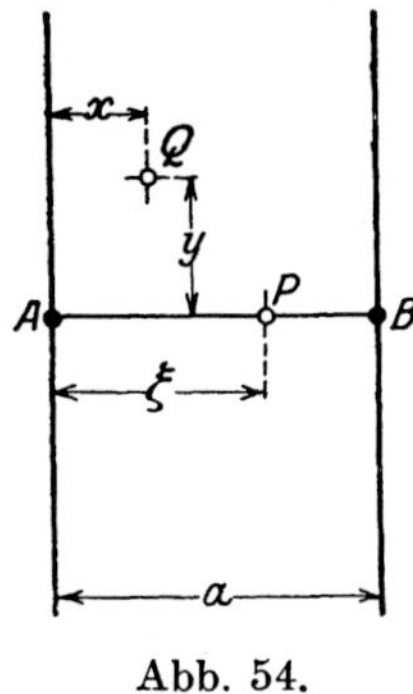

Abb. 54.

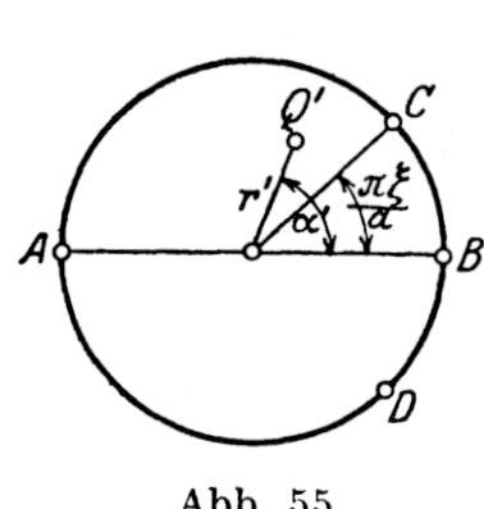

Abb. 55.

Die Schichtenlinien der Fläche φ über dem Parallelstreifen und die sie senkrecht kreuzenden Kurven $\psi = \text{konst.}$ haben nach (88, 89, 90) die Gleichungen

$$\varphi = \frac{C}{2\pi}\ln\frac{r'}{c} = \frac{C}{4\pi}\ln\left[\frac{\operatorname{\mathfrak{Cof}}\dfrac{\pi y}{a} - \cos\dfrac{\pi(x-\xi)}{a}}{\operatorname{\mathfrak{Cof}}\dfrac{\pi y}{a} - \cos\dfrac{\pi(x+\xi)}{a}}\right] = \text{konst};$$

$$\psi = \frac{C\alpha'}{2\pi} = \text{konst.} \tag{91}$$

Wir überzeugen uns an diesem Ausdruck für φ, daß er den für die Funktion aufgestellten Grenzbedingungen $x=0$ und $x=a$ $\varphi=0$ genügt.

Um schließlich die in den Gl. (91), vorkommende Konstante C zu bestimmen, berechnen wir die Scherkraft auf einem Kreise, der die Angriffsstelle der Einzelkraft P zum Mittelpunkt hat:

$$(x-\xi)^2 + y^2 = r^2 \tag{92}$$

und dessen Halbmesser r klein im Vergleich zu ξ ist. Wegen der Kleinheit der Brüche $\dfrac{x-\xi}{a}$, $\dfrac{y}{a}$ dürfen dann in (91) die trigonometrischen und die hyperbolischen Funktionen durch die ersten Glieder ihrer Reihen ersetzt werden. Dies ergibt für

$$\varphi = N\Delta w = \frac{C}{4\pi}\ln\left[\frac{1+\dfrac{\pi^2 y^2}{2\,a^2}-1+\dfrac{\pi^2(x-\xi)^2}{2\,a^2}}{1-\cos\dfrac{2\,\pi\,\xi}{a}}\right] = \frac{C}{2\pi}\ln\frac{\pi\,r}{2\,a\sin\dfrac{\pi\xi}{a}},\quad (93)$$

an welcher Gleichung sich die Bedingung bestätigt, daß φ für $r=0$ wie der Logarithmus unstetig wird. Aus ihr folgt die Scherkraft

$$p_r = -N\frac{\partial\Delta w}{\partial r} = -\frac{\partial\varphi}{\partial r} = -\frac{C}{2\pi r} \qquad (94)$$

in einem Element eines Kreisbogens vom Halbmesser r. Nachdem die Resultierende aller Umfangskräfte $2\,\pi\,r\,p_r$ den Wert $-P$ haben muß, bestimmt sich die Konstante zu

$$C = \mathrm{P}.$$

Die Funktion φ ist also gleich

$$\varphi = N\Delta w = \frac{P}{4\pi}\ln\frac{\mathfrak{Cos}\dfrac{\pi\,y}{a}-\cos\dfrac{\pi\,(x-\xi)}{a}}{\mathfrak{Cos}\dfrac{\pi\,y}{a}-\cos\dfrac{\pi\,(x+\xi)}{a}} \qquad (95)$$

und die Abbildungsfunktion $Z(z)$, deren reellen Bestandteil sie bildet, ist

$$Z = \varphi + i\,\psi = \frac{P}{2\pi}\ln\frac{z}{c'} = \frac{P}{2\pi}\ln\frac{\sin\dfrac{\pi\,(z-\xi)}{2\,a}}{\sin\dfrac{\pi\,(z+\xi)}{2\,a}}. \qquad (96)$$

Die Komponenten der Steigung der Fläche $\varphi(x,y)$ berechnen sich aus Gl. (95) zu

$$\left.\begin{aligned}
\frac{\partial\varphi}{\partial x} &= \frac{P}{4\,a}\left[\frac{\sin\dfrac{\pi\,(x+\xi)}{a}}{\cos\dfrac{\pi\,(x+\xi)}{a}-\mathfrak{Cos}\dfrac{\pi\,y}{a}} - \frac{\sin\dfrac{\pi\,(x-\xi)}{a}}{\cos\dfrac{\pi\,(x-\xi)}{a}-\mathfrak{Cos}\dfrac{\pi\,y}{a}}\right]\\[2ex]
\frac{\partial\varphi}{\partial y} &= \frac{P\,\mathfrak{Sin}\dfrac{\pi\,y}{a}}{4\,a}\left[\frac{1}{\cos\dfrac{\pi\,(x+\xi)}{a}-\mathfrak{Cos}\dfrac{\pi\,y}{a}} - \frac{1}{\cos\dfrac{\pi\,(x-\xi)}{a}-\mathfrak{Cos}\dfrac{\pi\,y}{a}}\right]
\end{aligned}\right\} \quad (97)$$

Mit den drei Gl. (95), (96), (97) ist der Spannungszustand des durch eine Einzelkraft P belasteten frei aufliegenden Plattenstreifens explizite gegeben, seine Momente und Scherkräfte können in jedem Punkt berechnet werden.

28. Die Spannungsmomente des freiaufliegenden Plattenstreifens, der durch eine Einzelkraft belastet ist.

Nachdem wir die expliziten Ausdrücke von φ und von $\dfrac{\partial \varphi}{\partial x}$, $\dfrac{\partial \varphi}{\partial y}$ bestimmt haben, sollen sie zu einigen Angaben über den Spannungszustand eines durch eine Einzelkraft belasteten Plattenstreifens herangezogen werden.

Auf der Symmetrieachse $y = 0$, welche den Angriffspunkt $x = \xi$ der Last P enthält, ist die Funktion φ nach (95) gleich

$$\varphi = \frac{P}{4\,\pi} \ln \frac{1 - \cos \dfrac{\pi\,(x - \xi)}{a}}{1 - \cos \dfrac{\pi\,(x + \xi)}{a}}. \tag{99}$$

Auf dieser Geraden ist $\dfrac{\partial \varphi}{\partial y} = 0$. Wir erhalten mit Hilfe von (72) S. 86 für die Spannungsmomente auf dieser Geraden die Formeln

$$m_x = m_y = -\frac{(1+\nu)\,\varphi}{2} = \frac{(1+\nu)\,P}{8\,\pi} \ln \frac{1 - \cos \dfrac{\pi\,(x + \xi)}{a}}{1 - \cos \dfrac{\pi\,(x - \xi)}{a}}, \quad m_{xy} = 0. \tag{100}$$

Wenn die Last P in der Mitte ($\xi = a/2$) des Parallelstreifens angreift, sind sie auf $y = 0$ gleich

$$m_x = m_y = \frac{(1+\nu)\,P}{8\,\pi} \ln \frac{1 + \sin \dfrac{\pi\,x}{a}}{1 - \sin \dfrac{\pi\,x}{a}}. \tag{101}$$

Für die Anwendungen ist eine bequeme Berechnung der größten Spannungen erwünscht. Zu diesem Zweck ist der Verlauf der Fläche φ in der Umgebung des Angriffspunktes der Last zu ermitteln. Dies ist bereits in Gl. (93) S. 95 geschehen. Auf dem Umfang eines Kreises, den man sich mit einem im Verhältnis zu x und zu a kleinen Halbmesser r um die Angriffsstelle der Einzelkraft als Mittelpunkt beschrieben denken kann, ist nach (93)

$$\varphi = \frac{P}{2\,\pi} \ln \frac{\pi\,r}{2\,a \sin \dfrac{\pi\,\xi}{a}}. \tag{102}$$

Mit diesem Wert von φ ergeben sich die Spannungsmomente aus (72) zu

$$2\,m_x = -\,(1 + \nu)\,\varphi + (1 - \nu)\frac{P}{2\,\pi}\cdot\frac{y^3}{r^2},$$

$$2\,m_y = -\,(1 + \nu)\,\varphi + (1 - \nu)\frac{P}{2\,\pi}\cdot\frac{(x - \xi)^2}{r^2} - (1 - \nu)\frac{P}{2\,\pi},\qquad (103)$$

$$m_{xy} = -\,(1 - \nu)\frac{P}{4\,\pi}\cdot\frac{(x - \xi)\,y}{r^2}.$$

Nun sind die Spannungsmomente einer auf ihrem Umfang $r = b$ freiaufliegenden kreisförmigen Platte, die in ihrem Mittelpunkt eine Einzelkraft P trägt, in rechtwinkeligen Koordinaten (man erhält die folgenden Formeln, wenn man die Momente m_x, m_y, m_{xy} der elastischen Fläche Gl. (24) S. 60 ausrechnet).

$$2\,m_x = -\,(1 + \nu)\,\varphi + (1 - \nu)\frac{P}{2\,\pi}\cdot\frac{y^2}{r^2},$$

$$2\,m_y = -\,(1 + \nu)\,\varphi + (1 - \nu)\frac{P}{2\,\pi}\cdot\frac{x^2}{r^2},\qquad (104)$$

$$m_{xy} = -\,(1 - \nu)\frac{P}{4\,\pi}\cdot\frac{x\,y}{r^2},$$

wo zur Abkürzung

$$\varphi = \frac{P}{2\,\pi}\ln\frac{r}{b}\qquad (105)$$

gesetzt wurde. Der Vergleich von (103) mit (104) zeigt, daß, wenn der Halbmesser der kreisförmigen Platte b gleich

$$b = \frac{2\,a\sin\dfrac{\pi\,\xi}{a}}{\pi}\qquad (106)$$

genommen wird, die beiden Spannungszustände sich nur um ein konstantes Biegungsmoment $m_y = -\dfrac{(1 - \nu)\,P}{4\,\pi}$ voneinander unterscheiden. In der Nähe der Angriffsstelle einer Einzelkraft ist der Verlauf der Spannungen in einem freiaufliegenden Plattenstreifen bis auf eine gleichmäßige Biegungsbeanspruchung $m_x = 0$, $m_y = -\dfrac{(1 - \nu)\,P}{4\,\pi}$, $m_{xy} = 0$ derselbe, wie in einer freiaufliegenden kreisförmigen Platte, die die Last in ihrem Mittelpunkt trägt und einen Halbmesser $b = \dfrac{2\,a}{\pi}\sin\dfrac{\pi\,\xi}{a}$ besitzt.

Der Annahme einer Punktbelastung entsprechend, werden nach den Gl. (103) die Biegungsmomente mit unbegrenzt abnehmendem r unendlich groß. Die größten Spannungen ergeben sich hier nach den Regeln, die wir in **21** für die Ermittlung der Biegungsbeanspruchung durch Einzelkräfte angegeben haben. Wenn die Druckfläche der Kraft P ein Kreis vom Halbmesser $r = c$ ist und die Last P sich in ihr gleichmäßig verteilt, war die größte Spannung einer kreisförmigen Platte vom Halbmesser b und von der Dicke h nach Gl. (30) S. 62 gleich

$$\sigma_{\mathrm{max}} = \pm \frac{3\,P}{2\,\pi\,h^2}\left[(1 + \nu)\ln\frac{b}{c} + 1 - (1 - \nu)\frac{c^2}{b^2}\right], \qquad (107)$$

in welcher Formel das letzte Glied wegen der Kleinheit des Bruches c/b vernachlässigt werden kann. Der Scheitelwert der Momente ergab sich innerhalb der Druckfläche und war um einen Betrag m_0 (vgl. die Zusammenstellung auf S. 65) größer als der Wert des radialen Biegungsmomentes auf dem Rand des Druckkreises. In seinem Innern konnten die Momente durch zwei Parabeln angenähert werden. Auf Grund dieser Bemerkungen ergeben sich unter den gleichen Voraussetzungen über die Art der Verteilung des Druckes die **Spannungsmomente des Plattenstreifens** im **Mittelpunkt** $x = \xi$, $y = 0$ des Druckkreises

$$m_x = m_0 + \frac{(1 + \nu)\,P}{4\,\pi}\ln\frac{2\,a\sin\dfrac{\pi\,\xi}{a}}{\pi\,c}, \qquad (108)$$

$$m_y = m_x - \frac{(1 - \nu)\,P}{4\,\pi}.$$

Die größte Biegungsspannung eines durch eine Einzelkraft P **im Punkte** $x = \xi$, $y = 0$ **belasteten freiaufliegenden Plattenstreifens** ist im Punkte $x = \xi$, $y = 0$ die Spannung in der **Querrichtung**

$$\sigma_{x\,\mathrm{max}} = \pm \frac{3\,P}{2\,\pi\,h^2}\left[1 + (1 + \nu)\ln\frac{2\,a\sin\dfrac{\pi\,\xi}{a}}{\pi\,c}\right]. \qquad (109)$$

Dabei wurde angenommen, daß die Druckfläche, auf der die Kraft P wirkt, ein Kreis vom Halbmesser c sei und daß sich der Druck innerhalb des Kreises gleichmäßig verteile. Diese Spannung ist gleich der größten Inanspruchnahme einer in ihrem Mittelpunkt belasteten freiaufliegenden Kreisplatte vom Halbmesser $b = \dfrac{2\,a}{\pi}\sin\dfrac{\pi\,\xi}{a}$. Die Spannung $\sigma_{y\,\mathrm{max}}$ in der **Längsrichtung** des Plattenstreifens ist um $3\,P(1 - \nu)/2\,\pi\,h^2$ kleiner als $\sigma_{x\,\mathrm{max}}$.

29. Ermittelung der Schichtenlinien der Fläche φ auf zeichnerischem Wege.

Die Spannungsmomente des Plattenstreifens sind in einem beliebigen Punkt durch die Ordinate der Fläche φ (Abb. 56) und durch ihre Steigung $\dfrac{\partial \varphi}{\partial x}$, $\dfrac{\partial \varphi}{\partial y}$ bestimmt gewesen. Es soll jetzt angedeutet werden, wie diese Größen auf zeichnerischem Wege aus winkeltreuen Abbildungen ermittelt werden können.

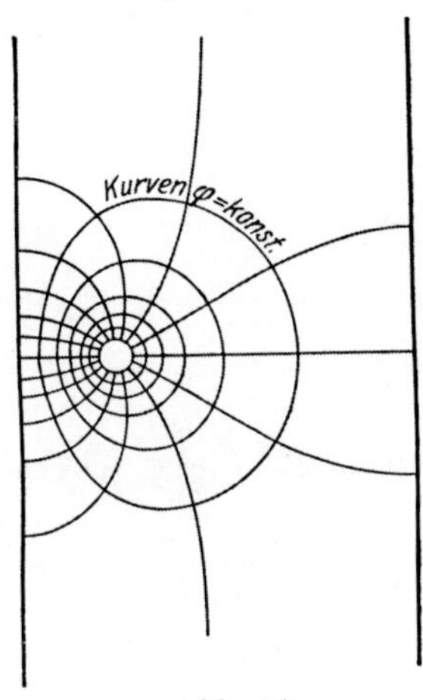

Zur Konstruktion der Potentialfunktion φ über dem Parallelstreifen waren zwei winkeltreue Abbildungen erforderlich. In der ersten war ein quadratisches Maschennetz aus einem Halbstreifen (Abb. 57) in das Innere eines Halbkreises (Abb. 58) so zu übertragen, daß der kurzen Seite des ersten der Umfang des letzten entsprach. (Die untenstehenden Ab-

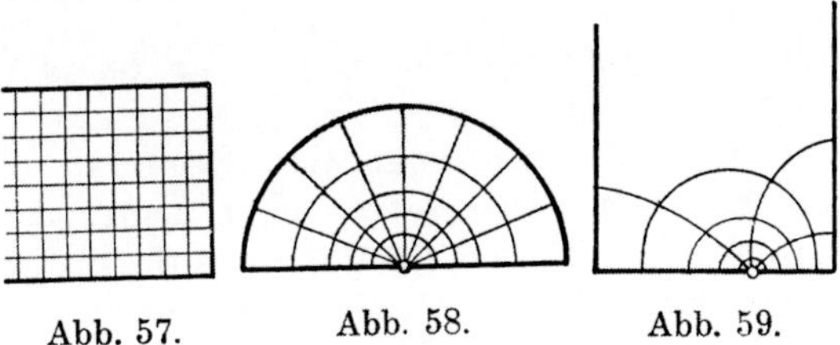

<table>
<tr><td>Abb. 56.</td><td>Abb. 57.</td><td>Abb. 58.</td><td>Abb. 59.</td></tr>
</table>

bildungen 57 und 58 sind die Hälften der früher zu diesem Zweck angegebenen Abb. 52 und 53.) Dieser Halbkreis war sodann auf einem Halbstreifen (Abb. 59) abzubilden, wobei jedoch dem Umfang die beiden Parallelseiten und seinem Durchmesser die dritte Seite zu entsprechen hatten. Die Konstruktion des Netzes in Abb. 59 kann auf das Zeichnen lediglich von Kreisen und von geraden Linien und auf die erste Abbildung zurückgeführt werden, wenn der Halbkreis von Abb. 58 auf einen zweiten Halbkreis derart abgebildet wird, daß Halbkreisbogen und Durchmesser in den beiden Abbildungen ihre Rolle vertauschen. Diese „Umkehrung" eines Halbkreises bewirkt die lineare Funktion

$$z'' = c\,i\,\frac{c - i\,z'}{c + i\,z'}, \tag{110}$$

in der c eine reelle Konstante $z' = x' + i\,y' = r'\,e^{i\alpha'}$ und $z'' = x'' + i\,y''$ die komplexen Veränderlichen der bezüglichen Abbildungen sind. Den Punkten $z' = 0$, $z' = c$, $z' = -c$ in der einen Ebene entsprechen die Punkte $z'' = c\,i$, $z'' = +c$, $z = -c$ der andern, dem

7*

Geradenbüschel $\alpha' = $ konst. die Kreise

$$(x_i' - c\,\mathrm{tg}\,\alpha')^2 + y''^2 = \frac{c^2}{\cos^2 \alpha'} \tag{111}$$

und den konzentrischen Kreisen $r' = $ konst. die Kreise

$$x''^2 + \left(y'' - c \cdot \frac{c^2 + r'^2}{c^2 - r'^2}\right)^2 = \left(\frac{2\,c^2\,r'}{c^2 - r'^2}\right)^2 . \tag{112}$$

Das Innere des ganzen Kreises $r' < c$ bildet sich durch (110) auf die obere Halbebene $y'' > 0$ ab. Setzt man hier für

$$\frac{r'}{c} = e^{-\mu} \quad \text{und für} \quad \alpha' = \frac{\pi}{2} - \nu \tag{113}$$

und wählt die Zahlen μ und ν wie in den Formeln (85) Bruchteilen eines gestreckten Winkels

$$\mu, \nu = \frac{\pi}{n}, \quad \frac{2\,\pi}{n}, \quad \frac{3\,n}{\pi}, \ldots \tag{114}$$

gleich, so stellen die Gl. (111) und (112) oder:

$$(x'' - c\,\mathrm{cotg}\,\nu)^2 + y''^2 = \frac{c^2}{\sin^2 \nu}, \quad x''^2 + (y'' - c\,\mathfrak{Cotg}\,\mu)^2 = \frac{c^2}{\mathfrak{Sin}^2 \mu} \tag{115}$$

das System der orthogonalen Kreise der Abb. 60 dar. (Die Lage von je einem Kreis jeder Schar deutet Abb. 61 an. Für den vorliegenden Zweck benötigen wir von dieser (Abb. 60) nur den in Abb. 62 gezeichneten Ausschnitt, in dem die stark ausgezeichneten Kreise für die verschiedenen Werte von μ und ν aus Abb. 58 eingetragen werden können. Aus dem Halbkreis (Abb. 62) läßt sich das Kreisnetz in das gesuchte Netz von Kurven $\varphi = $ konst. und $\psi = $ konst. über dem Halbstreifen (Abb. 63) übertragen. Diese winkeltreue Übertragung kann nämlich jetzt (nach der Umkehrung) mit Hilfe des uns aus den Abb. 58 und 57 bekannten Rasters von konzentrischen Kreisen und von Geraden geschehen, dem ja im Halbkreisstreifen (Abb. 63) das mittels dünner Linien angedeutete quadratische Maschennetz entspricht. Bezeichnen r'', α'' die Polarkoordinaten eines Punktes im Halbkreis (Abb. 64) und x, y die rechtwinkeligen des Bildpunktes im Halbstreifen (Abb. 65), ferner a'' den Halbmesser des Halbkreises, a die Breite des Parallelstreifens, schließlich ξ die Lage des Angriffspunktes der Last P im letzteren, so findet die winkeltreue Zuordnung der Abb. 62 und 63 statt, wenn

$$\alpha'' = \frac{\pi\,x}{a}, \quad \ln\frac{r''}{a''} = \frac{\pi\,y}{a}, \quad a''\sin\frac{\pi\,\xi}{a} = c \tag{116}$$

sind. Die Länge c bedeutet hier nach den Gl. (115) die Entfernung des Punktes P'' in Abb. 64 vom Halbkreisdurchmesser $\alpha'' = 0$.

Man wird zweckmäßig die Schnittpunkte der orthogonalen Kreise als die Punkte Q'' ansehen, in deren Bildpunkten Q innerhalb des Parallelstreifens die Werte von φ und ψ anzugeben sind. Die zu einem Punkte Q'' mit den Polarkoordinaten r'' und α'' gehörenden Koordinaten x und y des Bildpunktes Q lassen sich auf einem logarithmischen und auf einer Winkelteilung ablesen, die man sich zu diesem Zweck anlegen wird. Die Abb. 62 zeigt so eine Teilung in einem Segment, die man zweckmäßig auf einem Stück Pauspapier sich anfertigt, um sie über den Halbkreis (Abbildung 62) verschieben zu können.

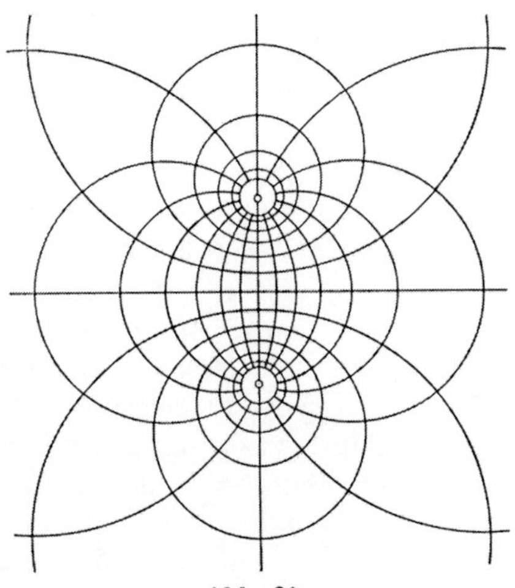

Abb. 60.

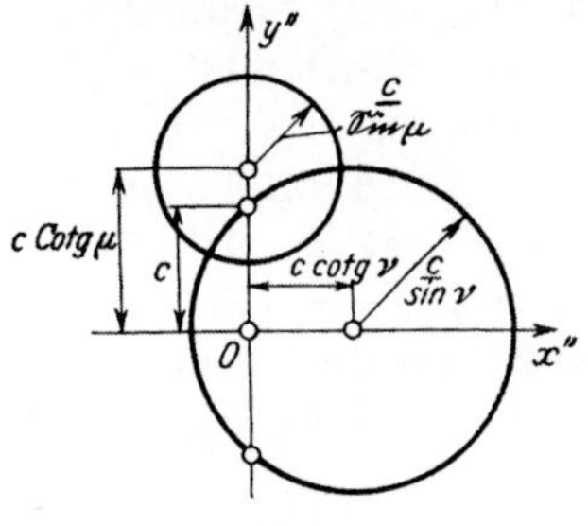

Abb. 61.

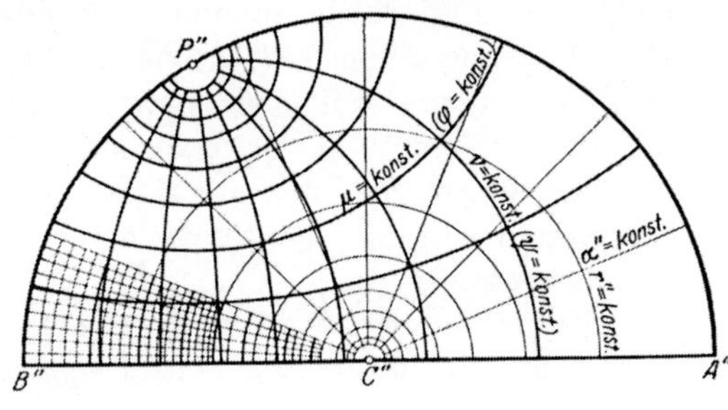

Abb. 62.

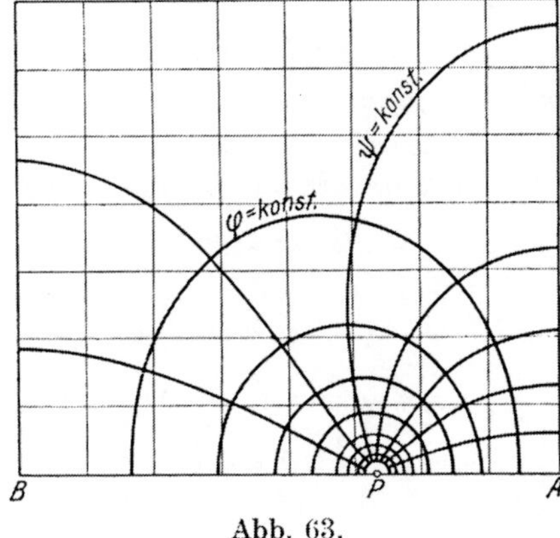

Abb. 63.

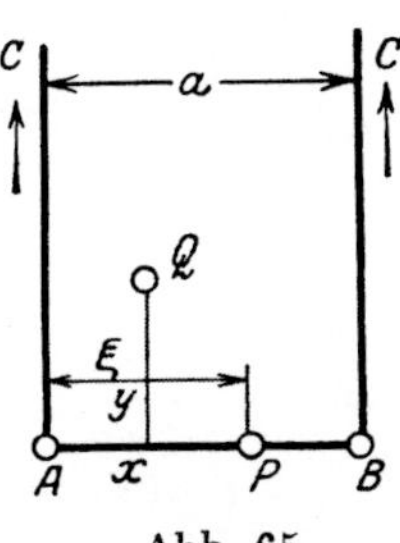

Abb. 64.　　　　Abb. 65.

Die Komponenten der Steigung $\dfrac{\partial \varphi}{\partial x}$, $\dfrac{\partial \varphi}{\partial y}$ lassen sich gleichfalls aus winkeltreuen Abbildungen entnehmen. Wir haben zu diesem Zweck das in die Abb. 63 eingezeichnete Netz der Kurven $\varphi = $ konst. und $\psi = $ konst. als das Strombild einer ebenen wirbelfreien Flüssigkeitsbewegung anzusehen und ihren Hodograph zu konstruieren. Was hierunter zu verstehen ist, soll kurz angedeutet werden.

Durch eine Funktion $Z(z) = \varphi + i\psi$ der komplexen Veränderlichen $z = x + iy$ wird das Bild einer ebenen wirbelfreien Strömung gegeben. In demselben sind die Kurven $\varphi(x, y) = \varphi = $ konst. die Kurven gleichen Geschwindigkeitspotentiales und die Kurven $\psi(x, y) = \psi = $ konst. die Stromlinien. Die Funktion $Z(z)$ wird in der Hydrodynamik auch als komplexe Strömungsfunktion bezeichnet. Für die Beschreibung von ebenen Flüssigkeitsbewegungen sind die den Strombildern zugeordneten Abbildungen von Bedeutung, aus welchen der Geschwindigkeitsvektor nach Größe und Richtung entnommen werden kann. Während einer stationären Bewegung bewegen sich die Teilchen einer Flüssigkeit entlang einer Stromlinie. Trägt man sich von einem festen Punkt aus die Geschwindigkeit eines bestimmten Teilchens nach Größe und Richtung auf, so beschreibt der Endpunkt dieser Strecke eine Kurve. Wird ein Teilchen auf einer zweiten Stromlinie verfolgt, so entspricht dieser einer zweiten Kurve, und so fort. Den sämtlichen Stromlinien des Strombildes wird eine Kurvenschar zugeordnet, die als ihr Geschwindigkeitsbild (Hodograph) bezeichnet wird. Die Komponenten des Geschwindigkeitsvektors in Richtung der Koordinatenachsen:

$$u = \frac{\partial \varphi}{\partial x} = \frac{\partial \psi}{\partial y}, \qquad v = \frac{\partial \varphi}{\partial y} = -\frac{\partial \psi}{\partial x} \tag{117}$$

ergeben sich nun aus der Ableitung der komplexen Strömungsfunktion $Z(z)$ nach z. Nachdem diese Ableitung nach Voraussetzung unabhängig von der Richtung des Zuwachses dz ist, erhalten wir ihren Wert, auch wenn wir dz mit dx zusammenfallen lassen oder gleich

$$\frac{dZ}{dz} = \frac{\partial \varphi}{\partial x} + i\frac{\partial \psi}{\partial x} = u - iv. \tag{118}$$

Die Geschwindigkeitskomponente $u = \dfrac{\partial \varphi}{\partial x}$ ist also der reelle Teil der Ableitung der komplexen Strömungsfunktion $Z(z)$ nach z und die Geschwindigkeitskomponente $v = \partial \varphi/\partial y$ ist ihr mit dem entgegengesetzten Vorzeichen genommener imaginärer Teil. Wir werden das

Geschwindigkeitsbild erhalten, das zum Strombild der Funktion

$$Z = f(z) = \varphi + i\psi \tag{119}$$

gehört, wenn wir aus dieser Gleichung und aus der Ableitung

$$\frac{dZ}{dz} = f'(z) = u - iv \tag{120}$$

die Veränderliche z eliminieren.

Wenn wir uns die zweite Gleichung nach z aufgelöst denken und den so erhaltenen Wert von z in die erste einsetzen, liefert die Trennung des reellen Teiles φ vom imaginären Teil ψ die Gleichung der Kurvenscharen $\varphi(u, v) = \varphi =$ konst., $\psi(u, v) = \psi =$ konst. im Hodograph, welche die Abbildungen der Kurven gleichen Potentiales und der Stromlinien aus der x, y-Ebene auf die u, v-Ebene sind. Die Gl. (119) und (120) zeigen, daß der Hodograph die winkeltreue Abbildung der $Z(\varphi, \psi)$ oder der $z(x, y)$-Ebene auf eine u', v'-Ebene ist, wo $u' = u$, $v' = -v$.

So entspricht beispielsweise der komplexen Stromfunktion

$$Z = c z^2 = \varphi + i\psi \tag{121}$$

mit dem Strombild der gleichzeitigen Hyperbeln

$$c(x^2 - y^2) = \varphi = \text{konst.}, \qquad 2\,cxy = \psi = \text{konst.} \tag{122}$$

(Abb. 66) wegen der Ableitung

$$\frac{dZ}{dz} = u - iv = 2cz \tag{123}$$

und den Geschwindigkeitskomponenten

$$u = u' = 2cx, \qquad v = -v' = -2cy \tag{124}$$

als Hodograph die winkeltreue Abbildung des positiven Quadranten der x, y-Ebene auf den positiven Quadranten der u', v'-Ebene. Wenn die Veränderliche z aus (121) und (123) eliminiert wird, ergeben sich anderseits gleichseitige Hyperbeln

$$Z = \varphi + i\psi = \frac{(u - iv)^2}{4c}, \qquad u^2 - v^2 = 4c\varphi, \qquad uv = -2c\psi. \tag{125}$$

Sie sind die Abbildungen der Äquipotential- und der Stromlinien im Hodograph. Wenn die Konstante c in (121) positiv ist, wird eine Stromlinie in Abb. 66 von einem Flüssigkeitsteilchen in der Pfeilrichtung von oben nach unten durchlaufen. Der Bildpunkt des Teilchens und Endpunkt des Geschwindigkeitsvektors OQ im Hodograph (Abb. 67) durchläuft die zugehörige Hyperbel von unten nach oben.

Nach diesen Vorbemerkungen können wir dazu übergehen die Komponenten der Steigung $\partial\varphi/\partial x$, $\partial\varphi/\partial y$ der Potentialfläche φ Gl. (95),

S. 95 zu konstruieren. Die komplexe Strömungsfunktion Gl. (96)

$$Z = \varphi + i\psi = \frac{P}{4\pi} \ln \frac{\sin^2 \dfrac{\pi(z-\xi)}{2a}}{\sin^2 \dfrac{\pi(2+\xi)}{2a}} = \frac{P}{4\pi} \ln \frac{1 - \cos \dfrac{\pi(z-\xi)}{a}}{1 - \cos \dfrac{\pi(z+\xi)}{a}} \tag{126}$$

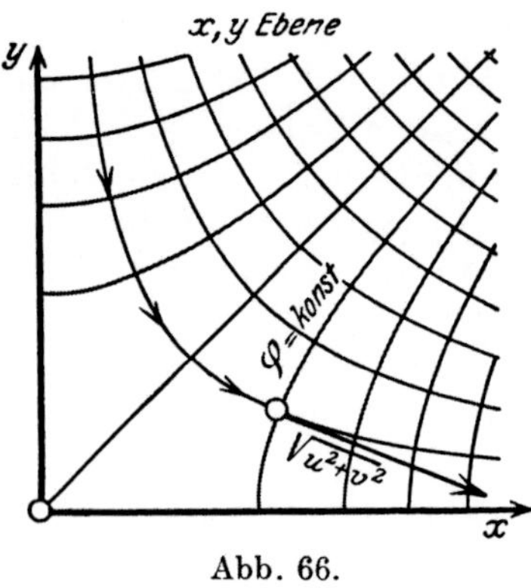

Abb. 66.

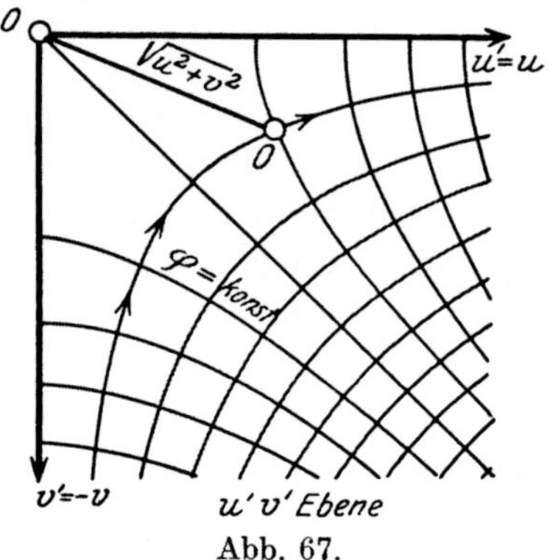

Abb. 67.

lieferte uns im Parallelstreifen das Strombild Abb. 56. Die Geschwindigkeitskomponenten dieser Strömung können wir jetzt aus ihrer Ableitung nach z

$$\frac{dZ}{dz} = u' + iv' = u - iv = \frac{P}{4a}\left[\cotg\frac{\pi(z-\xi)}{2a} - \cotg\frac{\pi(z+\xi)}{2a}\right]$$

$$= \frac{P}{2a}\cdot\frac{\sin\dfrac{\pi\xi}{a}}{\cos\dfrac{\pi\xi}{a} - \cos\dfrac{\pi z}{a}} \tag{127}$$

entnehmen, deren Auflösung nach u und v in der Tat wieder zu den Gl. (97) zurückführt.

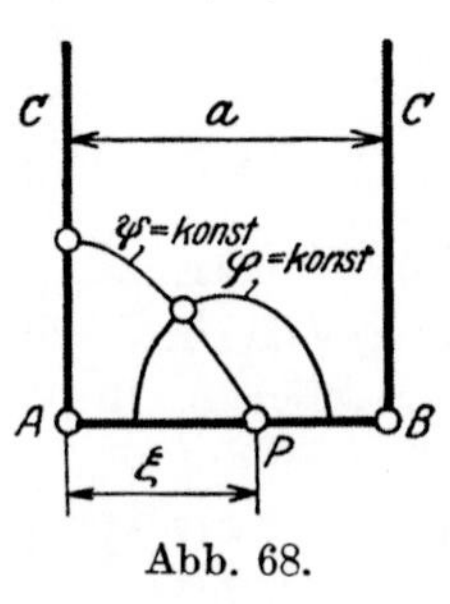

Abb. 68.

Die Komponenten der Geschwindigkeit u und v lassen sich aber jetzt aus dem Geschwindigkeitsbild konstruieren. Die winkeltreue Abbildung der z-Ebene auf die u', v'-Ebene ist in großen Zügen leicht angebbar. Es genügt wieder die eine Hälfte des Parallelstreifens (Abb. 68), beispielsweise die obere ($y > 0$) zu betrachten. In ihr ist die vertikale Komponente der Geschwindigkeit v der aus dem Quellpunkt P entspringenden Strömung nach oben gerichtet, $v' = -v$ überall negativ. Auf den drei Begrenzungsgeraden des Halbstreifens $CAPBC$ (Abb. 68) hat v' den Wert Null. Weiter ist auf CA und auf dem Stück AP u' negativ, hingegen auf CB und dem Stück PB positiv. Der zweimal um einen rechten Winkel gebrochene Linienzug der drei Geraden CA, AB, BC bildet sich also auf die u'-Achse und der von diesen drei Geraden begrenzte Halbstreifen auf die negative Halbebene der u', v'-Ebene ab. Dem Quellpunkt $P(x=\xi,\ y=0)$ entspricht dabei der unendlich ferne Punkt der u', v'-Ebene, weil in diesem Punkte die Komponenten der Geschwindigkeit $v'=-v$ unendlich groß sind, während dem unendlich fernen Punkt C des Halbstreifens wegen $u'=v'=0$ der Anfangspunkt $u'=v'=0$ zugeordnet ist. Die Lage der Bildpunkte A' und B' der Ecken A und B geht aus den Gl. (126), (127) hervor:

$$\text{Punkt } A': \begin{cases} u' = -\dfrac{P}{2\,a}\operatorname{cotg}\dfrac{\pi\,\xi}{2\,a}, \\[2mm] v' = 0. \end{cases} \qquad \text{Punkt } B': \begin{cases} u' = \dfrac{P}{2\,a}\operatorname{tg}\dfrac{\pi\,\xi}{2\,a}, \\[2mm] v' = 0. \end{cases}$$

Die Elimination der Veränderlichen z aus den beiden Gl. (126), (127) läßt sich hier leicht durchführen[1]) und führt zu dem Ergebnis, daß den Niveau- und Stromkurven des Parallelstreifens (Abb. 63) das System konfokaler Ellipsen und Hyperbeln

$$\frac{(u+u_0)^2}{A^2} + \frac{v^2}{B^2} = 1, \qquad \frac{(u+u_0)^2}{A'^2} - \frac{v^2}{B'^2} = 1 \tag{128}$$

in der u, v-Ebene (Abb. 69) entspricht. Seine halbe Brennweite ist

$$C = P/2\,a\sin\frac{\pi\,\xi}{a}, \tag{129}$$

seine Halbachsen sind

[1]) Man schreibt zu diesem Zweck die Gl. (126) in der Form

$$e^{\dfrac{2\pi Z}{P}} = \frac{\operatorname{tg}\dfrac{\pi z}{2\,a} - \operatorname{tg}\dfrac{\pi\,\xi}{2\,a}}{\operatorname{tg}\dfrac{\pi z}{2\,a} + \operatorname{tg}\dfrac{\pi\,\xi}{2\,a}}, \tag{132}$$

löst sie nach

$$\operatorname{tg}\frac{\pi z}{2\,a} = -\operatorname{tg}\frac{\pi\,\xi}{2\,a}\cdot\operatorname{\mathfrak{Cotg}}\frac{\pi Z}{P} \tag{133}$$

auf, bildet die Ableitung dieser letzten Gleichung nach z und drückt in ihr den Tangens durch den Kosinus aus. Dann läßt sich z aus beiden Gleichungen eliminieren. Das Ergebnis ist

$$\operatorname{\mathfrak{Coj}}\frac{2\pi Z}{P} = \cos\frac{\pi\,\xi}{a} + \sin\frac{\pi\,\xi}{a}\cdot\frac{2\,a}{P}\cdot\frac{dZ}{dz}, \tag{134}$$

aus welcher Gleichung sich die gesuchten Kurvenscharen ergeben, wenn in ihr für $Z=\varphi+i\,\psi$ und für $\dfrac{dZ}{dz}=u-i\,v$ geschrieben wird.

$$A = C \operatorname{\mathfrak{Cos}} \frac{2\,\pi\,\varphi}{P}, \qquad B = C \operatorname{\mathfrak{Sin}} \frac{2\,\pi\,\varphi}{P},$$

$$A' = C \cos \frac{2\,\pi\,\psi}{P}, \qquad B' = C \sin \frac{2\,\pi\,\psi}{P}; \tag{130}$$

sein Mittelpunkt M hat die Koordinaten

$$u_0 = - C \cos \frac{\pi\,\xi}{a} = - \frac{P}{2\,a} \operatorname{cotg} \frac{\pi\,\xi}{a}, \quad v_0' = 0. \tag{131}$$

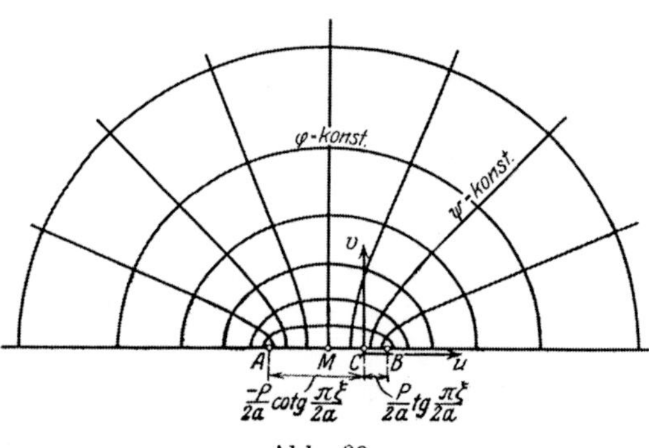

Abb. 69.

In Übereinstimmung mit der früheren Teilung setzt man wieder

$$\mu = - \frac{2\,\pi\,\varphi}{P} = 0,\ \frac{\pi}{n},\ \frac{2\,\pi}{n},\ \ldots,\ \infty,$$

$$\nu = \frac{\pi}{2} - \frac{2\,\pi\,\psi}{P} = 0,\ \frac{\pi}{n},\ \frac{2\,\pi}{n},\ \ldots,\ 2\,\pi, \tag{135}$$

so daß die Halbachsen des konfokalen Systems gleich

$$A = C \operatorname{\mathfrak{Cos}} \mu, \quad B = C \operatorname{\mathfrak{Sin}} \mu, \quad A' = C \sin \nu, \quad B' = C \cos \nu \tag{136}$$

sind.

Einem Vorschlag von C. Runge[1]) folgend, empfiehlt sich, den rechten Winkel in 64 gleiche Teile zu teilen oder $n = 128$ zu wählen. Dies ist die Teilung der Kompaßrose der Seeleute nach Achtelstrich; oder man benutzt die Vielfachen von Achtelstrich $n = 8$, $n = 16$ oder $n = 32$.

---

[1]) Runge, C.: Graphische Lösung von Randwertaufgaben der Gl. $\Delta u = 0$, Göttinger Nachrichten 1911, S. 431. Über Anwendungen dieses allgemeinen graphischen Verfahrens auf ein Elastizitätsproblem (Konstruktion des Prandtlschen Spannungshügels eines kreuzförmigen Querschnittes von einem auf Verdrehen beanspruchten Stab), in denen auch konforme Abbildungen des Parallelstreifens auf den Kreis benutzt werden, vgl. die Gött. Diss. von Rottsieper, 1914.

30. Zusammenfassung

der im vorstehenden enthaltenen Ansätze zu einer Analyse des Spannungszustandes eines durch eine Einzelkraft belasteten freiaufliegenden Plattenstreifens:

1. Der Spannungszustand eines freiaufliegenden Plattenstreifens von der Breite a, an dem im Punkte $x = \xi$, $y = 0$ eine Einzelkraft P angreift, ist durch die Gleichungen

$$
\begin{aligned}
2\,m_x &= -(1 + \nu_0)\,\varphi + (1 - \nu_0)\,y\,v \\
2\,m_y &= -(1 + \nu_0)\,\varphi - (1 - \nu_0)\,y\,v \\
2\,m_{xy} &= \qquad\qquad -(1 - \nu_0)\,y\,u
\end{aligned}
\tag{137}
$$

gegeben[1]). In ihnen ist φ die Potentialfunktion

$$
\varphi = \frac{P}{4\,\pi}\ln\frac{\operatorname{\mathfrak{Cof}}\dfrac{\pi y}{a} - \cos\dfrac{\pi(x - \xi)}{a}}{\operatorname{\mathfrak{Cof}}\dfrac{\pi y}{a} - \cos\dfrac{\pi(x + \xi)}{a}}.
\tag{138}
$$

Die Randwerte dieser Funktion verschwinden auf den parallelen Kanten $x = 0$ und $x = a$ und ihre Ordinaten werden im Angriffspunkt der Last wie der Logarithmus einer gegen Null abnehmenden Zahl unendlich groß (φ ist die Greensche Funktion des Parallelstreifens). $u = \dfrac{\partial\varphi}{\partial x}$ und $v = \dfrac{\partial\varphi}{\partial x}$ sind

$$
u = \frac{\partial\varphi}{\partial x} = \frac{P}{4\,a}\left[\frac{\sin\dfrac{\pi(x + \xi)}{a}}{\cos\dfrac{\pi(x + \xi)}{a} - \operatorname{\mathfrak{Cof}}\dfrac{\pi y}{a}} - \frac{\sin\dfrac{\pi(x - \xi)}{a}}{\cos\dfrac{\pi(x - \xi)}{a} - \operatorname{\mathfrak{Cof}}\dfrac{\pi y}{a}}\right],
$$

$$
v = \frac{\partial\varphi}{\partial y} = \frac{P}{4\,a}\cdot\operatorname{\mathfrak{Sin}}\frac{\pi y}{a}\left[\frac{1}{\cos\dfrac{\pi(x + \xi)}{a} - \operatorname{\mathfrak{Cof}}\dfrac{\pi y}{a}} - \frac{1}{\cos\dfrac{\pi(x + \xi)}{a} - \operatorname{\mathfrak{Cof}}\dfrac{\pi y}{a}}\right].
\tag{139}
$$

2. Die Ordinaten der Fläche φ (und der zu φ konjugierten Potentialfunktion ψ) in einem Punkte x, y des Parallelstreifens (Abb. 65) können auch aus einer winkeltreuen Abbildung des Halbstreifens $y > 0$ auf den Halbkreis (Abb. 64) vom Halbmesser a'' entnommen werden. Den Kurven $\varphi = \text{konst.}$ und $\psi = \text{konst.}$ entsprechen in dieser die orthogonalen Kreise

$$
(x'' - c\cot g\,\nu)^2 + y''^2 = \frac{c^2}{\sin^2\nu}; \quad x''^2 + (y'' - c\operatorname{\mathfrak{Cot}}g\,\mu)^2 = \frac{c^2}{\operatorname{\mathfrak{Sin}}^2\mu}.
\tag{140}
$$

---

[1]) Um eine Verwechslung mit den eben benutzten Zahlen ν zu vermeiden, wird in den Gl. (137), (147) die Poissonsche Zahl vorübergehend mit ν_0 bezeichnet.

Die Zahlen μ und ν sind gleich

$$\mu = -\frac{2\pi\varphi}{P} = 0,\ \frac{\pi}{n},\ \frac{2\pi}{n},\ \ldots,\ \infty$$

$$\nu = \frac{\pi}{2} - \frac{2\pi\psi}{P} = 0,\ \frac{\pi}{n},\ \frac{2\pi}{n},\ \ldots,\ 2\pi \tag{141}$$

anzunehmen. Für n wählt man $n = 8$, oder $n = 16$, ... Die Strecke c ist $c = a'' \sin \frac{\pi\xi}{a}$. Zur Bestimmung des Wertes von φ (oder ψ) in einem Punkte $Q\ x, y$ des Plattenstreifens, hat man seinen Bildpunkt $Q''\ r', a''$ innerhalb des Halbkreises (Abb. 62, 64) aufzusuchen. Seine Lage wird durch die Beziehungen

$$a'' = \frac{\pi x}{a}, \quad \ln\frac{r''}{a''} = \frac{\pi y}{a} \tag{142}$$

bestimmt oder mit Hilfe des in Abb. 62 angedeuteten Maßstabes und eines Transporteurs ermittelt.

3. u und v sind die rechtwinkeligen Koordinaten des Bildpunktes Q' von Q in einer u, v-Ebene (Abb. 70) oder des Schnittpunktes der Ellipse und der Hyperbel

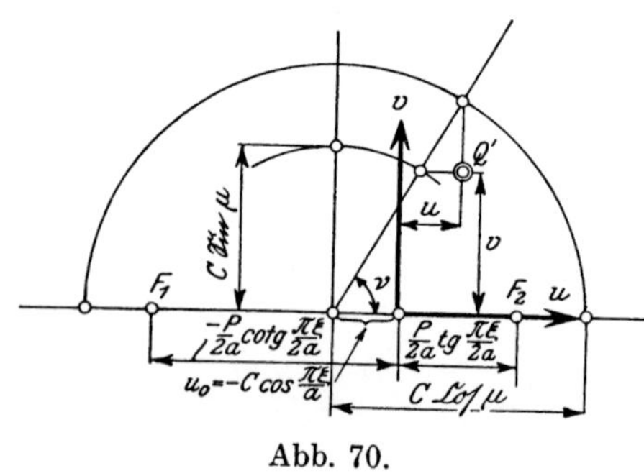

Abb. 70.

$$\frac{(u + u_0)^2}{A^2} + \frac{v^2}{B^2} = 1,$$

$$\frac{(u + u_0)^2}{A'^2} - \frac{v^2}{B'^2} = 1, \tag{143}$$

deren Halbachsen

$$A = C\,\mathfrak{Cof}\,\mu, \quad B = C\,\mathfrak{Sin}\,\mu,$$

$$A' = C\sin\nu, \quad B' = C\cos\nu \tag{144}$$

und wo

$$\mu_0 = -C\cos\frac{\pi\xi}{a}, \quad C = P/2a\sin\frac{\pi\xi}{a} \tag{145}$$

sind. Ihre Konstruktion zeigt Abb. 70.

4. Obige Angaben zum Spannungszustand gelten bis einschließlich des Randes der Fläche, auf der sich die Kraft P auf die Platte überträgt. Die Scheitelwerte der Biegungsmomente im Mittelpunkt einer kreisförmigen Druckfläche vom Halbmesser $r = c$, auf der sich die Last P als ein gleichmäßiger Druck verteilt, sind

$$m_x = \frac{P}{4\,\pi}\left[1 + (1 + \nu_0)\ln\frac{2\,a\sin\dfrac{\pi\,\xi}{a}}{\pi\,c}\right],$$

$$m_y = \frac{P}{4\,\pi}\left[\nu_0 + (1 + \nu_0)\ln\frac{2\,a\sin\dfrac{\pi\,\xi}{a}}{\pi\,c}\right]. \tag{146}$$

Die größte Biegungsbeanspruchung des durch eine Einzelkraft P belasteten Plattenstreifens ist gleich

$$\sigma_{\max} = \pm\,\frac{3\,P}{2\,\pi\,h^2}\left[1 + (1 + \nu_0)\ln\frac{2\,a\sin\dfrac{\pi\,\xi}{a}}{\pi\,c}\right]. \tag{147}$$

In der durch den Angriffspunkt $x = \xi$, $y = 0$ der Einzelkraft P gelegten Symmetriegeraden $y = 0$ des Plattenstreifens sind die beiden Biegungsmomente gleich und durch die Funktion

$$m_x = m_y = \frac{(1 + \nu_0)\,P}{8\,\pi}\ln\frac{1 - \cos\dfrac{\pi\,(x + \xi)}{a}}{1 - \cos\dfrac{\pi\,(x - \xi)}{a}} \tag{148}$$

gegeben.

31. Die geradlinig-freigestützte rechteckige Platte mit einer sinusförmigen Belastung. Verhindertes Abheben der Ecken.

Wir betrachten in einem Rechteck, das durch die Geraden $x = 0$, $x = a$, $y = 0$ und $y = b$ begrenzt wird, die Funktion der rechtwinkeligen Koordinaten x und y:

$$w = c\sin\frac{\pi\,x}{a}\sin\frac{\pi\,y}{b}, \tag{1}$$

unter c einen festen Wert verstanden, die wir in einem Beispiel Abschn. 12, S. 32 als die Gleichung der verbogenen Mittelfläche einer rechteckigen Platte verwendet haben. Deuten wir w als die Durchbiegung einer rechteckigen Platte, so gehört zur angenommenen elastischen Fläche (1) eine Belastungsfläche p, die sich aus der Plattengleichung

$$p = N\,\Delta\,\Delta w \tag{2}$$

durch Ausrechnen ihrer rechten Seite gleich

$$p = c\,\pi^4\,N\left(\frac{1}{a^2} + \frac{1}{b^2}\right)^2\sin\frac{\pi\,x}{a}\sin\frac{\pi\,y}{b} \tag{3}$$

ergibt. Um die Spannungsmomente anzugeben, die zu der elastischen Fläche (1) gehören, berechnen wir die Ausdrücke:

$$m_x = - N \left(\frac{\partial^2 w}{\partial x^2} + \nu \frac{\partial^2 w}{\partial y^2} \right) = \pi^2 c N \left(\frac{1}{a^2} + \frac{\nu}{b^2} \right) \sin \frac{\pi x}{a} \sin \frac{\pi y}{b},$$

$$m_y = - N \left(\frac{\partial^2 w}{\partial y^2} + \nu \frac{\partial^2 w}{\partial x^2} \right) = \pi^2 c N \left(\frac{\nu}{a^2} + \frac{1}{b^2} \right) \sin \frac{\pi x}{a} \sin \frac{\pi y}{b}, \qquad (4)$$

$$m_{xy} = - (1 - \nu) N \frac{\partial^2 w}{\partial x \partial y} = - \frac{(1 - \nu) \pi^2 c N}{a b} \cos \frac{\pi x}{a} \cos \frac{\pi y}{b}.$$

Die vorstehenden Gleichungen zeigen, daß die elastische Fläche w, die Belastungsfläche p und die beiden Momentenflächen m_x und m_y zueinander affine Flächen sind. Bei diesem Spannungszustand einer rechteckigen Platte verschwindet also auf den vier Rechteckseiten w und auch $\varDelta w$, auf ihnen sind die Navierschen Grenzbedingungen (S. 38) erfüllt.

Die größten Biegungsmomente treten in der Mitte $x = a/2$, $y = b/2$ der rechteckigen Platte auf und sind gleich

$$m_{x\,\mathrm{max}} = \pi^2 c N \left(\frac{1}{a^2} + \frac{\nu}{b^2} \right), \qquad m_{y\,\mathrm{max}} = \pi^2 c N \left(\frac{\nu}{a^2} + \frac{1}{b^2} \right). \qquad (5)$$

Für die Scherungsmomente m_{xy} ergeben sich aus (4) auf dem Rande Kosinuslinien; denn es ist z. B. für

$$x = a, \quad m_{xy} = (1 - \nu) \frac{\pi^2 N c}{a b} \cdot \cos \frac{\pi y}{b}.$$

Auch die Verteilung der Scherkräfte p_x und p_y läßt sich auf dem Rande leicht angeben. Wir haben zu diesem Zweck

$$\varDelta w = \partial^2 w / \partial x^2 + \partial^2 w / \partial y^2$$

auszurechnen, dieses nach x bzw. nach y abzuleiten und den Wert dieser Ableitungen für $x = a$ bzw. für $y = b$ anzuschreiben. Die Scherkräfte sind nach den Gl. (46), S. 26

$$p_x = - N \frac{\partial \varDelta w}{\partial x}, \qquad p_y = - N \frac{\partial \varDelta w}{\partial y}; \qquad (6)$$

auf der Seite $x = a$ ist:

$$p_x = - \frac{\pi^3 c N}{a} \left(\frac{1}{a^2} + \frac{1}{b^2} \right) \sin \frac{\pi y}{b}. \qquad (7)$$

Um auch die Ausdrücke für die Ersatzscherkräfte anzuschreiben, sind noch die Ableitungen des Scherungsmomentes in der Richtung der Begrenzungskurve zu bilden. Das gibt hier z. B. auf der Seite $x = a$:

$$\frac{\partial m_{xy}}{\partial y} = - \frac{(1 - \nu) \pi^3 c N}{a b^2} \sin \frac{\pi y}{b}. \qquad (8)$$

Damit ergeben sich (nach S. 36) schließlich die Stütz- oder Auflagerkräfte der rechteckigen Platte, so beispielsweise auf der Seite $x = a$:

$$q_x = p_x + \frac{\partial m_{xy}}{\partial y} = -\left(\frac{1}{a^2} + \frac{1-\nu}{b^2}\right)\frac{\pi^3\,c\,N}{a}\sin\frac{\pi y}{b}\,. \tag{9}$$

Die Auflagerkräfte bilden bei diesem Spannungszustand einer rechteckigen Platte ebenfalls Sinuslinien. Die Auflagerkräfte nehmen ihre größten Werte in den Mitten der Seiten an und verschwinden in den Ecken. Nachdem in diesen Punkten $\partial^2 w/\partial x\,\partial y$ ungleich Null ist, ist zu beachten, daß nach den Bemerkungen auf S. 39 nach dem Ersatz der Scherungsmomente noch in jeder Ecke eine zur Ebene des Rechtecks senkrechte Einzelkraft verbleibt. Sie ist dem doppelten Wert des Scherungsmomentes an dieser Stelle oder

$$2\,(1-\nu)\,\pi^2\,c\,N/a\,b$$

gleich und in der Ecke $x = a$, $y = b$ wie in der Abb. 34 (S. 76) gerichtet

Abb. 70 u. 71. Sinusförmiges Belastungsgesetz.

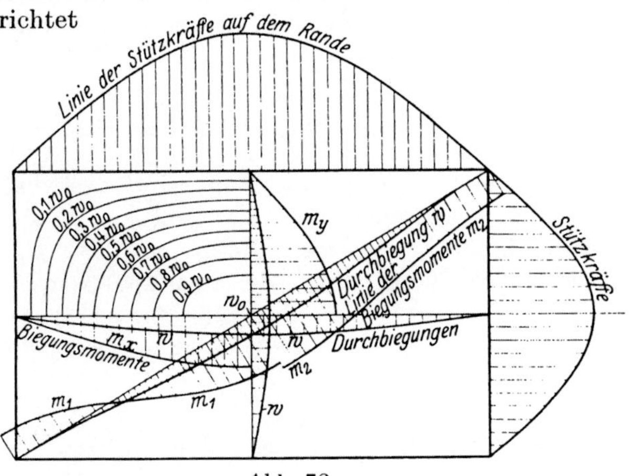

Abb. 71.

Abb. 72.

Damit ist die Verteilung der Randkräfte in den vier Randschnitten vollständig ermittelt. Man erkennt, daß die entgegengesetzt zur Last gerichteten Scherkräfte q_x, q_y wohl durch einen absolut starren und ebenen viereckigen Rahmen erzeugt werden könnten, daß aber die von einer solchen Unterlage ausgeübten Kräfte noch nicht ausreichen würden, um die Platte nach der Fläche (1) festzuhalten. Denn dazu ist noch erforderlich, daß in den Ecken vier weitere Kräfte angebracht werden, welche entgegengesetzt zu den Scherkräften gerichtet sind und die vier Ecken auf die Unterlage niederdrücken. Die Ecken einer auf einen starren, ebenen Rahmen aufgelegten, senkrecht zu ihrer Fläche nach der Funktion (3) belasteten rechteckigen Platte (Abb. 71 und 72) haben das Bestreben, der Biegung in ihrem mittleren Teile zu folgen, d. h. sich von ihrer Unterlage abzuheben.

Diese Folgerungen aus der Biegungstheorie der Platten werden durch verschiedene Beobachtungen bestätigt. So hat C. v. Bach[1]) schon vor längerer Zeit anläßlich seiner Belastungsversuche mit rechteckigen Platten festgestellt, daß sich die Ecken frei aufgelegter rechteckiger Platten bei ihrer Belastung durch Einzelkräfte von ihrer Unterlage abheben. A. Föppl[2]) hat dieses Abheben der Ecken durch genaue Messungen der Durchbiegungen von quadratischen Platten nachgewiesen, die durch Einzelkräfte belastet waren.

32. Ein Näherungsverfahren zur Berechnung der Spannungen von Platten.

Der vorstehende Biegungsfall kann zur angenäherten Wiedergabe der elastischen Fläche einer durch einen gleichmäßig verteilten Druck $p^* =$ konst. belasteten rechteckigen Platte benutzt werden. Im Ausdruck der Funktion (1) (S. 109)

$$w = c \sin \frac{\pi x}{a} \sin \frac{\pi y}{b} \tag{10}$$

ist noch der Beiwert c verfügbar. Man wird deshalb versuchen können, ihn so zu bestimmen, daß die Funktion w die elastische Fläche einer gleichmäßig belasteten Platte möglichst gut annähert. Die Funktion w (10) kann dann als eine Näherungslösung einer rechteckigen Platte angesehen werden, die die erwähnte Belastung trägt und auf deren Seiten die Grenzbedingungen $w = 0$, $\Delta w = 0$ erfüllt sind.

---

[1]) Elastizität u. Festigkeit, 9. Aufl.   Berlin: Julius Springer 1924.
[2]) Mitt. aus dem mech.-techn. Laboratorium, München 1915.

Wir bezeichnen im Ausdruck der Belastungsfläche (3):

$$p = N\,\Delta\Delta w = \pi^4 \left(\frac{1}{a^2} + \frac{1}{b^2}\right)^2 N\,c \sin\frac{\pi x}{a} \sin\frac{\pi y}{b} \qquad (11)$$

unserer Näherungsfunktion w (10) den konstanten Faktor zur Abkürzung mit

$$q = \pi^4 \left(\frac{1}{a^2} + \frac{1}{b^2}\right)^2 N\,c. \qquad (12)$$

Wenn man eine Näherungsfunktion w für die elastische Fläche einer verbogenen Platte kennt, die bereits die Randbedingungen befriedigt, wird man mit Hilfe der Gl. (11) feststellen können, um wieviel sich die Ordinate ihrer Belastungsfläche p in einem beliebigen Punkt x, y im Innern der Platte von der gegebenen Belastung p^* unterscheidet. Offenbar ist das Integral der „Fehlerquadrate" $(p - p^*)^2$ oder

$$I = \int\!\int (p - p^*)^2\,dx\,dy \qquad (13)$$

über der Rechteckfläche ein Maß für den Fehler, der begangen wird, wenn man die richtige Lösung durch die Funktion w ersetzt. Denn wenn überall $p = p^*$ ist, wird das Integral den kleinsten Wert annehmen, den eine Summe von Quadraten, also eine positive Zahl erreichen kann, nämlich den Wert Null. Sehen wir den Beiwert q im Ausdrucke der Belastungsfläche

$$p = q \sin\frac{\pi x}{a} \sin\frac{\pi y}{b} \qquad (14)$$

unserer Näherungsfunktion w (Gl. 10) als eine zu bestimmende Größe an, so läßt sich ein günstigster Wert von q ermitteln, wenn man das obige Integral zu einem Minimum macht. Dazu muß q aus der Gleichung

$$\frac{\partial I}{\partial q} = 2 \int\!\int (p - p^*)\frac{\partial p}{\partial q}\,dx\,dy = 0 \qquad (15)$$

bestimmt werden. Wegen

$$\frac{\partial p}{\partial q} = \sin\frac{\pi x}{a} \sin\frac{\pi y}{b}$$

führt die Bedingung auf die Gleichung

$$q \int\!\int \sin^2\frac{\pi x}{a} \sin^2\frac{\pi y}{b}\,dx\,dy = p^* \int\!\int \sin\frac{\pi x}{a} \sin\frac{\pi y}{b}\,dx\,dy,$$

aus der sich nach der Integration (von $x = 0$ bis $x = a$ und von $y = 0$ bis $y = b$) der gesuchte Wert von

$$q = \frac{16\,p^*}{\pi^2} \qquad (16)$$

ergibt. Dem entspricht nach (12) ein Beiwert

$$c = \frac{16\,p^*}{\pi^6\left(\dfrac{1}{a^2}+\dfrac{1}{b^2}\right)^2 N}. \tag{17}$$

Dies ist zugleich die größte Einsenkung der rechteckigen Platte. Die gesuchte Näherungsfunktion der elastischen Fläche einer durch einen gleichmäßig verteilten Druck $p^* =$ konst. belasteten rechteckigen Platte, welche die Navierschen Grenzbedingungen $w = 0$, $\varDelta w = 0$ erfüllt, hat mithin die Gleichung:

$$w = \frac{16\,p^*\,a^4\,b^4}{\pi^6\,(a^2 + b^2)^2\,N}\,\sin\frac{\pi x}{a}\,\sin\frac{\pi y}{b}. \tag{18}$$

Mit Hilfe des eben ermittelten Beiwertes c bestimmen sich aus (5) die in der Mitte $x = a/2$, $y = b/2$ auftretenden Maxima der Biegungsmomente

$$m_{x\max} = \frac{16\,p^*\,(b^2 + \nu\,a^2)\,a^2\,b^2}{\pi^4\,(a^2 + b^2)}, \qquad m_{y\max} = \frac{16\,p^*\,(a^2 + \nu\,b^2)\,a^2\,b^2}{\pi^4\,(a^2 + b^2)}. \tag{19}$$

Wenn $b > a$, ist $m_{x\max} > m_{y\max}$. Für die größte Inanspruchnahme der rechteckigen Platte ist die Normalspannung in der Oberflächenschicht $z = h/2$ (h ist die Dicke der Platte)

$$\sigma_{\max} = 6\,m_{x\max}/h^2$$

maßgebend, die in dem zum längeren Seitenpaar parallelen Mittelschnitt übertragen wird.

Für eine gleichmäßig belastete rechteckige Platte hat H. Lorenz[1] diese Näherungslösung mit Hilfe von Sätzen über die Formänderungsarbeit abgeleitet, wobei er das Ritzsche Verfahren[2] anwendete. Hier ergab sie sich uns aus der Anwendung eines Minimalprinzips auf die Belastungsfläche der Platte. Man kann auf diese Weise oft sich Näherungslösungen für einfachere Belastungsfälle verschaffen.

33. Die Lösungen von Navier für die rechteckige Platte.

Die Funktion

$$w_{mn} = c_{mn}\,\sin\frac{m\pi x}{a}\,\sin\frac{n\pi y}{b}, \tag{19a}$$

in der x und y die rechtwinkeligen Veränderlichen, a, b und c_{mn} feste Werte und m, n ganze positive Zahlen bedeuten, hat die Eigenschaft, nach Vornahme der Operation

$$\varDelta w_{mn} = \frac{\partial^2 w_{mn}}{\partial x^2} + \frac{\partial^2 w_{mn}}{\partial y^2} = -\left(\frac{m^2\,\pi^2}{a^2} + \frac{n^2\,\pi^2}{b^2}\right) w_{mn}$$

---

[1] Z. V. d. I. 1913, S. 623. [2] Vgl. S. 274.

sich bis auf einen Faktor wieder herzustellen. Hierauf beruht eine Integrationsmethode der Differentialgleichung der Plattenbiegung

$$\Delta \Delta w = \frac{p}{N},$$

in der unter der Belastung p eine gegebene Funktion der Koordinaten x und y vorausgesetzt wird. Zur Funktion w_{mn} gehört die Belastungsfläche:

$$N \Delta \Delta w_{mn} = N \left(\frac{m^2 \pi^2}{a^2} + \frac{n^2 \pi^2}{b^2} \right)^2 w_{mn} = a_{mn} \sin \frac{m \pi x}{a} \sin \frac{n \pi y}{b},$$

sofern zur Abkürzung

$$a_{mn} = N \left(\frac{m^2}{a^2} + \frac{n^2}{b^2} \right)^2 \pi^4 c_{mn}$$

gesetzt wird. Gelingt es, die vorgegebene Belastung p in eine Reihe

$$p = f(x, y) = \sum_{m=1}^{\infty} \sum_{n=1}^{\infty} a_{mn} \sin \frac{m \pi x}{a} \sin \frac{n \pi y}{b} \tag{20}$$

zu entwickeln, in der m und $n = 1, 2, 3, \ldots$ sind, so ist die Integration der Gleichung unter den Randbedingungen $w = 0$, $\Delta w = 0$ auf dem Rechteck $x = 0, a$, $y = 0, b$ geleistet. In der Summe (20) ist der Zahl m der Wert 1 zu erteilen und dann sind die Zahlen n der Reihe nach gleich $1, 2, 3, \ldots$ zu wählen, dann $m = 2$ und $n = 1, 2, 3, \ldots$ zu nehmen usf.

Um die Beiwerte a_{mn} in dieser Doppelreihe zu bestimmen, multipliziere man sie mit $\sin \frac{\mu \pi x}{a} \sin \frac{\nu \pi y}{b} \, dx \, dy$, wo μ und ν beliebige ganze Zahlen sein sollen, und integriere die beiden Seiten der Gleichung im Rechteck, das von den Geraden $x = 0$, $x = a$, $y = 0$, $y = b$ begrenzt ist. Die Integrale auf der rechten Seite der Gleichung haben die Form:

$$\int_0^a \sin \frac{m \pi x}{a} \sin \frac{\mu \pi x}{b} \, dx = \frac{a}{2\pi} \left[\frac{\sin \frac{(m - \mu) \pi x}{a}}{m - \mu} - \frac{\sin \frac{(m + \mu) \pi x}{a}}{m + \mu} \right]_{x=0}^{x=a}$$

und verschwinden deshalb alle mit einer Ausnahme. Wenn nämlich $m = \mu$ ist, entsteht

$$\int_0^a \sin^2 \frac{m \pi x}{a} \, dx = \frac{1}{2} \int_0^a \left(1 - \cos \frac{2 m \pi x}{a} \right) dx = \frac{a}{2}.$$

Nach der Integration verbleibt von der Doppelsumme nur ein einziges Glied, in dem nämlich gleichzeitig $m = \mu$ und $n = \nu$ ist, und man erhält den gesuchten Beiwert $a_{\mu\nu}$ gleich

$$a_{\mu\nu} = \frac{4}{a\,b} \int\limits_0^a\!\!\int\limits_0^b f(x,y)\sin\frac{\mu\,\pi\,x}{a}\sin\frac{\nu\,\pi\,y}{b}\,dx\,dy. \tag{21}$$

Wir müssen hier eine Bemerkung einschalten, die sich auf die Fortsetzung der Belastungsfläche $p = f(x,y)$ außerhalb des Rechtecks $0 < x < a$ und $0 < y < b$ bezieht. Der Entwicklung (20) liegt die bisher nicht erwähnte Annahme zugrunde, daß die Belastungsfunktion $p = f(x,y)$ außerhalb des Rechtecks, in dem wir uns für ihre Werte interessieren, in einer sogleich anzugebenden Weise sich fortsetzt. Dieses Rechteck sei das im ersten Quadranten der Koordinatenebene x, y in der Abb. 73 durch Schraffur hervorgehobene Rechteck $O\,A\,B\,C$. Bezeichnet p die Belastung in einem innerhalb dieses Rechtecks gelegenen Punkt x, y, so ist die Belastungsfläche

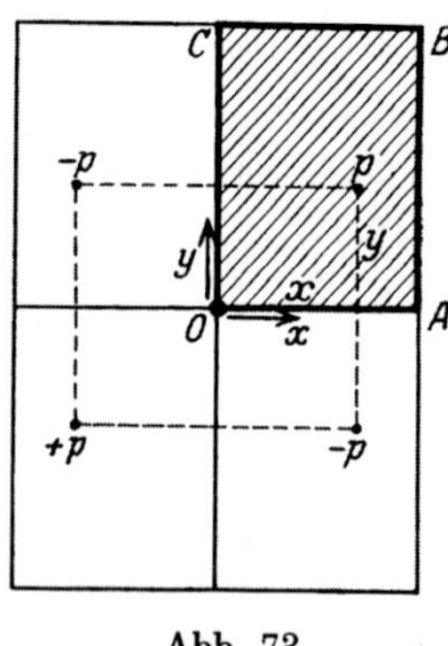

Abb. 73.

um den Nullpunkt herum in der Weise fortzusetzen, daß sie in den Punkten $-x, y;\ -x,$ $-y$ und $x, -y$ die Werte $-p, p, -p$ annimmt. Wenn man für $f(x,y)$ außerhalb des Rechtecks $0 < x < a$, $0 < y < b$ diese Annahme macht, d. h. wenn man die darzustellende Funktion $p = f(x,y)$ als eine ungerade Funktion der Koordinaten x und y betrachtet und über die Grenzen des Rechtecks in der angegebenen Weise fortsetzt, ergibt sich für die Konstante $a_{\mu\nu}$ jedesmal derselbe Wert wie aus (21), gleichgültig in welchem der vier in der Abb. 73 gezeichneten Rechtecke die Integration ausgeführt wird.

Wir haben hier die Fortsetzung der Funktion $f(x,y)$ in der Umgebung der Ecke $x = 0$, $y = 0$ betrachtet. Genau das Entsprechende gilt für ihre Fortsetzung in der Umgebung einer anderen Ecke des Rechtecks $O\,A\,B\,C$ und wenn das Grundgebiet durch Wiederholung dieses Vorganges beliebig erweitert wird. Aus diesen Bemerkungen ist zu ersehen, daß durch die Doppelreihe (20) eine Funktion dargestellt wird, welche im Grundgebiet $0 < x < a$, $0 < y < b$ die Werte $p = f(x,y)$ hat und außerhalb desselben in der angegebenen Weise fortzusetzen ist. Im übrigen müssen wir uns mit der Feststellung begnügen, daß sich durch eine Doppelreihe der erwähnten Art jedenfalls Funktionen $f(x,y)$ im Rechteck $0 < x < a$, $0 < y < b$ darstellen lassen, welche endliche Werte besitzen, die sich im übrigen im Innern des Rechtecks oder auf seinem Rande auch sprungweise und unstetig ändern dürfen. Eine Unstetigkeit tritt ja schon ein, wenn die Funktion $f(x, y)$ im ersten Rechteck $a \cdot b$ überall bis an den Rand endlich ist und stetige Werte hat, z. B. den Wert $p = $ konst., denn dann müssen ihre Werte beim Durchgang durch die Seiten des Rechtecks notwendig unstetig sich ändern.

Als ein Beispiel sei eine Lastverteilung betrachtet, aus der sich einige für die Anwendungen wichtige Sonderfälle herleiten lassen. Die Belastung der rechteckigen Platte bestehe aus einem gleichförmig verteilten Druck p_0 innerhalb eines ganz im Innern des Rechtecks $a \cdot b$ gelegenen zweiten rechteckigen Gebiets. Die Seiten des kleinen Rechtecks seien denen des großen parallel. Sein Mittelpunkt habe die Koordinaten ξ und η, seine Seiten mögen die Längen $2\,u$ und $2\,v$ haben. Innerhalb des durch Schraffur in der Abb. 74 hervorgehobenen Gebiets der Grundfläche $0 < x < a$ und $0 < y < b$ ist $f(x, y) = p_0$ und außerhalb desselben gleich Null. Der Beiwert a_{mn} der Doppelreihe (20) ist für diese Lastverteilung aus dem Integral (21) zu berechnen, welches hier gleich

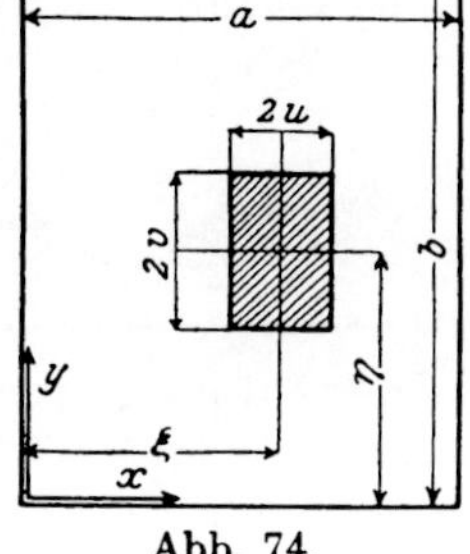

Abb. 74.

$$a_{mn} = \frac{4\,p_0}{a\,b} \int\limits_{\xi-u}^{\xi+u} \int\limits_{\eta-v}^{\eta+v} \sin \frac{m\,\pi\,x}{a} \sin \frac{n\,\pi\,y}{b}\, dx\, dy$$

oder

$$a_{mn} = \frac{16\,p_0}{m\,n\,\pi^2} \cdot \sin \frac{m\,\pi\,\xi}{a} \sin \frac{m\,\pi\,u}{a} \sin \frac{n\,\pi\,\eta}{b} \sin \frac{n\,\pi\,v}{b} \tag{22}$$

wird.

Die angenommene Druckverteilung wird also durch eine Doppelreihe mit den Beiwerten a_{mn} dargestellt. Man erkennt sofort, daß sie sich in das Produkt von zwei einfachen Reihen, nämlich

$$p = p_0 \cdot \frac{4}{\pi} \sum \frac{1}{m} \sin \frac{m\,\pi\,\xi}{a} \sin \frac{m\,\pi\,u}{a} \cdot \sin \frac{m\,\pi\,x}{a} \cdot$$

$$\cdot \frac{4}{\pi} \sum \frac{1}{n} \sin \frac{n\,\pi\,\eta}{b} \sin \frac{n\,\pi\,v}{b} \sin \frac{n\,\pi\,y}{b} \tag{23}$$

spaltet. In jeder von diesen Reihen erkennen wir die **Fourier**schen Summen wieder, die wir in **23** (S. 80, Gl. 58) benutzt haben[1].

----

[1] Der erste Faktor stellt nach den damaligen Feststellungen im Intervall $0 \leqq x \leqq a$ der Veränderlichen x eine unstetige Funktion von x dar, deren Werte im Stück $\xi - u < x < \xi + u$ gleich 1 und außerhalb desselben gleich Null sind. **Dirichlet** hat eine solche Funktion auch als einen „diskontinuierlichen Faktor" bezeichnet. Die Doppelreihe (20) spaltet sich in unserem Beispiel in

Von dieser Druckverteilung sollen jetzt zwei Sonderfälle betrachtet werden. Wenn das ganze Rechteck $a \cdot b$ durch den Druck belastet wird, sind $\xi = u = \dfrac{a}{2}$ und $\eta = v = \dfrac{b}{2}$ anzunehmen. Von den Beiwerten a_{mn} verschwinden alle, deren Zeiger m oder n gerade Zahlen sind, und die übrigen werden gleich

$$a_{mn} = \frac{16\,p_0}{m\,n\,\pi^2} \qquad (m,\,n = 1,\,3,\,5,\,\ldots).$$

Somit wird ein gleichförmiger Druck $p = p_0 = \text{konst.}$ im Rechteck $0 \leq x \leq a$ und $0 \leq y \leq b$ durch die Doppelreihe

$$p = \frac{16\,p_0}{\pi^2} \sum_m \sum_n \frac{1}{m\,n} \sin \frac{m\,\pi\,x}{a} \sin \frac{n\,\pi\,y}{b} \tag{24}$$

dargestellt. Nach den Bemerkungen auf S. 115 geht aus (24) sofort die Gleichung der zugehörigen elastischen Fläche

$$w_I = \frac{16\,p_0}{\pi^6\,N} \sum_m \sum_n \frac{\sin \dfrac{m\,\pi\,x}{a} \sin \dfrac{n\,\pi\,x}{b}}{m\,n \left(\dfrac{m^2}{a^2} + \dfrac{n^2}{b^2} \right)^2} \qquad (m,\,n = 1,\,3,\,5,\,\ldots) \tag{25}$$

einer durch einen gleichförmigen Druck p_0 belasteten rechteckigen Platte hervor, deren Seiten $x = 0$, $x = a$ und $y = 0$, $y = b$ geradlinig und ohne Einspannungsmomente aufruhen. Diese Reihe konvergiert gut und kann sowohl zur Berechnung der Durchbiegungen als nach ihrer zweimaligen Ableitung auch zur Berechnung der Spannungsmomente verwendet werden. Ihr erstes Glied ($m = 1$, $n = 1$)

$$w = \frac{16\,p_0}{\pi^6\,N} \cdot \frac{\sin \dfrac{\pi\,x}{a} \sin \dfrac{\pi\,y}{b}}{\left(\dfrac{1}{a^2} + \dfrac{1}{b^2} \right)^2}$$

ist übrigens mit der in voriger Nummer angegebenen Näherungslösung für eine durch einen Druck p_0 belasteten rechteckigen Platte identisch. Es liegt das an der guten Konvergenz der Reihe (25), daß die Aufstellung einer brauchbaren Näherungslösung auf dem in **32** geschilderten Wege gelang.

---

zwei diskontinuierliche Faktoren, deren erster den Wert 1 im Bereiche $\xi - u < x < \xi + u$ der Veränderlichen x und deren zweiter ihn im Bereiche $\eta - v < y < \eta + v$ der Veränderlichen y annimmt. Außerhalb dieser Strecken haben beide Faktoren (innerhalb des Grundgebietes $0 < x < a$, $0 < y < b$!) den Wert Null. Das Produkt zweier derartiger unstetiger Funktionen stellt in der Tat die angenommene Funktion $p = f(x, y)$ richtig dar.

β) **Punktbelastung.** Ein weiterer wichtiger Sonderfall der Funktion (23) ergibt sich, wenn die Seiten $2\,u$ und $2\,v$ der rechteckigen Druckfläche unbegrenzt verkleinert werden, während die in ihr übertragene Last ihren Wert P

$$2\,u \cdot 2\,v \cdot p_0 = P$$

beibehält. Die Druckfunktion nimmt jetzt die Gestalt des Produktes der zwei (divergenten) Reihen:

$$p = \frac{4\,P}{a\,b} \sum_m \sin \frac{m\,\pi\,\xi}{a} \sin \frac{m\,\pi\,x}{a} \cdot \sum_{n'} \sin \frac{n\,\pi\,\eta}{b} \sin \frac{n\,\pi\,y}{b} \qquad (26)$$

$$(m, n = 1, 2, 3, \ldots)$$

an.

Unter Berufung auf die Summationsregel der Nummer **24** stellt (26) den **analytischen Ausdruck einer in einem beliebigen Punkte** $x = \xi$, $y = \eta$ **des Rechtecks** $a \cdot b$ **angreifenden Einzelkraft** P **dar**[1]), der hier ebenfalls sogleich unter Bezugnahme auf Gl. (19a) zur Angabe der **Gleichung der elastischen Fläche**

$$w_{II} = \frac{4\,P}{\pi^4\,a\,b\,N} \sum_m \sum_n \frac{\sin \dfrac{m\,\pi\,\xi}{a} \sin \dfrac{n\,\pi\,\eta}{b} \sin \dfrac{m\,\pi\,x}{a} \sin \dfrac{n\,\pi\,y}{b}}{\left(\dfrac{m^2}{a^2} + \dfrac{n^2}{b^2}\right)^2} \qquad (27)$$

$(m, n = 1, 2, 3, \ldots)$ **einer durch eine Einzelkraft** P **im Punkte** ξ, η **belasteten rechteckigen Platte** $a \cdot b$ **sich verwerten läßt.**

Diese beiden Grundlösungen (25 und 27) der Plattenstatik für die elastischen Flächen einer durch einen gleichmäßig verteilten Druck bzw. durch eine Einzelkraft belasteten rechteckigen Platte hat Navier im Jahre 1821, kurz nachdem die Differentialgleichung der Platten aufgefunden worden war, angegeben[2]). Sie lassen sich zur Berechnung der Durchbiegungen von rechteckigen Platten verwenden. Man hat auch versucht, sie zur Ermittlung der Spannungsmomente heranzuziehen, doch liegt es in der Natur des Spannungszustandes einer durch eine Punktbelastung verbogenen Platte, daß sich derartige Reihen zur zahlenmäßigen Ausrechnung der Spannungsmomente in der Umgebung der Angriffsstelle einer Einzelkraft, wo die Spannungsmomente ins Unbegrenzte anwachsen, nicht eignen. Man kann rascher konvergierende Reihen für diese beiden Belastungsfälle einer rechteckigen Platte aufstellen.

---

[1]) In der Theorie der Biegung der rechteckigen Platte scheint Mesnager (C. R. Paris 1917, S. 600) die Reihe (26) zuerst benutzt zu haben.

[2]) Vgl. z. B. die von St. Venant erläuterte Ausgabe der Elastizitätslehre von Clebsch.

34. Die gleichmäßig belastete rechteckige Platte mit in einer Ebene frei gestützten Seiten.

Die elastische Fläche einer gleichmäßig belasteten rechteckigen Platte läßt sich, wenn die Grenzbedingungen auf dem längeren Seitenpaar von einfacher Art sind, bereits durch die elastische Fläche eines gleichmäßig belasteten Plattenstreifens annähern, den man aus der rechteckigen Platte durch unbegrenzte Verlängerung dieses Seitenpaares bilden kann. Von dieser Bemerkung kann in vielen Fällen mit Vorteil Gebrauch gemacht werden, wenn die elastische Fläche einer rechteckigen Platte dargestellt werden soll. Da sich diese letztere der verbogenen Mittelfläche eines unendlich langen Plattentreifens nähert, wenn die Seitenlänge zunimmt, wird man annehmen dürfen, daß ein Hauptteil der Lösung für die elastische Fläche einer gleichmäßig belasteten rechteckigen Platte aus der verbogenen Mittelfläche eines Plattenstreifens besteht, dessen Breite gleich den kürzeren Seiten des Rechtecks gewählt und der gemäß den Grenzbedingungen des längeren Seitenpaares unterstützt wird[1]).

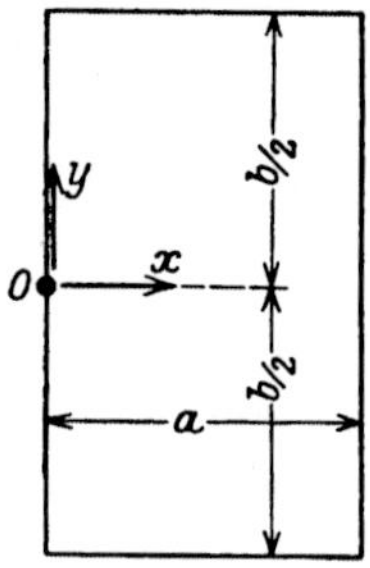

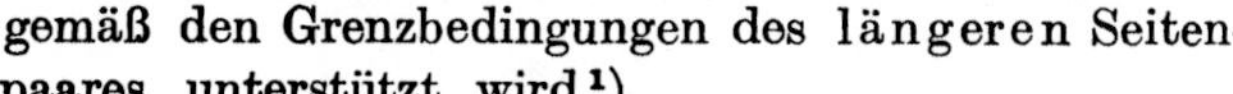

Es bedeuten a und b die Längen der Seiten des Rechtecks. Der Koordinatenanfangspunkt 0 werde in der Mitte der einen Seite (Abb. 75) und die y-Achse in dieser angenommen, so daß das Rechteck durch die vier Geraden $x = 0$, $x = a$, $y = \pm b/2$ begrenzt wird. Es sei $b > a$. Nach dem Vorhergesagten soll die elastische Fläche w der rechteckigen Platte aus zwei Flächen w' und w'' zusammengesetzt werden

Abb. 75.

$$w = w' + w'', \tag{1}$$

wo unter der Funktion w' die elastische Fläche eines durch einen gleichförmig verteilten Druck $p = \text{konst.}$ belasteten Plattenstreifens

---

[1]) Die Möglichkeit der Angabe von besser konvergenten Entwickelungen für die elastische Fläche und für die Spannungen von rechteckigen Platten als die Navierschen Doppelreihen hängt wesentlich mit dieser Art der Zerlegung ihrer Lösungen zusammen. Durch sie wird eine Asymmetrie in die Formeln hereingebracht, die aber bei näherem Zusehen tief in den mathematischen Problemen begründet ist und sich durch die Tatsache erklärt, daß ein Bestandteil der Doppelreihen von Navier in den oben im Text abzuleitenden einfachen Reihen summiert [erscheint. Auf die Möglichkeit der Vereinigung eines Bestandteiles der Doppelreihe hat wohl zuerst Estanave (Contribution à l'étude de l'équilibre élastique d'une plaque rectangulaire mince. Thèses, Paris 1900) hingewiesen. — Zur Berechnung Greenscher Funktionen hat sich besonders A. Kneser („Die Integralgleichungen". (1911), § 33—35) ihrer bedient.

$$w' = \frac{p}{24\,N}\,(x^4 - 2\,a\,x^3 + a^3\,x) \tag{2}$$

zu verstehen ist (siehe Gl. (39) S. 70), der auf den Geraden $x = 0$ und $x = a$ frei aufliegt Nachdem die Funktion w' bereits der inhomogenen Plattengleichung genügt, werden nur noch Lösungen der homogenen Gleichung $\varDelta\varDelta w'' = 0$ heranzuziehen sein, um weiteren Grenzbedingungen entsprechen zu können. Eine solche soll in der Form

$$w'' = \sum_n Y_n \sin \frac{n\,\pi\,x}{a} \tag{3}$$

angenommen werden, wo Y_n wieder eine Funktion bedeutet, welche nur die Koordinate y enthält. n ist eine ganze Zahl $n = 1, 2, \ldots$. Wir haben bereits die allgemeine Form der Funktion Y_n angegeben (S. 69).

Hier benutzen wir den Ausdruck für Y_n:

$$Y_n = a_n \operatorname{\mathfrak{Cof}} \frac{n\,\pi\,y}{a} + b_n \frac{n\,\pi\,y}{a} \operatorname{\mathfrak{Sin}} \frac{n\,\pi\,y}{a} + c_n \operatorname{\mathfrak{Sin}} \frac{n\,\pi\,y}{a}$$

$$+ d_n \frac{n\,\pi\,y}{a} \operatorname{\mathfrak{Cof}} \frac{n\,\pi\,y}{a}, \tag{4}$$

der die Hyperbelfunktionen enthält. Die mit ihnen gebildeten Funktionen w'' teilen mit w' die gemeinsame Eigenschaft, daß sie auf den Geraden $x = 0$ und $x = a$ des Plattenstreifens, zu dem wir uns das Rechteck ergänzt gedacht haben, den Navierschen Grenzbedingungen $w'' = 0$, $\varDelta w'' = 0$ genügen. Die im Ausdrucke von Y_n noch verfügbaren Freiwerte a_n, b_n, c_n, d_n werden aus den Grenzbedingungen für

$$w = w' + w''$$

auf den Seiten $y = +\,b/2$ und $y = -\,b/2$ des Rechtecks zu bestimmen sein. Zur Berechnung der a_n, b_n, c_n, d_n empfiehlt sich, den Anteil w' in eine Fouriersche Reihe

$$w' = \frac{p}{24\,N}\,(x^4 - 2\,a\,x^3 + a^3\,x) = \frac{4\,p\,a^4}{\pi^5\,N} \sum \frac{1}{n^5} \sin \frac{n\,\pi\,x}{a} \tag{5}$$

$$(n = 1, 3, 5, \ldots)$$

zu entwickeln.

Aus dieser bereits früher benutzten (vgl. (42) S. 71) Funktion erhält man nach Bildung der zweiten Ableitungen die Spannungsmomente des Anteils w':

$$m'_x = \frac{m'_y}{\nu} = \frac{p}{2}\,(a\,x - x^2) = \frac{4\,p\,a^4}{\pi^3} \sum \frac{1}{n^3} \sin \frac{n\,\pi\,x}{a}, \qquad m'_{xy} = 0 \tag{6}$$

und die **Fourier**-Entwicklung der Belastungsfunktion:

$$p = N \frac{d^4 w'}{dx^4} = \frac{4 p}{\pi} \sum \frac{1}{n} \sin \frac{n \pi x}{a} \,. \tag{7}$$

Die Beiwerte a_n, b_n, c_n, d_n sollen zuerst für den Biegungsfall einer rechteckigen Platte bestimmt werden, auf deren vier Seiten die Grenzbedingungen $w = 0$, $\varDelta w = 0$ erfüllt sind. Mit Rücksicht auf die Symmetriebedingungen genügt es, den Ausdruck von w'' mit den geraden Funktionen von y

$$w'' = \frac{p\,a^4}{N} \sum \left(a_n \operatorname{\mathfrak{Cof}} \frac{n \pi y}{a} + b_n \frac{n \pi y}{a} \operatorname{\mathfrak{Sin}} \frac{n \pi y}{a} \right) \sin \frac{n \pi x}{a} \tag{8}$$

anzuschreiben. Wir haben vor diese Summe einen Faktor: $p\,a^4/N$, der auch im Ausdruck der Reihe (5) für die Funktion w' vorkommt, gesetzt, lediglich um die Festwerte a_n und b_n in dimensionsloser Form zu erhalten. Zur Bestimmung der Beiwerte a_n und b_n stehen die Grenzbedingungen

$$y = \frac{b}{2}, \qquad w = 0 \quad \text{und} \quad \varDelta w = 0 \tag{8a}$$

zur Verfügung. Nachdem die Durchbiegung w die Summe der Flächen w' und w'' oder gleich

$$w = w' + w''$$

$$= \frac{p\,a^4}{N} \sum \left\{ \frac{4}{n^5 \pi^5} + a_n \operatorname{\mathfrak{Cof}} \frac{n \pi y}{a} + b_n \frac{n \pi y}{a} \operatorname{\mathfrak{Sin}} \frac{n \pi y}{a} \right\} \sin \frac{n \pi x}{a} \tag{9}$$

ist, haben wir

$$\varDelta w = \varDelta w' + \varDelta w''$$

$$= \frac{p\,a^2}{N} \sum \left\{ - \frac{4}{n^3 \pi^3} + 2 \pi^2 n^2 b_n \operatorname{\mathfrak{Cof}} \frac{n \pi y}{a} \right\} \sin \frac{n \pi x}{a} \tag{10}$$

und die Grenzbedingungen (8 a) verlangen, daß die mit den vorstehenden Summen gebildeten Ausdrücke für $y = \dfrac{b}{2}$ identisch verschwinden. Es muß also jedes Reihenglied für sich genommen verschwinden oder es müssen dazu die beiden Gleichungen

$$a_n \operatorname{\mathfrak{Cof}} \alpha_n + b_n \alpha_n \operatorname{\mathfrak{Sin}} \alpha_n = - \frac{4}{n^5 \pi^5}$$

$$b_n \operatorname{\mathfrak{Cof}} \alpha_n = \frac{2}{n^5 \pi^5} \tag{11}$$

erfüllt sein, wo α_n die Abkürzung für

$$\alpha_n = \frac{n \pi b}{2 a} \tag{12}$$

ist. Aus diesen zwei linearen Gleichungen ergeben sich die Fest-werte a_n und b_n gleich

$$a_n = -\frac{2\,(2 + \alpha_n\,\mathfrak{T}\mathfrak{g}\,\alpha_n)}{n^5\,\pi^5\,\mathfrak{Co}\mathfrak{f}\,\alpha_n}, \qquad b_n = \frac{2}{n^5\,\pi^5\,\mathfrak{Co}\mathfrak{f}\,\alpha_n}. \tag{13}$$

Mit ihrer Angabe ist die Aufgabe für die rechteckige Platte gelöst. Die elastische Fläche w einer durch einen gleichförmigen Druck p belasteten rechteckigen Platte, welche auf ihrem Rande den Grenzbedingungen $w = 0$, $\varDelta w = 0$ genügt, hat die Gleichung

$$w = w' + w''.$$

In ihr bedeuten

$$w' = \frac{p\,a^4}{24\,N}\left(\frac{x^4}{a^4} - 2\,\frac{x^3}{a^3} + \frac{x}{a}\right),$$

$$w'' = \frac{p\,a^4}{N}\cdot\sum\left(a_n\,\mathfrak{Co}\mathfrak{f}\,\frac{n\,\pi\,y}{a} + b_n\,\frac{n\,\pi\,y}{a}\,\mathfrak{Sin}\,\frac{n\,\pi\,y}{a}\right)\sin\frac{n\,\pi\,x}{a} \tag{14}$$

$$(n = 1,\,3,\,5,\,\ldots).$$

Unter a_n und b_n sind die eben ermittelten Zahlen (13) zu verstehen. Nach Ersatz der Funktion w' durch die Reihe (5) und nach ge-höriger Zusammenziehung der in ihr vorkommenden Ausdrücke läßt sich diese wichtige Lösung der Biegungstheorie der recht-eckigen Platte durch die folgende Reihe ausdrücken

$$w = \frac{4\,p\,a^4}{\pi^5\,N}\sum\frac{1}{n^5}\left\{1 - \frac{2\,\mathfrak{Co}\mathfrak{f}\,\alpha_n\,\mathfrak{Co}\mathfrak{f}\,\eta_n + \alpha_n\,\mathfrak{Sin}\,\alpha_n\,\mathfrak{Co}\mathfrak{f}\,\eta_n - \eta_n\,\mathfrak{Sin}\,\eta_n\,\mathfrak{Co}\mathfrak{f}\,\alpha_n}{1 + \mathfrak{Co}\mathfrak{f}\,2\,\alpha_n}\right\}\sin\xi_n \tag{1}$$

$$(n = 1,\,3,\,5,\,\ldots),$$

sofern von den Abkürzungen

$$\xi_n = \frac{n\,\pi\,x}{a}, \qquad \eta_n = \frac{n\,\pi\,y}{a}, \qquad \alpha_n = \frac{n\,\pi\,b}{2\,a} \tag{16}$$

Gebrauch gemacht wird. Die Gleichung der elastischen Fläche ist eine Reihe, deren einzelne Glieder Produkte der Funktion $\sin\dfrac{n\,\pi\,x}{a}$ mit aus Hyperbelfunktionen gebildeten Ausdrücken der Veränder-lichen y sind. Die in Mitte des Rechtecks $\left(x = \dfrac{a}{2}, \quad y = 0\right)$ auftretende größte Durchbiegung f der Platte ist wegen

$$\sin\frac{n\,\pi\,x}{a} = \sin\frac{n\,\pi}{2} = (-1)^{\frac{n-1}{2}}\ \text{(weil n eine ungerade Zahl ist) gleich}$$

$$f = \left(\frac{5}{384} + \sum(-1)^{\frac{n-1}{2}}\,a_n\right)\frac{p\,a^4}{N}. \tag{17}$$

Um die Berechnung dieser in der Theorie der Biegung einer rechteckigen Platte häufig vorkommenden Summen zu erleichtern, sind hier zwei kleine Zahlentafeln abgedruckt, in denen einige Werte der Exponential- und der Hyperbelfunktionen $\mathfrak{Sin}\,u$, $\mathfrak{Cof}\,u$, $\mathfrak{Tg}\,u$ aufgenommen wurden, deren Argumente nach Bruchteilen und Vielfachen der Zahl π fortschreiten (Zahlentafel 3 und 4)[1].

Zahlentafel 3.

n	$e^{\frac{n\pi}{2}}$	$\mathfrak{Sin}\,\dfrac{n\pi}{2}$	$\mathfrak{Cof}\,\dfrac{n\pi}{2}$
1	$4,8105\cdot10^0$	$2,3013\cdot10^0$	$2,5092\cdot10^0$
2	$2,3141\cdot10^1$	$1,1549\cdot10^1$	$1,1592\cdot10^1$
3	$1,1132\cdot10^2$	$5,5654\cdot10^1$	$5,5664\cdot10^1$
4	$5,3550\cdot10^2$	$2,6775\cdot10^2$	
5	$2,5760\cdot10^3$	$1,2880\cdot10^3$	
6	$1,239\ \cdot10^4$	$6,196\ \cdot10^3$	
7	$5,961\ \cdot10^4$	$2,981\ \cdot10^4$	
8	$2,868\ \cdot10^5$	$1,434\ \cdot10^5$	
9	$1,380\ \cdot10^6$	$6,898\ \cdot10^5$	
10	$6,636\ \cdot10^6$	$3,318\ \cdot10^6$	
11	$3,192\ \cdot10^7$	$1,596\ \cdot10^7$	
12	$1,536\ \cdot10^8$	$7,678\ \cdot10^7$	
13	$7,387\ \cdot10^8$	$3,694\ \cdot10^8$	
14	$3,554\ \cdot10^9$	$1,777\ \cdot10^9$	
15	$1,709\ \cdot10^{10}$	$8,547\ \cdot10^9$	
16	$8,223\ \cdot10^{10}$	$4,112\ \cdot10^{10}$	
17	$3,956\ \cdot10^{11}$	$1,978\ \cdot10^{11}$	
18	$1,903\ \cdot10^{12}$	$9,515\ \cdot10^{11}$	
19	$9,154\ \cdot10^{12}$	$4,577\ \cdot10^{12}$	
20	$4,404\ \cdot10^{13}$	$2,202\ \cdot10^{13}$	

Zahlentafel 4.

n	$e^{\frac{n\pi}{12}}$	$e^{-\frac{n\pi}{12}}$	$\mathfrak{Sin}\,\dfrac{n\pi}{12}$	$\mathfrak{Cof}\,\dfrac{n\pi}{12}$	$\mathfrak{Tg}\,\dfrac{n\pi}{12}$
1	1,2993	0,76966	0,2648	1,0345	0,2560
2	1,6881	0,59237	0,5479	1,1403	0,4805
3	2,1933	0,45594	0,8687	1,3246	0,6558
4	2,8497	0,35092	1,2494	1,6003	0,7807
5	3,7025	0,27009	1,7162	1,9863	0,8640
6	4,8105	0,20788	2,3013	2,5092	0,9172
7	6,2501	0,16000	3,0451	3,2051	0,9501
8	8,1206	0,12314	3,9988	4,1219	0,9701
9	10,551	0,09478	5,228	5,323	0,9822
10	13,708	0,07295	6,818	6,891	0,9895
11	17,811	0,05614	8,876	8,934	0,9934
12	23,141	0,04321	11,549	11,592	0,9963

[1] An dieser Stelle sei auf das wertvolle Tafelwerk von Keiichi Hayashi: „Fünfstellige Tafeln der Kreis- und Hyperbelfunktionen, sowie der Funktionen e^x und e^{-x} mit den natürlichen Zahlen als Argument", Berlin und Leipzig 1921, Vereinigung wiss. Verleger hingewiesen.

Für die quadratische Platte $(a = b)$ berechnen sich mit ihrer Hilfe für

$$n = 1, \quad \alpha_1 = \pi/2, \quad a_1 = -\,0{,}008962, \quad b_1 = 0{,}002605,$$
$$n = 3, \quad \alpha_3 = 3\,\pi/2, \quad a_3 = -\,0{,}000003242, \quad b_3 = 0{,}000001450,$$

als die ersten Beiwerte a_n und b_n der Reihe (14). Aus diesen Zahlen erhellt die vortreffliche Konvergenz der Reihe (17) für den Biegungspfeil f. Das zweite Glied der Reihe (17) ist kleiner als vier Zehntausendstel des ersten. Wenn man das Seitenpaar b als das längere wählt, wird die Konvergenz der obigen Reihe noch besser. Es genügt in allen Fällen die Rechnung auf das erste Glied $(n = 1)$ zu beschränken. Für den Biegungspfeil der quadratrischen Platte ergibt sich der Wert

$$f = 0{,}00406 \,\frac{p\,a^4}{N}. \tag{18}$$

Die Reihe (14) eignet sich auch gut zur numerischen Berechnung der Spannungsmomente. Man erhält ihre Ausdrücke in bekannter Weise durch Bildung der zweiten Ableitungen der Anteile w' und w'':

$$m'_x = \frac{p\,x\,(a - x)}{2}, \qquad m'_y = v\,\frac{p\,x\,(a - x)}{2}, \qquad m'_{xy} = 0 \tag{19}$$

$$m''_x = (1 - v)\,p\,a^2\,\pi^2 \sum n^2 \sin \xi_n \left[a_n \operatorname{\mathfrak{Cof}} \eta_n + b_n \left(\eta_n \operatorname{\mathfrak{Sin}} \eta_n - \frac{2\,v}{1 - v} \operatorname{\mathfrak{Cof}} \eta_n \right) \right]$$

$$m''_y = -(1 - v)\,p\,a^2\,\pi^2 \sum n^2 \sin \xi_n \left[a_n \operatorname{\mathfrak{Cof}} \eta_n + b_n \left(\eta_n \operatorname{\mathfrak{Sin}} \eta_n + \frac{2}{1 - v} \operatorname{\mathfrak{Cof}} \eta_n \right) \right] \tag{20}$$

$$m''_{xy} = -(1 - v)\,p\,a^2\,\pi^2 \sum n^2 \cos \xi_n \left[a_n \operatorname{\mathfrak{Sin}} \eta_n + b_n \left(\eta_n \operatorname{\mathfrak{Cof}} \eta_n + \operatorname{\mathfrak{Sin}} \eta_n \right) \right].$$

Aus diesen Ausdrücken entnimmt man die Werte der in der Mitte $\left(x = \dfrac{a}{2}, \ y = 0 \right)$ des Rechtecks auftretenden größten Biegungsmomente der Platte

$$m_x = m'_x + m''_x = p\,a^2 \left\{ \frac{1}{8} + \pi^2 \sum_n (-1)^{\frac{n-1}{2}} n^2 \left[(1 - v)\,a_n - 2\,v\,b_n \right] \right\}$$

$$m_y = m'_y + m''_y = p\,a^2 \left\{ \frac{v}{8} - \pi^2 \sum_n (-1)^{\frac{n-1}{2}} n^2 \left[(1 - v)\,a_n + 2\,b_n \right] \right\} \tag{21}$$

$$m_{xy} = 0$$

Unter Beschränkung aller Formeln auf das erste Glied der Reihen, läßt sich das Ergebnis dieser Rechnung auch wie folgt zusammenfassen: Man beherrscht die Gestalt der elastischen Fläche und den Spannungszustand einer durch einen gleichförmigen Druck p verbogenen rechteckigen Platte, welche die Navierschen Grenzbedingungen $w = 0$, $\varDelta w = 0$ erfüllt, mit der Funktion:

$$w = \frac{p\,a^4}{N}\left[\frac{4}{\pi^5} + a_1\,\mathfrak{Cof}\,\frac{\pi y}{a} + b_1\,\frac{\pi y}{a}\,\mathfrak{Sin}\,\frac{\pi y}{a}\right]\sin\frac{\pi x}{a}. \qquad (22)$$

Die in dieser Gleichung vorkommenden Beiwerte a_1 und b_1

$$b_1 = \frac{2}{\pi^5\,\mathfrak{Cof}\,\dfrac{\pi\varepsilon}{2}}, \qquad a_1 = -\frac{\left(4 + \pi\varepsilon\,\mathfrak{Tg}\,\dfrac{\pi\varepsilon}{2}\right)}{\pi^5\,\mathfrak{Cof}\,\dfrac{\pi\varepsilon}{2}}; \qquad (23)$$

hängen nur vom Seitenverhältnis $\varepsilon = b/a$ des Rechtecks ab. Der Biegungspfeil der Platte ist

$$f = \left(\frac{4}{\pi^5} + a_1\right)\frac{p\,a^4}{N}. \qquad (24)$$

(Diese Formel unterscheidet sich von der genauen (17) dadurch, daß wir jetzt die Funktion w' durch das erste Glied ihrer Fourier-reihe ersetzt, d. h. die Reihe $\dfrac{4}{\pi^5}\sum\dfrac{(-1)^{\frac{n-1}{2}}}{n^5} = \dfrac{5}{384}$ auf ihr erstes Glied beschränkt haben.) Mit einer für die praktischen Anwendungen ·hinreichenden Genauigkeit sind die größten Biegungsmomente gegeben durch

$$\begin{aligned}
m_{x\max} &= p\,a^2\left[\frac{1}{8} + \pi^2\left((1 - \nu)\,a_1 - 2\,\nu\,b_1\right)\right],\\
m_{y\max} &= p\,a^2\left[\frac{\nu}{8} - \pi^2\left((1 - \nu)\,a_1 + 2\,b_1\right)\right].
\end{aligned} \qquad (25)$$

Wenn $b > a$, $\varepsilon > 1$, ist $m_{x\max} > m_{y\max}$. Die Platte wird am stärksten im Mittelschnitt verbogen, der parallel zum längeren Seitenpaar verläuft. Ihre größte Inanspruchnahme ist gleich

$$\sigma_{x\max} = \frac{6\,m_{x\max}}{h^2}, \qquad (26)$$

wo h die Dicke der Platte bedeutet. Diese letztere ist, mit Rücksicht auf eine nicht zu überschreitende zulässige Zugspannung σ aus der Gleichung

$$h = \sqrt{\frac{6\,m_{x\max}}{\sigma}} \qquad (27)$$

oder nach Einführung des Wertes von $m_{x\max}$ aus einer Formel

$$h = a\varphi\sqrt{\frac{p}{\sigma}} \qquad (28)$$

zu berechnen, in der φ ein nur vom Seitenverhältnis $\varepsilon = b/a$ abhängiger Zahlenkoeffizient ist. Wir haben in der untenstehenden Zahlentafel 5 den Biegungspfeil f, die beiden größten Biegungsmomente in der Plattenmitte und schließlich den eben eingeführten Beiwert φ für einige Werte des Seitenverhältnisses ε angegeben. Der Rechnung ist eine Poissonsche Zahl $\sigma = 0{,}3$ zugrunde gelegt. Die kleine Zahlentafel oder die Kurven der Abb. 76 gestatten eine bequeme Berechnung einer in der angegebenen Art belasteten und unterstützten rechteckigen Platte.

Gleichmäßig belastete rechteckige Platte.
Grenzbedingungen: $w = 0$, $\Delta w = 0$.
Die größte Durchbiegung f und die Biegungsmomente m_x, m_y in der Mitte des Rechtecks für verschiedene Seitenverhältnisse b/a.

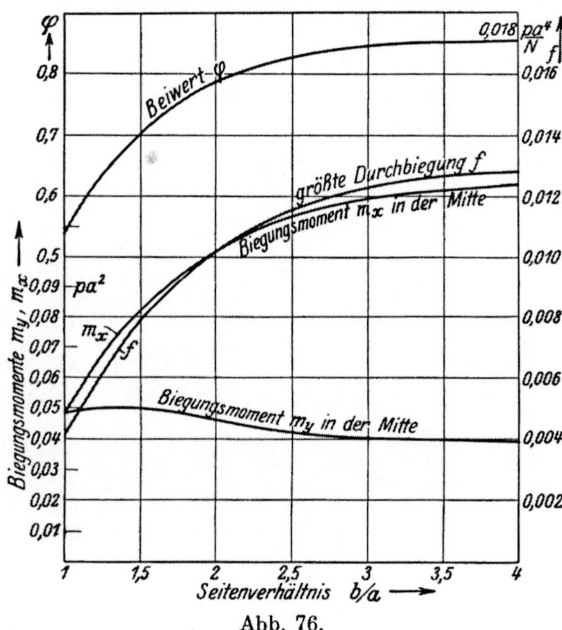

Abb. 76.

Zahlentafel 5.

Die gleichmäßig belastete rechteckige Platte. Seitenlängen a und b
Grenzbedingungen: $w = 0$, $\Delta w = 0$. $N = E h^3 / 12\,(1 - \nu^2)$
(p Druck, E Elastizitätsmodul, ν Poissonsche Zahl $= 0{,}3$ gesetzt,
h Dicke der Platte).

$\dfrac{\pi\,\varepsilon}{2}$	Seitenverhältnis $\varepsilon = b/a$	Biegungspfeil f	Biegungsmomente in der Mitte		φ
			m_x	m_y	
1,571	1,000	$0{,}00406\,\dfrac{p\,a^4}{N}$	$0{,}048\ p\,a^2$	$0{,}048\ p\,a^2$	0,54
2,0	1,273	0,00620 „	0,068 „	0,050 „	0,64
2,4	1,528	0,00789 „	0,083 „	0,050 „	0,70
2,8	1,783	0,00924 „	0,094 „	0,048 „	0,76
3,2	2,037	0,01026 „	0,103 „	0,046 „	0,79
3,6	2,292	0,01102 „	0,109 „	0,044 „	0,81
4,0	2,547	0,01158 „	0,114 „	0,042 „	0,83
4,4	2,801	0,01199 „	0,117 „	0,041 „	0,84
4,8	3,056	0,01229 „	0,119 „	0,040 „	0,85
5,2	3,310	0,01250 „	0,121 „	0,040 „	0,85
5,6	3,565	0,01265 „	0,122 „	0,039 „	0,85
6,0	3,820	0,01276 „	0,123 „	0,039 „	0,86
∞	∞	0,01302 „	0,125 „	0,038 „	0,87

Wir wollen schließlich aus der Gleichung der elastischen Fläche (14) den Verlauf der Auflagerkräfte entlang des Randes der rechteckigen Platte bestimmen. Zu diesem Zweck berechnen wir aus

$$\varDelta w = - \frac{4\,p\,a^2}{\pi^3 N} \sum_n \frac{\sin \xi_n}{n^3}\left(1 - \frac{\mathfrak{Cof}\,\eta_n}{\mathfrak{Cof}\,\alpha_n}\right) \tag{29}$$

die Ableitungen der Funktion $\varDelta w$ nach x und y, welche die Scherkräfte der Platte

$$p_x = -N\frac{\partial \varDelta w}{\partial x} = \frac{4\,p\,a}{\pi^2}\sum_n \frac{\cos \xi_n}{n^2}\left(1 - \frac{\mathfrak{Cof}\,\eta_n}{\mathfrak{Cof}\,\alpha_n}\right)$$

$$p_y = -N\frac{\partial \varDelta w}{\partial x} = -\frac{4\,p\,a}{\pi^2}\sum_n \frac{\sin \xi_n \,\mathfrak{Sin}\,\eta_n}{n^2\,\mathfrak{Cof}\,\alpha_n} \tag{30}$$

oder auf der Seite $x = 0$

$$p_x = \frac{4\,p\,a}{\pi^2}\sum \frac{1}{n^2}\left(1 - \frac{\mathfrak{Cof}\,\eta_n}{\mathfrak{Cof}\,\alpha_n}\right)$$

und auf der Seite $y = -\dfrac{b}{2}$.

$$p_u = -\frac{4\,p\,a}{\pi^2}\sum \frac{\mathfrak{Tg}\,\alpha_n}{n^2}\cdot\sin \xi_n$$

liefern.

Zu diesen Kräften treten die Ersatzscherkräfte hinzu, die aus dem Scherungsmoment

$$m_{xy} = -\frac{2\,(1-\nu)\,p\,a^2}{\pi^3}\sum \frac{\cos \xi_n}{n^3\,\mathfrak{Cof}\,\alpha_n}\{-\mathfrak{Sin}\,\eta_n\,\mathfrak{Cof}\,\alpha_n + \eta_n\,\mathfrak{Cof}\,\eta_n\,\mathfrak{Cof}\,\alpha_n - \alpha_n\,\mathfrak{Sin}\,\alpha_n\,\mathfrak{Sin}\,\eta_n\}$$

durch Bildung der Ableitungen nach y bzw. nach x zu bestimmen sind:

auf der Seite $x = 0$:

$$\frac{\partial m_{xy}}{\partial y} = -\frac{2\,(1-\nu)\,p\,a}{\pi^2}\sum \frac{1}{n^2\,\mathfrak{Cof}^2\,\alpha_n}\left[\eta_n\,\mathfrak{Sin}\,\eta_n\,\mathfrak{Cof}\,\alpha_n - \alpha_n\,\mathfrak{Sin}\,\alpha_n\,\mathfrak{Cof}\,\eta_n\right]$$

und auf der Seite $y = 0$:

$$\frac{\partial m_{xy}}{\partial x} = \frac{2\,(1-\nu)\,p\,a}{\pi^2}\sum \frac{\alpha_n - \mathfrak{Sin}\,\alpha_n\,\mathfrak{Cof}\,\alpha_n}{n^2\,\mathfrak{Cof}^2\,\alpha_n}\cdot\sin \xi_n.$$

Der Verlauf der Auflagerkräfte ist damit nach den Formeln

$$q_x = p_x + \frac{\partial m_{xy}}{\partial y}, \qquad q_y = p_y + \frac{\partial m_{xy}}{\partial x}$$

bestimmt. Sie lassen erkennen, daß sowohl die Scherkräfte p_x, p_y, als auch die Ersatzscherkräfte und damit auch die Auflagerkräfte in den Ecken des Rechtecks verschwinden, und daß diese letzteren in der Mitte der Seiten ihre größten Werte annehmen.

Für die quadratische Platte werden beide Maxima gleich; zur Berechnung stehen die zwei verschiedenen Reihendarstellungen zur Verfügung, die in diesem Falle natürlich denselben Wert für $q_{\max}$ ergeben müssen. Er wird aus der ersten gleich

$$q_{x\max} = \left(\frac{1}{2} - \frac{4}{\pi^2} \sum \frac{1}{n^2 \operatorname{\mathfrak{Cof}} \dfrac{n\pi}{2}} + \frac{1-\nu}{\pi} \sum \frac{\operatorname{\mathfrak{Tg}} \dfrac{n\pi}{2}}{n \operatorname{\mathfrak{Cof}} \dfrac{n\pi}{2}} \right) p\,a$$

oder mit einer Poissonschen Zahl $\nu = 0{,}3$ wird die größte Auflagerkraft der quadratischen Platte gleich

$$q_{x\max} = \left(\frac{1}{2} - \frac{4}{\pi^2} \cdot 0{,}4006 + \frac{0{,}7}{\pi} \cdot 0{,}3717 \right) p\,a = 0{,}42\,p\,a$$

gefunden.

Wir wollen diesem Wert die größten Werte der Auflagerkraft gegenüberstellen, die wir für einen gleichmäßig belasteten unendlich langen Halbstreifen von der Breite a (S. 75) berechnet haben. Sie waren

$$q_{x\max} = \frac{p\,a}{2}, \qquad q_{y\max} = \frac{2\,(3-\nu)}{\pi^2}\,p\,a \sum \frac{(-1)^{\frac{n-1}{2}}}{n^2}, \qquad (n = 1,\,3,\,5,\dots)$$

Die Summe im Ausdruck für $q_{y\max}$ ist $= 0{,}917$, mit $\nu = 0{,}3$ wird

$$q_{x\max} = 0{,}50\,p\,a, \qquad q_{y\max} = 0{,}50\,p\,a.$$

Beim Plattenstreifen ergeben sich die beiden größten Werte, wenn man sie auf zwei Stellen genau berechnet, gleich. Da der Halbstreifen den zweiten Grenzfall der rechteckigen Platte bildet (für den das Seitenverhältnis $\varepsilon = \dfrac{b}{a} = \infty$ ist), darf erwartet werden, daß die beiden Maxima der Auflagerkräfte bei allen Seitenverhältnissen $\varepsilon = b/a$, die zwischen 1 (Quadrat) und ∞ (Halbstreifen) liegen, sich praktisch kaum voneinander unterscheiden werden. Die Rechnung führt zu dem bemerkenswerten Ergebnis, daß die größten Auflagerkräfte, die in den Seitenmitten einer gleichmäßig belasteten rechteckigen Platte mit in einer Ebene frei gestützten Seiten auftreten, für alle möglichen Verhältnisse der Seitenlängen nahezu gleich sind. Der größte Wert nimmt mit dem wachsenden Seitenverhältnis etwas zu: er ist beim Quadrat gleich $0{,}42\,p\,a$, beim Halbstreifen $0{,}50\,p\,a$, unter a die

kleinere Seite des Rechtecks verstanden. Außer diesen stetig verteilten Auflagerkräften kommen von den Ersatzscherkräften her noch
vier gleich große Einzelkräfte hinzu, welche in den vier Ecken
des Rechtecks wirken. Diese Einzelkräfte haben die Größe

$$P = \frac{2\,(1 - \nu)\,p\,a^2}{\pi^3} \sum \frac{\alpha_n - \mathfrak{Sin}\,\alpha_n\,\mathfrak{Cof}\,\alpha_n}{n^3\,\mathfrak{Cof}^2\,\alpha_n}.$$

Ihre Richtung ist entgegengesetzt der der q_x und q_y; sie verhindern
das Abheben der Eckzipfel der rechteckigen Platte von ihrer Unterlage. (Vgl. die Abb. 34, S. 76.)

35. Rechteckige Platten mit Aussteifungen. Das engmaschige Rippennetz. Die vollkommen starren Rippen.

Die statische Wirkung von Aussteifungen einer ebenen Wandung
kann eine sehr verschiedene sein. Rippen oder an ein Blech ange-
nietete Walzeisen, deren Formänderungen unter den von der Platte
ausgeübten Kräften mit den Durchbiegungen der unverstärkten Wandung vergleichbar sind, wirken im allgemeinen als elastisch nach-
giebige Verbindung. Unter den verschiedenen, in den Anwendungen
vorkommenden Fällen verdienen zwei eine besondere Erwähnung,
die der Rechnung zugänglich sind. Es sind dies die Grenzfälle
des engmaschigen Rippennetzes und der vollkommen starren
Rippen.

a) Das engmaschige Rippennetz mit quadratischer Feldteilung. Man wird die statische Wirkung eines solchen Netzes

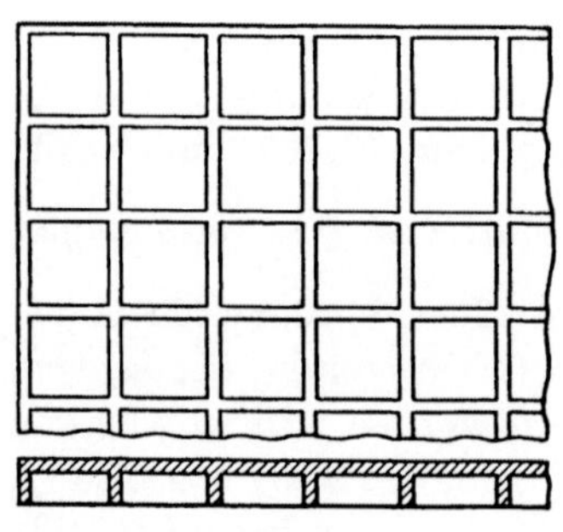

Abb. 77.

(Abb. 77) mit gleichstarken Rippen (oder
von vielen, kreuzweise an ein Blech
angenieteten Winkeln oder Profileisen)
bereits in erster Näherung dadurch zum
Ausdruck bringen können, daß man die
Platte noch als eine isotrope betrachtet·
Eine solche Platte hat jedoch eine andere Steifigkeit, als die unverstärkte.
Bedeuten h die Dicke der Platte, h_1 die
Höhe und b_1 die Stärke der Rippen, c
ihre Entfernung, so wird die Rechnung
statt mit der Steifigkeit der unverstärkten Platte: $N = E\,h^3 / 12\,(1 - \nu^2)$
($E = $ Elastizitätsmodul, $\nu = $ Poissonsche Zahl) mit einer Größe:
$N' = E\,J/(1 - \nu^2)$ auszuführen sein, wo unter J das auf die (zur
Mittelebene der Platte parallele) Schwerpunktsachse des in der

Abb. 78 schraffierten t-förmigen Plattenquerschnittes bezogene Trägheitsmoment, dividiert durch die Entfernung c der Rippen zu verstehen ist.

b) Streng genommen bildet der unter a) erwähnte Fall einer durch ein engmaschiges System von Rippen versteiften ebenen Wandung bereits ein Beispiel einer Platte mit einer in den verschiedenen Richtungen verschiedenen Biegungssteifigkeit, denn das mittlere Trägheitsmoment J hat nicht für alle Schnittrichtungen denselben Wert. Die Verschiedenheit der Trägheitsmomente macht sich stärker bemerkbar, wenn die Rippensysteme

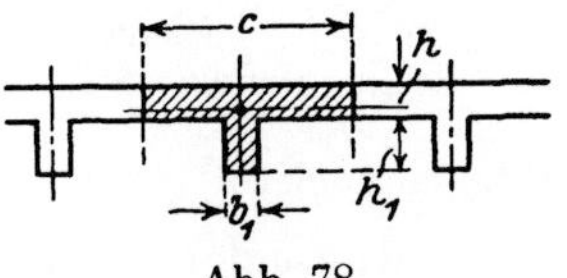
Abb. 78.

ein merklich verschiedenes Trägheitsmoment J_1 und J_2 in den beiden Richtungen haben. Eine durch zwei Scharen rechtwinklig sich kreuzender, dicht angeordneter Rippen nach Art der Abb. 79 versteifte Platte bildet ein Beispiel für eine Platte mit zwei verschiedenen Biegungssteifigkeiten in den betreffenden Richtungen. Das elastische Verhalten derartiger Platten dürfte dem von M. T. Huber[1]) untersuchten Verhalten der Platten mit einer orthogonalen, zweiachsigen Anisotropie verwandt sein. Die glatten, aus Beton hergestellten Platten und Decken, die in ihrem Innern in zwei, zueinander senkrechten Richtungen durch Eisenstäbe verstärkt und tragfähig gemacht sind, bilden ein weiteres, recht häufig vorkommendes Beispiel für die Platten mit einer veränderlichen Biegungssteifigkeit, wenn die auf die Längeneinheit der Querschnittsbreite entfallende Menge der Eiseneinlagen in den beiden Richtungen verschieden ist.

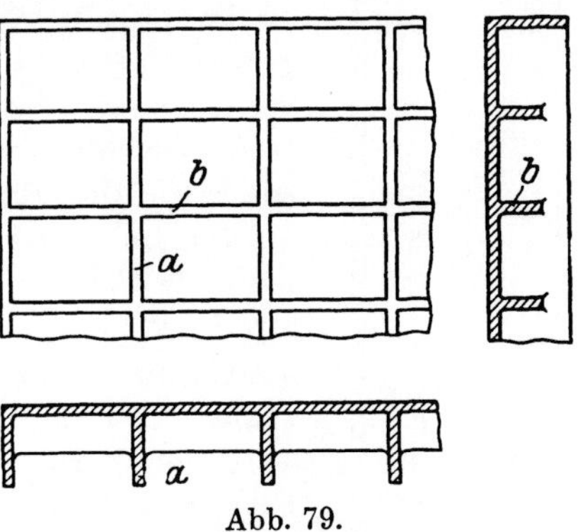
Abb. 79.

In seinen eben erwähnten Arbeiten hat M. T. Huber die Biegungstheorie derartiger Platten entwickelt. Läßt man die x- und y-Achse mit den ausgezeichneten Richtungen der Biegung (der Rippensysteme, bzw. der Eisenein-

---

[1]) „Theorie der kreuzweise bewehrten Eisenbetonplatten nebst Anwendungen". Bauing. Bd. 4, S. 354 u. ff. 1923. — Ferner: „Über die Biegung einer rechteckigen Platte von ungleicher Biegungssteifigkeit in der Längs- und Querrichtung bei einspannungsfreier Stützung des Randes". Bauing. Bd. 5, S. 259 und 305. 1924, und „Théorie rationelle des hourdis en béton armé, con sidérés comme plaques minces d'une simple anisotropie orthogonale. Comptes Rendus, Paris, Bd. 170, S. 511. 1920.

lagen) zusammenfallen, so folgen die Durchbiegungen w der orthogonal aniso-
tropen Platte nach Huber der Differentialgleichung

$$B_1 \frac{\partial^4 w}{\partial x^4} + 2H \frac{\partial^4 w}{\partial^2 x\, \partial y^2} + B_2 \frac{\partial^4 w}{\partial y^4} = p\,.$$

Die „Steifigkeiten" B_1 und B_2 hängen mit den Biegungsmomenten m_x, m_y
wie folgt zusammen:

$$m_x = -B_1 \left(\frac{\partial^2 w}{\partial x^2} + \nu_2 \frac{\partial^2 w}{\partial y^2}\right), \quad m_y = -B_2 \left(\frac{\partial^2 w}{\partial y^2} + \nu_1 \frac{\partial^2 w}{\partial x^2}\right),$$

ν_1, ν_2 sind zwei Konstante. Der Beiwert H hängt außer von B_1 und B_2 auch
von der Steifigkeit der Platte gegen Verdrehen ab.

In der Arbeit von Huber vom Jahre 1921 sind auch Lösungen der
Differentialgleichung für das Rechteck mitgeteilt.

c) Ein anderes Beispiel für eine Verbindung einer Platte mit einem
Stab ist der Plattenbalken, der in den aus Eisenbeton hergestellten Decken und Brückenfahrbahnen verwendet wird. Die Koppe-
lung der Biegung und der Verdrehung eines stabförmigen Körpers
(der Rippe oder des Steges) mit der Biegung der Platte führt im
allgemeinen zu verwickelten Verhältnissen. Unter der Annahme einer
vernachlässigbaren Biegungssteifigkeit der Platte hat Th. v. Kármán
neuerdings die „mitwirkende Breite" der Platte bestimmt[1]).

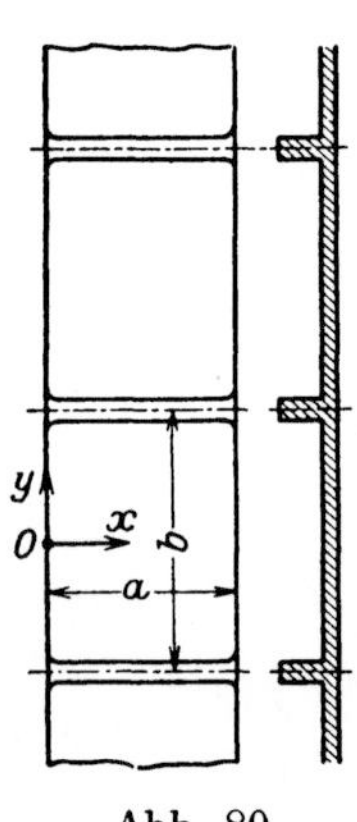

Abb. 80.

d) Neben diesen elastisch nachgiebigen Rippen dürfte für die Anwendungen der Grenzfall von
vollkommen starren Rippen oder Aussteifungen noch Bedeutung haben, deren Formänderungen
vernachlässigt werden können. Ihre Wirkung ist statisch gleichbedeutend mit der vollkommenen Einspannung der Platte.

Ein Beispiel bietet die Aussteifung eines über zwei
parallele Geraden gelegten unendlich langen Plattenstreifens durch eine Anzahl in gleichen Abständen
angeordneten kräftigen Querrippen. Wenn der Plattenstreifen durch eine quergerichtete Last $p =$ konst.
verbogen wird, liegt in jedem der gleichen rechteckigen Felder, in die er durch die Rippen geteilt
wird, der Belastungsfall einer durch einen gleichförmig
verteilten Druck belasteten rechteckigen Platte vor, von der ein
gegenüberliegendes Seitenpaar eingespannt ist, während auf dem
andern die Navierschen Grenzbedingungen erfüllt sind. Der Fall läßt
sich mit Hilfe der Ansätze Gl. (4) S. 121 leicht erledigen. Es seien
$x = 0$ und $x = a$ die aufliegenden Seiten und $y = \pm b:2$ die eingespannten Seiten eines der rechteckigen Felder (Abb. 80).

[1]) Beiträge zur technischen Mechanik und technischen Physik, A. Föppl-
Festschrift, S. 114. Berlin: Julius Springer. 1924; vgl. auch die Dissertation
von Metzer der T. H. Aachen.

Wir begnügen uns mit einer Andeutung der Rechnung. Die elastische Fläche w besteht aus den Anteilen w' (Gl. (5)) und w'' (Gl. (8)), deren Beiwerte a_n und b_n wegen der veränderten Grenzbedingungen auf den Seiten $y = \pm b/2$, $w'' = -w'$, $\dfrac{\partial w''}{\partial y} = 0$ jetzt gemäß den Formeln

$$a_n = -\frac{4\,(\mathfrak{Sin}\,\alpha_n + \alpha_n\,\mathfrak{Cof}\,\alpha_n)}{n^5\,\pi^5\,(\alpha_n + \mathfrak{Sin}\,\alpha_n\,\mathfrak{Cof}\,\alpha_n)}\,, \qquad b_n = \frac{4\,\mathfrak{Sin}\,\alpha_n}{n^5\,\pi^5\,(\alpha_n + \mathfrak{Sin}\,\alpha_n\,\mathfrak{Cof}\,\alpha_n)} \tag{31}$$

sich ergeben. Die elastische Fläche hat die Gleichung:

$$w = w' + w'' = \frac{4\,p\,a^4}{\pi^5\,N}\sum \frac{\sin\xi_n}{n^5}\left[1 - \frac{\mathfrak{Sin}\,\alpha_n\,\mathfrak{Cof}\,\eta_n + \alpha_n\,\mathfrak{Cof}\,\alpha_n\,\mathfrak{Cof}\,\eta_n - \eta_n\,\mathfrak{Sin}\,\eta_n\,\mathfrak{Sin}\,\alpha_n}{\alpha_n + \mathfrak{Sin}\,\alpha_n\,\mathfrak{Cof}\,\alpha_n}\right] \tag{32}$$

$$(n = 1, 3, 5, \ldots),$$

wo für

$$\frac{n\,\pi\,x}{a} = \xi_n\,, \qquad \frac{n\,\pi\,y}{b} = \eta_n\,, \qquad \frac{n\,\pi\,b}{2\,a} = \alpha_n \tag{33}$$

geschrieben steht. Die größte Durchbiegung eines Feldes ist durch die Formel

$$f = \frac{p\,a^4}{N}\left\{\frac{5}{384} - \frac{4}{\pi^5}\sum_n \frac{(-1)^{\frac{n-1}{2}}\,(\mathfrak{Sin}\,\alpha_n + \alpha_n\,\mathfrak{Cof}\,\alpha_n)}{n^5\,(\alpha_n + \mathfrak{Sin}\,\alpha_n\,\mathfrak{Cof}\,\alpha_n)}\right\} \quad (n = 1, 3, 5, \ldots) \tag{34}$$

gegeben. Mit dem Werte von a_n und b_n folgen die Werte des Biegungsmomentes m_x und m_y in der Mitte des rechteckigen Feldes $x = a/2$, $y = 0$ aus den Formeln (19) und (20), während in der Mitte der eingespannten Seiten $(x = a/2,\ y = b/2)$

$$m_x = \nu\,m_y\,, \qquad m_y = -\frac{p\,a^2}{8} + \frac{4\,p\,a\,b}{\pi^2}\sum \frac{(-1)^{\frac{n-1}{2}}}{n^2\,(\alpha_n + \mathfrak{Sin}\,\alpha_n\,\mathfrak{Cof}\,\alpha_n)} \tag{35}$$

sind. Die Platte wird immer in der Mitte der eingespannten Seiten am stärksten beansprucht. Die Wandstärke h eines ausgesteiften Feldes kann hier ebenfalls aus einer Formel

$$h = \varphi\,a\,\sqrt{\frac{p}{\sigma_{\mathrm{zul}}}} \tag{36}$$

berechnet werden, deren Beiwert φ aus der umstehenden Zahlentafel 6 für einige Seitenverhältnisse von b/a entnommen werden kann.

Beispiel. Man berechne den größten Durchhang und die größte Inanspruchnahme einer nach Art der Abb. 81 durch Winkel ausgesteiften ebenen Wand, die einem seitlichen Druck p ausgesetzt ist und deren Felder aus

Zahlentafel 6. Gleichförmig belastete rechteckige Platte.
Seitenlängen a und b. Die Seiten $x = 0$ und $x = a$ liegen geradlinig frei auf, die Seiten $y = \pm\, b/2$ sind eingespannt.

Seitenverhältnis $\varepsilon = \dfrac{b}{a}$	Beiwert φ	Biegungspfeil f
0,4	0,27	—
0,6	0,42	—
0,8	0,55	$0{,}00091 \cdot \dfrac{p\,a^4}{N}$
1	0,65	$0{,}00189 \cdot \dfrac{p\,a^4}{N}$
$\dfrac{10}{8} = 1{,}25$	0,74	$0{,}00355 \cdot \dfrac{p\,a^4}{N}$
$\dfrac{10}{6} = 1{,}667$	0,82	$0{,}00647 \cdot \dfrac{p\,a^4}{N}$
$\dfrac{10}{4} = 2{,}5$	0,86	$0{,}0105 \cdot \dfrac{p\,a^4}{N}$
∞	0,87	$0{,}0131 \cdot \dfrac{p\,a^4}{N}$

Quadraten $(a = b)$ bestehen. Wir haben $\alpha_n = \dfrac{n\,\pi}{2}$ und einen Biegungspfeil nach Gleichung

$$f = \frac{p\,a^4}{N}\left[\frac{5}{384} - \frac{8}{\pi^5}\sum_n \frac{(-1)^{\frac{n-1}{2}}\left(\mathfrak{Sin}\,\dfrac{n\,\pi}{2} + \dfrac{n\,\pi}{2}\,\mathfrak{Cof}\,\dfrac{n\,\pi}{2}\right)}{n^5\,(n\,\pi + \mathfrak{Sin}\,n\,\pi)}\right] \qquad (n = 1,\,3,\,5,\,\ldots),$$

oder hinreichend genau:

$$f = \frac{p\,a^4}{N}\left[\frac{5}{384} - \frac{8}{\pi^5}\cdot\frac{\mathfrak{Sin}\,\dfrac{\pi}{2} + \dfrac{\pi}{2}\,\mathfrak{Cof}\,\dfrac{\pi}{2}}{\pi + \mathfrak{Sin}\,\pi}\right] = 0{,}00189\,\frac{p\,a^4}{N}\,.$$

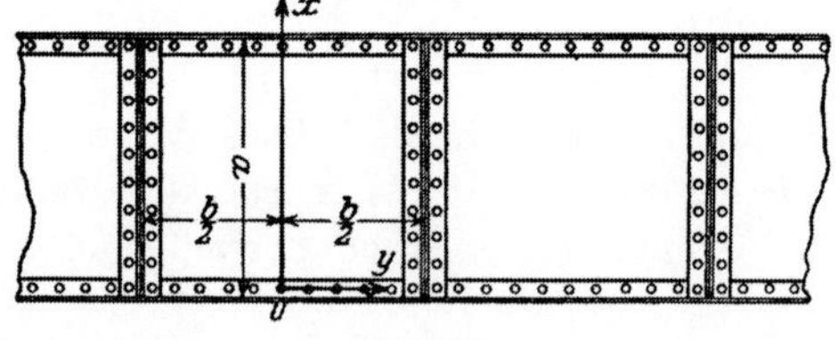

Abb. 81.

Das größte Biegungsmoment tritt in der Mitte der eingespannten Seite auf und ist nach (35)

$$m_y = p\,a^2\left\{-\frac{1}{8} + \frac{8}{\pi^2}\cdot\frac{1}{(\pi + \mathfrak{Sin}\,\pi)} + \ldots\right\},$$

mit Berücksichtigung des ausgeschriebenen Gliedes gleich

$$m_y = -\,0{,}0698\,p\,a^2\,.$$

Die Wandstärke dieser Platte wäre mit Rücksicht auf eine höchstzulässige Biegungsspannung σ_z gleich

$$h = \sqrt{\frac{6\,m_y}{\sigma_z}} = 0{,}647\,a\,\sqrt{\frac{p}{\sigma_z}}$$

anzunehmen.

36. Hydrostatische Druckbelastung. — Schleusentore.

a) Die Formänderungen und die Spannungen einer durch einen hydrostatischen Druck belasteten lotrechten rechteckigen Platte lassen sich streng berechnen, wenn ihre Ränder wie in den Beispielen der letzten Nummern unterstützt sind. Beanspruchungsfälle dieser Art kommen bei den Toren vor, die in einer Schleuse zur Stauung des Wassers dienen. Sie werden vom hydrostatischen Druck des angestauten Wassers belastet und ruhen meist auf ihrem Rand mit drei Seiten auf. Der Einfachheit halber soll zuerst von der Verschiedenartigkeit der Randstützung auf den vier Seiten der Platte abgesehen und die Art der Randbefestigung durch die Grenzbedingungen $w = 0$, $\Delta w = 0$ zum Ausdruck gebracht werden. Wir wollen die Rechnung für den Fall andeuten, daß der Wasserspiegel

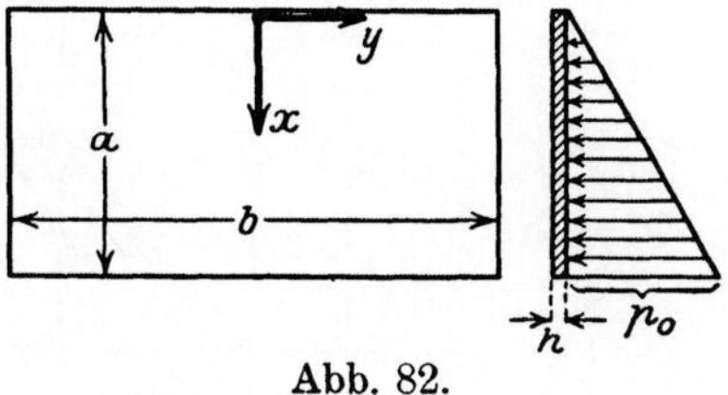

Abb. 82.

gerade bis zur Oberkante der Schleusenwand reicht und wählen diese Seite des Rechtecks als y-Achse und die zu ihr senkrechte Mittellinie als x-Achse. Die Breite der Platte in der wagerechten Richtung sei b, ihre Höhe a. Bezeichnet ferner p_0 den in der Tiefe a herrschenden Wasserdruck, so ist der Druck in der Tiefe x gleich $p = p_0\dfrac{x}{a}$. Er wird als eine ungerade Funktion der Koordinate x in die Fouriersche Reihe

$$p = p_0\frac{x}{a} = \frac{2\,p_0}{\pi}\sum \frac{(-1)^{\frac{n+1}{2}}}{n}\sin\frac{n\,\pi\,x}{a} \qquad (n = 1, 2, 3, \ldots, \; 0 < x < a) \tag{37}$$

entwickelt. Wir haben alsdann die Differentialgleichung

$$\Delta\Delta w = \frac{2\,p_0}{\pi\,N}\sum \frac{(-1)^{n+1}}{n}\sin\frac{n\,\pi\,x}{a} \tag{38}$$

unter den Grenzbedingungen $x = 0$, $x = a$, $y = \pm\,b/2$: $w = 0$, $\Delta w = 0$ zu integrieren. Unter diesen Umständen führt wieder der Ansatz von M. Lévy:

$$w = \sum_n (c_n + Y_n)\sin\frac{n\,\pi\,x}{a}, \tag{39}$$

136   Die Formänderungen und die Spannungen der biegsamen Platten.

wo c_n eine Konstante ist und Y_n nur von der Veränderlichen y abhängt, zum Ziele[1]). Die partikuläre Lösung

$$w = \sum c_n \sin \frac{n \pi x}{a}$$

genügt der Differentialgleichung (38), wenn für

$$c_n = \frac{2 p_0 a^4}{\pi^5 N} \cdot \frac{(-1)^{n+1}}{n^5} \tag{40}$$

genommen wird. Von der Funktion Y_n (s. S. 121) wird nur der in y gerade Bestandteil

$$Y_n = a_n \operatorname{\mathfrak{Cof}} \frac{n \pi y}{a} + b_n \frac{n \pi y}{a} \operatorname{\mathfrak{Sin}} \frac{n \pi y}{a} \tag{41}$$

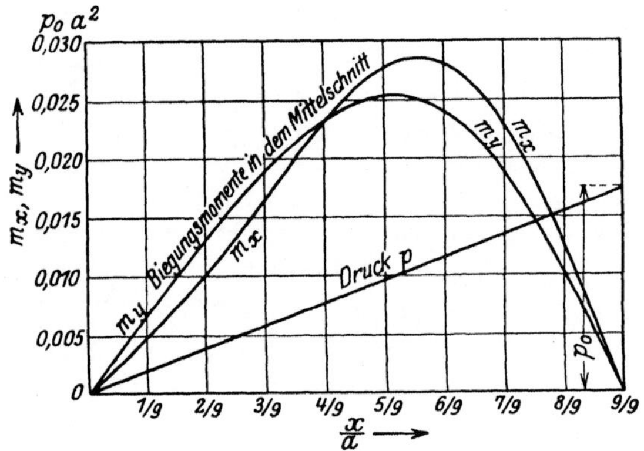

Abb. 83. Rechteckige Platte mit hydrostatischer Druckbelastung.

benötigt. Die Randbedingungen $y = \pm \dfrac{b}{2}$, $w = 0$, $\varDelta w = 0$ sind erfüllt, wenn für $y = \dfrac{b}{2}$

$$c_n + Y_n = 0, \qquad \frac{d^2 Y_n}{dy^2} = 0$$

sind, woraus

$$a_n = - \frac{(2 + \alpha_n \operatorname{\mathfrak{Tg}} \alpha_n) c_n}{2 \operatorname{\mathfrak{Cof}} \alpha_n}, \qquad b_n = \frac{c_n}{2 \operatorname{\mathfrak{Cof}} \alpha_n} \tag{42}$$

$$\left(\alpha_n \text{ steht zur Abkürzung für } \alpha_n = \frac{n \pi b}{2 a} \right)$$

---

[1]) Mit diesem Belastungsfall beschäftigte sich auch Estanave (a. a. O., Paris 1900).

sich ergeben. Der Wasserdruck wölbt die rechteckige Platte nach der Fläche

$$w = \sum_n {}'(c_n + Y_n) \sin \frac{n\pi x}{a} \qquad (43)$$

durch. Wir entnehmen dieser Gleichung die Gestalt der Kurve, nach der sich ihre lotrechte Symmetrielinie $y = 0$ durchbiegt. Sie wird durch die rasch konvergente Reihe

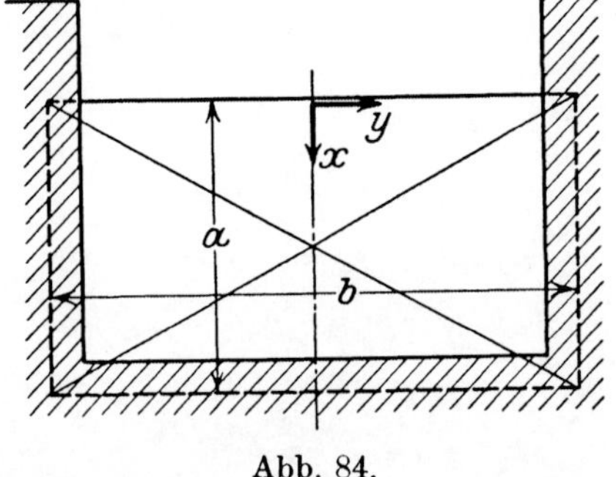

Abb. 84.

$$w = \sum_n {}'(c_n + a_n) \sin \frac{n\pi x}{a}$$

wiedergegeben. So folgt beispielsweise für eine quadratische Platte $(a = b)$ für diese Kurve hinreichend genau die Gleichung

$$w = \frac{p_0 a^4}{N}\left[0{,}00206 \sin \frac{\pi x}{a} - 0{,}00016 \cdot \sin \frac{2\pi x}{a}\right]$$

mit einem größten Pfeil $f = 0{,}00208 \dfrac{p_0 a^4}{N}$, der bei $x = 0{,}55\,a$, etwas unterhalb der Mitte des Rechtecks, auftritt. Die Abb. 83 zeigt für das quadratische Feld $a = b$ auch den Verlauf der Biegungsmomente m_x, m_y in Abhängigkeit von der Wassertiefe x im Symmetrieschnitt $y = 0$.

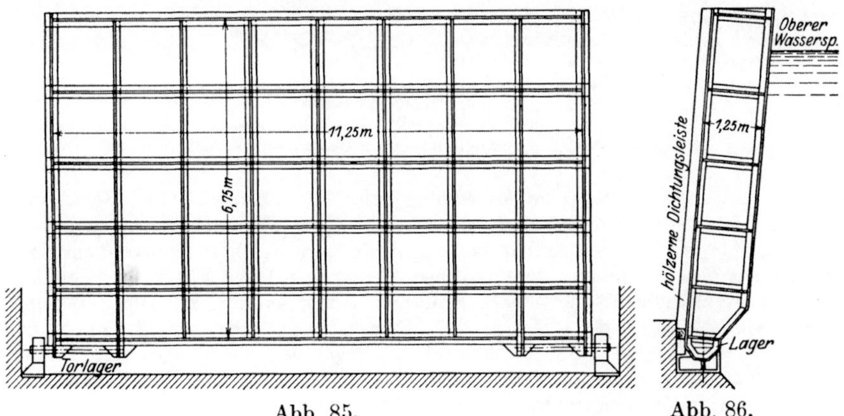

Abb. 85.   Abb. 86.

Vorder- und Seitenansicht eines Klapptores der Schleuse des Rhein-Herne-Kanals.

b) Das Schleusentor. Zum Absperren der Schleusenkammern der Schiffahrtskanäle gegen das Oberwasser dienen Schiebe- oder

Klapptore. Es sind dies rechteckige Platten, die entweder mit einem kastenförmigen Querschnitt oder durch Längs- und Querriegel versteift mit nur einer Blechwandung ausgeführt werden[1]). Sie ruhen mit

Abb. 87. Rechteckiges Schiebetor in der Schleuse des
Rhein-Herne-Kanals.
Ausgeführt von der Gutehoffnungshütte Oberhausen (Rheinland).

---

[1]) Ein Beispiel für eine Anordnung eines Klapptores in einer Schleusenanlage bieten die Abb. 85 und 86. Die um ihre wagerechte Unterkante in zwei Zapfen in Lagern drehbar befestigte große rechteckige Platte dient zum Absperren des Oberhaupts der Schleuse. Sie ist aus Eisen ausgeführt und hat einen kastenförmigen Querschnitt von einer Höhe von 1,25 m. Die Breite des Schleusentores beträgt 11,25 m, seine Höhe 6,755 m. Die aus Eisenblech gebildeten Wandungen sind durch eiserne Längs- und Querriegel miteinander verbunden. Zur Entlastung des Antriebes enthält das Tor Schwimmkästen. Obwohl durch die Anordnung dieser letzteren und der Aussteifungen eine gewisse Unsicherheit für die Beurteilung des Trägheitsmomentes der Platte entsteht, wird man das Tor zweckmäßig als eine auf 3 Seiten in einer Ebene frei gestützte rechteckige Platte mit einem mittleren, unveränderlichen Trägheitsmoment betrachten dürfen. — Dem freundlichen Entgegenkommen der Gutehoffnungshütte in Oberhausen verdanke ich die Ansichten (Abb. 87, 88) der durch

3 Seiten frei auf dem Mauerwerk auf (Abb. 84), die vierte Seite wird nicht unterstützt und biegt sich frei durch. Dieser Biegungsfall einer rechteckigen Platte verlangt die Integration der Plattengleichung

$$\Delta \Delta w = \frac{p_0\, x}{N a} \tag{44}$$

Abb. 88. Rechteckiges Klapptor in der Schleuse des Rhein-Herne-Kanals.
Ausgeführt von der Gutehoffnungshütte Oberhausen (Rheinland).

für die folgenden Grenzbedingungen:

$$x = a, \quad y = \pm\, b/2, \quad w = 0, \quad \Delta w = 0, \tag{45}$$

und auf der freien Seite

$$x = 0, \quad \frac{\partial^2 w}{\partial x^2} + \nu\, \frac{\partial^2 w}{\partial y^2} = 0, \quad \frac{\partial^3 w}{\partial x^3} + (2 - \nu)\, \frac{\partial^3 w}{\partial x\, \partial y^2} = 0. \tag{46}$$

ihre bedeutenden Abmessungen bemerkenswerten Klapp- und Schiebetore der Schleuse des Rhein-Herne-Kanals und eines Schiebetores von 70 m Länge und 13 m Höhe für den Inseldurchstich in Wilhelmshaven (Abb. 89).

Diesen Grenzbedingungen kann durch eine elastische Fläche

$$w = w' + w'' + w''' \qquad (47)$$

genügt werden. Der Anteil w' wird als ein partikuläres Integral der Gl. (44) angenommen. Ein solches ist

$$w' = \frac{p_0\, x^5}{120\, N\, a}. \qquad (48)$$

Abb. 89. Schiebetor für den Inseldurchstich in Wilhelmshaven.
Das Schiebetor ist 70 m lang, 13 m hoch und 8 m breit. — Gutehoffnungshütte, Oberhausen.

Die Funktionen w'' und w''' genügen der homogenen Plattengleichung. Der Anteil w'' wird so gewählt, daß er zusammen mit w' den Grenzbedingungen

$$y = \pm\, b/2\,, \quad w' + w'' = 0\,, \quad \varDelta w' + \varDelta w'' = 0 \qquad (49)$$

genügt. Man setzt w'' aus Potenzausdrücken zusammen (vgl. S. 29):

$$w'' = c_1\, x + c_2\, (x^3 - 3\, x\, y^2) + c_3\, (x^5 - 10\, x^3\, y^2 + 5\, x\, y^4) + c_4\, (x^3 + x\, y^2)$$
$$+ c_5\, (x^5 - 2\, x^3\, y^2 - 3\, x\, y^4). \qquad (50)$$

Die Bedingungen (49) liefern alsdann die Beiwerte von w'':

$$c_1 = \frac{25}{16}\, a_0\, b^4, \quad c_2 = \frac{15}{8}\, a_0\, b^2, \quad c_3 = \frac{a_0}{4}, \quad c_4 = -\frac{15}{8}\, a_0\, b^2,$$

$$c_5 = -\frac{5}{4}\, a_0,$$

oder w'' in der Form:

$$w'' = \frac{5\, a_0\, x}{4}\left(\frac{5\, b^4}{4} - 6\, b^2\, y^2 + 4\, y^4\right),$$

sofern zur Abkürzung

$$a_0 = \frac{p_0}{120\, N\, a}$$

gesetzt wird. Für die dritte Funktion w''' wird schließlich ein Ansatz nach Gl. (36), S. 69

$$w''' = \sum_n X_n \cos\frac{n\,\pi\,y}{b} \qquad (n = 1, 3, 5, \ldots)$$

angenommen. Nach Vereinigung der drei Funktionen w', w'', w''' können die verfügbaren Beiwerte im Ausdruck von X_n aus den Grenzbedingungen (45) und (46) ermittelt werden.

37. Die Formänderungen und die Spannungen von durchlaufenden Platten.

Die Kenntnis von gewissen Formänderungs- und Spannungszuständen von Platten, die in regelmäßig angeordneten Punkten durch

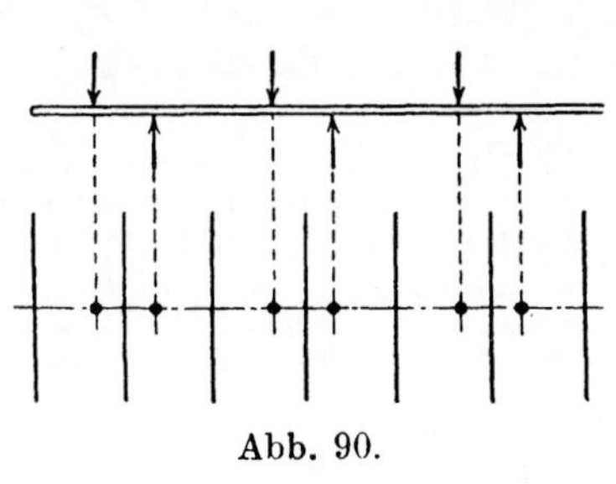

Abb. 90.

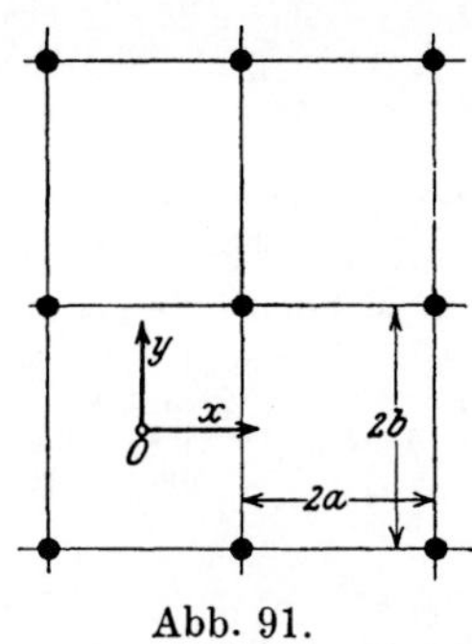

Abb. 91.

Einzelkräfte belastet sind, dürfte für den Ingenieur nicht nur im Hinblick auf die Konstruktionen des Hoch- und des Gründungsbaues von Wert sein, in denen sich ähnliche Biegungszustände von verbogenen Platten verwirklicht finden, sondern auch aus dem Grunde, weil unter ihnen einige zur Darstellung des Spannungsverlaufes in wichtigen Fällen der Beanspruchung von rechteckigen Platten dienen und deshalb zu den Grundlösungen der Plattenstatik gezählt werden können.

Unter den Einzelkraftsystemen mit regelmäßig angeordneten Angriffspunkten sind der Lastenzug auf einer unbegrenzten Platte hervorzuheben, wie ihn die Abb. 90 andeutet, und zweitens das Einzelkraftgitter Abb. 91, das einer gleichmäßig verteilten Last das Gleichgewicht hält.

Abb. 92. Belastungsversuch einer durchlaufenden trägerlosen Eisenbetondecke von A. N. Talbot und H. F. Gonnermann („Test of a flat slab floor", University of Illinois Bulletin, Vol. XV, Nr. 39. 1918).

Die Decke ist in 6 mal 6 rechteckige Felder von 5,91 m·5,32 m geteilt und nach dem Vierbahnensystem bewehrt. Plattenstärke 21 cm. Normale Höchstlast: 1220 kg/m². Die 4 mittleren Felder wurden durch aufgestapelte Masseln mit 4450 kg/m³ belastet. Die Formänderungen und die Spannungen der belasteten Decke wurden gemessen.

Denkt man sich den Lastenzug Abb. 86 auf eine unbegrenzte Platte gestellt, so erzeugt er in ihr eine elastische Fläche, die aus parallelen Wellenzügen besteht. Auf den im Grundriß der Abb. 90 eingezeichneten parallelen Geraden verschwinden aus Symmetriegründen sowohl die Durchbiegungen, als auch die beiden Biegungsmomente. Mit dem Spannungszustand dieser unbegrenzten Platte haben wir uns bereits eingehend beschäftigt (Abschn. 27—30), denn jeder der

Parallelstreifen, in die die Ebene durch die Geraden der Abb. 90 geteilt wird, ist ein durch eine Einzelkraft verbogener freiaufliegender Plattenstreifen.

Der zweite Belastungsfall einer unbegrenzten Platte ist in den mittleren Feldern der sogenannten „trägerlosen Decken" verwirklicht. Es sind dies durchlaufende Decken, die in einem rechteckigen Gitter von Punkten durch Säulen unterstützt sind. Diese wohl erstmals in den hohen Stockwerkbauten der Vereinigten Staaten von

Abb. 93. Zum Abbruch bestimmtes Gebäude in Chicago, in dessen 6. Stockwerk die Belastungsversuche von Talbot und Gonnermann (vgl. Abb. 92) vorgenommen wurden.

Amerika ausgeführten Decken werden aus Beton mit regelmäßig angeordneten Systemen von parallel oder auch ring- und strahlenförmig um die Säulen verlegten Eiseneinlagen in inniger Verbindung mit den Säulen ohne Unterzüge hergestellt und bilden ein Konstruktionselement, das als Fundamentplatte von Gebäuden, als Fahrbahn von Straßenbrücken und als Decke viel angewendet wird. Wegen der pilzartigen Erweiterung der Säulenköpfe wurden sie auch Pilzdecken genannt (Abb. 93, 94)[1]). Für die Beurteilung der sparsamsten Anordnung und für die Bemessung der Eiseneinlagen dürfte die Beschreibung des Spannungszustandes einer in der angegebenen Weise unterstützten unbegrenzten Platte, die aus einem homogenen Material besteht, von Wert sein.

Unter den in regelmäßig angeordneten Punkten unterstützten Platten zeichnet sich der obige Belastungszustand durch seine hervorragenden Symmetrieeigenschaften aus. Wenn der Ingenieur es vor-

Abb. 94.

zieht, die Decken des Eisenbetonbaues ohne Unterzüge glatt über die Stützen hinweg zu führen und sie in einem regelmäßigen und meist rechteckig angeordneten Gitter von Punkten durch die Säulen abzustützen, so berühren sich seine gestaltenden Grundsätze bewußt oder unbewußt mit dem Streben des Mathematikers nach Ausschaltung alles Entbehrlichen und nach Vereinfachung der Form. Er darf

---

[1]) Durch das freundliche Entgegenkommen der Wayss und Freytag-A. G., Eisenbetonunternehmung in Neustadt a. d. Haardt war es mir möglich, im folgenden in den Abb. 94 bis 99 einige Lichtbilder ihrer sehr bemerkenswerten Plattenkonstruktionen und Pilzdecken aufzunehmen. Es sei ihr für ihre Liebenswürdigkeit auch an dieser Stelle bestens gedankt.

deshalb erwarten, daß derartige Belastungszustände auch einer mathematischen Behandlung gut zugänglich sein werden[1]).

---

[1]) Der Biegungsfall der Pilzdecke kommt übrigens auch in den durch Ankerbolzen versteiften und dem Dampfdruck ausgesetzten, ebenen Wandungen der Feuerbüchse der Lokomotive vor. Mit ihm hat sich bereits F. Grashof (Theorie der Elastizität und Festigkeit, 2. Aufl., S. 358. 1878) beschäftigt. Seine Lösung gibt die Scherkräfte der Platte nicht richtig wieder. Ebensowenig vermochte H. T. Eddy einen genaueren Aufschluß über die starke Zunahme der Spannungen in der Gegend der Stützpunkte zu geben. Zu einem befriedigen-

Abb. 95.

Zu Abb. 94 und 95. Pilzdecke in einem Lagerhaus (Hartpapierfabriken Gebr. Adt, Wächtersbach). Ausführung von Wayss und Freytag, A. G., Neustadt a. d. Haardt.

Nutzlast im Erd-, 1. und 2. Obergeschoß 800 kg/qm. Spannweite der Felder: 5,34·5,50 m. Deckenstärke 12 cm. Gurtenstärke 30 cm, Gurtenbreite 1,70 m.

deren Verlauf der Spannungsmomente gelangten Turneaure und Maurer durch Näherungsansätze. Über die älteren, in den Vereinigten Staaten ausgebildeten Rechnungsverfahren zur Ermittlung des Spannungsverlaufes in kontinuierlichen Decken finden sich Einzelheiten in dem Buche von E. Probst: „Vorlesungen über Eisenbeton", Bd. I, S. 533. 1917, Berlin: Julius Springer. Einen erheblichen Fortschritt gegenüber diesen Verfahren hat Lewe in seiner kleinen Schrift „Die strenge Lösung des Pilzdeckenproblems", Selbstverlag, Berlin 1922 (und in einigen Aufsätzen im „Bauingenieur") erzielt. Wir kommen auf seine Lösung weiter unten zurück. Wegen weiterer Bearbeitungen, die dieser

Durch die geraden Linien, welche die Säulenmittel oder die Stütz-punkte verbinden, wird die unbegrenzte Platte in gleiche rechteckige

Biegungsfall einer unbegrenzten Platte erfahren hat, sei auf die Arbeiten von H. Marcus (Armierter Beton, 12. 1919), von N. J. Nielsen („Spaendiger i plader", Dissertation, Kopenhagen 1920) und von H. M. Westergaard und A. Slater („Moments and stresses in slabs", Proc. of the american concrete institute, 17. 1921) verwiesen, deren Verfasser die Differenzenrechnung zur Lösung dieser Randwertaufgabe der Platten anwenden. Einem Verzeichnis

Abb. 96.

der letzten Schrift ist zu entnehmen, daß die amerikanischen Ingenieure, so-lange die theoretischen Hilfsmittel ihnen noch nicht in befriedigender Weise zur Verfügung standen, in der ihnen gewohnten großzügigen Weise wohl an mehr als zwei Dutzend mehrfelderigen Deckenkonstruktionen durch Festigkeits-versuche, die sie in großem Maßstabe in Gebäuden anstellten, sich die erforder-lichen Unterlagen zu verschaffen gewußt haben. Der Verfasser hat vor kurzem (Z. ang. Math. Mech. Bd. 2, S. 6. 1922 und Bauing. 1924) gezeigt, daß sich die elastische Fläche der unbegrenzten Platte durch eine Summe (Gl. (1) u. (3), S. 150) darstellen läßt, die den einen Bestandteil der von Lewe (a. a. O.) für denselben Belastungsfall aufgestellten Doppelsumme summiert enthält und sich zur Ausrechnung der in der Umgebung der Stützpunkte stark anwachsen-den Momente eignet. —

Felder geteilt und es genügt, die Formänderung eines Feldes anzugeben.   Es wird sich empfehlen, gleich einen Streifen von Feldern
zu betrachten und die Gleichung der elastischen Fläche der unbegrenzten Platte für ihn aufzustellen. Wir bezeichnen mit $2\,a$ und
$2\,b$ die Entfernungen der Stützpunkte und verlegen das Koordinatensystem nach Abb. 91[1]).   Um die Grenzbedingungen für die verbogene
Fläche der unbegrenzten Platte anzugeben, denken wir uns die zwei
parallelen Schnitte $y = \pm\, b$, die den Felderstreifen begrenzen, in der

Abb. 97.
Zu Abb. 96 und 97.   Pilzdecke in einem Lagerhaus.   Bau Op. 75.
Ausführung von Wayss und Freytag, A. G., Neustadt a. d. Haardt.
Nutzlast 1000 kg/qm.   Spannweite der Felder: 4,42·4,42 m.   Deckenstärke 11 cm.   Gurtenstärke
26 cm.   Gurtenbreite 1,40 m.

unmittelbaren Nähe der Stützpunktreihen derart gelegt, daß innerhalb des Streifens kein Angriffspunkt einer konzentrierten Kraft sich
befinde.   Innerhalb dieses Gebietes hat die Durchbiegung w der Platte
der Differentialgleichung

$$\varDelta\,\varDelta\,w = \frac{p}{N} = \text{konst.}$$

[1]) In der auf der vorigen Seite zuletzt zitierten Arbeit steht für die Feld-
seiten a und b, was bei einem Vergleiche der Formeln zu beachten ist.

10*

zu genügen, wo mit p die auf die Flächeneinheit bezogene Belastung und mit $N = E\,h^3/12\,(1 - v^2)$ die Plattensteifigkeit bezeichnet werden (E ist der Elastizitätsmodul, h die Dicke und v die Querdehnungszahl). In einem der Stützpunktreihe benachbarten Schnitt $y =$ konst. ist die gesamte, in der Nähe eines Unterstützungspunktes auf den Felderstreifen übertragene Kraft P gleich der Hälfte der Last, welche jede Säule aufzunehmen hat oder $P = 2\,p\,a\,b$.

Abb. 98. Die Eiseneinlagen einer Pilzdecke.
Ausführung von Wayss und Freytag, A. G., Neustadt a. d. Haardt.

Wir haben fürs erste einen analytischen Ausdruck für einen aus lauter gleichen Einzelkräften P zusammengestellten Lastenzug aufzustellen, deren Entfernung $2\,a$ beträgt.

Wenn sich diese Kraft auf einem kurzen Stück $-c < x < c$ von der Länge $2\,c$ gleichmäßig als Scherkraft

$$p_y = -\,N\frac{\partial\varDelta w}{\partial y} = -\,\frac{P}{2\,c}$$

auf den herausgeschnittenen Felderstreifen $y = \pm\,b$ überträgt, so kann die Verteilung der Scherkräfte p durch die Fouriersche Reihe

$$p_y = -\,\frac{P}{2\,a} - \frac{P}{\pi\,c}\sum_k\frac{(-1)^k}{k}\sin\frac{k\,\pi\,c}{a}\cos\frac{k\,\pi\,x}{a} \qquad (k = 1, 2, 3 \ldots)$$

dargestellt werden. Indem wir von dieser Lastverteilung gleich zur Punktstützung übergehen und

$$\text{limes} \sin \frac{k\pi c}{a} : \frac{k\pi c}{a} = 1 \quad \text{für} \quad \frac{k\pi c}{a} \to 0$$

annehmen, erhalten wir den analytischen Ausdruck für den aus lauter gleichen Einzelkräften P zusammengesetzten Lastenzug mit der Teilung $2a$ in der für die Rechnung geeigneten Reihe[1]):

$$p_y = - N \frac{\partial \Delta w}{\partial y} = - \frac{P}{a} \left(\frac{1}{2} + \sum (-1)^k \cos \frac{k\pi x}{a} \right).$$

Abb. 99.   Durchlaufende Bodenplatte eines Eisenbetonbeckens.
(Hallenschwimmbad Nürnberg). Ausführung: Wayss u. Freytag A.G., München.
Die Bodenplatte hat eine Breite von 11,5 m und eine Länge von 28,3 m im Lichten. Sie ruht
auf Einzelsäulen mit darüberliegenden Unterzügen. Spannweite der durchlaufenden Platten 3 m.
Stärke 14 bis 20 cm.

Dies ist die eine Randbedingung, der die Fläche w auf der Geraden $y = b$ zu genügen hat. Die zweite ist

$$y = b, \quad \frac{\partial w}{\partial y} = 0.$$

Die elastische Fläche w wird aus zwei Teillösungen w' und w'':

$$w = w' + w''$$

---

[1]) Vgl. S. 83.

gebildet. Wir verstehen unter w' die Fläche eines durch einen Druck $p =$ konst. belasteten Plattenstreifens:

$$w' = \frac{p\,b^4}{24\,N}\left(1 - \frac{y^2}{b^2}\right)^2 \tag{1}$$

von der Breite $2\,b$ des Felderstreifens, der in den Geraden $y = \pm\,b$ eingespannt ist, so daß sich für $y = b$

$$\frac{\partial w'}{\partial y} = 0 \quad \text{und} \quad p'_y = -\,p\,b = -\frac{P}{2\,a}$$

ergeben. Dann hat die zweite Lösung w'' den Randbedingungen

$$y = b, \quad \frac{\partial w''}{\partial y} = 0, \quad p''_y = -\,N\frac{\partial\,\varDelta\,w''}{\partial y} = -\frac{P}{a}\sum(-1)^k\cos\frac{k\,\pi\,x}{a} \tag{2}$$

zu genügen. Sie lassen sich durch die der homogenen Plattengleichung $\varDelta\varDelta w'' = 0$ genügende Funktion:

$$w'' = \sum\left(a_k\,\mathfrak{Cof}\,\frac{k\,\pi\,y}{a} + b_k\,\frac{k\,\pi\,y}{a}\,\mathfrak{Sin}\,\frac{k\,\pi\,y}{a}\right)\cos\frac{k\,\pi\,x}{a}$$

befriedigen. Die Ausführung der in den Randbedingungen (2) vorgeschriebenen Differentiationen ergibt nach gehöriger Zusammenfassung der Glieder für die zweite Lösung w'' die rasch konvergente Reihe:

$$w'' = \frac{p\,a^3\,b}{\pi^3\,N}\sum\frac{(-1)^{k+1}\cos\xi_k}{k^3\,\mathfrak{Sin}^2\,\alpha_k}\Big[\mathfrak{Sin}\,\alpha_k\,\mathfrak{Cof}\,\eta_k$$
$$(+\,\alpha_k\,\mathfrak{Cof}\,\alpha_k\,\mathfrak{Cof}\,\eta_k - \eta_k\,\mathfrak{Sin}\,\eta_k\,\mathfrak{Sin}\,\alpha_k\big] \tag{3}$$

in der zur Abkürzung

$$\xi_k = \frac{k\,\pi\,x}{a}, \qquad \eta_k = \frac{k\,\pi\,y}{a}, \qquad \alpha_k = \frac{k\,\pi\,b}{a} \tag{4}$$

gesetzt und für $k = 1, 2, 3, \ldots$ zu nehmen sind. So ergibt sich beispielsweise die größte Durchbiegung in der Mitte $x = y = 0$ des Feldes gleich

$$\frac{p\,b^4}{24\,N} + \frac{p\,a^3\,b}{\pi^3\,N}\sum\frac{(-1)^{k+1}(\mathfrak{Sin}\,\alpha_k + \alpha_k\,\mathfrak{Cof}\,\alpha_k)}{k^3\,\mathfrak{Sin}^2\,\alpha_k};$$

sie ist in einer kontinuierlichen Platte mit quadratischer Feldteilung $a = b$, wenn die Poissonsche Zahl $= {}^1/_4$ genommen wird, gleich

$$0{,}597\,\frac{p\,a^4}{E\,h^3}\,.$$

Zur Angabe des Verlaufes der Momente m_x, m_y, m_{xy}:

$$m_x = - N\left(\frac{\partial^2 w}{\partial x^2} + v\,\frac{\partial^2 w}{\partial y^2}\right), \qquad m_y = - N\left(\frac{\partial^2 w}{\partial y^2} + v\,\frac{\partial^2 w}{\partial x^2}\right),$$

$$m_{xy} = - N(1 - v)\,\frac{\partial^2 w}{\partial x\,\partial y}$$

in der durchlaufenden Platte sind die Funktionen w' und w'' zweimal nach den Koordinaten abzuleiten. Der Anteil w' (1) ergibt die elementaren Biegungsformeln:

$$\frac{m_x{}'}{v} = m_y{}' = \frac{p\,b^2}{6}\left(1 - \frac{3\,y^2}{4\,b^2}\right) \tag{5}$$

des eingespannten Parallelstreifens. Die Spannungsmomente, die von der Fläche w'' herrühren, zerlegen wir in die beiden Anteile:

$$m_x{}'' = m_y{}'' = - \frac{(1 + v)\,p\,a\,b}{\pi}\,\sum\frac{(-1)^k\cos\xi_k\,\mathfrak{Cof}\,\eta_k}{k\,\mathfrak{Sin}\,\alpha_k}, \tag{6}$$

$$m_x{}''' = - m_y{}'''$$

$$= \frac{(1 - v)\,p\,a\,b}{\pi}\,\sum\frac{(-1)^k\cos\xi_k}{k\,\mathfrak{Sin}^2\alpha_k}\,[\eta_k\,\mathfrak{Sin}\,\eta_k\,\mathfrak{Sin}\,\alpha_k - \alpha_k\,\mathfrak{Cof}\,\alpha_k\,\mathfrak{Cof}\,\eta_k]$$

$$m_{xy}''' = \frac{(1 - v)\,p\,a\,b}{\pi}\,\sum\frac{(-1)^k\cos\xi_k}{k\,\mathfrak{Sin}^2\alpha_k}\,[\eta_k\,\mathfrak{Cof}\,\eta_k\,\mathfrak{Sin}\,\alpha_k - \alpha_k\,\mathfrak{Cof}\,\alpha_k\,\mathfrak{Sin}\,\eta_k] \tag{7}$$

Unter der Voraussetzung, die wir der Rechnung zugrunde gelegt haben, daß nämlich die Stützkräfte der durchlaufenden Platte in einzelnen Punkten sich auf sie übertragen, müssen wir in der Umgebung ihrer Angriffspunkte ein unbegrenztes Anwachsen der Biegungsmomente erwarten. Es lassen sich nun tatsächlich an Hand der Formelngruppen (6) und (7) in der Umgebung der Stützpunkte logarithmisch unendlich werdende Biegungsmomente nachweisen. Wir haben sie in den Momenten $m_x{}''$ und $m_y{}''$ (6) abgesondert. Zur Führung des Nachweises schreiben wir ihre Werte an, die sie in der Verbindungsgeraden $y = b$ einer Stützpunktreihe annehmen:

$$m_x{}'' = m_y{}'' = - \frac{(1 + v)\,p\,a\,b}{\pi}\,\sum\frac{(-1)^k}{k}\,\mathfrak{Cotg}\,\alpha_k\cos\frac{k\,\pi\,x}{a} \tag{8}$$

Der in dieser Reihe vorkommende $\mathfrak{Cotg}\,\alpha_k$ strebt mit den wachsenden Zahlen k sehr schnell der 1 zu. Wenn man ihn in jedem Gliede fortläßt, entsteht eine Reihe:

$$\sum\frac{(-1)^k}{k}\cos\frac{k\,\pi\,x}{a},$$

die sich wesentlich nur in ihren ersten Gliedern von der ursprünglichen unterscheidet. Die letzte Summe ist eine der bekannten Eulerschen Entwicklungen, auf die man durch die Potenzreihe für $\ln(1 + u)$ geführt wird, wenn man u komplexe Werte beilegt. Sie stellt im Intervall $-a < x < a$ der Veränderlichen x die folgende Funktion von x:

$$- \ln\left(2 \cos \frac{\pi x}{2 a}\right) = \sum \frac{(-1)^k}{k} \cos \frac{k \pi x}{a} \qquad (k = 1, 2, 3, \ldots) \qquad (9)$$

dar. Indem wir von dieser Entwicklung der Funktion $\ln\left(2 \cos \frac{\pi x}{2 a}\right)$ in eine Fouriersche Reihe Gebrauch machen und noch eine Größe

$$q = e^{-\frac{\pi a}{b}} \qquad (10)$$

einführen, mit deren Hilfe sich $\operatorname{Cotg} \alpha_n - 1$ durch den Bruch $\dfrac{2 q^{2k}}{1 - q^{2k}}$ ausdrücken läßt, erhalten wir für die Reihe in Gl. (8) die für $-a < x < a$ gültige Gleichung:

$$\sum \frac{(-1)^k}{k} \operatorname{Cotg} \alpha_k \cos \frac{k \pi x}{a}$$

$$= - \ln 2 \cos \frac{\pi x}{2 a} + 2 \sum \frac{(-1)^k q^{2k}}{k(1 - q^{2k})} \cos \frac{k \pi x}{a} . \qquad (11)$$

Wir haben im ersten Gliede auf ihrer rechten Seite den in der Umgebung der Stützpunkte $x = \pm a \,(y = b)$ logarithmisch unendlich werdenden Bestandteil vor uns, denn der restliche Teil in (11) stellt einen wellenförmigen Kurvenzug dar, der einer gewöhnlichen Cosinuslinie sehr ähnelt.

An Hand von (5) bis (7) und (11) lassen sich für die praktische Berechnung geeignete Formeln für die Spannungsmomente anschreiben. In der Verbindungslinie der Stützpunkte $y = b$ sind die Biegungsmomente durch die Formeln:

$$m_x' = - \frac{p b^2 \nu}{3} ; \qquad m_y' = - \frac{p b^2}{3} ,$$

$$m_x'' = m_y'' = \frac{(1 + \nu) p a b}{\pi} \left[\ln 2 \cos \frac{\pi x}{2 a} - 2 \sum \frac{(-1)^k p^{2k}}{k(1 - q^{2k})} \cos \frac{k \pi x}{a}\right] ,$$

$$m_x''' = - m_y''' = - (1 - \nu) p b^2 \sum \frac{(-1)^k \cos \dfrac{k \pi x}{a}}{\operatorname{Sin}^2 \alpha_k} , \qquad \left(\alpha_k = \frac{k \pi b}{a} , \quad q = e^{-\frac{\pi b}{a}}\right) \qquad (12)$$

gegeben. Die resultierenden Momente m_x und m_y sind die Summe dieser drei Teilbeträge.

Wie wir schon bemerkten, wird die durchlaufende Platte um die Säulen herum am stärksten beansprucht. Zur Darstellung des Spannungsverlaufes an diesen Stellen setzen wir in den Gl. (12) $x = a$, ausgenommen im logarithmischen Gliede und in diesem $x = a - x_1$, unter x_1 eine kleine Größe verstanden, ferner zur Abkürzung:

$$\ln c = - \sum \frac{p^{2k}}{k(1 - q^{2k})}. \tag{13}$$

Aus den Gl. (12) ergeben sich dann die Ausdrücke für die Biegungsmomente auf der Linie $y = b$ in der Umgebung des Stützpunktes $x = a$:

$$m_x = \frac{(1 + \nu)\, p\, a\, b}{\pi} \ln \frac{\pi c^2 x_1}{a} - p\, b^2 \left[\frac{\nu}{3} + (1 - \nu) \sum \frac{1}{\mathfrak{Sin}^2 \alpha_k} \right]$$
$$m_y = \frac{(1 + \nu)\, p\, a\, b}{\pi} \ln \frac{\pi c^2 x_1}{a} + p\, b^2 \left[-\frac{1}{3} + (1 - \nu) \sum \frac{1}{\mathfrak{Sin}^2 \alpha_k} \right] \tag{14}$$

Von der in (13) eingeführten Größe c weist man leicht nach, daß sie sich durch das unendliche Produkt

$$c = (1 - q^2)(1 - q^4)(1 - q^6) \ldots \tag{15}$$

berechnen lassen muß, sofern nur $q < 1$ ist, was für alle Seitenverhältnisse $b : a > 1$ in der Tat der Fall ist. (Zum Beweise hat man nur den Logarithmus des unendlichen Produktes zu bilden.) Wählt man also die längere Seite des Feldes zur Seite b, so wird $q = e^{-\pi b/a}$ ein kleiner Bruch und man erkennt, daß sowohl (13) als (15) außerordentlich rasch konvergieren, für den hier verfolgten Zweck ist bereits hinreichend genau $c \sim 1 - q^2$.

Wenn man die Ausdrücke (14) mit den Formeln für das radiale und das tangentiale Biegungsmoment m_r und m_t einer in ihrem Mittelpunkt durch eine Einzelkraft Q belasteten und auf ihrem Umfang $r = a_0$ frei aufliegenden kreisförmigen Platte:

$$m_r = \frac{(1 + \nu)\, Q}{4\,\pi} \ln \frac{a_0}{r}, \qquad m_t = \frac{(1 + \nu)\, Q}{4\,\pi} \ln \frac{a_0}{r} + \frac{(1 - \nu)\, Q}{4\,\pi} \tag{16}$$

vergleicht, kann man auch sagen, daß das Gebiet um eine Säule der durchlaufenden Decke herum, abgesehen von zwei sogleich anzugebenden gleichmäßigen Biegungsmomenten m_1 und m_2, welche sie in der Richtung der x- bzw. der y-Achse verbiegen, ebenso beansprucht wird, wie der mittlere Teil einer kreisförmigen Platte, die auf einem Kreise vom Halbmesser

$$a_0 = \frac{a}{\pi c^2} = \frac{a}{\pi (1 - q^2)^2 (1 - q^4)^2 \ldots}$$

frei aufruht und in ihrem Mittelpunkt eine Einzelkraft

$$Q = - 4\, p\, a\, b$$

gleich der Feldbelastung trägt. Die zusätzlichen Momente ergeben sich durch den Vergleich von (15) und (16):

$$m_1 = - p\, b^2 \left[\frac{\nu}{3} + (1 - \nu) \sum \frac{1}{\mathfrak{Sin}^2 \alpha_k} \ldots \right].$$

$$m_2 = - p\, b^2 \left[- \frac{1}{3} + (1 - \nu) \left(\sum \frac{1}{\mathfrak{Sin}^2 \alpha_k} + \frac{a}{\pi b} \right) \right].$$

Für die größte Inanspruchnahme der durchlaufenden Platte ist die Stärke der Konzentration der Stützkraft Q oder anders ausgedrückt das Verhältnis einer linearen Abmessung der Fläche, in der sich die Kraft Q auf die Platte überträgt, zu einer Abmessung der Platte, beispielsweise der Länge $2a$ oder $2b$ der Seiten eines Feldes maßgebend. Wir können, ähnlich wie wir die Biegungsbeanspruchung einer kreisförmigen Platte durch eine Einzelkraft abgeschätzt haben, annehmen, daß die Fläche, in der die Platte ihre Belastung auf eine Säule überträgt, ein Kreis vom Halbmesser e sei, und daß der Druck Q sich gleichmäßig in ihm verteile. Im Mittelpunkt des Kreises ergeben sich dann die Maxima der Biegungsmomente der durchlaufenden Platte:

$$m_x = - \frac{p\, a\, b}{\pi} \left[(1 + \nu) \ln \frac{a_0}{e} + 1 \right] + m_1,$$

$$m_y = - \frac{p\, a\, b}{\pi} \left[(1 + \nu) \ln \frac{a_0}{e} + 1 \right] + m_2.$$

Die entsprechenden Randspannungen in den Oberflächenschichten $z = \pm \dfrac{h}{2}$ der Platte sind $\sigma_{\max} = \pm \dfrac{6}{h^2}\, m_x, m_y$.

Der Verlauf der Biegungsspannungen σ_x und σ_y unter der Oberflächenschicht $z = h/2$ ist für eine gleichmäßig belastete durchlaufende Platte, die in einem quadratischen Gitter von Punkten unterstützt ist, aus der Abb. 100 zu ersehen. In derselben ist nur ein Viertel eines Feldes gezeichnet. O ist die Mitte eines Feldes, die gegenüberliegende Ecke ein Stützpunkt. Die Kurven der größten Randspannungen sind für den seitenhalbierenden Schnitt $y = 0$ eines Feldes, für einen Schnitt $y = a$, der durch eine Stützpunktreihe geht, und entlang einer Diagonalen eines Feldes angegeben. Zur Angabe der Spannungen σ_1 und σ_2 in den Diagonalen bedarf es keiner besonderen Rechnung, sie ergeben sich aus den Spannungen in den beiden vorerwähnten Schnitten auf Grund der Bemerkung, daß die resultierende Belastung der durchlaufenden Platte aus zwei gleichen Lastsystemen vom halben Druck p und den Gitterkonstanten $\sqrt{2}\,a$ erzeugt gedacht werden kann.

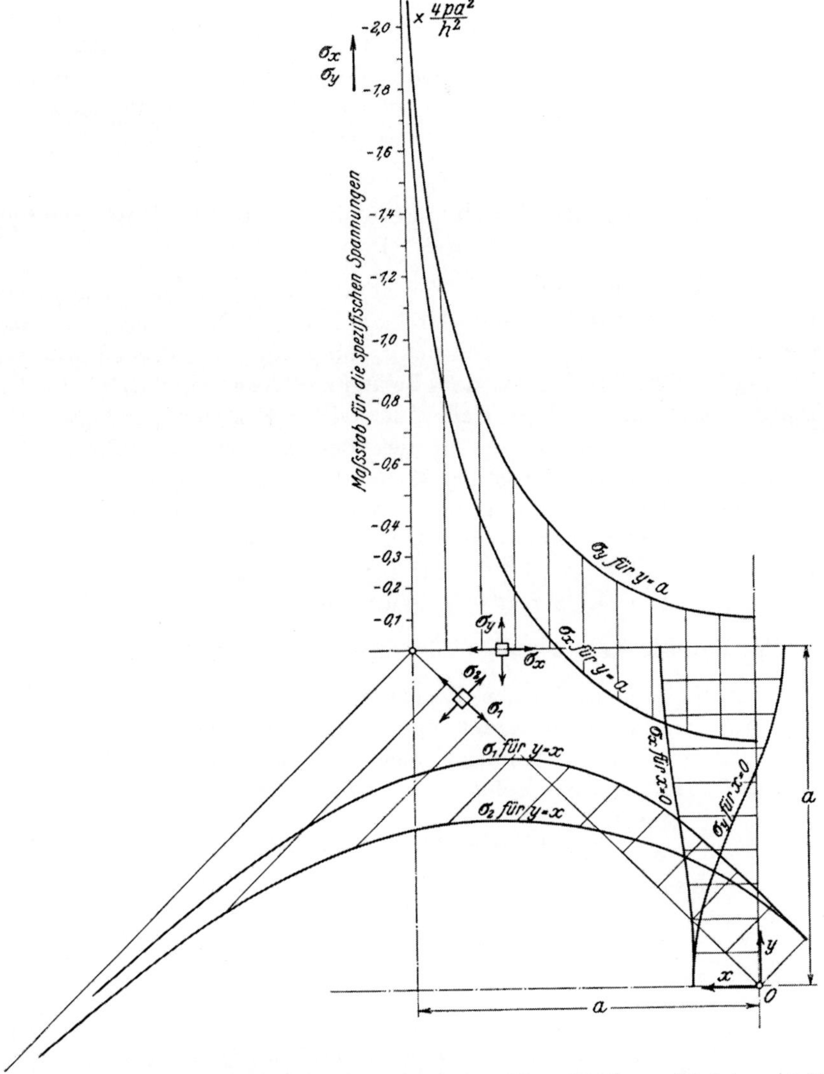

Abb. 100. Die Biegungsspannungen der Oberflächenschicht $z=h/2$ einer gleichmäßig belasteten durchlaufenden Platte, die in einem quadratischen Gitter von Punkten unterstützt ist.

Aus der Abb. 100 ist zu ersehen, daß um jeden Stützpunkt eine geschlossene Kurve sich angeben läßt, auf der das um die Tangentenrichtung drehende Biegungsmoment verschwindet. Sie schneidet die Diagonale eines quadratischen Feldes in einer Entfernung $0{,}46\,a$ und die Seiten in einem Abstand $0{,}42\,a$ vom Säulenmittel und unterscheidet sich demnach nur wenig von einem Kreis vom Halbmesser $0{,}44\,a$. Das Gebiet innerhalb dieser Kurve wird also angenähert wie eine durch einen gleichförmigen Druck p und außerdem durch eine Einzelkraft $P = -4\,p\,a^2$ in ihrem Mittelpunkt belastete kreisförmige Platte beansprucht, die man sich in einem Loch in die durchlaufende Platte frei drehbar eingehängt vorstellen kann[1]).

38. Die Lösung des Pilzdeckenproblems durch Doppelreihen von V. Lewe.

In seinen schon erwähnten Arbeiten[2]) hat Lewe die Gleichungen der elastischen Flächen von durchlaufenden Platten durch trigonometrische Doppelreihen ausgedrückt. Man wird auf diese Form der Lösung geführt, wenn man die Belastungsfläche der durchlaufenden Platte durch eine solche Reihe darstellt. Für ein mittleres Feld einer Pilzdecke, wie wir es in den beiden vorigen Nummern betrachteten, kann die Belastungsfläche durch eine doppeltperiodische Funktion der Koordinaten x und y dargestellt werden. Wir nehmen an, daß das Feld durch einen Druck $p =$ konst. belastet sei. Die Belastung $4\,p\,a\,b$ eines jeden Feldes wird durch je eine Säule aufgenommen. Die Stützkraft der Säule kann hier durch eine gleichmäßig verteilte Last $q = \dfrac{p}{\alpha\beta}$ zum Ausdruck gebracht werden, die sich innerhalb eines kleinen Rechteckes von den Seiten $2\,\alpha a$ und $2\,\beta b$ auf die Platte überträgt. Die Belastungsfläche $f(x, y)$ besteht dann aus 2 Teilen, nämlich einem Druck $f_1(x, y) = p =$ konst., der auf dem ganzen Felde $2\,a \times 2\,b$ lastet, und einem Druck $f_2(x, y) = -\dfrac{p}{\alpha\beta}$, der nur innerhalb des kleinen Rechtecks $2\,\alpha a \times 2\,\beta b$ sich auf dasselbe überträgt.

---

[1]) Die amerikanischen Ingenieure Turneaure und Maurer haben ihrer Berechnungsmethode der eisenbewehrten durchlaufenden Decken eine derartige Annahme aus abschätzenden Betrachtungen heraus zugrunde gelegt, wobei sie das Gebiet um die Säulen herum als eine kreisförmige „Kragplatte" auffaßten, deren Halbmesser sie in guter Übereinstimmung mit dem obigen Näherungsergebnis auf ein Fünftel der Säulenentfernung eingeschätzt haben. Vgl. E. Probst, Vorl. über Eisenbeton, I. Bd., S. 520. 1917.)

[2]) S. die Anmerkung auf S. 145.

Die allgemeinste doppeltperiodische Funktion, die eine gerade Funktion der Koordinaten x und y ist, hat die Form:

$$f(x, y) = \sum_1 B_m \cos \frac{m \pi x}{a} + \sum_1 C_n \cos \frac{n \pi y}{b} + A_{00}$$

$$+ \sum_1 \sum_1 A_{mn} \cos \frac{m \pi x}{a} \cos \frac{n \pi y}{b}. \qquad (17)$$

Wir erhalten die Beiwerte dieser Summen, wenn wir die vorstehende Gleichung der Reihe nach mit $\cos \dfrac{\mu \pi x}{a}$, mit $\cos \dfrac{\nu \pi y}{b}$, mit 1, und mit $\cos \dfrac{\mu \pi x}{a} \cos \dfrac{\nu \pi y}{b}$ multiplizieren und sie hierauf nach x und nach y zwischen den Grenzen 0 und a bzw. 0 und b integrieren:

$$B_\mu = \frac{2}{ab} \iint f(x, y) \cdot \cos \frac{\mu \pi x}{a} \, dx \, dy,$$

$$C_\nu = \frac{2}{ab} \iint f(x, y) \cos \frac{\nu \pi y}{b} \, dx \, dy, \qquad (18)$$

$$A_{00} = \frac{1}{ab} \iint f(x, y) \, dx \, dy,$$

$$A_{mn} = \frac{4}{ab} \iint f(x, y) \cos \frac{\mu \pi x}{a} \cos \frac{\nu \pi y}{a} \, dx \, dy. \qquad (19)$$

Wenden wir diese Formeln auf die **Belastungsfläche** $f(x, y)$ der **Pilzdecke** an, so erhalten wir $A_{00} = 0$ und mit den Abkürzungen $\xi = x/a$, $\eta = y/b$ die von **Lewe** auf anderem Wege abgeleitete Reihe:

$$f(x, y) = - \frac{2 \pi}{a \pi} \sum_1 \frac{1}{m} \sin m \pi \alpha \cos m \pi \xi$$

$$- \frac{2 p}{\beta \pi} \sum_1 \frac{1}{n} \sin n \pi \beta \cos n \pi \eta \qquad (20)$$

$$- \frac{4 p}{\alpha \beta \pi^2} \sum_1 \sum_1 \frac{1}{mn} \sin m \pi \alpha \sin m \pi \xi \sin n \pi \beta \sin n \pi \eta.$$

Nachdem die Lastverteilung $p = f(x, y)$ entwickelt ist, bietet es keine Schwierigkeiten die zugehörige doppeltperiodische elastische Fläche aus der Differentialgleichung

$$N \Delta \Delta w = f(x, y) \qquad (21)$$

hinzuschreiben. Sie ist

$$w = w_0 - \frac{2\,p}{\pi^5 N}\left\{\frac{a^4}{\alpha}\sum_1 \frac{1}{m^5}\sin m\,\pi\,\alpha \cos m\,\pi\,\xi + \frac{b^4}{\beta}\sum_1 \frac{1}{n^5}\cos n\,\pi\,\beta \cos n\,\pi\,\xi\right\}$$
$$- \frac{4\,p\,a^4\,b^4}{\alpha\,\beta\,\pi^6\,N}\sum_1\sum_1 \frac{\sin m\,\pi\,\alpha \sin n\,\pi\,\beta \cos m\,\pi\,\xi \cos n\,\pi\,\eta}{m\,n\,(m^2\,b^2 + n^2\,a^2)^2}. \tag{22}$$

Lewe hat mit Hilfe dieser Gleichung auch die Momente der durchlaufenden Platte berechnet und im Anschluß an diese Lösung eine Reihe von verwandten Belastungszuständen untersucht, so beispielsweise unbegrenzte Platten mit einzelnen gleichmäßig belasteten Feldern oder streifenförmigen Belastungsgebieten. Geht man in seiner Reihe (22) zu $\alpha = \beta = 0$ über, so erscheint die elastische Fläche der gleichförmig belasteten unbegrenzten Platte, die in einem rechteckigen Gitter von Punkten durch Einzelkräfte unterstützt ist, in der Form

$$w = w_0 - \frac{2\,p}{\pi^4 N}\left\{a^4 \sum_1 \frac{\cos m\,\pi\,\xi}{m^4} + b^4 \sum_1 \frac{\cos n\,\pi\,\eta}{n^4}\right\}$$
$$- \frac{4\,p\,a^4\,b^4}{\pi^4\,N}\sum_1\sum_1 \frac{\cos m\,\pi\,\xi \cos n\,\pi\,\eta}{(m^2\,b^2 + n^2\,a^2)^2}. \tag{23}$$

Die für denselben Belastungsfall von uns entwickelte Lösung (37) enthält den einen Bestandteil der Leweschen Doppelreihe bereits summiert. Lewe hat neuerdings auf dem geschilderten Weg auch die Lösung für eine durchlaufende Fundamentplatte angegeben, die die Lasten eines Gebäudes durch Säulen in einem rechteckigen Gitter von Punkten aufnimmt und auf den elastisch nachgiebigen Untergrund überträgt[1]).

39. Durch Einzelkräfte belastete rechteckige Platten.

Einige Belastungsfälle dieser Art in rechteckigen Platten und in Parallelstreifen lassen sich durch die Überlagerung von Einzelkraftsystemen mit regelmäßig angeordneten Angriffspunkten bilden. Als solche kommen insbesondere der Lastenzug des freiaufliegenden Plattenstreifens (Abb. 90, 37, S. 141) und das Kraftsystem in Betracht, bei dem eine über der Platte gleichförmig verteilte Last durch ein System von Einzelkräften abgefangen wird, deren Angriffspunkte ein rechteckiges Gitter von Punkten (Abb. 91, 37, S. 141) bilden.

a) Die elastische Fläche eines Halbstreifens, der in einem beliebigen Punkt eine Einzelkraft trägt. Ein Lasten-

---

[1]) Das umgekehrte Pilzdeckenproblem, Bauing. 1923.

zug, der aus lauter parallelen und gleichen Einzelkräften P besteht, die in abwechselnder Richtung in den markierten Punkten der Abb. 90 wirken, erzeugt die in 25 Gl. (68) angegebene elastische Fläche

$$w_1 = \frac{Pa^2}{2\pi^3 N} \sum \frac{e^{-\frac{n\pi y}{a}}}{n^3}\left(1 + \frac{n\pi y}{a}\right)\sin\frac{n\pi\xi}{a}\sin\frac{n\pi x}{a} \qquad (1)$$

$$(y > 0,\ n = 1, 2, 3, \ldots).$$

Ihre Gleichung bezieht sich auf ein Achsensystem x, y, dessen Ursprung in der Abb. 101 mit O bezeichnet ist. Wenn man diese Fläche auf ein Achsensystem x, y bezieht, dessen Ursprung O_1 um eine Strecke η in der Richtung der negativen y-Achse verschoben ist, hat die Einzelkraft P, deren Angriffspunkt in der Abb. 101 mit P_1 bezeichnet ist, die

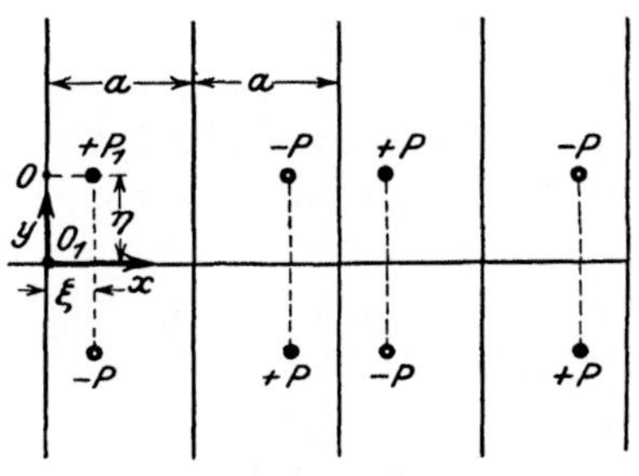

Abb. 101.

Koordinaten $x = \xi$, $y = \eta$. Ihre Gleichung geht aus (1) hervor, wenn y durch $y - \eta$ ersetzt wird.

　　Mit Hilfe der Fläche w_1 läßt sich die elastische Fläche eines Halbstreifens angeben, der in einem beliebigen Punkt eine Einzelkraft trägt. Man erhält eine derartige Fläche, wenn auf die Platte ein zweiter Lastenzug gestellt wird, dessen Kräfte $\pm P$, wie in Abb. 101 auf einer zur ersten Angriffspunktenreihe parallelen Geraden $y = -\eta$ angreifen. Bezeichnet w_2 den Beitrag, den dieser zweite Lastenzug zur Durchbiegung liefert, so ist ersichtlich die Gleichung von w_2 (auf O_1 als Ursprung bezogen)

$$w_2 = \frac{-Pa^2}{2\pi^3 N}\sum \frac{e^{-\frac{n\pi}{a}(y+\eta)}}{n^3}\left[1 + \frac{n\pi}{a}(y+\eta)\right]\sin\frac{n\pi\xi}{a}\sin\frac{n\pi x}{a} \qquad (2)$$

$$(y > -\eta).$$

　　Bei der Überlagerung von w_1 und w_2 heben sich auf der x-Achse die Durchbiegungen w_1 gegen w_2 auf und die Summe

$$w = w_1 + w_2 \qquad (3)$$

stellt die seitlichen Ausbiegungen einer unbegrenzten Platte dar, deren Ordinaten w und $\varDelta w$ außer auf den Parallelen $x = 0$, $\pm a$, $\pm 2a$, ... auch auf der Geraden $y = 0$ verschwinden. In jedem in Abb. 101 von zwei Parallelen und der x-Achse begrenzten Halbstreifen greift eine Einzelkraft P an. Im Halbstreifen $0 < x < a$, $y > 0$ wirkt die Einzelkraft P im Punkte $x = \xi$, $y = \eta$. Die beiden

Summen w_1 und w_2 können in eine einzige zusammengezogen werden[1]). Sie lautet:

$$= \frac{Pa^2}{\pi^3 N} \sum_n \frac{e^{-\frac{n\pi y}{a}}}{n^3} \left[\left(1 + \frac{n\pi y}{a} \right) \mathfrak{Sin}\, \frac{n\pi\eta}{a} - \frac{n\pi\eta}{a} \mathfrak{Cos}\, \frac{n\pi\eta}{a} \right] \sin \frac{n\pi\xi}{a} \sin \frac{n\pi x}{a} \qquad (4)$$

$$(n = 1, 2, 3, \ldots)$$

b) **Der freiauf liegende Parallelstreifen mit einer Einzelkraftreihe.** Dieser Biegungszustand entsteht aus Gl. (1), wenn man auf der unbegrenzten Platte die Lastenzüge (Abb. 90) in gleichen Abständen parallel nebeneinander wie in Abb. 102 stellt; seine elastische Fläche hat die Gleichung

$$w = \frac{Pa^2}{2\pi^3 N} \sum_n \left(a_n \mathfrak{Cos}\, \frac{n\pi y}{a} + b_n\, \frac{n\pi y}{a} \mathfrak{Sin}\, \frac{n\pi y}{a} \right) \sin \frac{n\pi\xi}{a} \cdot \sin \frac{n\pi x}{a} \qquad (5)$$

mit den Beiwerten

$$a_n = \frac{1 + \alpha_n \mathfrak{Cotg}\, \alpha_n}{n^3 \mathfrak{Sin}\, \alpha_n}, \qquad a_n = -\frac{1}{n^3 \mathfrak{Sin}\, \alpha_n} \qquad (n = 1, 2, 3, \ldots). \qquad (6)$$

Hier bedeuten a die Breite des Parallelstreifens, $2b$ die Entfernung der Kraftreihen, P die Einzelkräfte, ξ die Entfernung ihrer Angriffspunkte von der Seite $x = 0$ des Parallelstreifens, N die Plattensteifigkeit und α_n

$$\alpha_n = \frac{n\pi b}{a}. \qquad (7)$$

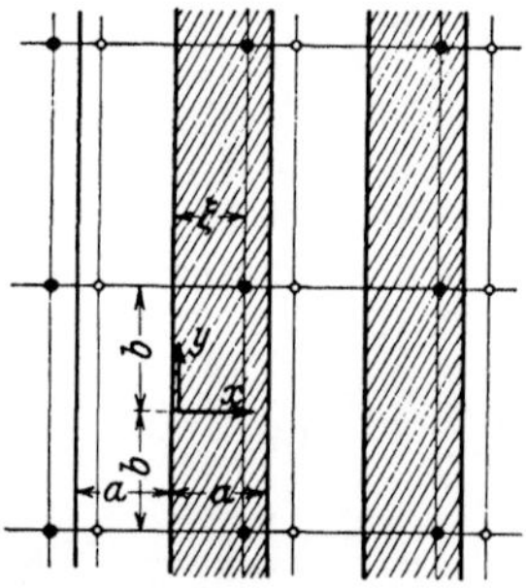

Fügt man zu w, Gl. (5), die elastische Fläche eines gleichförmig belasteten, freiaufliegenden Plattenstreifens

$$w' = \frac{p}{24 N} (x^4 - 2 a x^3 + a^3 x) \qquad (8)$$

Abb. 102.

hinzu und bestimmt die Einzelkräfte P so, daß für $x = \xi$ $w + w' = 0$ wird, so stellt die Summe $w + w'$ die Gleichung der Fläche dar, nach der sich eine über zwei parallele Wände gelegte Platte oder Decke, die außerdem durch eine Säulenreihe unter-

---

[1]) Bei der Zusammensetzung der Reihen w_1 und w_2 ist zu beachten, daß sie in verschiedenen Bereichen der Veränderlichen y gültig sind, die Summe $w_1 + w_2$ gilt natürlich nur dort, wo die beiden Bereiche sich überdecken. Das ist bei der Summe (4) das Gebiet $\eta < y < \infty$. Die Gleichung der Anschlußfläche im Stück $0 < y < \eta$ des Halbstreifens geht aus (4) nach Vertauschung von η mit y hervor.

stützt wird, unter ihrem Eigengewicht oder einer gleichförmig verteilten Last p durchbiegt.

Es ist der Erwähnung wert, daß man zu dem Biegungszustand b, Gl. (5), auch auf dem Wege über die Lösung der Pilzdecke gelangen kann. Fügt man nämlich zum Spannungszustand einer solchen Decke, wie er in 37 beschrieben wurde, einen gleichen Zustand hinzu, bei dem jedoch 1. der Druck entgegengesetzt gerichtet ist und bei dem 2. das Angriffspunktgitter gegen das erste um ein bestimmtes Maß in der Richtung der x-Achse verschoben ist, so heben sich die gleichförmig verteilten Drucke auf und es verbleibt ein Lastsystem, das nur aus Einzelkräften besteht, deren Angriffspunkte wagerechte und lotrechte Reihen bilden. Daraus folgt weiter, daß man die Spannungsmomente in diesem Fall auf Grund der in 37 abgeleiteten Formeln bereits beherrscht. Die schraffierten Streifen in Abb. 102 haben positive, die nichtschraffierten Streifen negative Durchbiegungen.

c) **Die rechteckige Platte mit einer Einzelkraft.** Durch zwei, nach Abb. 103 ineinander geschachtelte Einzelkraftsysteme der eben besprochenen Art entstehen schließlich zwei zueinander senkrechte Systeme von parallelen Knotenlinien, auf denen w und $\varDelta w$ verschwinden. Sie teilen die unbegrenzte Platte in gleiche Rechtecke von den Seitenlängen a und b, deren jedes in seinem Innern eine Einzelkraft P trägt. Das ist der **Naviersche Biegungsfall** einer **rechteckigen Platte**, für den in 33 eine Doppelreihe aufgestellt wurde. Wir erkennen, daß man ihren Spannungszustand mit Hilfe der oben ermittelten Momente der Pilzdecke bestimmen kann. Da diese letzteren für ein gegebenes Verhältnis von b zu a nur einmal

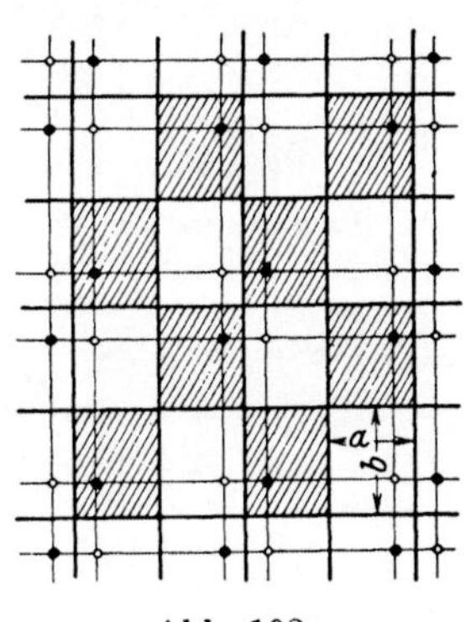

Abb. 103.

zu ermitteln sind, gestatten die Momentenkurven, die man für einzelne Schnitte $y =$ konst. berechnet hat, die Konstruktion der Momentenlinien für eine auf der rechteckigen Platte wandernden Last P. Ihr Verlauf im Rechteck für eine gegebene Stellung der Einzelkraft P ergibt sich durch Verschieben der Momentenkurven des eben betrachteten Parallelstreifens[1]).

---

[1]) Mit diesem Belastungsfall beschäftigte sich auch S. Timoschenko (Bauing. 1922, S. 51), der in einigen Sonderfällen die elastische Fläche einer durch eine Einzelkraft belasteten rechteckigen Platte durch Reihen ausgedrückt hat.

d) Acht nach Abb. 104 ineinander gestellte Gitter ergeben die elastische Fläche eines durch eine Einzelkraft belasteten, gleichschenkligen und rechtwinkligen Dreiecks.

e) Zwölf Gitter nach Abb. 105 ergeben die elastische Fläche eines gleichseitigen Dreiecks unter denselben Grenzbedingungen. In den angeführten Beispielen verschwinden auf den in den Abb. 103 bis 105 gezeichneten Netzen von geraden Linien die Durchbiegungen w und $\varDelta w$, d. h. auch die beiden Biegungsmomente[1]).

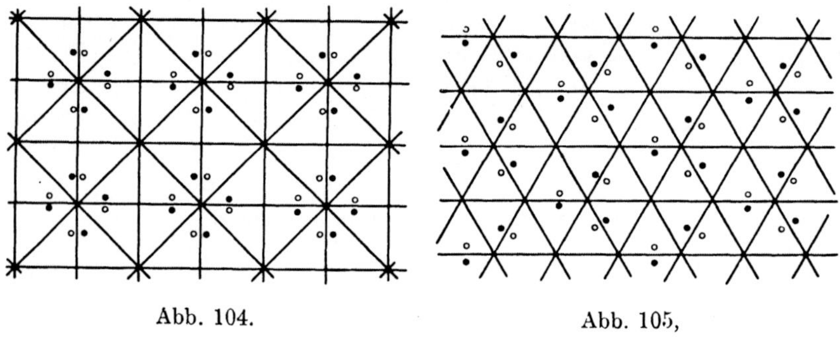

Abb. 104.   Abb. 105,

40. Einzelmomente.

Die elastische Fläche einer im Punkte ξ, η durch eine Einzelkraft P belasteten Platte möge in der Form

$$w = P\,\omega\,(\xi, \eta,\ x, y) \tag{9}$$

geschrieben werden, wo $\omega\,(\xi, \eta,\ x, y)$ eine Funktion der Koordinaten ξ, η des Angriffspunktes der Kraft P und laufenden Koordinaten x, y ist. Die Gleichung der verbogenen Mittelfläche einer Platte, welche eine Last P im Punkte $\xi + \varDelta \xi, \eta$ trägt und außerdem im Punkte ξ, η durch eine zu ihr entgegengesetzt gerichtete Kraft P belastet ist, lautet:

$$w = P\left[\omega\,(\xi + \varDelta \xi, \eta, x, y) - \omega\,(\xi, \eta, x, y)\right]. \tag{10}$$

Wir wollen in dieser Gleichung das Moment M_1 des von den beiden Kräften P gebildeten Paares

$$M_1 = P\,\varDelta\,\xi$$

---

[1]) Die Synthese der vorstehenden Lösungen leitet in das Gebiet der Funktionentheorie und im besonderen in die Theorie der doppeltperiodischen Funktionen einer komplexen Veränderlichen $x + i y$ über, in der weitere Hilfsmittel zur Aufstellung rasch konvergenter Entwicklungen für derartige Belastungszustände bereitgestellt sind. Vgl. Z. ang. Math. Mech. Bd. 2. S. 1. 1922. — Mit diesen Belastungsfällen hat sich auch Galerkin in in russischer Sprache erschienenen Arbeiten beschäftigt.

einführen. Wenn wir dann den Abstand $\varDelta\xi$ der beiden Angriffspunkte unbegrenzt verkleinern und die Kräfte P des Paares in demselben Maße vergrößern, wie $\varDelta\xi$ abnimmt, so wird der neben M_1 stehende Ausdruck in der Grenze für $\lim \varDelta\xi = 0$ die partielle Ableitung $\partial\omega/\partial\xi$ der Funktion ω nach ξ und wir erhalten in

$$w_1 = M_1 \frac{\partial\omega}{\partial\xi} \tag{11}$$

die Gleichung der elastischen Fläche einer Platte, welche dieselben Grenzbedingungen wie die Fläche w, Gl. (9), erfüllt und im Punkte $\xi\,\eta$ durch ein Einzelmoment M_1 belastet ist. Seine Achse (die nach jener Seite gerichtet angenommen sei, von der aus es entgegen dem Uhrzeigersinn dreht) ist ein mit der positiven y-Achse gleich gerichteter Vektor.

Beispiele. 1. Man erhält beispielsweise aus der Gleichung der elastischen Fläche einer im Punkte ξ,η durch eine Einzelkraft P belasteten rechteckigen Platte (Gl. (27) S. 119)

$$w = \frac{4P}{\pi^4 abN} \sum \sum \frac{1}{\left(\dfrac{m^2}{a^2} + \dfrac{n^2}{b^2}\right)^2} \sin\frac{m\pi\xi}{a} \sin\frac{n\pi\eta}{b} \sin\frac{m\pi x}{a} \sin\frac{n\pi y}{b}, \tag{12}$$

nachdem man den Buchstaben P durch M_1 ersetzt und die rechte Seite dieser Gleichung nach ξ partiell abgeleitet hat,

$$w_1 = \frac{4M_1}{\pi^3 a^2 bN} \sum \sum \frac{m}{\left(\dfrac{m^2}{a^2} + \dfrac{n^2}{b^2}\right)^2} \cos\frac{m\pi\xi}{a} \sin\frac{n\pi\eta}{b} \sin\frac{m\pi x}{a} \sin\frac{n\pi y}{b} \tag{13}$$

die Gleichung der elastischen Fläche einer rechteckigen Platte, die im Punkte ξ,η durch ein Einzelmoment M_1 mit einem zur y-Achse parallelen Achsvektor belastet ist.

2. In ähnlicher Weise folgt aus der Gleichung der verbogenen Fläche

$$w = \frac{Pa^2}{2\pi^3 N} \sum \frac{e^{-\frac{n\pi}{a}(y-\eta)}}{n^3} \left[1 + \frac{n\pi}{a}(y-\eta)\right] \sin\frac{n\pi\xi}{a} \sin\frac{n\pi x}{a} \qquad (y > \eta) \tag{14}$$

eines durch die Geraden $x = 0$ und $x = a$ begrenzten Parallelstreifens, der im Punkte ξ,η eine Einzelkraft P trägt, die Gleichung der Mittelfläche

$$w = \frac{My}{2\pi N} \sum \frac{e^{-\frac{n\pi y}{a}}}{n} \sin\frac{n\pi\xi}{a} \sin\frac{n\pi x}{a} \tag{15}$$

eines durch ein Einzelmoment M belasteten Plattenstreifens, das im Punkte $\xi,\eta = 0$ angreift und dessen Achsvektor entgegen der positiven x-Achse gerichtet ist (Abb. 106). Von der Reihe (15) wurde in Abschn. 27 nachgewiesen, daß sie die Funktion

$$w = \frac{My}{8\pi N} \ln \frac{\mathfrak{Cof}\,\dfrac{\pi y}{a} - \cos\dfrac{\pi(x+\xi)}{a}}{\mathfrak{Cof}\,\dfrac{\pi y}{a} - \cos\dfrac{\pi(x-\xi)}{a}} \tag{16}$$

darstellt.

11*

Der Fall erhält ein praktisches Interesse, weil der hier behandelte Spannungszustand etwa der Rückwirkung einer Säule auf die mit ihr fest verbundene
biegungssteife Platte entspricht, wenn die Säule, wie dies bei den Eisenbetondecken häufig vorkommt, durch die Decke hindurchgeführt ist (Abb. 107)· Aller-
dings wird die Lösung im Angriffspunkte singulär und in seiner näheren Umgebung noch nicht zur Berechnung der Spannungsmomente brauchbar.

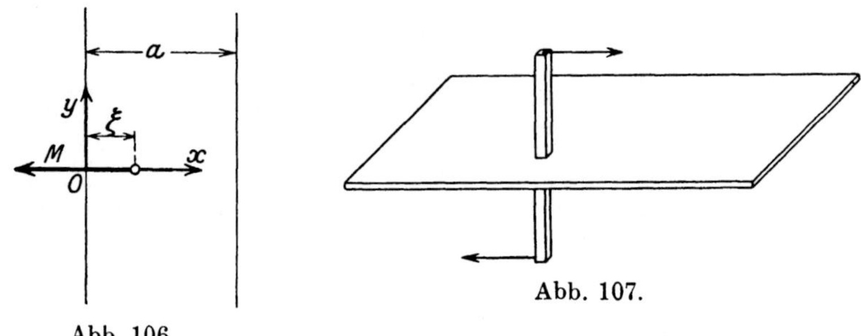

Abb. 106.

Abb. 107.

41. Die Biegungsschwingungen der rechteckigen Platte.

Eine dünne Platte kann wegen ihrer Biegungselastizität zu
Schwingungen um ihre Gleichgewichtslage angeregt werden. Die
Erzitterungen der Wände und der Decken von Gebäuden durch den
Straßenverkehr oder durch die Rückwirkung von periodisch wechseln-
den Kräften, die beispielsweise von in den Gebäuden untergebrachten
Maschinen mit hin und her gehenden Massen herrühren können, sind
geläufige Beispiele für die Biegungsschwingungen von elastischen
Platten. Man erhält die Differentialgleichung ihrer Durchbiegungen w'
aus der Plattengleichung:

$$\Delta\Delta w' = \frac{p'}{N},\tag{1}$$

wenn man die Belastung p' der Platte den Trägheitskräften ihrer
Massenteilchen während der schwingenden Bewegung gleich setzt.
Bezeichnet γ das spezifische Gewicht, h die Dicke und g die Erd-
beschleunigung, so ist $\gamma h/g$ die Masse der Platte bezogen auf die
Flächeneinheit ihrer Mittelebene. Die auf diese letztere bezogene
Trägheitskraft ist gleich

$$p' = -\frac{\gamma h}{g} \cdot \frac{\partial^2 w'}{\partial t^2}.\tag{2}$$

t ist die Zeit. Nach Einsetzen dieses Ausdruckes der Belastung p'
in Gl. (1) erhalten wir

$$\Delta\Delta w' = -\frac{\gamma h}{g N} \cdot \frac{\partial^2 w'}{\partial t^2}\tag{3}$$

die partielle Differentialgleichung der Durchbiegung der schwingenden Platten.

Lösungen dieser Gleichung sind

$$w' = w(x, y) \cdot \sin \omega t \quad \text{oder} \quad w(x, y) \cdot \cos \omega t, \qquad (4)$$

sofern die nur von den Koordinaten x und y abhängige Funktion $w(x, y)$ aus der partiellen Differentialgleichung

$$\Delta \Delta w = \frac{\omega^2 \gamma h}{g N} \cdot w \qquad (5)$$

bestimmt wird. In einem Rechteck genügen ihr die Funktionen

$$w = c \sin \frac{\alpha \pi x}{a} \sin \frac{\beta \pi y}{b}, \qquad (6)$$

wo α und β ganze Zahlen, a und b die Seiten des Rechteckes sind und c eine Konstante ist, wenn

$$\left(\frac{\alpha^2}{a^2} + \frac{\beta^2}{b^2} \right)^2 \pi^4 = \frac{\omega^2 \gamma h}{g N} \qquad (7)$$

oder ω gleich

$$\omega = \left(\frac{\alpha^2}{a^2} + \frac{\beta^2}{b^2} \right) \pi^2 \cdot \sqrt{\frac{g N}{\gamma h}} \qquad (8)$$

gesetzt wird.

Die Lösungen der Gl. (3):

$$w' = c \sin \frac{\alpha \pi x}{a} \sin \frac{\beta \pi y}{b} \sin \left[\pi^2 \left(\frac{\alpha^2}{a^2} + \frac{\beta^2}{b^2} \right) \sqrt{\frac{g N}{\gamma h}} \cdot t \right] \qquad (9)$$

(und eine entsprechende Funktion, in der der von der Zeit abhängige Bestandteil den Cosinus an Stelle des Sinus enthält) stellen mit der Zeit t periodisch wiederkehrende Formen oder Schwingungen einer rechteckigen Platte dar. Auf den vier Seiten eines Rechteckes $x = 0$, $x = a$, $y = 0$ und $y = b$ werden zu allen Zeiten t die Grenzbedingungen $w = 0$ und $\Delta w = 0$ erfüllt. Die Dauer der Schwingungen ist

$$T_{\alpha\beta} = \frac{2 \pi}{\omega} = \frac{2 a^2 b^2}{\pi h (\alpha^2 b^2 + \beta^2 a^2)} \sqrt{\frac{12 (1 - \nu^2) \gamma}{E g}}. \qquad (10)$$

Wir erhalten, wenn $\alpha = \beta = 1$ angenommen wird, die Schwingung mit der längsten Dauer oder die Grundschwingung

$$T_{11} = \frac{2 a^2 b^2}{\pi h (a^2 + b^2)} \cdot \sqrt{\frac{12 (1 - \nu^2) \gamma}{E g}}, \qquad (11)$$

bei Platten mit genügend kleinen Dimensionen den tiefsten musikalischen Ton oder den Grundton, zu dem eine in einer Ebene frei aufgestützte rechteckige Platte angeregt werden kann. Wenn $\alpha = \beta = 2, 3, 4, \ldots$ angenommen wird, gibt es zu den Seiten des Rechteckes parallele Linien, längs welchen die Platte dauernd in Ruhe bleibt — sogenannte Knotenlinien —, die das Rechteck in geometrisch zum Umriß ähnliche Rechtecke teilen. Wenn α ungleich β ist, teilen die Knotenlinien das Grundgebiet in Rechtecke, die nicht ähnlich zum Umriß sind.

Die aus mehreren einfachen Schwingungen durch Überlagerung gebildeten Bewegungen sind bei einer rechteckigen Platte schwer zu übersehen. Im allgemeinen ergeben sich bereits, wenn man nur zwei einfache Schwingungen der eben beschriebenen Art zusammensetzt, die verwickeltsten Bewegungen der Knotenlinien. Die resultierende Bewegung von zwei einfachen Schwingungen

$$w' = w_1 \cdot \sin \frac{\alpha_1 \pi x}{a} \sin \frac{\beta_1 \pi y}{b} \sin \omega_1 t + w_2 \sin \frac{\alpha_2 \pi x}{a} \sin \frac{\beta_2 \pi y}{b} \sin \omega_2 t, \quad (12)$$

wo α_1, α_2, β_1, β_2 ganze Zahlen sind und die Beiwerte ω_1 bzw. ω_2 nach (8) angenommen werden müssen, ist streng genommen nur dann eine periodische Bewegung, wenn das Verhältnis der beiden Schwingungsdauern

$$\frac{T_1}{T_2} = \frac{\dfrac{\alpha_2{}^2}{a^2} + \dfrac{\beta_2{}^2}{b^2}}{\dfrac{\alpha_1{}^2}{a^2} + \dfrac{\beta_1{}^2}{b^2}} \quad (13)$$

eine rationale Zahl ist. Das ist der Fall, wenn $b^2 : a^2$ rational ist. Im allgemeinen gibt es bei der Bewegung nach (12) nur eine Anzahl diskreter Punkte im Innern der Platte, welche dauernd in Ruhe bleiben. Es sind dies die Schnittpunkte der Geradensysteme:

$$\begin{cases} x_1 = (1, 2, \ldots, \alpha_1 - 1)\dfrac{a}{\alpha_1} \\ y_2 = (1, 2, \ldots, \beta_2 - 1)\dfrac{b}{\beta_2} \end{cases} \text{und} \begin{cases} x_2 = (1, 2, \ldots, \alpha_2 - 1)\dfrac{a}{\alpha_2} \\ y_1 = (1, 2, \ldots, \beta_1 - 1)\dfrac{a}{\beta_1} \end{cases} \quad (14)$$

Wenn $\omega_1 = \omega_2$, $T_1 = T_2$, die Schwingungsdauern der einfachen Schwingungen gleich sind, läßt sich der Faktor $\sin \omega_1 t$ in (12) ausklammern. In diesem Falle gibt die Bedingung für das Verschwinden des von der Zeit unabhängigen Faktors in dieser Gleichung oder von

$$w_1 \sin \frac{\alpha_1 \pi x}{a} \sin \frac{\beta_1 \pi y}{b} + w_2 \sin \frac{\alpha_2 \pi x}{a} \sin \frac{\beta_2 \pi y}{b} = 0 \quad (15)$$

zur Entstehung von Knotenlinien Anlaß, entlang von welchen die Platte dauernd in Ruhe bleibt. Die Abb. 108 zeigen die Gestalt dieser Linien einer schwingenden quadratischen Platte für einige Sonderwerte des Verhältnisses von $w_2 : w_1$.[1])

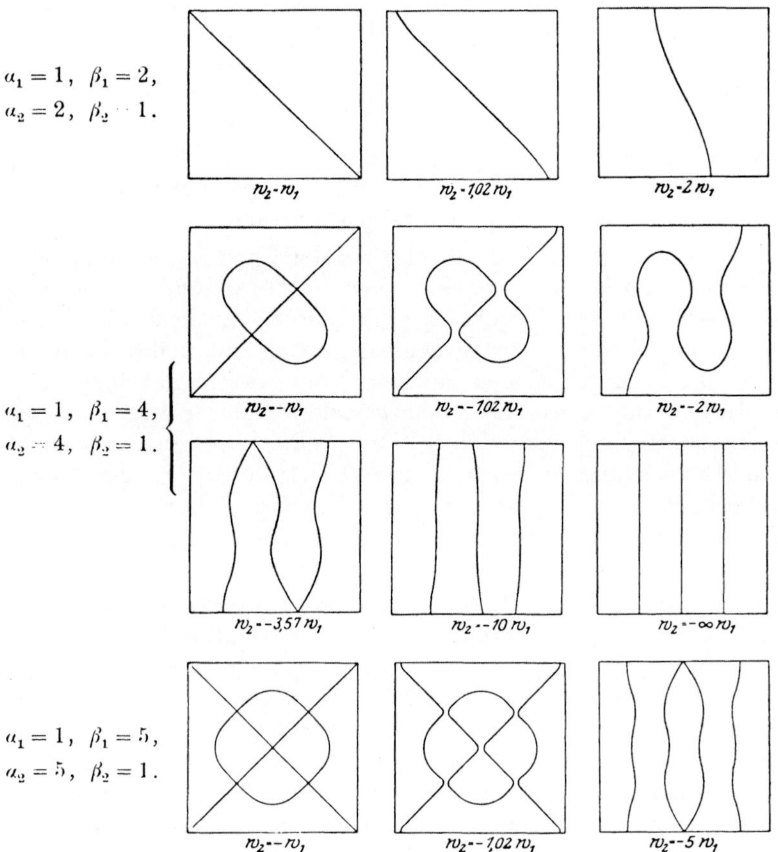

Abb. 108. Knotenlinien schwingender quadratischer Platten.

42. Über die Entwickelung gegebener Funktionen nach Orthogonalfunktionen.

Die einfachsten Schwingungsformen von rechteckigen Platten, mit denen wir uns eben beschäftigten oder die Funktionen, durch welche

---

[1]) Die Abbildungen der Knotenlinien einer schwingenden quadratischen Membran findet man in Riemann und Weber: Die partiellen Differential-gleichungen der math. Physik, 2 Bd., S. 250. 1912 und bei Byerly, W. E.: Treatise on Fourier's series. Boston 1893, S. 132.

sich ihre Eigenschwingungen, wie man diese Formen auch kurz bezeichnet, ausdrücken lassen, sind uns schon häufiger begegnet. So ließen sich die elastischen Flächen von Navier für die gleichmäßig oder die in einem beliebigen Punkte durch eine Einzelkraft belastete rechteckige Platte 33 Gl. (25) und (27) durch diese Funktionen darstellen. Ebenso wie diese Integrale der Plattengleichung sich durch Summen ausdrücken ließen, in die als Glieder die Eigenschwingungen der Platte eingingen, können die Gleichgewichtsgestalten eines dünnen Seiles oder eines verbogenen Stabes, einer dünnen Haut oder einer biegsamen Platte durch Summen von bestimmten Funktionen dargestellt werden. Es sind dies die einfachen Gestalten, nach denen diese Körper schwingen, oder ihre Eigenfunktionen.

Der Zusammenhang der Gleichgewichtsformen eines gespannten Seiles, eines verbogenen Stabes, einer Membran oder einer biegsamen Platte mit den Formen ihrer Eigenschwingungen wird durch die Theorie der Integralgleichungen in ein helles Licht gerückt[1]). Die Eigenfunktionen genügen einer Integralgleichung. Sind beispielsweise die Eigenschwingungsgestalten einer Platte unter gegebenen Grenzbedingungen wie bei der rechteckigen Platte bekannt, oder leicht angebbar, so gestattet die Theorie der Integralgleichungen sofort eine Reihe anzugeben, in die die Lösung für die Einzelkraft, welche die nämlichen Grenzbedingungen erfüllt, entwickelt werden kann.

Wir wollen zuerst am Beispiel der Biegung eines geraden Stabes den Zusammenhang der Lösung für die Einzelkraft mit den Formen seiner Eigenschwingungen darlegen. Sei $K(x, \xi)$ die Einsenkung eines Stabes (vom konstanten Trägheitsmoment J und vom Elastizitätsmodul E) im Punkt x, der an der Stelle $x = \xi$ eine Einzelkraft gleich der Krafteinheit trägt und in seinen Enden $x = 0$ und $x = l$ in vorgeschriebener Weise unterstützt ist. Wenn der Stab durch einen veränderlichen Druck $p = f(x)$ verbogen wird, genügt seine Durchbiegung w der Differentialgleichung

$$\frac{d^4 w}{d x^4} = \frac{f(x)}{JE} \, . \tag{16}$$

---

[2]) Hilbert, David: Grundzüge einer allgemeinen Theorie der linearen Integralgleichungen. Erste und zweite Mitteilung. Nachr. d. Ges. d. Wiss. zu Göttingen 1904, S. 49 u. S. 122. — In den eben erschienenen „Methoden der mathematischen Physik“ von R. Courant und D. Hilbert, Erster Band, Berlin, Verlag von J. Springer 1924, findet der Leser in äußerst prägnanter Darstellung die Grundlagen und Hilfsmittel dargestellt, die die Analysis dem Ingenieur oder Physiker zur Verfügung stellen kann, der tiefer in diese, alle physikalischen Probleme beherrschenden Methoden eindringen möchte.

Die Funktion w, welche dieselben Grenzbedingungen wie $K(x, \xi)$ erfüllt, kann durch das bestimmte Integral

$$w(x) = \int_{\xi=0}^{\xi=l} K(x, \xi)\, f(\xi)\, d\xi \tag{17}$$

dargestellt werden, denn die an der Stelle ξ wirkende Last 1 erzeugt die Einsenkung $K(x, \xi)$ und das an derselben Stelle wirkende Lastelement $f(\xi)\, d\xi$ des Druckes p das Element des oben angeschriebenen Integrals. Nach dem Maxwellschen Satze über die Vertauschbarkeit von x und ξ im Ausdruck von $K(x, \xi)$ stellt die zur Abszisse x gehörige Ordinate der Kurve $K(x, \xi)$ auch die Durchbiegung des Stabes an der Stelle ξ dar, wenn die Last 1 an der Stelle x sich befindet. Die Kurve $K(\xi, x)$ ist die Einflußlinie der Durchbiegungen des Punktes x; mit ihrer Hilfe wird die vom veränderlichen Druck p erzeugte Durchbiegung w in diesem Punkte durch die Quadratur (17) ermittelt.

Diese dem Ingenieur wohlbekannte Darstellung der elastischen Linie eines verbogenen Stabes kann nun auch auf den Fall seiner Biegungsschwingungen angewendet werden. Die Stabform w' genügt dann der partiellen Differentialgleichung.

$$\frac{\partial^4 w'}{\partial x^4} = -\frac{F\gamma}{JEg} \cdot \frac{\partial^2 w'}{\partial t^2} \tag{18}$$

(in ihr bedeuten F den Querschnitt, γ das spezifische Gewicht des Stabes, g die Erdbeschleunigung), oder nach Beseitigung des mit der Zeit t periodisch veränderlichen Bestandteiles, wenn man

$$w' = w(x) \cdot \cos \sqrt{\lambda \frac{g}{F\gamma}}\, t \tag{19}$$

setzt, der gewöhnlichen Differentialgleichung für $w(x)$:

$$\frac{d^4 w}{dx^4} = \frac{\lambda w}{JE}. \tag{20}$$

Die Integrale $w(x)$ dieser Gleichung sind die Gleichgewichtsgestalten eines Stabes, dessen Belastung

$$f(x) = \lambda w \tag{21}$$

seiner Einsenkung proportional ist. Nach (17) ergibt sich für $w(x)$ die Integraldarstellung:

$$w(x) = \lambda \int_0^l K(x, \xi)\, w(\xi)\, d\xi. \tag{22}$$

Diese Gleichung, in der die unbekannte Funktion $w(x)$ außerhalb und hinter dem Zeichen eines bestimmten Integrals vorkommt, ist eine lineare, homogene Integralgleichung von w, die Funktion $K(x, \xi)$ wird als ihr Kern bezeichnet. $w(x)$ heißt eine zum Eigenwert λ gehörende Eigenfunktion des Kerns. Der Kern $K(x, \xi)$ ist mit der Einflußlinie der Durchbiegungen des Punktes x oder der Gestalt des durch die Krafteinheit in diesem Punkte belasteten Stabes identisch und die Eigenfunktionen $w(x)$ sind die einfachen Schwingungsformen, nach denen er unter den Grenzbedingungen des Kernes $K(x, \xi)$ schwingt. Zu jeder Eigenfunktion $w(x)$ gehört ein bestimmter Eigenwert λ.

Zwei zu den Eigenwerten λ_m und λ_n gehörigen Eigenfunktionen $w_m(x)$ und $w_n(x)$ erfüllen die Gleichungen

$$w_m(x) = \lambda_m \int_0^l K(x, \xi) w_m(\xi) d\xi, \qquad w_n(x) = \lambda_n \int_0^l K(x, \xi) w_n(\xi) d\xi. \quad (23)$$

Multipliziert man die erste Gleichung mit $\lambda_n w_n(x) dx$, die zweite mit $\lambda_m w_m(x) dx$ und integriert jede von $x = 0$ bis $x = l$, so werden die rechten Seiten wegen der Symmetrieeigenschaft des Kernes

$$K(x, \xi) = K(\xi, x) \qquad (24)$$

einander gleich und demnach ist

$$(\lambda_m - \lambda_n) \int_0^l w_m(x) \cdot w_n(x) dx = 0. \qquad (25)$$

Da nun $\lambda_m \neq \lambda_n$, muß das Integral

$$\int_0^l w_m(x) \cdot w_n(x) dx = 0 \qquad (26)$$

verschwinden.

Zwei Funktionen, deren Produkt über einer Strecke (oder allgemeiner über einem Grundgebiet) integriert Null ergibt, heißen orthogonal. Auf der Eigenschaft, daß die Eigenfunktionen eines Kernes ein orthogonales System von Funktionen bilden, beruht die Möglichkeit der Entwickelung einer willkürlichen Funktion $F(x)$ (oder allgemeiner von mehreren Veränderlichen $x, y, \ldots$) in eine unendliche Reihe

$$F(x) = \sum_n C_n w_n(x) \qquad (27)$$

(oder allgemeiner in eine mehrfache Reihe), welche nach den Eigenfunktionen eines vorgelegten Kernes fortschreitet. Wir nennen C_n die Entwickelungskoeffizienten der Funktion $F(x)$.

Man kann allgemein aus jedem vorgelegten unendlichen System von eindeutigen Funktionen $u_k(x)$ stets ein orthogonales System von Funktionen $v_n(x)$ sich verschaffen, wenn man die v_n aus linearen

Ausdrücken der u_k mit passend gewählten Beiwerten bestimmt hat[1]). Das System der v_n muß ein vollständiges System sein, d. h. es muß möglich sein, das Fehlerquadrat

$$\int \left[F(x) - \sum_{n=1}^{n=\nu} C_n\, v_n(x)\right]^2 dx \tag{28}$$

durch passende Wahl von ν unter eine beliebig kleine positive Zahl herabzudrücken [2]).

Wir wollen annehmen, daß die Entwickelbarkeit einer Funktion $F(x)$ nach (27) feststeht[3]). Wir multiplizieren diese Gleichung mit $w_m(x)\, dx$ und integrieren sie in ihrem Bereich von $x = 0$ bis $x = l$. Dann verschwinden wegen (26) alle Integrale auf ihrer rechten Seite mit Ausnahme des einen, in dem $m = n$ ist. Die Entwickelungskoeffizienten C_n der Reihe (27) sind demnach gegeben durch die Formel

$$C_n = \frac{\int F(x)\, w_n(x)\, dx}{\int w_n{}^2(x)\, dx}. \tag{29}$$

In den Eigenfunktionen $w_n(x)$ kann ein multiplikativer Beiwert willkürlich sein, ohne daß sie ihre Eigenschaft verlieren, der Integralgleichung (22) zu genügen. Man pflegt ihn so zu wählen, daß jede Eigenfunktion der Bedingung

$$\int_0^l w_n{}^2(x)\, dx = l^3 \tag{30}$$

genügt. Die so bestimmten w_n bezeichnet man als die „normierten" Eigenfunktionen. Für ein normiertes System der w_n sind die Entwickelungskoeffizienten

$$C_n = \frac{1}{l^3} \int_0^l F(x)\cdot w_n(x)\, dx. \tag{31}$$

Soll der Kern $K(x, \xi)$ der Integralgleichung selbst in eine unendliche Reihe entwickelt werden, die nach seinen Eigenfunktionen fortschreitet:

$$K(x, \xi) = \sum C_n w_n(x), \tag{32}$$

so wird mit Rücksicht auf die Integralgleichung (22) C_n gleich

$$C_n = \frac{1}{l_3} \int_0^l K(x, \xi)\, w_n(x)\, dx = \frac{w_n(\xi)}{\lambda\, l^3}. \tag{33}$$

---

[1]) Courant-Hilbert: a. a. O. S. 34.
[2]) A. a. O. S. 35. Der Begriff der „Vollständgkeit" behält seinen Sinn auch für das System der u_k.
[3]) A. a. O. S. 37 und Kapitel III, insbesondere S. 117.

Die Entwickelung des Kernes nach seinen Eigenfunktionen lautet somit

$$K(x, \xi) = \frac{1}{l^3} \sum_n{}' \frac{w_n(\xi) \cdot w_n(x)}{\lambda_n}. \tag{34}$$

An dieser in ξ und x symmetrischen Reihe bestätigt sich die Eigenschaft des Kernes, daß die Veränderlichen ξ und x miteinander vertauscht werden dürfen, ohne daß sich sein Wert ändert.

So ist beispielsweise die Einflußlinie der Durchbiegungen eines in seinen Enden $x = 0$ und $x = l$ frei gelagerten Stabes gegeben durch die Gleichungen:

$$x < \xi, \qquad K(x, \xi) = \frac{l - \xi}{6\,J\,E\,l}[(2\,l - \xi)\,\xi\,x - x^3],$$

$$x > \xi, \qquad K(x, \xi) = \frac{l - x}{6\,J\,E\,l}[(2\,l - x)\,x\,\xi - \xi^3]. \tag{35}$$

Denselben Grenzbedingungen genügen die Eigenfunktionen

$$w_n(x) = a_n \sin \frac{n\,\pi\,x}{l}. \tag{36}$$

Die „Normierung" dieser Funktionen nach (30) liefert für die Konstante a_n die Bedingung

$$\int_0^l w_n{}^2(x)\,dx = a_n{}^2 \int_0^l \sin^2 \frac{n\,\pi\,x}{l}\,dx = \frac{l\,a_n{}^2}{2} = l^3,$$

woraus

$$a_n = \sqrt{2\,l}. \tag{37}$$

Setzen wir die normierten Eigenfunktionen

$$w_n = \sqrt{2}\,l \sin \frac{n\,\pi\,x}{l} \tag{38}$$

in die Differentialgleichung der Stabschwingungen (20) ein, so zeigt sich, daß ihre Eigenwerte λ gleich

$$\lambda_n = \frac{n^4\,\pi^4}{l^4} \cdot J\,E \tag{39}$$

sind. Die bilineare Reihe (34) für den Kern lautet somit

$$K(x, \xi) = \frac{2\,l^3}{\pi^4\,J\,E} \sum_n \frac{1}{n^4} \sin \frac{n\,\pi\,\xi}{l} \sin \frac{n\,\pi\,x}{l} \qquad (n = 1, 2, 3, \ldots). \tag{40}$$

Wir erhalten für die elastische Linie eines im Punkt ξ durch die Krafteinheit belasteten freiaufliegenden Stabes von der Länge l ihre Entwickelung in eine gewöhnliche Fouriersche Sinusreihe. Wenn wir statt des freiaufliegenden beispielsweise einen eingespannten Stab betrachtet hätten, so wären in dieser Reihe die Eigenschwingungen zu benutzen gewesen, bei denen die Stabenden eingespannt sind.

43. Die elastische Fläche der durch eine Einzelkraft verbogenen rechteckigen Platte als Kern der Integralgleichung ihrer Eigenschwingungsformen.

Sei $K(x, y, \xi, \eta)$ die Ordinate der Mittelfläche einer Platte, die unter einer an der Stelle ξ, η befindlichen Lasteinheit ausgebogen wird. Dann ist die Durchbiegung $w(x, y)$ einer Platte (unter denselben Randbedingungen), welche durch einen veränderlichen Druck $p = f(x, y)$ belastet ist oder die Lösung der Plattengleichung

$$\Delta\Delta w = \frac{f(x, y)}{N} \tag{41}$$

gleich dem über dem Grundgebiet der Platte gebildeten Integral

$$w(x, y) = \iint K(x, y, \xi, \eta) f(\xi, \eta)\, d\xi\, d\eta . \tag{42}$$

Die Biegungsschwingungen der elastischen Platte oder die vom periodischen Zeitfaktor befreiten Durchbiegungen $w(x, y)$ genügen nach Gl. (5) einer Differentialgleichung

$$\Delta\Delta w = \frac{\lambda w}{N} . \tag{43}$$

Sie entstehen durch eine statische Last, die wie der Vergleich von (43) mit (41) zeigt

$$f(x, y) = \lambda\, w(x, y) \tag{44}$$

proportional der von ihrer Ruhelage aus gerechneten Einsenkung ist. Sie genügen somit der Integralgleichung

$$w(x, y) = \lambda \iint K(x, y, \xi, \eta)\, w(\xi, \eta)\, d\xi\, d\eta . \tag{45}$$

Eine längs ihres Randes in einer Ebene frei aufgestützte rechteckige Platte $a\,b$ hat die Eigenfunktionen

$$w_{mn}(x, y) = C_{mn} \sin \frac{m\pi x}{a} \sin \frac{n\pi y}{b} . \tag{46}$$

Wenn wir diese Funktionen in die Differentialgleichung (43) einsetzen, erhalten wir ihre Eigenwerte λ_{mn} gleich

$$\lambda_{mn} = \frac{N\Delta\Delta w_{mn}}{w_{mn}} = \left(\frac{m^2}{a^2} + \frac{n^2}{b^2}\right)^2 \pi^4 N . \tag{47}$$

Um die elastische Fläche der durch eine Einzelkraft gleich der Lasteinheit verbogenen rechteckigen Platte oder den zu den obigen Eigenfunktionen gehörigen Kern in eine unendliche Reihe

$$K(x, y, \xi, \eta) = \sum_{mn} A_{mn}\, w_{mn}(x, y) \tag{48}$$

entwickeln zu können, multipliziere man diese Gleichung mit $w_{\mu\nu}(x.y)$ und integriere sie über dem Rechteck als Grundgebiet. Da die Eigenfunktionen orthogonal sind, d. h. für sie

$$\iint w_{mn}\, w_{\mu\nu}\, dx\, dy = 0$$

verschwindet, sofern nicht gleichzeitig $m = \mu$ und $n = \nu$ sind, verbleibt

$$A_{mn} = \frac{\iint K(x,y,\xi,\eta)\, w_{mn}(x,y)\, dx\, dy}{\iint w_{mn}^2(x,y)\, dx\, dy} \tag{49}$$

Das Integral im Zähler ist mit Rücksicht auf (45) gleich $\dfrac{w_{mn}(\xi,\eta)}{\lambda_{mn}}$, das im Nenner darf einer Konstanten $a^2 b^2$ gleich gesetzt werden (was durch passende Wahl von c_{mn} zu erreichen ist). Die Normierung der Eigenfunktionen (46) auf Grund dieser Forderung liefert

$$\iint w_{mn}^2(x,y)\, dx\, dy = c_{mn}^2 \int_0^a\int_0^b \sin^2\frac{m\pi x}{a}\sin^2\frac{n\pi y}{b}\, dx\, dy = c_m^2 \cdot \frac{ab}{4} = a^2 b^2$$

für

$$c_{mn} = 2\sqrt{ab}. \tag{50}$$

Die Beiwerte der Reihe (48) sind gleich

$$A_{mn} = \frac{w_{mn}(\xi,\eta)}{a^2 b^2 \lambda_{mn}}. \tag{51}$$

Die Entwicklung des Kernes nach seinen Eigenfunktionen lautet somit:

$$K(x,y,\xi,\eta) = \frac{1}{a^2 b^2}\sum_{m,n}\frac{w_{mn}(\xi,\eta)\cdot w_{mn}(x,y)}{\lambda_{mn}}. \tag{52}$$

Das ist, wenn für die Eigenfunktionen w_{mn} ihre Ausdrücke aus (46) eingesetzt werden, die wohlbekannte Doppelreihe von Navier (Gl. (27), S. 119)

$$K(x,y,\xi,\eta) = \frac{4}{\pi^4 N a b}\sum_m\sum_n\frac{\sin\frac{m\pi\xi}{a}\sin\frac{n\pi\eta}{b}\sin\frac{m\pi x}{a}\sin\frac{n\pi y}{b}}{\left(\frac{m^2}{a^2}+\frac{n^2}{b^2}\right)^2} \tag{53}$$

der an der Stelle ξ,η durch die Krafteinheit belasteten rechteckigen Platte, welche dieselben Grenzbedingungen ($w=0$, $\Delta w=0$) wie ihre Eigenfunktionen (46) erfüllt[1]).

---

[1]) A. Kneser hat in seinem Buch „Die Integralgleichungen und ihre Anwendung in der mathematischen Physik", Braunschweig 1911

44. Das rechtwinkelig-gleichschenkelige Dreieck.

Unter den aus zwei einfachen Schwingungsformen zusammengesetzten elastischen Flächen der quadratischen Platte (s. S. 166) erhielten wir mit dem Ansatz

$$w = c \left(\sin \frac{\pi x}{a} \sin \frac{2 \pi y}{a} + \sin \frac{2 \pi x}{a} \sin \frac{\pi y}{a} \right) \tag{1}$$

die Diagonale $y = a - x$ des Quadrats $x = 0$, $x = a$, $y = 0$, $y = a$ als eine Knotenlinie. Um die Belastung $p = p_0 f(x, y)$ anzugeben, unter der eine elastische Platte nach dieser Fläche verbogen wird, wollen wir von dieser Funktion $\Delta \Delta w$ berechnen. Wir erhalten diese Belastung gleich

$$p = N \Delta \Delta w = \frac{25 \pi^4 N}{a^4} w . \tag{2}$$

Die Spannungsmomente der Platte sind gleich

$$m_x = - N \left(\frac{\partial^2 w}{\partial x^2} + \nu \frac{\partial^2 w}{\partial y^2} \right)$$

$$= \frac{\pi^2 N c}{a^2} \left[(4 \nu + 1) \sin \frac{\pi x}{a} \sin \frac{2 \pi y}{a} + (4 + \nu) \sin \frac{2 \pi x}{a} \sin \frac{\pi y}{a} \right],$$

$$m_y = - N \left(\frac{\partial^2 w}{\partial y^2} + \nu \frac{\partial^2 w}{\partial x^2} \right)$$

$$= \frac{\pi^2 N c}{a^2} \left[(4 + \nu) \sin \frac{\pi x}{a} \sin \frac{2 \pi y}{a} + (4 \nu + 1) \sin \frac{2 \pi x}{a} \sin \frac{\pi y}{a} \right], \tag{3}$$

$$m_{xy} = - (1 - \nu) N \frac{\partial^2 w}{\partial x \, \partial y}$$

$$= - \frac{2 (1 - \nu) \pi^2 N c}{a^2} \left[\cos \frac{\pi x}{a} \cos \frac{2 \pi y}{a} + \cos \frac{2 \pi x}{a} \cos \frac{\pi y}{a} \right].$$

(§ 33 und 35) die Gleichgewichtsgestalt einer dünnen, biegsamen Haut, die über einem rechteckigen Rahmen ausgespannt und in einem Punkt belastet ist, durch eine Doppelreihe ausgedrückt, die im wesentlichen mit $\Delta K = \frac{\partial^2 K}{\partial x^2} + \frac{\partial^2 K}{\partial y^2}$ identisch ist. Wir haben bereits darauf hingewiesen (**13**, S. 38), daß im Falle der Navierschen Grenzbedingungen und geraden Linien als Plattenrändern die homogene Differentialgleichnng der Plattenbiegung $\Delta \Delta w = 0$ in zwei Differentialgleichungen zweiter Ordnung

$$\Delta u = 0, \qquad \Delta w = u$$

zerfällt, deren jede unter der gleichen Randbedingung $u = 0$ bzw. $w = 0$ zu integrieren ist. Setzen wir $K = w$, so wird $u = \Delta K$ die von Kneser untersuchte Fläche einer in einem beliebigen Punkte gezupften rechteckigen Haut (die Greensche Funktion der Gleichung $\Delta u = 0$ im Rechteck).

Auf der Geraden $x = 0$ sind $w = 0$ und $m_x = 0$; auf der Geraden $y = 0$ sind $w = 0$ und $m_y = 0$; auf der Geraden $y = a - x$ verschwindet die Durchbiegung w, ferner sind auf ihr $m_{xy} = 0$, $m_x = - m_y$. In einem Schnitt $y = a - x$ verschwindet also nach 9 (S. 18) das Biegungsmoment ebenfalls. Die elastische Fläche w (1) erfüllt auf dem Rande eines gleichschenkeligen und rechtwinkeligen Dreiecks, das von den Geraden $x = 0$, $y = 0$ und $y = a - x$ begrenzt ist, die Navierschen Grenzbedingungen $w = 0$, $\Delta w = 0$.

Auf Grund der Formeln (3) kann die Biegungsbeanspruchung einer dreieckigen Platte angegeben werden, deren Mittelfläche nach der Fläche (1) verbogen wird. Um beispielsweise den Verlauf der Hauptmomente m_1 und m_2 im Symmetrieschnitt $y = x$ des Dreiecks anzugeben, haben wir zu beachten, daß die Spannungsmomente auf der Winkelhalbierenden des rechten Winkels wegen $y = x$ gleich

$$
\begin{aligned}
m_x = m_y &= \frac{5\,(1 + \nu)\,\pi^2 N c}{a^2} \sin \frac{\pi x}{a} \sin \frac{2\,\pi x}{a}, \\
m_{xy} &= -\frac{4\,(1 - \nu)\,\pi^2 N c}{a^2} \cdot \cos \frac{\pi x}{a} \cos \frac{2\,\pi x}{a}
\end{aligned}
\tag{4}
$$

sind. Die Hauptbiegungsmomente (siehe 9)

$$
\frac{m_x + m_y}{2} \pm \sqrt{\frac{(m_x - m_y)^2}{4} + m_{xy}^2}
\tag{5}
$$

ergeben sich hiernach gleich $m_1 = m_x + m_{xy}$, $m_2 = m_x - m_{xy}$ oder

$$
\begin{aligned}
m_1 &= \frac{\pi^2 N c}{a^2}\left[5\,(1 + \nu) \sin \frac{\pi x}{a} \sin \frac{2\,\pi x}{a} - 4\,(1 - \nu)\cos \frac{\pi x}{a} \cos \frac{2\,\pi x}{a}\right], \\
m_2 &= \frac{\pi^2 N c}{a^2}\left[5\,(1 + \nu) \sin \frac{\pi x}{a} \sin \frac{2\,\pi x}{a} + 4\,(1 - \nu)\cos \frac{\pi x}{a} \cos \frac{2\,\pi x}{a}\right].
\end{aligned}
\tag{6}
$$

Die Hauptmomente m_1 liefern das größte Biegungsmoment der Platte; wir haben für die Stelle des größten Momentes der Bedingung entsprechend

$$
\frac{d m_1}{d x} = 0
$$

die transzendente Gleichung

$$
(13 - 3\,\nu)\,\mathrm{tg}\,\frac{2\,\pi x}{a} + (14 + 6\,\nu)\,\mathrm{tg}\,\frac{\pi x}{a} = 0
$$

aufzulösen. Wenn die Querdehnungszahl $\nu = {}^1/_4$ angenommen wird, lautet diese Gleichung

$$
49\,\mathrm{tg}\,\frac{2\,\pi x}{a} + 62\,\mathrm{tg}\,\frac{\pi x}{a} = 0.
$$

Die Gleichung hat innerhalb des von uns betrachteten Dreiecks $x = 0$, $y = 0$, $y = a - x$ die Wurzel:

$$x = 0{,}323\,a.$$

Die Hauptbiegungsmomente sind an dieser Stelle

$$m_1 = 5{,}46\,\frac{\pi^2\,N\,c}{a^2}\,, \qquad m_2 = 4{,}06\,\frac{\pi^2\,N\,c}{a^2}\,. \tag{7}$$

Die größte Durchbiegung im Dreieck ergibt sich an der Stelle, wo

$$\frac{d}{dx}\left(\sin\frac{\pi x}{a}\sin\frac{2\pi x}{a}\right) = 0 \text{ ist, woraus man } \operatorname{tg}\frac{\pi x}{a} = \sqrt{2}\,, \quad x = 0{,}304\,a$$

folgert. Sie ist gleich

$$w_{\max} = 1{,}54\,c\,. \tag{8}$$

Mit Hilfe der Fläche (1) läßt sich die elastische Fläche w^* einer durch einen gleichmäßigen verteilten Druck $p^* = \text{konst.}$ belasteten Platte mit einem 45 grädigen Dreieck als Grundgebiet gut annähern. Wir können zu diesem Zweck den noch verfügbaren Beiwert c in der Gleichung für w aus der Forderung

$$\iint (p - p^*)^2\,dx\,dy = \text{Minimum} \tag{9}$$

bestimmen. Hier ist nach (2)

$$p = \frac{25\,\pi^4\,N}{a^4}\,w\,. \tag{10}$$

Die Quadrate des Unterschiedes $p - p^*$ der Ordinaten der Belastungsfläche p der Näherungsfunktion und des gleichmäßig verteilten Druckes p^* sind über der Fläche der dreieckigen Platte zu integrieren. Das Integral hat seinen kleinsten Wert, wenn der Beiwert c gleich

$$c = \frac{32}{75\,\pi^6}\cdot\frac{p^*\,a^4}{N} \tag{11}$$

genommen wird.

Wir erhalten auf diese Weise die Gleichung einer Näherungsfläche für eine durch einen gleichmäßig verteilten Druck p^* belasteten dreieckigen Platte

$$w = \frac{32\,p^*\,a^4}{75\,\pi^6\,N}\left(\sin\frac{\pi x}{a}\sin\frac{2\pi y}{a} + \sin\frac{2\pi x}{a}\sin\frac{\pi y}{a}\right). \tag{12}$$

Ihre größte Durchbiegung $w_{\max}$ tritt nach (8) für $x = y = 0{,}304\,a$ ein und ist gleich

$$w_{\max} = 1{,}54\,c = 0{,}000683\,\frac{p^*\,a^4}{N}\,. \tag{13}$$

Die Stelle ihrer größten Inanspruchnahme liegt im Punkt $x = y = 0{,}323\,a$. Ihrem größten Hauptmoment

$$m_1 = \frac{5{,}46\,\pi^2\,N\,c}{a^2} = \frac{5{,}46 \cdot 32}{75\,\pi^4} \cdot p^*\,a^2 \tag{14}$$

entspricht die größte Randspannung:

$$\sigma_{max} = \frac{6\,m_1}{h^2} = \frac{192 \cdot 5{,}46}{75\,\pi^4} \cdot \frac{p^*\,a^2}{h^2} = 0{,}1435\,\frac{p^*\,a^2}{h^2}. \tag{15}$$

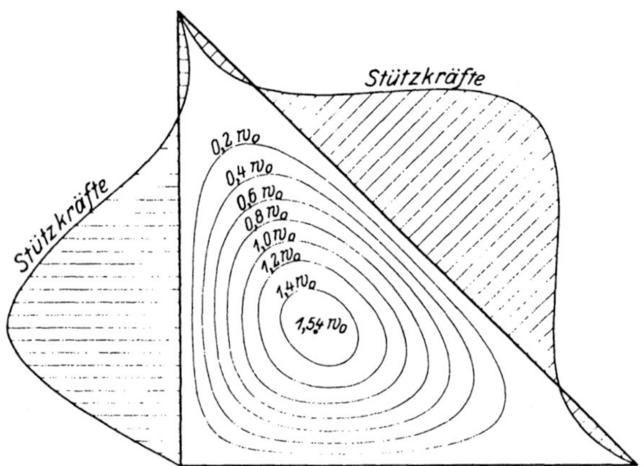

Abb. 109. Die Durchbiegungen und die Stützkräfte für eine gleichmäßig belastete dreieckige Platte.

Es bietet keine Schwierigkeiten, für eine in einem beliebigen Punkte eines 45grädigen Dreiecks angreifende Einzelkraft die Lösung anzugeben, die den Navierschen Grenzbedingungen genügt. Wir denken uns zu diesem Zweck zuerst eine quadratische Platte gegeben und schreiben für sie die Gleichung der elastischen Fläche w_I für den Fall an, daß sie im Punkte $x = \xi$, $y = \eta$ eine Einzelkraft P trägt (wir haben lediglich in der Gl. (27) S. 119 $a = b$ zu setzen):

$$w_I = \frac{4\,P\,a^2}{\pi^4\,N}\sum_{m=1}^{\infty}\sum_{n=1}^{\infty}\frac{\sin\dfrac{m\,\pi\,\xi}{a}\,\sin\dfrac{n\,\pi\,\eta}{a}\,\sin\dfrac{m\,\pi\,x}{a}\,\sin\dfrac{n\,\pi\,y}{a}}{(m^2 + n^2)^2}. \tag{16}$$

Nun denken wir uns auf derselben Platte eine zweite Einzelkraft angebracht, die gleich, aber entgegengesetzt gerichtet zur ersten Kraft P ist und in einem Punkt P_1 $x = a - \eta$, $y = a - \xi$ angreift (Abb. 111). Würde diese Kraft allein wirken, so würde sie eine Durchbiegung w_{II} erzeugen. Ihr Ausdruck geht aus dem vorigen hervor, wenn man in ihm P durch $-P$, ξ durch $a - \eta$ und η durch $a - \xi$ ersetzt.

Dies ergibt für

$$w_{II} = -\frac{4\,P\,a^2}{\pi^4\,N} \sum_{m=1}^{\infty} \sum_{n=1}^{\infty} (-1)^{m+n} \frac{\sin\dfrac{m\,\pi\,\eta}{a} \sin\dfrac{n\,\pi\,\xi}{a} \sin\dfrac{m\,\pi\,x}{a} \sin\dfrac{n\,\pi\,y}{a}}{(n^2 + n^2)^2}. \quad (17)$$

Bildet man die Summe von w_I und w_{II}

$$w = w_I + w_{II}, \qquad (18)$$

so ändert sich offenbar nichts an den Grenzbedingungen des Quadrates. Aus Symmetriegründen folgt aber, daß außerdem für w auf der Diagonalen $y = a - x$ des Quadrats $w_I = -w_{II}$ und auch $\varDelta w_I = -\varDelta w_{II}$ sind.

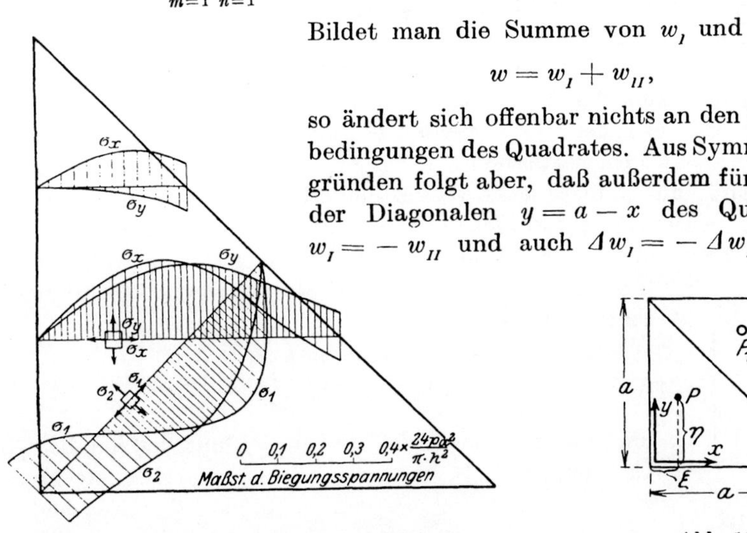

Abb. 110. Die Biegungsspannungen in einer gleichmäßig belasteten dreieckigen Platte.

Abb. 111.

Damit ist bewiesen, daß die Funktion (18) auch längs der Diagonalen $y = a - x$ die Navierschen Grenzbedingungen $w = \varDelta w = 0$ erfüllt und daß w die verbogene Fläche eines durch eine Einzelkraft P belasteten 45grädigen Dreiecks ist.

Mit Hilfe von w (Gl. (18)) läßt sich jetzt auch der strenge Ausdruck für die elastische Fläche eines gleichmäßig belasteten 45grädigen Dreiecks hinschreiben. Wir haben bloß für die Einzelkraft $P = p\,d\xi\,d\eta$ zu schreiben und die Funktion w über dem Dreieck zu integrieren. Dies ergibt

$$w = \frac{16\,p\,a^4}{\pi^6\,N} \left\{ \sum_m \sum_n \frac{n \sin\dfrac{m\,\pi\,x}{a} \sin\dfrac{n\,\pi\,y}{a}}{m\,(n^2 - m^2)\,(m^2 + n^2)^2} + \sum_m \sum_n \frac{m \sin\dfrac{m\,\pi\,x}{a} \sin\dfrac{n\,\pi\,y}{a}}{n\,(m^2 - n^2)\,(m^2 + n^2)^2} \right\} \quad (19)$$

$$m = 1, 3, 5, \ldots \qquad\qquad m = 2, 4, 6, \ldots$$
$$n = 2, 4, 6, \ldots \qquad\qquad n = 1, 3, 5, \ldots$$

Auch diese Funktion genügt den Grenzbedingungen $w = 0$, $\varDelta w = 0$.[1]

---

[1] Die Möglichkeit der Aufstellung von verhältnismäßig so einfachen analytischen Ausdrücken für die elastischen Flächen von Platten, welche auf den

45. Die eingespannte gleichmäßig belastete rechteckige Platte.

Wir haben wiederholt von der Bemerkung Gebrauch gemacht, daß ein Hauptteil der Funktion, durch welche eine elastische Fläche einer gleichmäßig belasteten rechteckigen Platte dargestellt werden kann, aus der Lösung eines Plattenstreifens besteht, den man aus der rechteckigen Platte erhält, wenn man das längere Seitenpaar unbegrenzt verlängert. Wir werden demgemäß erwarten müssen, daß ein Hauptteil der elastischen Fläche einer eingespannten rechteckigen Platte durch die Fläche dargestellt wird, nach der sich ein unendlich langer Plattenstreifen mit eingespannten Seiten durchbiegt, dessen Breite gleich der kürzeren Seite des Rechtecks gewählt wird. Grenzt man also umgekehrt aus einem unendlich langen Plattenstreifen

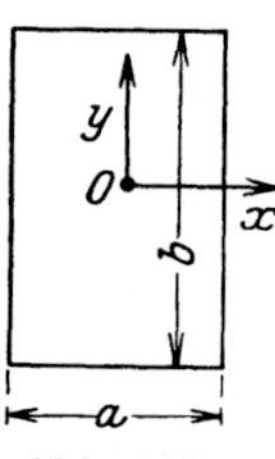

Abb. 112.

$$w' = \frac{p\,a^4}{384\,N}\left(1 - \frac{4\,x^2}{a^2}\right)^2, \tag{1}$$

der durch einen Druck p belastet und in den beiden Geraden $x = \pm\,a/2$ eingespannt ist, das Rechteck $x = \pm\,a/2$, $y = \pm\,a/2$ ab, so können die Grenzbedingungen der Einspannung auch auf den Seiten $y = \pm\,b/2$ erfüllt werden, wenn man zur elastischen Fläche w' des Plattenstreifens noch eine weitere Lösung

$$w'' = \frac{p\,a^4}{384\,N}\,\Sigma\,A_k\,W_k(x,\,y) \tag{2}$$

von $\varDelta\varDelta w'' = 0$ hinzunimmt. Sie hat die folgenden Bedingungen zu erfüllen:

$$
\begin{aligned}
x = \pm\,a/2 \qquad &1.\ w'' = 0, \qquad &2.\ \frac{\partial w''}{\partial x} = 0, \\[2mm]
y = \pm\,b/2 \qquad &3.\ w'' = -\,w' \qquad &4.\ \frac{\partial w''}{\partial y} = 0.
\end{aligned}
\tag{3}
$$

Zur Lösung dieser Randwertaufgabe bauen wir uns gewisse Funktionen $w_n(x,y)$

$$w_n(x,y) = u_n(x,y) + v_n(x,y), \qquad \Delta\Delta u_n = 0, \qquad \Delta\Delta v_n = 0 \qquad (4)$$

auf. Wir wählen u_n und v_n so, daß jede dieser Funktionen auf dem langen Seitenpaar $x = \pm\, a/2$ verschwindet und auf dem kurzen Seitenpaar $y = \pm\, b/2$ eine verschwindende Ableitung nach y besitzt. Gelingt es außerdem, sie noch so zu ermitteln, daß auf dem langen Seitenpaar $x = \pm\, a/2$

$$\frac{\partial u_n}{\partial x} + \frac{\partial v_n}{\partial x} = 0 \qquad (5)$$

wird, so lassen sich aus den w_n die gesuchten Funktionen W_k der Reihe (2) verhältnismäßig leicht angeben. Für $u_n(x,y)$ wählen wir den Ausdruck

$$u_n = 1 - \frac{4\,x^2}{a^2} + \alpha_n\, Y_n \cos\frac{n\,\pi\,x}{a} \qquad (n = 1, 3, 5, \ldots), \qquad (6)$$

wo Y_n die Abkürzung für die Funktion

$$Y_n = (\mathfrak{Sin}\,\varepsilon_n + \varepsilon_n\,\mathfrak{Cof}\,\varepsilon_n)\,\mathfrak{Cof}\,\eta_n - \eta_n\,\mathfrak{Sin}\,\eta_n\cdot\mathfrak{Sin}\,\varepsilon_n,$$

$$\varepsilon_n = \frac{n\,\pi\,b}{2\,a}, \qquad \eta_n = \frac{n\,\pi\,y}{a} \qquad (7)$$

bedeutet (sie wurde so ermittelt, daß für $\eta_n = \varepsilon_n$, $Y_n' = 0$ wird) und für v_n setzen wir eine Reihe an:

$$v_n = \sum_m a_{mn}\, X_m \cos\frac{m\,\pi\,y}{b} \qquad (m = 2, 4, 6, \ldots); \qquad (8)$$

in der die X_m den Grenzbedingungen entsprechend wie folgt angenommen werden:

$$X_m = \frac{\delta_m\,\mathfrak{Sin}\,\delta_m\,\mathfrak{Cof}\,\xi_m - \xi_m\,\mathfrak{Sin}\,\xi_m\,\mathfrak{Cof}\,\delta_m}{\mathfrak{Sin}\,\delta_m\,\mathfrak{Cof}\,\delta_m + \delta_m}, \quad \delta_m = \frac{m\pi a}{2\,b}, \quad \xi_m = \frac{m\pi x}{b}. \qquad (9)$$

Dann gestattet die Grenzbedingung (2) die Beiwerte a_{mn} zu bestimmen. Man erhält für $x = a/2$

$$\frac{\partial u_n}{\partial x} + \frac{\partial v_n}{\partial x} = -\frac{2}{a} - (-1)^{\frac{n-1}{2}}\cdot\frac{n\pi}{a}\cdot\alpha_n Y_n + \sum_m \frac{m\pi}{b}\cdot a_{mn}\cos\frac{m\pi y}{b} = 0. \qquad (10)$$

Wir können nunmehr die verfügbare Größe α_n so bestimmen, daß der Mittelwert der vor der Summe stehenden Funktion im Intervall $-b/2 < y < b/2$ verschwinde. Alsdann muß sich diese Funktion $f(y)$, wie es diese Gleichung verlangt, in eine mit $m = 2$ beginnende Cosinusreihe entwickeln lassen. Man erhält ihre Beiwerte a_{mn} gleich

$$a_{mn} = \frac{4}{b} \int_0^{b/2} f(y) \cos \frac{m\pi y}{b} \, dy \tag{11}$$

und schließlich für

$$u_n = 1 - \frac{4x^2}{a^2} + (-1)^{\frac{n+1}{2}} \cdot \frac{b}{a} \cdot \frac{Y_n \cos \frac{n\pi x}{a}}{\mathfrak{Sin}^2 \varepsilon_n} \qquad (n = 1, 3, 5, \ldots) \tag{12}$$

$$v_n = \frac{8n^4 b^5}{\pi a^5} \cdot \sum_m \frac{(-1)^{\frac{m}{2}} X_m \cos \frac{m\pi y}{b}}{m\left(m^2 + \frac{n^2 b^2}{a^2}\right)^2} \qquad (m = 2, 4, 6, \ldots). \tag{13}$$

Nachdem die erforderlichen Funktionen $w_n = u_n + v_n$ ermittelt worden sind, muß vermöge einer aus ihnen gebildeten Summe der letzten, noch nicht erfüllten Grenzbedingung 3 oder $y = \pm b/2$ $w'' = -w'$ genügt werden. Diese Forderung läuft darauf hinaus, **die Biegungsform des gleichmäßig belasteten Plattenstreifens nach den Funktionen** $w_n\left(x, \frac{b}{2}\right)$ **zu entwickeln.**

Zu diesem Zweck kann man aus den w_n die linearen Ausdrücke

$$\begin{aligned} W_1 &= w_1 \\ W_2 &= w_1 + \alpha_{22} w_2 \\ W_3 &= w_1 + \alpha_{32} w_2 + \alpha_{33} w_3 \\ &\ldots\ldots\ldots\ldots\ldots\ldots \end{aligned} \tag{14}$$

bilden und die Beiwerte $\alpha_{\mu\nu}$ so bestimmen, daß die W_k ein orthogonales System von Funktionen werden. Nach dem Entwicklungssatze läßt sich mit dessen Hilfe der Forderung für $y = b/2$ $w'' = -w'$ genügen, denn sie verlangt, daß die Biegungsform w' des eingespannten Plattenstreifens in die Reihe

$$\sum_k A_k W_k(x) = -\left(1 - \frac{4x^2}{a^2}\right)^2 \tag{15}$$

entwickelt werde, deren Beiwerte A_k $(k = 1, 2, 3, \ldots)$ sich als verallgemeinerte Fourierkoeffizienten

$$A_k = -\frac{\displaystyle\int_0^{a/2} \left(1 - \frac{4x^2}{a^2}\right)^2 \cdot W_k(x)\, dx}{\displaystyle\int_0^{a/2} W_k^2(x)\, dx} \tag{16}$$

ergeben. Mit ihrer Bestimmung ist die Aufgabe gelöst.

Wegen des ausgezeichneten Anschlusses der ersten der Funktionen w_n (für $n = 1$) an die Funktion $\left(1 - \dfrac{4\,x^2}{a^2}\right)^2$ genügt indes, hier den ersten Beiwert A_1 aus irgendeiner Näherungsforderung, beispielsweise aus der folgenden

$$A_1 \int_0^{a/2} W_1(x)\,dx = - \int_0^{a/2} \left(1 - \frac{4\,x^2}{a}\right)^2 dx = - \frac{4\,a}{15} \qquad (17)$$

zu ermitteln und die Reihe (2) gleich nach ihrem ersten Gliede abzubrechen.

Für eine quadratische Platte $(a = b)$ ergab sich auf diese Weise

$$A_1 = 2{,}661$$

Die elastische Fläche der eingespannten quadratischen Platte ist somit mit hinreichender Genauigkeit durch (1) und das erste Glied der Reihe (2) oder durch die Funktion

$$w = \frac{p\,a^4}{384\,N} \left\{ \left(1 - \frac{4\,x^2}{a^2}\right)^2 + A_1 \left[u_1(x, y) + v_1(x, y) \right] \right\} \qquad (18)$$

gegeben. Ihr größter Biegungspfeil ergab sich gleich

$$w = \frac{p\,a^4}{384\,N} \{1 - 0{,}5102\} = 0{,}001276 \frac{p\,a^4}{N} = 0{,}01436 \frac{p\,a^4}{E\,h^3}, \qquad (19)$$

während der unendlich lange eingespannte Plattenstreifen $(b/a = \infty)$ eine größte Durchbiegung

$$w = \frac{1}{384} \frac{p\,a^4}{N} = 0{,}002604 \frac{p\,a^4}{N}$$

besitzt.

Die Funktion (18) erfüllt die Differentialgleichung und die Grenzbedingung 1, 2 und 4 streng, sie nimmt für $y = \pm\,a/2$ die Werte an:

$x/a =$	0	0,125	0,250	0,375	0,400	
$w =$	0,007	0,005	$-$ 0,003	$-$ 0,007	0,000	$\cdot \dfrac{p\,a^4}{384\,N}$,

welche zeigen, daß auch die letzte der Grenzbedingungen ($y = a/2$, $w = 0$) mit einer für die praktischen Anwendungen hinreichenden Genauigkeit erfüllt ist.

Wegen der weitgetriebenen Anpassung der Funktionen (4) an die Randbedingungen lassen sie sich auch zur Berechnung der Spannungsmomente verwenden. Mit ihrer Hilfe ergaben sich für die eingespannte quadratische Platte die Biegungsmomente:

in der Mitte des Quadrats

$$(x = y = 0) \qquad m_x = m_y = 0{,}0222\,p\,a^2$$

in der Mitte einer Seite

$$\left(x = \frac{a}{2},\; y = 0\right) \qquad m_x = -\,0{,}0515\,p\,a^2, \qquad m_y = -\,0{,}0129\,p\,a^2.$$

Die eingespannte rechteckige Platte wird am stärksten in der Mitte der langen Seiten beansprucht. Abb. 113 gibt den Verlauf des größten Biegungspfeiles f [1]) und eines Beiwertes φ in Abhängigkeit vom Verhältnis der Seitenlängen b/a an, mit dessen Hilfe sich die Wandstärke h einer gleichmäßig belasteten eingespannten rechteckigen Platte nach der Formel

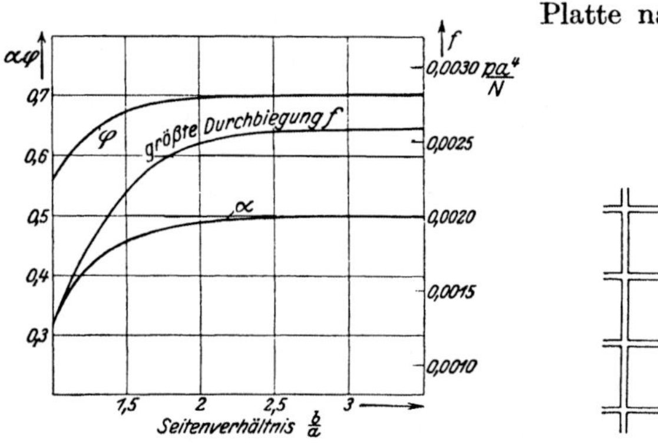

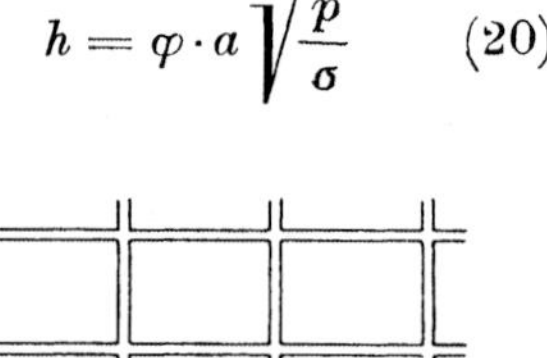

$$h = \varphi \cdot a \sqrt{\frac{p}{\sigma}} \qquad (20)$$

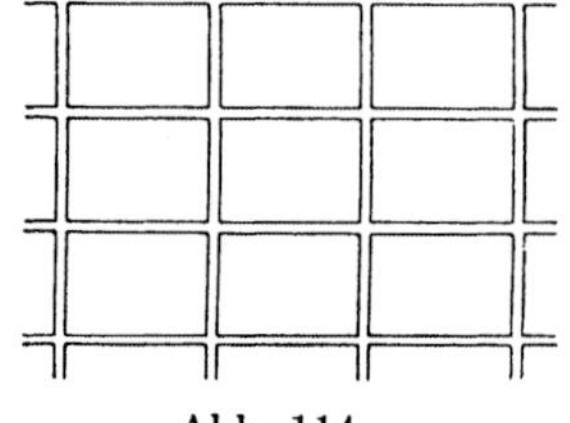

Abb. 113. Die gleichmäßig belastete eingespannte rechteckige Platte.

Abb. 114.

berechnet. In ihr bedeuten a die kürzere Seite des Rechtecks, p den Druck und σ die zulässige Spannung [2]). Diese Formel gestattet beispielsweise die Bestimmung der Wandstärken von Platten, die einem Flüssigkeitsdruck ausgesetzt und durch ein Netz von kräftigen, unter rechten Winkeln sich schneidenden Rippen versteift sind (Abb. 114).

---

[1]) Bestimmt nach dem Ritzschen Verfahren nach einer früheren Rechnung des Verfassers.

[2]) Die Aufgabe der eingespannten rechteckigen Platte hat den Anstoß zur Entwicklung verschiedener Lösungsverfahren gegeben, unter denen besonders das Verfahren von W. Ritz zu erwähnen ist, auf das wir im Abschnitt 69 S. 274 zurückkommen werden. — Mit dieser Randwertaufgabe beschäftigen sich Arbeiten von H. Hencky (Diss. Darmstadt 1913), H. Happel (Göttinger Nachr. 1914, S. 37), Mesnager (Comptes rendus, Paris 1916, S. 478), H. Leitz (Z. f. Math. u. Phys. 1917). — C. B. Biezeno und J. J. Koch haben die Lösung durch Polynome angenähert (De Ingenieur, Delft, Holland, 1923, Jan.), deren Beiwerte sie so bestimmten, daß die in einzelnen Abschnitten übertragenen Belastungen der Näherungslösung gleich den in denselben Flächen aufzunehmenden wirklichen Lasten waren.

46. Auf einem nachgiebigen Untergrund aufruhende Platten.

Eine biegsame Platte, die auf dem Erdboden aufliegt und durch quergerichtete Kräfte belastet wird, sinkt ein wenig mit ihren Lasten im Erdboden ein. Die Frage nach dem Verteilungsgesetz der Bodenpressungen und nach der Biegungsbeanspruchung der auf einem nachgiebigen Untergrund aufliegenden Platten hat eine Bedeutung für die Bemessung der Fundamentplatten erlangt, die man im Gründungsbau des öfteren anzuwenden pflegt, wenn die Aufgabe vorliegt, ein schweres Gebäude (Fabrik-Schornstein, Hochbehälter) auf einem Untergrund zu errichten, der verhältnismäßig nur geringe Pressungen aufnehmen kann. Damit die zulässigen Bodenpressungen in den Fundamenten nicht überschritten werden, bildet man diese als biegungsfeste Eisenbetonplatten aus. Um das Verteilungsgesetz des Druckes angeben zu können, der unter der Platte entsteht, wird meist angenommen, daß die kleine Einsenkung an einer Stelle des Erdbodens der an der betreffenden Stelle wirkenden Bodenpressung p verhältnisgleich sei. Diese Annahme gestattet in vielen Fällen eine Abschätzung der zu erwartenden Bodenpressungen. Wenn der Erdboden, wie hier vorausgesetzt wird, als ein vollkommen elastischer Körper angesehen wird, drängt sich gegen eine derartige Annahme der Einwand auf, daß die Einsenkung an einer Stelle nicht allein nur von dem an der betreffenden Stelle wirkenden Druck abhängen kann, sondern auch von allen übrigen Lasten abhängen muß, die sich in der Umgebung dieses Punktes befinden. Denkt man sich etwa in der Begrenzungsebene des Bodens ein x, y-Achsenkreuz, auf das man ihre Punkte bezieht, und bezeichnet mit ζ die Einsenkung im Punkt x, y, die von einer im Punkte ξ, η angreifenden Kraft gleich der Krafteinheit herrührt, so würde ein an der letzten Stelle ausgeübter Druck $p\,(\xi, \eta)$ im Punkte x, y offenbar die Einsenkung

$$\zeta\,(x, y, \xi, \eta)\cdot p\,(\xi, \eta)\,d\xi\,d\eta$$

erzeugen. Die von der Platte im ganzen erzeugte Einsenkung $w\,(x, y)$ im Punkte x, y ist mithin

$$w\,(x, y) = \int\!\!\int \zeta\,(x, y, \xi, \eta)\,p\,(\xi, \eta)\,d\xi\,d\eta\,.$$

Da der hier vorkommende Druck p gleichzeitig die Belastung der Platte ist, haben wir nach der Plattengleichung

$$p\,(\xi, \eta) = N\,\varDelta\,\varDelta\,w,$$

mit den Differentiationen nach den Veränderlichen ξ, η. Setzt man diesen Ausdruck in die vorige Gleichung ein, so erhält man zur

Bestimmung der Funktion w

$$w = N \int\int \Delta \Delta w \cdot \zeta\,(x, y, \xi, \eta)\,d\xi\,d\eta.$$

In dieser Gleichung ist ζ als eine bekannte Funktion der Koordinaten x, y und ξ, η anzusehen, während die unbekannte Funktion w vor und hinter dem Zeichen eines bestimmten Integrales vorkommt. **Die Aufgabe der auf einem nachgiebigen Untergrund ruhenden biegsamen Platte führt auf diese Integralgleichung für ihre Durchbiegung w.**

Statt diese Gleichung der Untersuchung zugrunde zu legen, begnügt man sich gewöhnlich mit der vorhin erwähnten Annahme und mit einer Differentialgleichung für die verbogene Platte, die man erhält, wenn man den Druck p der Durchbiegung proportional setzt:

$$N\Delta\Delta w = -\,c w. \tag{1}$$

Auf der rechten Seite dieser Gleichung mußte das negative Vorzeichen genommen werden, weil nach unseren bisherigen Festsetzungen p als positiv angesehen wurde, wenn der Druck in der Richtung der wachsenden w gerichtet war.

Wie Westergaard in einer kürzlich erschienenen bemerkenswerten Arbeit[1]) gezeigt hat, lassen sich an Hand der Gl. (1) eine Reihe von wertvollen Lösungen für nachgiebig unterstützte Platten aufstellen. Wir wählen hier das von Westergaard behandelte **Beispiel einer unendlich ausgedehnten Platte, die auf einem elastisch nachgiebigen Untergrund aufruht und in einer Reihe von Punkten durch gleiche Einzelkräfte belastet ist. Die Angriffspunkte dieser Kräfte mögen auf einer geraden Linie liegen und gleiche Entfernungen $2a$ haben** (Abb. 115). In dieser **Weise wird beispielsweise eine durchlaufende Fundamentplatte beansprucht, die ihre Belastung durch eine Reihe von Säulen empfängt.**

Wir bezeichnen die Konstante c/N mit λ^4 und suchen von der Differentialgleichung

$$\Delta\Delta w = -\,\lambda^4 w \tag{2}$$

Integrale von der Form

$$w = Y\cos\alpha x \tag{3}$$

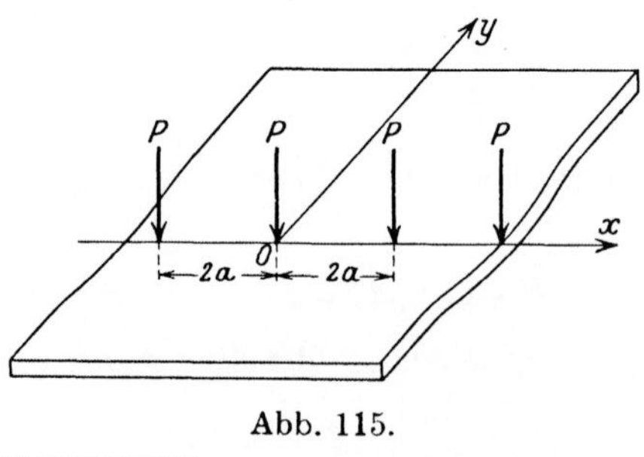

Abb. 115.

---

[1]) Om Beregning af Plader paa elastisk Underlag med særligt Heublik paa Sporgsmaalet om Spændinger i Betonveje. Ingenioren 32, **Nr. 42**, 1923. Kobenhavn.

aufzustellen. Führt man (3) in (2) ein, so erhält man für die Funktion Y die totale Differentialgleichung

$$Y^{(4)} - 2\,\alpha\,Y'' + (\alpha^4 + \lambda^4)\,Y = 0. \tag{4}$$

Sie ergibt mit $Y = e^{\delta y}$ für den Beiwert δ die Bestimmungsgleichung

$$(\alpha^2 - \delta^2)^2 + \lambda^4 = 0. \tag{5}$$

Setzt man zur Abkürzung

$$\beta = \sqrt{\frac{\varepsilon^2 + \alpha^2}{2}}, \qquad \gamma = \sqrt{\frac{\varepsilon^2 - \alpha^2}{2}} \quad \text{und} \quad \varepsilon^4 = \alpha^4 + \lambda^4, \tag{6}$$

so lassen sich die Wurzeln der Gl. (5) wie folgt schreiben:

$$\delta = \beta + i\gamma, \quad -\beta + i\gamma, \quad \beta - i\gamma, \quad -\beta - i\gamma. \tag{7}$$

Wir erhalten demgemäß den Satz von Funktionen

$$Y = e^{\beta y} \cos \gamma y, \quad e^{-\beta y} \cos \gamma y, \quad e^{\beta y} \sin \gamma y, \quad e^{-\beta y} \sin \gamma y,$$

oder auch

$$Y = \mathfrak{Cof}\,\beta y \cos \gamma y, \quad \mathfrak{Sin}\,\beta y \cos \gamma y, \quad \mathfrak{Cof}\,\beta y \sin \gamma y, \quad \mathfrak{Sin}\,\beta y \sin \gamma y,$$

mit deren Hilfe sich die mannigfachsten Fälle hinsichtlich der Grenzbedingungen erledigen lassen.

Für eine Platte mit einer Einzelkraftreihe genügt es die Funktionen

$$w = w_0 + \Sigma A_n \cos \alpha_n x \, (c_n \cos \gamma_n y + b_n \sin \gamma_n y)\, e^{-\beta y} \quad \text{für } y \gtreqless 0 \tag{8}$$

heranzuziehen. Wir haben hier den Zahlen α, β, γ gleich Zeiger n angehängt, um ihre Abhängigkeit von einer Zahl n auszudrücken. Unter w_0 ist eine weitere Lösung der Gl. (2) zu verstehen, die wir sogleich aufstellen werden.

Die Festwerte A_n und $\alpha_n, \beta_n, \gamma_n$ lassen sich aus den Grenzbedingungen auf der Seite $y = 0$ der Halbebene $y > 0$ bestimmen Man hat zunächst aus Gründen der Symmetrie für

$$\alpha_n = \frac{n\pi}{a}, \qquad (n = 1, 2, 3, \ldots)$$

zu nehmen. Die Summe in (8) genügt der einen Grenzbedingung

$$y = 0, \quad \frac{\partial w}{\partial y} = 0, \quad \text{wenn man}$$

$$b_n = \beta_n, \qquad c_n = \gamma_n$$

wählt. Durch die zweite Grenzbedingung wird auszudrücken sein, daß die Scherkräfte der Platte in der Geraden $y = 0$ für die positive Halbebene einen Lastenzug aus lauter gleichen Kräften $P/2$ bilden müssen. Man berechnet aus Gl. (8) auf $y = 0$ für die Scherkräfte den Ausdruck

$$p_y = -N\frac{\partial \Delta w}{\partial y} = -N\frac{\partial \Delta w_0}{\partial y} - 2N\Sigma A\beta\gamma(\beta^2 + \gamma^2)\cos\alpha x \qquad (9)$$

und hat andererseits für den Lastenzug die Reihe

$$p_y = -\frac{P}{2a}\left(\frac{1}{2} + \Sigma\cos\alpha x\right). \qquad (10)$$

Die beiden Entwicklungen stimmen miteinander überein, wenn man

$$N\frac{\partial \Delta w_0}{\partial y} = \frac{P}{4a} = \text{konst.}, \qquad A_n = \frac{P}{4aN\beta\gamma(\beta^2 + \gamma^2)}$$

wählt. Letzterer Wert vereinfacht sich, wenn man berücksichtigt, daß nach

$$2\beta\gamma = \lambda^2, \qquad \beta^2 + \gamma^2 = \sqrt{\lambda^4 + \alpha^4}.$$

Damit ergibt sich für die elastische Fläche w der Platte der Ausdruck (für $y > 0$):

$$w = w_0 + \frac{P\lambda^2}{2ac}\sum_n \frac{e^{-\beta_n y}}{\sqrt{\lambda^4 + \alpha_n^4}}(\beta_n\sin\gamma_n y + \gamma_n\cos\gamma_n y)\cos\alpha_n x \qquad (11)$$

$$(n = 1, 2, 3, \ldots).$$

Es erübrigt sich noch w_0 anzugeben. Gl. (9) und (10) zeigen, daß w_0 die von x unabhängige Lösung der Differentialgleichung (2) ist, die auf der Geraden $y = 0$ $\partial w_0/\partial y = 0$ und eine gleichförmig verteilte Last $p = P/4a$ ergibt. Sie ist

$$w_0 = \frac{P\lambda}{4\sqrt{2}\,ac}\,e^{-\frac{\lambda y}{\sqrt{2}}}\left(\sin\frac{\lambda y}{\sqrt{2}} + \cos\frac{\lambda y}{\sqrt{2}}\right).$$

Die Aufgabe ist damit gelöst. Wir stellen der Übersicht halber die in der Reihe (11) vorkommenden Beiwerte zusammen:

$$\alpha_n = \frac{n\pi}{a}, \qquad \lambda^4 = \frac{c}{N}, \qquad 2\beta_n^2 = \sqrt{\alpha_n^4 + \lambda^4} + \alpha_n^2,$$

$$2\gamma_n^2 = \sqrt{\alpha_n^4 + \lambda^4} - \alpha_n^2.$$

$\alpha, \beta, \gamma, \lambda$ sind alles wesentlich positive Größen von der Dimension einer reziproken Länge, c ist die Nachgiebigkeitsziffer der Bettung, N die Plattensteifigkeit.

Die größte Durchbiegung der Platte ergibt sich unterhalb der Angriffspunkte P (z. B. im Punkte $x = y = 0$) gleich

$$f = \frac{P\lambda}{2\sqrt{2}\,ac}\left[\frac{1}{2} + \lambda\sum_n\sqrt{\frac{\sqrt{\alpha_n^4 + \lambda^4} - \alpha_n^2}{\alpha_n^4 + \lambda^4}}\right], \qquad (n = 1, 2, 3, \ldots)$$

Man kann aus dieser Summe einen bemerkenswerten Grenzfall ableiten, nämlich den Grenzwert für den Biegungspfeil einer unendlich ausgedehnten Platte auf nachgiebiger Unterlage, die nur eine Einzelkraft P trägt, wenn man die Entfernung $2a$ der Einzelkräfte P unbegrenzt wachsen läßt. Die Summe geht dann in ein bestimmtes Integral über, während das vor ihr stehende Glied mit $^1/_2$ wegen des vor der Klammer stehenden Faktors $1/a$ den Betrag Null liefert:

$$f = \frac{P\lambda^2}{\sqrt{8\,c\pi}} \cdot \sum \sqrt{} \cdot \frac{\pi}{a} = \frac{P\lambda^2}{\sqrt{8\,c\pi}} \int_0^\infty \sqrt{\frac{\sqrt{\lambda^4 + \alpha^4} - \alpha^2}{\lambda^4 + \alpha^4}}\, d\alpha.$$

Das Integral läßt sich, wie Westergaard bemerkt hat, vermöge der Substitution $\alpha^2 = \dfrac{1}{2\,u\,\sqrt{u^2 + 1}}$ auf die Form

$$\frac{1}{\sqrt{2}} \int_0^\infty \frac{du}{1 + u^2} = \frac{\pi}{2\sqrt{2}}$$

bringen und es ergibt sich für f in der Grenze in diesem Falle

$$f = \frac{P\lambda^2}{8\,c}.$$

Der erhaltene Ausdruck für den größten Biegungspfeil einer unter einer Einzelkraft P verbogenen, unbegrenzten Platte auf nachgiebiger Unterlage stimmt mit einer von Heinrich Hertz auf ganz anderem Wege für diesen Belastungsfall abgeleiteten Formel überein[1]).

Die größte Bodenpressung unterhalb der Platte ist gleich

$$p = cf;$$

im Hertzschen Sonderfall:

$$p = \frac{P\lambda^2}{8} = \frac{P}{8} \sqrt{\frac{12\,c\,(1 - \nu^2)}{E\,h^3}}$$

(c = Bettungszahl, E Elastizitätsmodul, h Dicke der Platte, ν Querdehnungszahl).

Bei der Anwendung der Differentialgleichung muß stillschweigend vorausgesetzt werden, daß die Durchbiegungen w nirgends ihr Vorzeichen ändern, da ja dann die von der Unterlage ausgeübten Kräfte ihr Vorzeichen wechseln würden. Da die Durchbiegungen gewöhnlich

---

[1]) Mit diesem Belastungsfall beschäftigte sich ausführlich A. Föppl im 5. Bd. seiner Vorl. üb. techn. Mechanik.

mit zunehmendem Abstand der Einzelkraft rasch abnehmen, wird man eine Lösung der Gl. (2) wohl noch gebrauchen dürfen, wenn sie gegen diese Forderung an den Stellen kleiner Durchbiegungen verstoßen sollte.

47. Die Plattengleichungen in Polarkoordinaten. Die Randwertaufgabe der kreisförmigen Platte.

In den Fällen der Biegung von Platten, welche durch zwei konzentrische Kreisbögen und zwei im Mittelpunkt der Kreise sich schneidenden geraden Linien begrenzt sind, wird man anstatt der rechtwinkeligen Koordinaten x, y, Polarkoordinaten r, α benutzen. Der Kreis, der Kreisring und der Kreisausschnitt ergeben sich als Sonderfälle dieses Grundgebietes. Ein außerhalb der Mittelebene der Platte gelegener Punkt P wird durch die Koordinaten r, α und z gegeben, wo mit z die Entfernung des Punktes P von der Mittelebene bezeichnet wird.

Um die Ausdrücke für die Spannungsmomente und für die Scherkräfte mit Rücksicht auf die unabhängigen Veränderlichen r, α abzuleiten, betrachten wir die Formänderungen, welche ein aus der Platte durch zwei benachbarte Zylinderschnitte $r =$ konst. und zwei

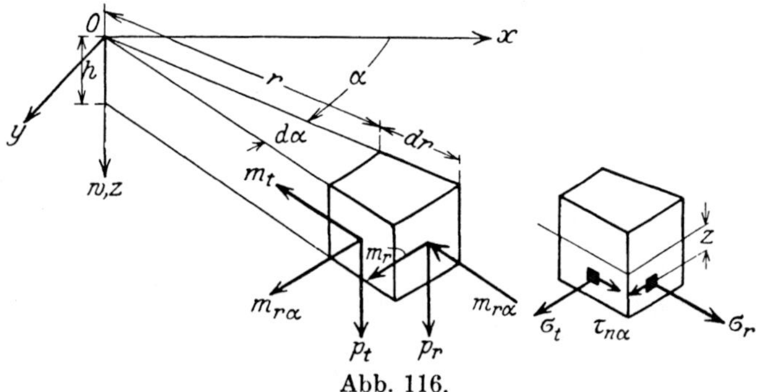

Abb. 116.

Meridianebenen $\alpha =$ konst. herausgeschnittenes Element (Abb. 116) erleidet. Wenn die Mittelebene der Platte spannungslos ist, überträgt der Zylinderschnitt $r =$ konst. ein („radiales") Biegungsmoment m_r, ein Scherungsmoment $m_{r\alpha}$ und eine Scherkraft p_r senkrecht zur Mittelebene auf der Längeneinheit. In den Meridianschnitten $\alpha =$ konst. wirken entsprechend ein („tangentiales") Biegungsmoment m_t, ein Drillungsmoment $m_{r\alpha}$ und eine Scherkraft p_t. Die positiven Richtungen dieser auf die Längeneinheit der Schnittbreite bezogenen Momente und Kräfte sind aus der Abb. 116 zu ersehen.

Die Neigung der Tangentialebene der elastischen Fläche $w = f(r, \alpha)$ ist gegeben durch $\dfrac{\partial w}{\partial r}$ in der Richtung des Halbmessers r und durch $\dfrac{\partial w}{r\,\partial \alpha}$ senkrecht zu ihm. Ein Element der Platte, das sich in der Entfernung z von der Mittelebene befindet, wird wegen der Krümmung des Elementes in Richtung des Halbmessers r um den Betrag

$$\varepsilon_r = -z\,\frac{\partial^2 w}{\partial r^2} \tag{1}$$

gedehnt. Bei der Berechnung der spez. Dehnung ε_t in der dazu senkrechten Richtung ist zu beachten, daß sich die Länge eines Bogenelementes des Kreises $r =$ konst. in der Entfernung z von der Mittelebene wegen der Neigung $\dfrac{\partial w}{\partial r}$ des Elementes ein wenig verkürzt. Die Verkürzung ist mit einer Dehnung $-\dfrac{z}{r}\dfrac{\partial w}{\partial r}$ verbunden. Zu ihr kommt die von der Krümmung des Elementes hinzu: $-z\,\dfrac{\partial^2 w}{r^2\,\partial \alpha^2}$, so daß die Dehnung ε_t in Richtung des Umfanges im ganzen gleich

$$\varepsilon_t = -z\left(\frac{1}{r}\frac{\partial w}{\partial r} + \frac{1}{r^2}\frac{\partial^2 w}{\partial \alpha^2}\right) \tag{2}$$

ist. Diese Dehnungen erzeugen in den Normalschnitten der Platte in der Entfernung z von der Mittelebene die spezifischen Normalspannungen

$$\sigma_r = \frac{E}{1-\nu^2}(\varepsilon_r + \nu\,\varepsilon_t) = -\frac{zE}{1-\nu^2}\left[\frac{\partial^2 w}{\partial r^2} + \nu\left(\frac{1}{r}\frac{\partial w}{\partial r} + \frac{1}{r^2}\frac{\partial^2 w}{\partial \alpha^2}\right)\right],$$

$$\sigma_t = \frac{E}{1-\nu^2}(\varepsilon_t + \nu\,\varepsilon_r) = -\frac{zE}{1-\nu^2}\left[\nu\frac{\partial^2 w}{\partial r^2} + \frac{1}{r}\frac{\partial w}{\partial r} + \frac{1}{r^2}\frac{\partial^2 w}{\partial \alpha^2}\right]. \tag{3}$$

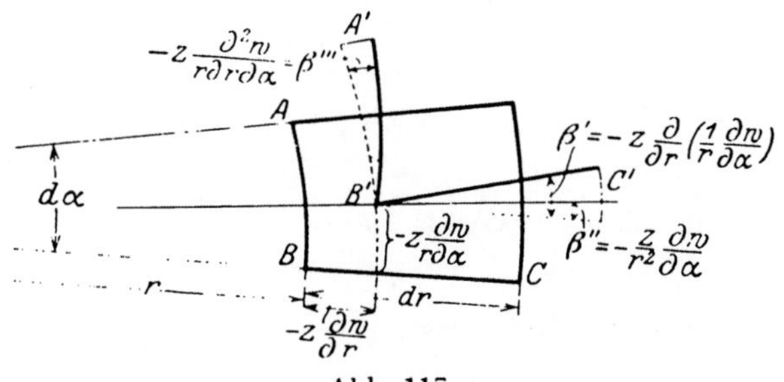

Abb. 117.

Schließlich ist die spezifische Schiebung $\gamma_{r\alpha}$ oder die Änderung des rechten Winkels der Flächen $r =$ konst. und $\alpha =$ konst. in der Höhe z anzugeben. Wir vergleichen an Hand der Abb. 117 die Lage ihres Schnittes mit der zur Mittelebene parallelen Ebene $z =$ konst. vor (A, B, C) und nach $(A'\,B'\,C')$ der Biegung der Platte.

Die Änderung des rechten Winkels bei B setzt sich aus drei Anteilen β', β'', β''' zusammen. Aus der Abb. 117 ist zu entnehmen,

daß $\beta' = - z\dfrac{\partial}{\partial r}\left(\dfrac{1}{\partial r}\dfrac{\partial w}{\partial \alpha}\right)$, $\beta'' = - \dfrac{z}{r^2}\dfrac{\partial w}{\partial \alpha}$ und $\beta''' = - z\dfrac{\partial^2 w}{r\,\partial r\,\partial \alpha}$ und

$$\gamma_{r\alpha} = \beta' - \beta'' + \beta''' = - z\left[\dfrac{\partial}{\partial r}\left(\dfrac{1}{r}\dfrac{\partial w}{\partial \alpha}\right) - \dfrac{\partial w}{r^2\,\partial \alpha} + \dfrac{\partial^2 w}{r\,\partial r\,\partial \alpha}\right], \tag{4}$$

woraus

$$\gamma_{r\alpha} = - 2\,z\,\dfrac{\partial}{\partial r}\left(\dfrac{1}{r}\dfrac{\partial w}{\partial \alpha}\right). \tag{5}$$

Diese spez. Schiebung wird durch eine Schubspannung

$$\tau_{r\alpha} = - 2\,G\,z\cdot\dfrac{\partial}{\partial r}\left(\dfrac{1}{r}\dfrac{\partial w}{\partial \alpha}\right) \tag{6}$$

erzeugt.

Die Differentialausdrücke für die Schubspannungen τ_{rz} und τ_{tz} können in ganz ähnlicher Weise aufgestellt werden, wie die für die Schubspannungen τ_{xz} und τ_{yz} in rechtwinkeligen Koordinaten. Wir begnügen uns damit, jetzt gleich die Grundformeln für die Momente und für die Scherkräfte anzugeben, die man erhält, wenn man mit Hilfe der Formeln für $\sigma_r, \sigma_t, \ldots$ die Integrale bildet. Sie lauten in Polarkoordinaten r und α ausgedrückt für

das radiale Biegungsmoment . . $\quad m_r = - N\left[\dfrac{\partial w}{\partial r^2} + \nu\left(\dfrac{\partial w}{r\,\partial r} + \dfrac{\partial w}{r^2\,\partial \alpha^2}\right)\right]$

das tangentiale Biegungsmoment $\quad m_t = - N\left[\nu\dfrac{\partial^2 w}{\partial r^2} + \dfrac{\partial w}{r\,\partial r} + \dfrac{\partial^2 w}{r^2\,\partial \alpha^2}\right],$ $\tag{7}$

das Scherungsmoment . . . . . $\quad m_{rt} = -(1 - \nu)\,N\dfrac{\partial}{\partial r}\left(\dfrac{1}{r}\dfrac{\partial w}{\partial \alpha}\right), \tag{8}$

die Scherkraft im Schnitt $r =$ konst. $\quad p_r = - N\dfrac{\partial \varDelta w}{\partial r},$

die Scherkraft im Schnitt $\alpha =$ konst. $\quad p_t = - N\dfrac{\partial \varDelta w}{r\,\partial \alpha}. \tag{9}$

Der Laplacesche Operator nimmt jetzt wegen $m_r + m_t = -(1 + \nu)\,N\varDelta w$ die Form

$$\varDelta w = \dfrac{\partial^2 w}{\partial r^2} + \dfrac{1}{r}\dfrac{\partial w}{\partial r} + \dfrac{1}{r^2}\dfrac{\partial^2 w}{\partial \alpha^2} \tag{10}$$

an und die Gleichgewichtsbedingung der Scherkräfte

$$\frac{\partial (r\,p_r)}{\partial r} + \frac{\partial p_t}{\partial \alpha} + p\,r = 0 \tag{11}$$

liefert mit (9) wieder die Plattengleichung

$$\Delta\,\Delta w = \frac{p}{N}, \tag{12}$$

wo p den Druck auf der Seitenfläche $z = -\,h/2$ und N die Plattensteifigkeit bedeuten.

Man verschafft sich ein sehr allgemeines System von Lösungen der homogenen Gleichung $\Delta\,\Delta w = 0$ in den Polarkoordinaten $r,\,\alpha$, wenn man $u = \Delta w = R \cdot \Phi$ setzt, wo R eine Funktion von r und Φ eine von α allein ist. Man hat

$$\Delta u = \left(R'' + \frac{R'}{r}\right)\Phi + \frac{R}{r^2}\cdot\Phi'' = 0, \tag{13}$$

woraus

$$\frac{R'' + R'/r}{R/r^2} = -\frac{\Phi''}{\Phi} = \pm\,k^2 = \text{konst.} \tag{14}$$

Im Falle des positiven Zeichens:

$$r^2\,R'' + r\,R' - k^2\,R = 0, \qquad \Phi'' + k^2\,\Phi = 0,$$

woraus $\quad R = r^k,\ r^{-k}, \qquad\qquad \Phi = \sin k\,\alpha, \quad \cos k\,\alpha.$

Im Falle des negativen Vorzeichens hingegen:

$$R = \sin(k\ln r),\ \cos(k\ln r) \qquad \Phi = \mathfrak{Sin}\,k\,\alpha, \quad \mathfrak{Cof}\,k\,\alpha.$$

Damit stehen uns eine Fülle von Lösungen der homogenen Plattengleichung in Polarkoordinaten $r,\,\alpha$ zur Verfügung: erstens die Potentiale (für die bereits $\Delta w = 0$ ist):

$$w = (r^k,\,r^{-k})\,(\sin k\,\alpha,\,\cos k\,\alpha), \quad w = [\sin(k\ln r),\,\cos(k\ln r)]\,[\mathfrak{Sin}\,k\,\alpha,\,\mathfrak{Cof}\,k\,\alpha]$$

und zweitens alle Funktionen w, welche der Gleichung $\Delta w = u$ genügen, unter u eines der eben ermittelten Potentiale verstanden. Unter den Funktionen kommen gewisse Ausnahmelösungen vor, die wir hier gleich folgen lassen:

$$w = \ln r,\ \alpha,\ r^2\ln r,\ r^2\alpha,\ r\ln r\cos\alpha,\ r\ln r\sin\alpha,\ r\,\alpha\cos\alpha,\ r\,\alpha\sin\alpha.$$

Sie enthalten im Koordinatenanfangspunkt $r = 0$ Singularitäten. Solche ergeben übrigens auch beispielsweise die Funktionen $r^{-k}\sin k\,\alpha$, wenn $k > 0$ ist.

Anwendungen.

a) **Die Randwertaufgabe der vollen Kreisplatte.** Sie verlangt die Bestimmung der verbogenen Fläche w einer Platte, welche innerhalb des Kreises der homogenen Plattengleichung $\Delta\Delta w = 0$ und auf seinem Umfang vorgeschriebenen Grenzbedingungen genügt. Zur Lösung dient eine auf die ganzzahligen und positiven Potenzen von r^n beschränkte Summe:

$$w = a_0 + b_0 r^2 + \sum_{n=1}^{\infty}(a_n r^n + b_n r^{n+2})\cos n\alpha + \sum_{n=1}^{\infty}(c_n r^n + d_n r^{n+2})\sin n\alpha. \quad (15)$$

b) Eine Anwendung der vorstehenden Reihenentwicklung bezieht sich auf eine durch einen Druck $p =$ konst. oder auch durch eine Einzelkraft P in der Mitte belastete Kreisplatte, die in einzelnen Randpunkten unterstützt ist.

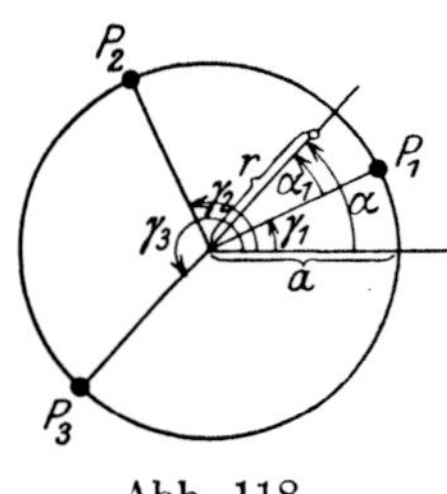

Abb. 118.

Wir wollen annehmen, daß die kreisförmige Platte in den Punkten $r = a,\ \alpha = \gamma_1,\ \dots \gamma_k$ unterstützt sei. Die in ihnen übertragenen Stützreaktionen mögen gleich $P_1,\ \dots P_k$ sein. Bei der vorausgesetzten Unterstützungsart ist der Rand zwischen den Auflagerpunkten vollkommen frei. Auf ihm müssen deshalb die radialen Biegungsmomente m_r verschwinden, wir haben als erste Grenzbedingung:

$$r = a, \qquad m_r = -N\left[\frac{\partial^2 w}{\partial r^2} + \nu\left(\frac{1}{r}\frac{\partial w}{\partial r} + \frac{1}{r^2}\frac{\partial^2 w}{\partial \alpha^2}\right)\right] = 0. \quad (16)$$

Die zweite Grenzbedingung bezieht sich auf die Scherkräfte. Eine im Punkte $r = a,\ \alpha = \gamma_i$ übertragene Einzelkraft P_i wird durch die schon wiederholt benutzte Reihe[1]

$$= \frac{P_i}{\pi a}\left(\frac{1}{2} + \sum_{n=1}^{\infty}\cos n\,\alpha_i\right) \qquad \alpha_i = \alpha - \gamma_i \quad (17)$$

dargestellt. Wenn wir die Gesamtlast, die die Platte in ihrem Innern $r < a$ aufzunehmen hat, mit P bezeichnen und die Stützreaktionen $P_i = \lambda_i P$ Bruchteilen von P gleich setzen, lauten die Gleichungen für das Gleichgewicht der Kräfte P und P_i

$$\sum_i \lambda_i \cos\gamma_i = 0, \qquad \sum_i \lambda_i \sin\gamma_i = 0, \qquad \sum_i \lambda_i = 1. \quad (18)$$

Der Ausdruck von k konzentrierten Kräften $P_1,\ \dots P_k$, die in den Punkten $\alpha = \gamma_1,\ \dots \gamma_k$ des Umfanges $r = a$ angreifen, wird aus (17) durch Summation von $i = 1$ bis $i = k$ erhalten:

$$\frac{P}{\pi a}\left[\frac{1}{2}\sum_1^k \lambda_i + \sum_{n=1}^{\infty}\sum_{i=1}^{k}\lambda_i \cos n\gamma_i\right] \quad (19)$$

---

[1] S. 83, Gl. (62).

und der von k konzentrierten Kräften $P_1, \ldots P_k$, die im Gleichgewicht mit einer über dem Randkreis $r = a$ gleichmäßig verteilten Ringbelastung $P = \sum\limits_i P_i$ stehen, ist

$$\frac{P}{\pi a} \sum_{n=1}^{\infty} \sum_{i=1}^{k} \lambda_i \cos n \gamma_i. \tag{20}$$

Um die Bedingung der Punktstützung auf dem Kreis $r = a$ zum Ausdruck zu bringen, haben wir die durch die Ersatzscherkräfte $\dfrac{\partial m_{r\alpha}}{r\,\partial \alpha}$ ergänzten Scherkräfte gleich

$$q_r = p_r + \frac{\partial m_{r\alpha}}{r\,\partial \alpha} = -\frac{P}{\pi a}\left[\frac{1}{2}\sum_1^k \lambda_i + \sum_{n=1}^{\infty}\sum_{i=1}^{k}\lambda_i \cos n\gamma_i\right] \tag{21}$$

zu setzen. Das Minuszeichen mußte vorgesetzt werden, weil $q_r < 0$ ist, wenn der Druck p oder die Einzelkraft P in der Richtung der positiven Durchbiegungen w wirken.

Setzt man die elastische Fläche w aus zwei Anteilen

$$w = w' + w'' \tag{22}$$

zusammen und versteht unter w' die verbogene Fläche einer auf ihrem Rande $r = a$ auf ebener Unterlage gleichmäßig und frei aufliegenden Kreisplatte, die eine der oben erwähnten Belastungen trägt, d. h. entweder die elastische Fläche

$$w' = \frac{P}{64\,\pi\,N}\left[\frac{(5+\nu)a^2 - 2(3+\nu)r^2}{1+\nu} + \frac{r^4}{a^4}\right], \tag{23}$$

wenn die Kreisplatte durch einen gleichförmig verteilten Druck p belastet ist, oder

$$w' = \frac{P}{8\,\pi\,N}\left[\frac{3+\nu}{2(1+\nu)}(a^2 - r^2) - r^2 \ln\frac{a}{r}\right], \tag{24}$$

wenn sie eine Einzelkraft P in der Mitte trägt, so ist der zweite Anteil w'' aus $\Delta\Delta w'' = 0$ mit den Randbedingungen

$$r = a, \quad m_r = 0, \quad q_r = -\frac{P}{\pi a}\sum_{n=1}^{\infty}\sum_{i=1}^{k}\lambda_i \cos n\alpha_i \tag{25}$$

zu bestimmen.

An Hand dieser Bedingungen und der Reihe (15) lassen sich in den einfachen Fällen der Stützung in einzelnen Randpunkten die Beiwerte in (15) unschwer ermitteln. So ergibt sich beispielsweise die verbogene Mittelfläche einer kreisförmigen Platte, die in den Endpunkten eines Durchmessers unterstützt ist:

$$w = w'$$

$$+ Q\left\{c - \sum_n \left[\frac{1}{(n-1)n} + \frac{2(1+\nu)}{1-\nu}\cdot\frac{1}{(n-1)n^2} - \frac{\varrho^2}{n(n+1)}\right]\varrho^n \cos n\alpha\right\} \tag{26}$$

Hier bedeuten w' eine der Funktionen (23) oder (24), $Q = P a^2 / 2\pi (3+\nu) N$, P die auf der Platte ruhende Gesamtlast, a ihren Halbmesser, ν die Querdehnungszahl, N die Plattensteifigkeit, c eine Konstante, die

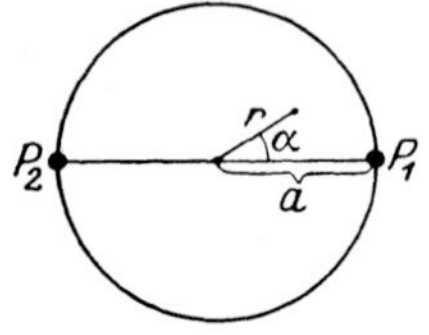

$$= 2 \ln 2 - 1 + \frac{1+\nu}{1-\nu}\left(2 \ln 2 - \frac{\pi^2}{12}\right)$$

ist und $n = 2, 4, 6, \ldots$; ϱ steht zur Abkürzung für $\varrho = r/a$.

Abb. 119.

Die in den Endpunkten eines Durchmessers unterstützte, gleichmäßig belastete Kreisplatte hat die Durchbiegung:

in der Mitte $(r = 0)$: $w = 0{,}269\, p\, a^4/N$,

in der Mitte des freien Randes $(\alpha = \pi/2,\ r = a)$: $w = 0{,}371\, p\, a^4/N$.

Die in der gleichen Weise unterstützte, jedoch in ihrem Mittelpunkt durch eine Einzelkraft P belastete Kreisplatte hat die Durchbiegungen

im Mittelpunkt:

$$w = 1{,}31\, P a^2 / E h^3,$$

in der Mitte zwischen den Stützpunkten auf dem freien Rand:

$$w = 1{,}33\, P a^2 / E h^3.$$

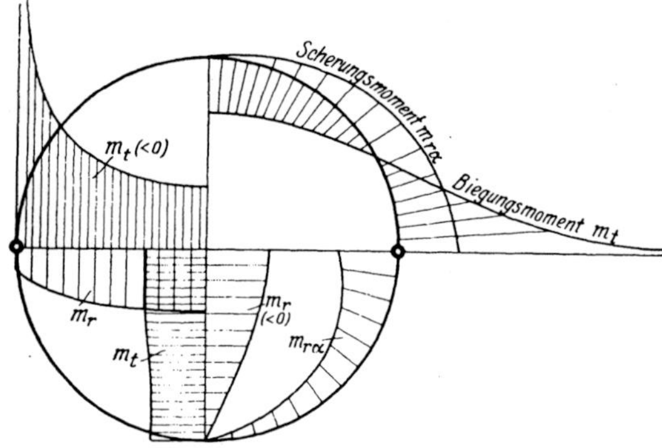

Abb. 120. Biegungsmomente für eine Kreisplatte mit freiem Rand. Die Platte trägt auf ihrem Randkreis eine gleichmäßig verteilte Ringbelastung und ist in den Endpunkten eines Durchmessers unterstützt.

Die Abb. 120 gibt die Spannungsverteilung einer Kreisplatte wieder, die auf ihrem Randkreis eine gleichmäßig verteilte Ringbelastung P trägt und in den Endpunkten eines Durchmessers unterstützt ist. Sie wird über den Auflagerpunkten am stärksten beansprucht[1]).

Die Abb. 121, 122 deuten einige weitere Belastungsfälle an, die sich mit Hilfe der Funktion (15) erledigen lassen.

Wenn die Stützpunkte die Ecken eines in den Kreis $r = a$ eingeschriebenen gleichseitigen Dreiecks bilden, ist der Biegungspfeil in der Mitte

$$0{,}754 \cdot P a^2 / E h^3 \quad \text{(Einzelkraft)},$$

$$0{,}307 \cdot P a^2 / E h^3 \quad \text{(gleichförmiger Druck } P/\pi a^2).$$

---

[1]) Einige weitere vom Verfasser durchgerechnete Beispiele sind in der Phys. Z. 22, S. 366, 1922 zu finden.

Wenn zur Lösung (26) eine zweite elastische Fläche derselben Art hinzugenommen wird, deren Einzelkräfte jedoch in einem anderen Durchmesser wirken, ergeben sich die Biegungsfälle einer kreisförmigen Platte, die in vier Randpunkten aufliegt. Damit ist beispielsweise die statisch unbestimmte Aufgabe der Bestimmung der Auflagerreaktionen eines kreisrunden vierbeinigen Tisches mit ungleich langen Beinen gelöst, der im Mittelpunkt ein Gewicht trägt. Ein eigenartiger Sonder-

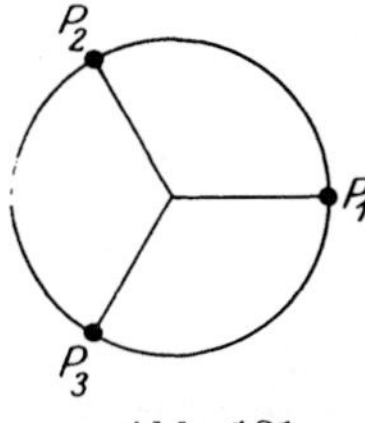

Abb. 121.

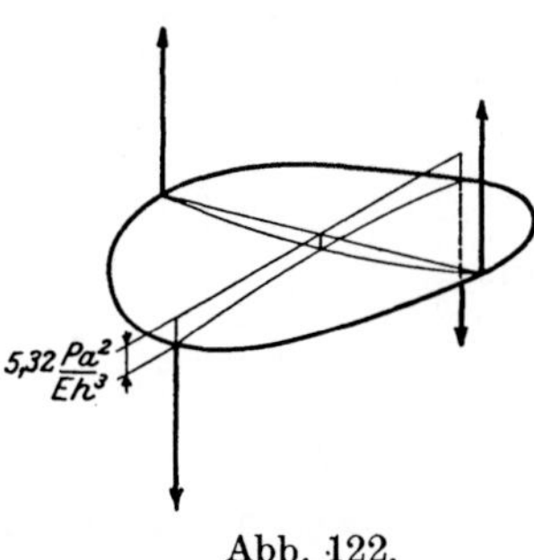

Abb. 122.

fall ergibt sich, wenn die vier Einzelkräfte, wie in Abb. 122 angedeutet, angreifen.

c) Der gleichmäßig belastete Kreisausschnitt. Wenn auf den beiden Geraden des Kreisausschnittes $w = 0$ und $\Delta w = 0$ sind, ist die elastische Fläche w darstellbar durch die Summe:

$$w = \sum R(r) \cdot \sin k\alpha = \sum (a_k r^k + b_k r^{k+2} + c_k r^4) \sin k\alpha. \qquad (27)$$

Wenn die Platte einen Ausschnitt aus einem Kreise vom Halbmesser a und dem Zentriwinkel β bildet und durch einen Druck $p = \text{konst.}$ belastet ist, sind

$$k = \frac{n\pi}{\beta}, \qquad c_k = \frac{4p}{\pi N} \cdot \frac{1}{n} \cdot \frac{1}{(k^2 - 4)(k^2 - 16)}, \qquad (n = 1, 3, 5, \ldots). \qquad (28)$$

Die Festwerte a_k, b_k können noch verschiedenen Grenzbedingungen auf dem Kreis $r = a$ angepaßt werden. Wenn beispielsweise die Platte im Kreise $r = a$ eingespannt ist, folgen ihre Werte aus den Bedingungen $r = a$, $w = 0$, $\dfrac{\partial w}{\partial r} = 0$ oder $R = 0$, $R' = 0$

$$a_k = -\frac{k-2}{2}\, c_k a^{4-k}, \qquad b_k = \frac{k-4}{2}\, c_k a^{2-k}. \qquad (29)$$

Das Summenglied $c_k r^4 \sin k\alpha$ hat in seiner Konstanten c_k zwei Differenzen im Nenner. Wenn $k = 2$ oder $k = 4$ ist, wird es unbrauchbar. Es tritt dann ein logarithmisches Glied in die Summe ein. Für den Halbkreis mit eingespanntem Kreisumfang ergibt sich mit $\beta = \pi$ und wenn man $\varrho = r/a$ setzt die elastische Fläche[1])

$$w = \frac{4pa^4}{\pi N}\left\{\left(\frac{\varrho}{90} - \frac{\varrho^3}{30} + \frac{\varrho^4}{45}\right)\sin\alpha + \left(\frac{\varrho^3}{210} + \frac{\varrho^5}{210} - \frac{\varrho^4}{105}\right)\sin 3\alpha + \left(-\frac{\varrho^5}{630} + \frac{\varrho^7}{1890} + \frac{\varrho^4}{945}\right)\sin 5\alpha + \cdots\right\} \qquad (3$$

---

[1]) Z. V. d. I. 1915, S. 169. Daselbst weitere Fälle.

d) **Kreisplatte mit exzentrisch angreifender Einzelkraft.**
Ihre Lösung mit Hilfe von Reihenentwickelungen hat A. Föppl[1])
angegeben. E. Melan[2]) verwendete orthogonale Kreiskoordinaten ξ, η,
um sie darzustellen. Man verschafft sich diese Koordinaten aus den
rechtwinkeligen x, y vermöge der Transformation:

$$x + iy = a\frac{e^{\xi+i\eta} - 1}{e^{\xi+i\eta} + 1},$$

woraus

$$x = a\frac{\mathfrak{Sin}\,\xi}{\mathfrak{Cof}\,\xi + \cos\eta}, \qquad y = a\frac{\sin\eta}{\mathfrak{Cof}\,\xi + \cos\eta}.$$

48. Versuche mit kreisförmigen Glasplatten.

Unter den in der vorigen Nummer behandelten Biegungsfällen
der in einzelnen Punkten unterstützten kreisförmigen Platten eignen
sich zu einer Überprüfung der Voraussetzungen der Plattentheorie
besonders die Formänderungszustände der in zwei oder in drei
Punkten unterstützten Platten, die zu einem statisch bestimmten
System der Auflagerreaktionen gehören. Der Verfasser hat mit derart unterstützten Platten aus Glas, die in ihrer Mitte durch ein
Gewicht belastet werden konnten, Elastizitätsversuche gemacht[3]). Die
Ausübung und die Messung der Kraft geschah mit einer Tafelwage
von 20 kg. Die kreisförmigen Platten wurden aus fehlerfreien und
möglichst ebenen und gleich starken Scheiben Fensterglas herausgeschnitten. Ihre Dicke schwankte merklich (um einige Hundertstel
Millimeter), weshalb eine Ausgleichung der Dickenmessung aus
mindestens acht Beobachtungen entlang des Umfanges vorgenommen
wurde. Die Platten hatten einen Durchmesser von 204 mm, die
Auflagerpunkte (einstellbare Spitzen aus Eisen) lagen auf einem Kreis
von rund 200 mm Durchmesser. Ein durch drei Säulen gehaltener
massiver Eisenring diente zur Befestigung der Eisenspitzen. Die
Bewegungen der Platte übertrugen sich durch einen in ihrem Mittelpunkt aufgesetzten leichten Fühlstift auf einen Messinghebel von
45 mm Länge, dessen Verdrehung mit Spiegel und Fernrohr auf einer
Skala beobachtet wurde. Die Übersetzung des Geräts war 1 : 50.

---

[1]) Berichte der Bayr. Akad. d. W. 1912, S. 155.
[2]) Der Eisenbau, Bd. 11, S. 190. Leipzig 1920.
[3]) Die Versuche sind im Institut für angewandte Mechanik der Universität
Göttingen im Anschluß an die später zu besprechenden Versuche mit kreisförmigen Stahlplatten von großer Ausbiegung gemacht worden. Dem Direktor
des Institutes, Herrn Prof. Ludwig Prandtl, dankt der Verfasser herzlich
für ihre Förderung, der Jubiläumsstiftung der deutschen Industrie für
die freundliche Gewährung der Mittel.

Um die in zwei Punkten unterstützten Platten gegen das Kippen zu sichern, wurde statt der einen Spitze eine kurze Schneide benutzt.

Der Elastizitätsmodul E des Glases wurde ähnlich, wie dies bei den Versuchen mit kreisförmigen Platten aus Eisen von A. Föppl[1]) geschehen war, aus Biegungsversuchen mit schmalen Streifen ermittelt. Es wurden drei Streifen unter einer Einzelkraft in der Mitte und drei Streifen in reiner Biegung untersucht.

Die Biegungsversuche mit den Streifen und mit den in zwei, beziehungsweise in drei Punkten unterstützten Kreisplatten zeigten praktisch eine völlige Linearität zwischen der Durchbiegung und der Kraft. Ein zeitlicher Einfluß, der bekanntlich bei Versuchen mit Glas festgestellt ist, machte sich während der kurzen und gleich gehaltenen Dauer zwischen der Anbringung der Kraft und der Ablesung der Deformation kaum bemerkbar.

Die Biegungsversuche mit den Glasstreifen ergaben für den Elastizitätsmodul

Biegung von drei Streifen unter Einzelkraft:

723 000, 723 000, 731 000, Mittel 726 000 kg/cm².

Reine Biegung von drei Streifen:

730 000, 728 000, 733 000,

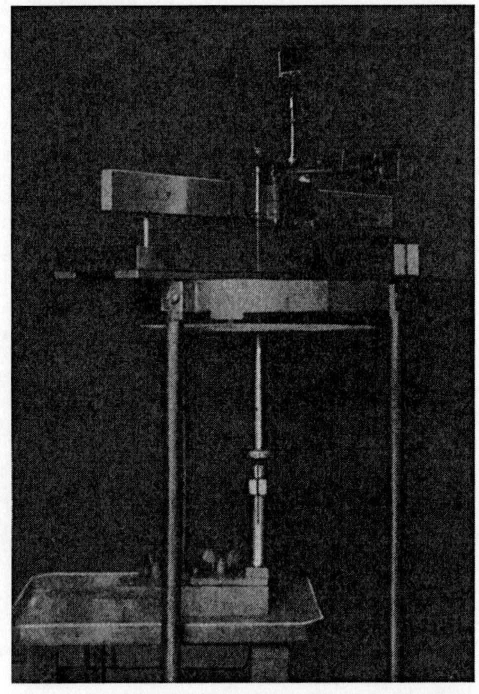

Abb. 123. Anordnung für Biegungsversuche mit in Einzelpunkten unterstützten Kreisplatten.

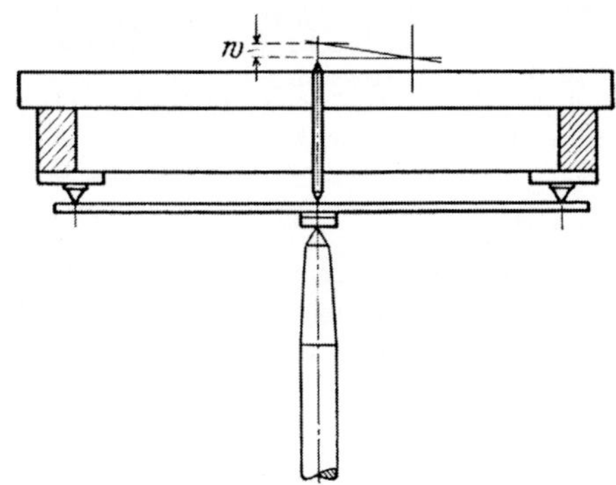

Abb. 124.

Mittel 730 000 kg/cm². Mittel aus Streifenversuchen: 738 000 kg/cm².

---

[1]) Mitt. mech.-techn. Labor. München 1900.

Die Größe der Druckfläche, innerhalb der sich die Einzelkraft auf die Platte übertrug, war von keinem Einfluß auf den Biegungspfeil. Dies wurde durch Veränderung der Größe dieser Fläche unter Benutzung von Unterlagplättchen aus Gummi mit den Durchmessern von 18, 13, 8, 3 mm festgestellt.

Bei den Platten ergab sich eine systematische Abweichung der beobachteten Biegungspfeile von den berechneten, weil die Stützpunkte nicht auf dem Begrenzungskreis lagen. Die beobachteten Werte der Durchbiegung in der Mitte der Platten mußten deshalb berichtigt und durch Extrapolation auf den äußeren Rand bei jeder Platte bezogen werden. Der Einfluß, den die Vergrößerung des Durchmessers vom Auflagerpunktkreis auf den Biegungspfeil hatte, geht aus den folgenden Zahlen hervor.

Durchmesser des Kreises der drei Auflagerpunkte:

$$18{,}02, \quad 19{,}00, \quad 20{,}00 \text{ cm}.$$

Beobachteter Biegungspfeil in der Mitte für Einzelkraft $P = 1$ kg:

$$0{,}0161, \quad 0{,}0191, \quad 0{,}0220 \text{ cm}.$$

Die Extrapolation dieser Werte auf den Randkreis vom Durchmesser 20,40 cm ergibt

$$f = 0{,}0232 \text{ cm}.$$

Der aus der Kirchhoffschen Theorie mit einer Querdehnungszahl $\nu = {}^1/_4$ berechnete Biegungspfeil der in drei, in einem gleichseitigen Dreieck gelegenen Randpunkten unterstützten Kreisplatte (s. S. 196) war

$$w = 0{,}754 \, \frac{Pa^2}{Eh^3},$$

woraus der Elastizitätsmodul

$$E = 713\,000 \text{ kg/cm}^2$$

sich ergibt. (Der Halbmesser des Randkreises war $a = 10{,}20$ cm, die mittlere Dicke der Platte betrug $h = 0{,}1677$ cm, die Einzelkraft hatte den Wert $P = 1$ kg.) Die in dieser Weise und aus den Biegungsversuchen der in zwei und in drei Punkten unterstützten und in der Mitte durch eine Einzelkraft belasteten kreisförmigen Glasplatten ermittelten Werte der Elastizitätsziffer waren:

	Platte 1	Platte 2	Platte 3	
Platte liegt in zwei Randpunkten auf	728 000	733 000	718 000	Mittel 726 000 kg/cm²
Platte liegt in drei Randpunkten auf	713 000	730 000	718 000	Mittel 720 000 kg/cm²

Mittel aus Plattenversuchen: 723 000 kg/cm².

Die Übereinstimmung der aus den Biegungsversuchen mit den Streifen und mit den kreisförmigen Platten nach der Kirchhoffschen Plattentheorie berechneten Durchbiegungen ist sehr befriedigend. Zum Vergleich ist nachzutragen, daß hier für die Poissonsche Zahl $^1/_4$, der aus sonstigen Elastizitätsversuchen mit Glas bekannte Wert angenommen wurde. Die Formeln für den Biegungspfeil der in zwei, bzw. in drei Punkten unterstützten Kreisplatten hätten ohne weiteres gestattet, auch die Querdehnungszahl ν neben dem Elastizitätsmodul als eine unbekannte Materialkonstante zu betrachten und aus den Beobachtungen zu ermitteln. Wegen der guten Übereinstimmung der obigen Näherungszahlen für E wurde von dieser genaueren Ausgleichung der Beobachtungen abgesehen.

Mit auf ihrem Umfang frei aufliegenden und in ihrer Mitte durch eine Einzelkraft belasteten Kreisplatten wurden an denselben Glasscheiben ebenfalls Versuche gemacht. Die Platten lagen auf einem kreisförmigen Grat auf, der in den Auflagerring eingedreht war. Eine Linearität zwischen den Durchbiegungen und der Kraft (vgl. die Zusammenstellung der Beobachtungen

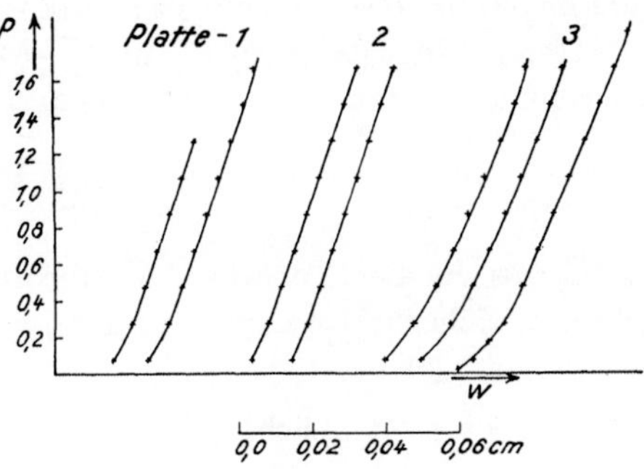

Abb. 125. Biegungsversuche mit auf ihrem Umfang freiaufliegenden Kreisplatten aus Glas.

einiger Versuche in der Abb. 125) konnte hier bei kleinen Belastungen nicht beobachtet werden, zum Zeichen, daß sich die Platten erst allmählich an ihre Unterlage anlegten. Aus der Neigung der mit der steigenden Belastung schließlich sich einstellenden mittleren Geraden ergaben sich unter der Berücksichtigung einer geringfügigen Korrektur für den überstehenden Plattenrand von 2 mm Breite aus der Formel für den Biegungspfeil der freiaufliegenden Platte

$$0{,}582 \frac{P a^2}{E h^3}$$

die mittleren Werte des Elastizitätsmoduls

Platte 1	Platte 2	Platte 3
$E = 728\,000$	$732\,000$	$706\,000$

die mit Ausnahme des letzten Wertes ebenfalls nahe zum obigen Mittelwert liegen. (Die Platte 3 war, wie durch Abklopfen auf ihrer Unterlage festgestellt werden konnte, am wenigsten eben.)

49. Die Singularitäten der Plattenbiegung.

a) **Einzelkraft, die in einem inneren Punkt angreift.** Eine Lösung w der homogenen Plattengleichung $\Delta\Delta w = 0$, welche in einem Punkte unendlich große Spannungen liefert, enthält, wie man sagt, eine Singularität. Eine derartige Lösung begegnete uns zuerst bei der in ihrem Mittelpunkt durch eine Einzelkraft P belasteten kreisförmigen Platte in der Fläche

$$w = \frac{P}{8\,\pi\,N}\, r^2 \ln\frac{r}{a}, \tag{31}$$

in der $r = \sqrt{x^2 + y^2}$ die Entfernung eines beliebigen Punktes vom Anfangspunkt des Koordinatensystems und a eine beliebige Länge bedeuten. Wie sich sofort durch Ausrechnung der zur Funktion w gehörenden Scherkräfte p_r in einem Kreise $r =$ konst.:

$$p_r = -\,N\frac{\partial\Delta w}{\partial r} = -\,\frac{P}{2\,\pi\,r} \tag{32}$$

ergibt, ist in der Tat die Mittelkraft der zur Platte senkrecht gerichteten Scherkräfte auf dem Kreise $r =$ konst.

$$2\,\pi\,r\,p_r = -\,P \tag{33}$$

einer Konstanten gleich.

b) Aus der Lösung für die Einzelkraft P kann die eines Einzelmomentes abgeleitet werden, wenn man auf die Platte zwei gleiche Kräfte in entgegengesetzter Richtung in zwei benachbarten Punkten ($x_1 = c$, $y_1 = 0$ und $x_2 = -\,c$, $y_2 = 0$) wirken und dann c bis auf Null sich verkleinern läßt. Die Platte wird durch dieses Kräftepaar

$$M_1 = 2\,Pc$$

nach der Fläche

$$w = \frac{P}{8\,\pi\,N}\left(r_1{}^2 \ln\frac{r_1}{a} - r_2{}^2 \ln\frac{r_2}{a}\right) \tag{34}$$

verbogen. Mit r_1 und r_2 sind hier die Entfernungen $Q\,P_1$ und $Q\,P_2$ eines beliebigen Punktes $Q\,(r,\alpha)$ von den Angriffspunkten P_1 und P_2 oder

$$r_1{}^2 = r^2 + c^2 - 2\,r\,c\cos\alpha, \qquad r_2{}^2 = r^2 + c^2 + 2\,r\,c\cos\alpha$$

bezeichnet. Wenn c eine kleine Größe gegen r ist, wird genau genug

$$w = \frac{P}{16\,\pi\,N}\left\{(r^2 - 2\,c\,r\cos\alpha)\ln\frac{r^2}{a^2}\left(1 - 2\,\frac{c}{r}\cos\alpha\right) - (r^2 + 2\,c\,r\cos\alpha)\ln\frac{r^2}{a^2}\left(1 + 2\,\frac{c}{r}\cos\alpha\right)\right\},$$

oder

$$w = -\,\frac{Pc}{4\,\pi\,N}\left(2\,r\cos\alpha\ln\frac{r}{a} + r\cos\alpha\right). \tag{35}$$

Das in dieser Gleichung vorkommende Glied $r \cos \alpha = x$ stellt keinen Spannungszustand dar und kann als unwesentlich fortgelassen werden. Beim Übergang zum limes $2\,Pc = M_1$ entsteht die Funktion

$$w_1 = -\frac{M_1}{4\,\pi\,N}\,r \cos \alpha \ln \frac{r}{c}. \tag{36}$$

Durch sie wird die **von einem im Koordinatenanfangspunkt angreifenden Einzelmoment M_1 verzerrte Fläche einer unbegrenzten Platte** dargestellt. Der Vektor des Momentes M_1 hat die Richtung der positiven y-Achse.

Die in ähnlicher Weise erhaltene Fläche

$$w_2 = -\frac{M_2}{4\,\pi\,N}\,r \sin \alpha \ln \frac{r}{a} \tag{37}$$

wird durch ein konzentriertes Moment M_2 mit einem zur x-Richtung parallelen Achsvektor erzeugt.

Die Überlagerung von w_1 und w_2 ergibt die Biegung einer Platte durch ein im Koordinatenanfangspunkt angreifendes Einzelmoment M von beliebiger Richtung, dessen Komponenten M_1 und M_2 sind[1]).

c) **Eine Einzelkraft in einer Ecke** läßt sich durch die Ersatzscherkräfte erzeugen, wenn von den beiden Scherungsmomenten m_1 und m_2, die in den Schenkeln 1 und 2 des Winkels wirken, mindestens das eine von Null verschieden ist. Der durch die positive x- und y-Achse begrenzte Winkelraum, dessen beide Schenkel **frei** (ohne äußere Spannungen) sind, wird durch eine im Punkte $x = y = 0$ senkrecht zur Platte und in der Richtung der positiven Durchbiegungen wirkende Einzelkraft P nach der Fläche

$$w = \frac{P x\,y}{2\,(1-\nu)\,N} \tag{38}$$

eines hyperbolischen Paraboloids verbogen (vgl. S. 40).

d) **Das Einzelmoment in einer Ecke.** Wenn das Moment M_1 in der Spitze eines Winkelraumes vom Öffnungswinkel α angreift, auf dessen Schenkeln $\varphi = \pm\dfrac{\alpha}{2}$ keine äußeren Spannungen wirken und seine Achse mit der inneren Winkelhalbierenden zusammenfällt, ist die Durchbiegung in Polarkoordinaten r und φ ausgedrückt:

$$w_1 = -\frac{M_1}{(1-\nu)\,N}\cdot\frac{2\,y \ln \dfrac{r}{a} + (1+\nu)\,x\,\varphi}{(1-\nu)\sin\alpha + (3+\nu)\,\alpha}, \tag{39}$$

---

[1]) Verwandte Funktionen hat Michell im Falle des ebenen Spannungszustandes für Einzelkräfte angegeben.

und wenn die Achse des konzentrierten Momentes M_2 senkrecht zur Winkelhalbierenden steht und mit der positiven y-Achse zusammenfällt:

$$w_2 = - \frac{M_2}{(1-\nu)N} \cdot \frac{2\,x \ln \frac{r}{a} - (1+\nu)\,y\,\varphi}{(1-\nu)\sin\alpha - (3+\nu)\,\alpha}. \tag{40}$$

Die Überlagerung von w_1 und w_2 ergibt die Biegung einer Ecke durch ein in der Spitze des Winkels angreifendes Moment M von beliebiger Richtung, dessen Komponenten M_1 und M_2 sind.

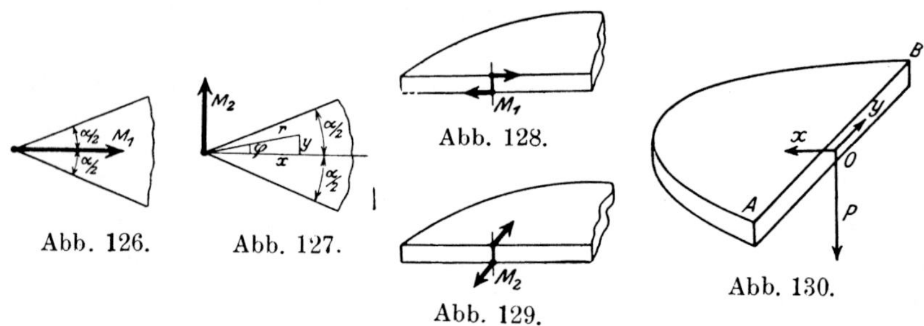

Abb. 126.　　　Abb. 127.

Abb. 128.

Abb. 129.

Abb. 130.

e) Das Einzelmoment in einem Punkte einer freien Begrenzungsgeraden. Wenn $\alpha = \pi$, wird der Winkel ein gestreckter. Es ergeben sich aus (39) und (40) mit $\alpha = \pi$ (Abb. 128):

$$w_1 = - \frac{M_1}{(1-\nu)(3+\nu)\,\pi\,N}\left(2\,y \ln \frac{r}{a} + (1+\nu)\,x\,\varphi\right) \tag{41}$$

bzw. (Abb. 129):

$$w_2 = \frac{M_2}{(1-\nu)(3+\nu)\,\pi\,N}\left(2\,x \ln \frac{r}{a} - (1+\nu)\,y\,\varphi\right). \tag{42}$$

Im ersten Falle wirkt auf der geraden Plattenkante $x = 0$ im Nullpunkt ein konzentriertes Scherungsmoment (M_1), im zweiten ein konzentriertes Biegungsmoment (M_2).

f) Schließlich gibt

$$w = \frac{P\,r^2}{2(3+\nu)\,\pi\,N}\left\{\ln \frac{r}{a} + \frac{1+\nu}{1-\nu}\left[\varphi \sin 2\varphi - \cos 2\varphi \ln \frac{r}{a}\right] + \frac{1}{1+\nu}\right\} \tag{43}$$

die Durchbiegung an, die eine in einem Punkte einer freien Begrenzungsgeraden (dem Punkte $x = y = 0$ der y-Achse angreifende Einzelkraft P in der Platte (auf der Seite $x > 0$) erzeugt (Abb. 130).

Die zugehörigen Spannungsmomente ergeben sich aus den vorstehenden Formeln nach Ausführung der vorgeschriebenen Differentiationen.

III. Die Behandlung der Aufgaben der Plattenstatik mittels der Differenzenrechnung.

50. Das Rechnen mit kleinen Differenzen.

Wenn man die Lösung der Plattengleichung nicht mit Hilfe der gewöhnlich benutzten Funktionen ausdrücken kann oder wenn es zu umständlich wäre, die erforderlichen Funktionen aufzustellen, leisten numerische Verfahren gute Dienste[1]). Man verzichtet von vornherein darauf, die elastische Fläche der Platte auf die Funktionen zurückzuführen, die in der Analysis gewöhnlich benutzt werden und beschränkt sich darauf, ihre Ordinaten und die Werte der Spannungsmomente der Platte nur durch die Operation der Addition und der Multiplikation zu bestimmen.

Zu diesem Zweck kann man sich der Differenzenrechnung bedienen. Die Ingenieure des Eisenbetonfaches H. Marcus[2]), N. J. Nielsen[3]) und Prof. H. M. Westergaard[4]) haben das Verdienst, sie in einer für die Zwecke der Plattenstatik geschickten Form benützt und gezeigt zu haben, daß sich mit ihrer Hilfe die Spannungen von Platten oft mit einer für die technischen Anwendungen bereits hinreichenden Genauigkeit berechnen lassen[5]).

Das Rechnen mit kleinen Differenzen knüpft an die in den Anfangsgründen der Differentialrechnung eingeführten Begriffe an.

---

[1]) Die numerischen Verfahren sind besonders durch C. Runge und seine Schüler entwickelt worden. Vgl. ihre zusammenfassende Darstellung in dem eben erschienenen Werk von C. Runge und H. König, „Vorlesungen über numerisches Rechnen". Berlin: Julius Springer 1924. (Bd. 11 der Sammlung „Die Grundlehren der math. Wiss.")

[2]) In seinem vor kurzem erschienenen Buch: „Die Theorie elastischer Gewebe und ihre Anwendung auf die Berechnung biegsamer Platten, unter besonderer Berücksichtigung der trägerlosen Pilzdecken." Berlin: Julius Springer 1923. 368 S.

[3]) In seiner Schrift: „Bestemmelse af Spøndiger i Plader ved Anvendelse af Differensligninger", Kopenhagen 1920. 231 S. Dissertation.

[4]) In einer mit W. A. Slater herausgegebenen Schrift: „Moments and stresses in slabs", Proc. of the american concrete institute, 17. 1921. 124 S. Auf ihre Nützlichkeit für die numerische Behandlung von Randwertaufgaben hat H. Hencky (Z. ang. Math. Mech. Bd. 1, S. 81. 1921 und Bd. 2 S. 58. 1922) an der Hand von durchgeführten Beispielen hingewiesen.

[5]) Der früh verstorbene Ingenieur Huldreich Keller hat bereits 1912 (Schweiz. Bauzg. 1913, S. 111. Z. V. d. I. 1912 und Mitt. ü. Forschungsarb., Heft 124) die Differenzenrechnung zur Lösung einer Aufgabe der Biegungstheorie der gewölbten Schalen herangezogen.

Der Unterschied $v_{k+1} - v_k$ der Werte einer Funktion v einer Veränderlichen x für zwei benachbarte Werte x_{k+1} und x_k ist ihre erste Differenz

$$\Delta v_k = v_{k+1} - v_k. \tag{1}$$

Entsprechend definiert man ihre zweite, dritte, ..., n-te Differenz nach dem Schema

$$
\begin{array}{llllll}
x_{k-2}, & v_{k-2}, \\
 & & \Delta v_{k-2}, \\
x_{k-1}, & v_{k-1}, & & \Delta^2 v_{k-2}, \\
 & & \Delta v_{k-1}, & & \Delta^3 v_{k-2}, \\
x_k, & v_k, & & \Delta^2 v_{k-1}, & & \Delta^4 v_{k-2}. \\
 & & \Delta v_k, & & \Delta^3 v_{k-1}, \\
x_{k+1}, & v_{k+1}, & & \Delta^2 v_k, \\
 & & \Delta v_{k+1}, \\
x_{k+2}, & v_{k+2},
\end{array}
\tag{2}
$$

Man erhält auf diese Weise die Ausdrücke für die erste, zweite, ... Differenz

$$
\begin{aligned}
\Delta v_k &= v_{k+1} - v_k, \\
\Delta^2 v_k &= \Delta v_{k+1} - \Delta v_k = v_{k+2} - 2 v_{k+1} + v_k, \\
\Delta^3 v_k &= \Delta^2 v_{k+1} - \Delta^2 v_k = v_{k+3} - 3 v_{k+2} + 3 v_{k+1} - v_k, \\
& \cdots \cdots \cdots \cdots \cdots \cdots \cdots \cdots \cdots \cdots \cdots
\end{aligned}
\tag{3}
$$

Eine Anwendung des Rechnens mit den ersten und zweiten Differenzen bezieht sich auf die Bestimmung der Gleichgewichtsform eines durch parallele Kräfte belasteten ausgespannten Seiles. Es seien x_k und v_k die Abszisse und die Ordinate des k-ten Knickpunktes eines Seiles, an dem eine Kraft Q_k angreift, in einem rechtwinkligen Koordinatensystem, dessen x-Achse senkrecht zur Richtung der Kräfte Q_k steht, S_k die Kraft mit der das Seil in der k-ten Seilseite gespannt wird und α_k der Winkel, unter dem sie gegen die x-Achse geneigt ist. Die Kräfte Q_k, S_k und S_{k-1}, die am k-ten Knickpunkt angreifen, sind im Gleichgewichte, wenn die Summe ihrer Komponenten in der x- und in der y-Richtung verschwindet oder wenn die beiden Gleichungen

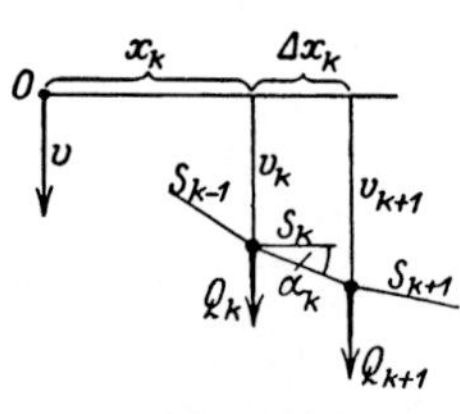

Abb. 131.

$$S_k \cos \alpha_k = S_{k-1} \cos \alpha_{k-1} = H, \tag{4}$$

$$Q_k = - H (\operatorname{tg} \alpha_k - \operatorname{tg} \alpha_{k-1}) \tag{5}$$

erfüllt sind, wo mit H die Horizontalspannung des Seiles bezeichnet wird. Drückt man hier die Tangenten der Winkel α_k und α_{k-1} durch die Koordinaten x_k und v_k vermöge der Gleichungen

$$\operatorname{tg} \alpha_k = \frac{v_{k+1} - v_k}{x_{k+1} - x_k} = \frac{\Delta v_k}{\Delta x_k}, \qquad \operatorname{tg} \alpha_{k-1} = \frac{\Delta v_{k-1}}{\Delta x_{k-1}} \tag{6}$$

aus, so entsteht ein Ausdruck für die Last Q_k am k-ten Knick-punkte:

$$Q_k = - H \left[\frac{\varDelta v_k}{\varDelta x_k} - \frac{\varDelta v_{k-1}}{\varDelta x_{k-1}} \right]. \tag{7}$$

Zu jeder Ecke des Seilpolygons gehört eine solche Gleichung. Wenn die Kräfte Q_k, die Lage ihrer Wirkungslinien (die x_k) und die Horizontalspannung H, sowie noch zwei weitere Angaben, z. B. die Höhenlage des Anfangs- und des Endpunktes des Seilecks gegeben sind, bestimmt dieses System von Differenzengleichungen die Ordinaten v_k des Seilecks. Es wird besonders einfach, wenn die Entfernungen der Kräfte Q_k alle gleich

$$\varDelta x_k = \varDelta x \tag{8}$$

sind, nämlich

$$Q_k = - \frac{H}{\varDelta x} (\varDelta v_k - \varDelta v_{k-1}) = - \frac{H}{\varDelta x} \cdot \varDelta^2 v_{k-1}, \tag{9}$$

woraus sich

$$\varDelta^2 v_{k-1} = v_{k+1} - 2 v_k + v_{k-1} = - Q_k \cdot \frac{\varDelta x}{H} \tag{10}$$

ergibt.

Wenn die parallelen Kräfte stetig verteilt sind, entsteht aus dem Seileck eine Seilkurve. Denken wir uns ihre Spannweite in lauter gleiche Strecken $\varDelta x$ geteilt, so nähert sich die auf die Längeneinheit einer Strecke $\varDelta x$ entfallende durchschnittliche Last $Q_k : \varDelta x$, wenn $\varDelta x$ immer kleiner und kleiner angenommen wird, einem Grenzwert, den wir q nennen wollen und der nach Gl. (9) gleich

$$q = \lim \frac{Q_k}{\varDelta x} = - H \lim \frac{\varDelta^2 v_{k-1}}{\varDelta x^2} = - H \frac{d^2 v}{d x^2} \tag{11}$$

ist. Die Differenzengleichung geht in die Differentialgleichung der Seilkurve über.

In der graphischen Statik pflegt man die Seilkurven mit Hilfe ihrer Tangentenpolygone zu konstruieren. Man teilt sich die Belastungsfläche $\int q \, dx$ in Abschnitte von passender Breite ein und zeichnet das zu den Zwischenresultierenden gehörige Seileck. Es bildet ein der Seilkurve der stetig verteilten Last umschriebenes Tangentenpolygon. Gewöhnlich begnügt man sich damit, die Größe und die Lage der Zwischenresultierenden, wenn q veränderlich ist, abzuschätzen, ihr Seileck bildet dann nur ein genähertes Tangentenpolygon der Seilkurve. Mit Rücksicht auf die folgenden Anwendungen soll hier ein anderes Seileck zur Annäherung der Seilkurve konstruiert werden. Man teile sich die Spannweite in eine Anzahl gleicher Abschnitte $\varDelta x$ und bilde Kräfte Q_k, die gleich dem Produkte aus den Ordinaten q_k der Belastungsfunktion $q = f(x)$ in den Teilpunkten x_k mit der Teilung $\varDelta x$ angenommen werden und in den Punkten mit den Abszissen x_k wirken mögen. Statt der stetigen Belastung q wird eine Stufenlinie angenommen und das Seileck der Zwischenresultierenden dieser Lastverteilung konstruiert.

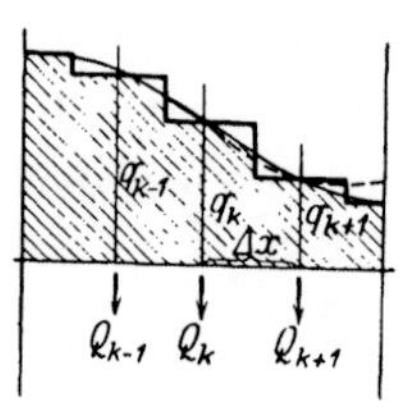

Abb. 132.

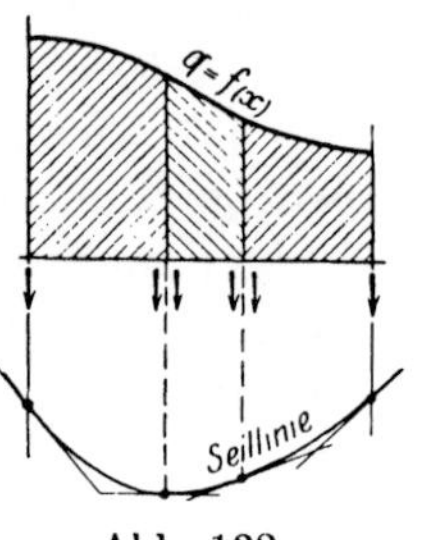

Abb. 133.

Um die Ordinaten dieses Seilecks in den Punkten mit den Abszissen x_k mit den wahren Ordinaten der Seilkurve an diesen Stellen vergleichen zu können, bringen wir es in Beziehung mit einem Seileck eines Systems „mittelbarer“ Lasten des gegebenen Systems q. Unter einem solchen versteht man das Folgende: Man denke sich die gegebene Belastungsfläche q in einzelne Streifen geteilt und die parallelen Kräfte in jedem Streifen in ihre beiden Komponenten in seinen Endpunkten zerlegt. Diese letzteren fasse man wieder paarweise zusammen. Sie bilden das „mittelbare“ Lastsystem des gegebenen. Von ihm weist man leicht nach, daß sein durch den Anfangspunkt und durch den Endpunkt der Seilkurve gehendes Seileck, das zu der nämlichen Horizontalspannung H gehört, ein der Seilkurve eingeschriebenes Sehnenpolygon bildet. Die Ecken dieses Seilecks liegen demnach auf der gesuchten Kurve. Wäre das System der Lasten der stufenförmigen Belastungslinie

$$\ldots, \; q_{k-1} \cdot \varDelta x, \; q_k \cdot \varDelta x, \; q_{k+1} \cdot \varDelta x, \; \ldots$$

ein „mittelbares“ der Belastungsfunktion $q = f(x)$, so würden die Ordinaten v_k seines Seilecks die richtigen Werte der Einsenkungen der Seilkurve in den Punkten x_k liefern. Da dies im allgemeinen nicht der Fall ist, liegen seine Ecken auf einer zur Seillinie benachbarten Kurve. Sie werden um so näher zu ihr liegen, je besser das Lastsystem, mit dem dies Seileck konstruiert wird, ein mittelbares annähert.

Ein Mittel zu einer besseren Annäherung bei gegebener Teilung $\varDelta x$ besteht darin, daß man die Kurve $q = f(x)$ durch ihr Sehnenpolygon mit dieser Teilung ersetzt und das mittelbare Lastsystem dieses gebrochenen Linienzuges bildet. Es ist durch

$$\frac{\varDelta x}{6} \left[q_{k-1} + 4\, q_k + q_{k+1} \right] \tag{12}$$

gegeben. Man kann bei einer glatt verlaufenden q-Kurve die Näherung weiter verbessern, wenn man sie stückweise durch Parabelbögen ersetzt. Dies liefert (statt der Kräfte $q_x \Delta x$ der Stufenlinie) das Lastsystem:

$$\frac{\Delta x}{12} \left[q_{k-1} + 10\, q_k + q_{k+1} \right]. \tag{13}$$

Die Differenzenrechnung dient uns hier als ein erstes, verhältnismäßig noch recht grobes, aber, wie sich sogleich zeigen wird, ohne viel Umstände zu beherrschendes Hilfsmittel, das uns über den ungefähren Verlauf einer Integralkurve einer linearen Differentialgleichung zweiter Ordnung ein Bild verschafft. Um uns von der besonderen Voraussetzung einer Seilkurve frei zu machen, vergegenwärtigen wir uns nochmals kurz den Vorgang, der hier im wesentlichen die Integration einer Differentialgleichung von der Form

$$\frac{d^2 v}{d x^2} = f(x) \tag{14}$$

zum Ziele hatte.

Wir ersetzen diese Differentialgleichung zweiter Ordnung durch die Differenzengleichung

$$\Delta^2 v_{k+1} = v_{k+1} - 2\, v_k + v_{k-1} = f_k \cdot \Delta x^2. \tag{15}$$

Wird das Integrationsintervall der unabhängigen Veränderlichen x in n gleiche Teile Δx geteilt, so sind dies für die $n-1$ inneren Teilpunkte ebensoviel lineare Gleichungen der unbekannten Funktionswerte v_k. In ihnen sind die f_k (die Ordinaten der „Belastungsfunktion" $f(x)$ in den Teilpunkten x_k) als bekannte Größen zu betrachten. Diese Gleichungen sind nach den v_k aufzulösen. Um die in ihnen vorkommenden $n+1$ Unbekannten $v_0, v_1, \ldots, v_n$ berechnen zu können, müssen noch zwei Bedingungsgleichungen hinzugefügt werden, die durch die Randbedingungen geliefert werden. Die aus dem System der Differenzengleichungen erhaltenen Werte von v_k stellen dann eine erste Näherungslösung der Integralkurve der gegebenen Differentialgleichung (14) dar, welche den gegebenen Randbedingungen genügt. Wenn man sich mit derselben und mit der erzielten Genauigkeit noch nicht zufrieden geben will, so kann man die Rechnung mit einer kleineren Teilung (beispielsweise mit $\Delta x : 2$) wiederholen oder von der einen oder der anderen der beiden genaueren Interpolationsformeln für die f_k Gebrauch machen, mit deren Hilfe die „Stufenlinie" der f_k durch ein „Sehnenpolygon":

$$\Delta^2 v_{k-1} = (f_{k-1} + 4\, f_k + f_{k+1}) \frac{\Delta x^2}{6} \tag{16}$$

oder durch Parabelbögen ersetzt wird, was auf die Differenzengleichung

$$\Delta^2 v_{k-1} = (f_{k-1} + 10 f_k + f_{k+1}) \frac{\Delta x^2}{12} \tag{17}$$

führt. Welche Genauigkeit mit Hilfe der verschiedenen Interpolationsformeln erzielt werden kann, hängt im gegebenen Fall natürlich von
der Form der Funktion $f(x)$ ab[1].

Wenn wir die Ableitung der Funktion v an einer Stelle x suchen,
können wir durch die drei Punkte, $x_{k-1}, v_{k-1}; x_k, v_k; x_{k+1}, x_{k+1},$
die dieser Stelle am nächsten liegen, eine Parabel mit einer lotrechten Achse hindurchlegen

$$v = v_k + \left(\frac{v_{k+1} - v_{k-1}}{2 \Delta x}\right) x + \left(\frac{v_{k+1} - 2 v_k + v_{k-1}}{2 \Delta x^2}\right) x^2 \tag{18}$$

und ihre Ableitung berechnen. Gewöhnlich wird vermöge dieser
interpolierenden Parabel der Wert der Ableitung der Funktion v nur
im mittleren Punkte x_k der drei benachbarten Punkte x_{k-1}, x_k, x_{k+1}
berechnet:

$$\left(\frac{dv}{dx}\right)_k = \frac{v_{k+1} - v_{k-1}}{2 \Delta x}. \tag{19}$$

Dieser Wert ist übrigens dem arithmetischen Mittel aus dem
„vorderen" und dem „hinteren" Differenzenquotienten gleich, wie
man aus

$$\left(\frac{dv}{dx}\right)_k = \frac{v_{k+1} - v_k + v_k - v_{k-1}}{2 \Delta x} = \frac{\Delta v_k + \Delta v_{k-1}}{2 \Delta x} \tag{20}$$

erkennt. Die zweite Ableitung ergibt sich aus (18) gleich

$$\left(\frac{d^2 v}{d v^2}\right)_k = \frac{v_{k+1} - 2 v_k + v_{k-1}}{\Delta x^2}, \tag{21}$$

welcher Wert gewöhnlich für den mittleren Punkt x_k als gültig angenommen wird.

Soll die erste Ableitung in einem Endpunkt des Integrationsintervalles berechnet werden, was notwendig ist, wenn sich eine
Grenzbedingung auf die Ableitung bezieht, so kann dies allenfalls
mit Hilfe der obigen Interpolationsfunktion geschehen. Man erhält

---

[1] Wir können uns hier mit diesen interpolatorischen Fragen nicht beschäftigen und verweisen den Leser hinsichtlich derselben auf die schon erwähnte Schrift von Sanden: „Praktische Analysis", S. 73 — und auf das neue
Buch von Runge und König.

wenn der Anfangspunkt bzw. der Endpunkt des Intervalles mit x_{k-1} (bzw. mit x_{k+1}) bezeichnet wird, aus

$$\left(\frac{dv}{dx}\right)_{k-1} = \frac{-v_{k+1} + 4v_k - 3v_{k-1}}{2\,\varDelta x},$$

$$\text{bzw. } \left(\frac{dv}{dx}\right)_{k+1} = \frac{3v_{k+1} - 4v_k + v_{k-1}}{2\,\varDelta x}, \tag{22}$$

und wenn man in der ersten Formel $k = 1$ und in der letzten $k = n - 1$ setzt, die Ableitung in den Intervallenden x_0 (bzw. x_n) in erster Näherung gleich

$$\left(\frac{dv}{dx}\right)_0 = \frac{-v_2 + 4v_1 - 3v_0}{2\,\varDelta x},$$

$$\text{bzw. } \left(\frac{dv}{dx}\right)_n = \frac{3v_n - 4v_{n-1} + v_{n-2}}{2\,\varDelta x}. \tag{23}$$

Eine andere Möglichkeit zur Berechnung der Ableitungen in den äußersten Punkten x_0 und x_n ergibt sich, wenn die Funktion über die Enden des Integrationsintervalles hinaus in bekannter Weise sich analytisch fortsetzen läßt oder von vornherein klar ist, wie eine solche Fortsetzung aussehen muß, damit die Grenzbedingungen nicht durch sie verletzt werden. Wir werden weiter unten auf einige Beispiele für diese Art der Berücksichtigung von „Randbedingungen" geführt werden.

51. Einige Beispiele aus der Lehre der Stabbiegung für die Anwendung des Rechnens mit kleinen Differenzen.

Wenn die Differentialgleichung vierter Ordnung der Ordinaten w der elastischen Linie eines verbogenen Stabes

$$\frac{d^4w}{dx^4} = \frac{p}{JE}, \tag{24}$$

in der p die Belastung, J das unveränderlich vorausgesetzte Trägheitsmoment des Stabquerschnitts und E den Elastizitätsmodul des Materials bedeuten, unter gegebenen Randbedingungen zu integrieren ist, kann man sich diese Gleichung vierter Ordnung in die beiden Gleichungen zweiter Ordnung

$$\frac{d^2u}{dx^2} = \frac{p}{JE}, \qquad \frac{d^2w}{dx^2} = u \tag{25}$$

zerlegt denken. Jede derselben kann nach dem Vorgang von O. Mohr als die Differentialgleichung einer Seilkurve angesehen werden. Anstatt aber diese Kurven nach Mohr graphisch zu konstruieren, sollen hier ihre Ordinaten aus den Differenzengleichungen:

$$\varDelta^2 u_{k-1} = p_k \cdot \frac{\varDelta x^2}{JE}, \qquad \varDelta^2 w_{k-1} = u_k \cdot \varDelta x^2 \tag{26}$$

14*

in Zahlen berechnet werden. Wenn die Länge l des Stabes in n gleiche Abschnitte $\Delta x = l : n$ geteilt wird, sind dies für die $n-1$ inneren Teilpunkte $2n-2$ lineare Gleichungen der Unbekannten u_k und w_k, die mit den vier Grenzbedingungen für die Funktionen u und w zu ihrer Bestimmung ausreichen.

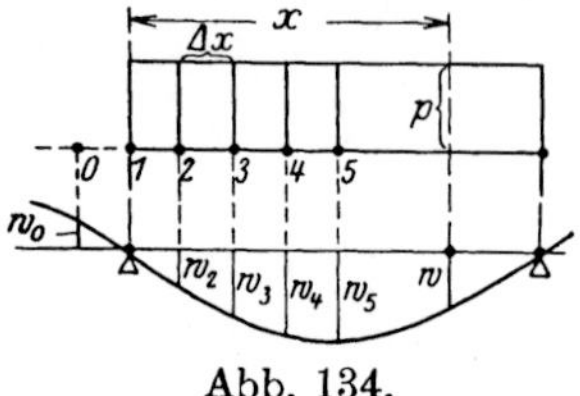

Abb. 134.

Die Rechnung soll für einen Stab, der eine über seine Länge gleichförmig verteilte Last $p = $ konst. trägt, durchgeführt werden. Wenn der Stab in seinen Endpunkten freiaufliegt, genügt es mit Rücksicht darauf, daß seine elastische Linie zur Mitte der Spannweite symmetrisch ist, in der Rechnung nur die eine Stabhälfte zu berücksichtigen. Wir wählen $\Delta x = l : 8$ und bezeichnen mit $x_1 = 0$ die Abszisse des linken Endpunktes und mit x_5 die der Stabmitte. Die Grenzbedingungen lauten für die linke Stabhälfte $x_1 < x < x_5$

$$u_1 = 0, \qquad w_1 = 0, \qquad u_4 = u_6, \qquad w_4 = w_6. \tag{27}$$

Wir können uns übrigens den Stab über sein Ende $x_1 = 0$ hinaus verlängert denken und ihn als ein Stück eines über unendlich viele Stützen geführten durchlaufenden Trägers betrachten. Derselbe muß lauter gleiche Felder haben und die Richtung der Belastung muß in den einzelnen Feldern abwechseln. Das System der Gleichungen (26) lautet für die Stabhäfte $x_1 < x < x_5$

$$\left. \begin{aligned} x &= x_1, & u_2 - 2u_1 + u_0 &= 0 \\ x &= x_2, & u_3 - 2u_2 + u_1 &= c \\ x &= x_3, & u_4 - 2u_3 + u_2 &= c \\ x &= x_4, & u_5 - 2u_4 + u_3 &= c \\ x &= x_5, & u_6 - 2u_5 + u_4 &= c \end{aligned} \right\} \tag{28}$$

$$\left. \begin{aligned} w_2 - 2w_1 + w_0 &= u_1 \cdot l^2 : 64 \\ w_3 - 2w_2 + w_1 &= u_2 \cdot l^2 : 64 \\ w_4 - 2w_3 + w_2 &= u_3 \cdot l^2 : 64 \\ w_5 - 2w_4 + w_3 &= u_4 \cdot l^2 : 64 \\ w_6 - 2w_5 + w_4 &= u_5 \cdot l^2 : 64 \end{aligned} \right\} \tag{29}$$

In diesen Gleichungen sind mit u_0 und w_0 die zum (außerhalb des Intervalles gelegenen) Punkt $x_0 = -\Delta x$ gehörigen Werte von u und von w bezeichnet; c steht zur Abkürzung für:

$$c = \frac{p \, \Delta x^2}{JE} = \frac{p \, l^2}{64 \, JE}. \tag{30}$$

Die rechte Seite der Gleichung für $\Delta^2 u_1$, die sich auf den Stützpunkt $x_1 = 0$ bezieht oder der Gleichung:

$$u_2 - 2u_1 + u_0 = 0 \tag{31}$$

mußte gleich Null angenommen werden, weil der Mittelwert der Belastung p über dem Stützpunkt $x_1 = 0$ des als durchlaufender Träger gedachten Stabes $p_1 = 0$ gleich Null ist.

Die Auflösung der Gleichungssysteme (28), (29) lautet, nachdem die Grenzbedingungen berücksichtigt worden sind,

$$\left. \begin{aligned} u_1 &= 0 \\ 2u_2 &= -7c \\ 2u_3 &= -12c \\ 2u_4 &= -15c \\ 2u_5 &= -16c \end{aligned} \right\} \tag{32}$$

$$\left. \begin{aligned} w_1 &= 0 \\ w_2 &= 504\,c' \\ w_3 &= 924\,c' \\ w_4 &= 1200\,c' \\ w_5 &= 1296\,c' \end{aligned} \right\} \tag{33}$$

$$\left. \begin{aligned} c &= \frac{p\,l^2}{64\,JE} \\[2mm] c' &= \frac{p\,l^4}{24\cdot 64^2\,JE} \end{aligned} \right\} \tag{34}$$

Wie man durch Vergleichen dieser Zahlen mit den wahren Werten von $u = \dfrac{d^2 w}{d x^2}$ feststellt, die man aus der elastischen Linie des gleichmäßig belasteten freiauftiegenden Stabes

$$w = \frac{p}{24\,J\,E}\,(x^4 - 2\,x^3\,l + x\,l^3) \tag{35}$$

in den entsprechenden Punkten berechnet, sind die zweiten Ableitungen richtig ermittelt worden. Die wahren Werte der Durchbiegungen sind hingegen

$$w_1 = 0, \quad w_2 = 497\,c', \quad w_3 = 912\,c', \quad w_4 = 1185\,c', \quad w_5 = 1280\,c'. \tag{36}$$

Der Fehler bei der größten Ordinate w_5 beträgt $1:80$. Die Differenzenrechnung ergab hier die richtigen Werte für die zweite Ableitung der Funktion w, die dem Biegungsmoment oder der Randspannung des Stabes proportional ist. Das hängt mit dem vorhin hervorgehobenen Umstand zusammen, daß das in den Differenzengleichungen

$$\varDelta^2 u_{k-1} = p_k \cdot \frac{\varDelta x^2}{J\,E} \tag{37}$$

benutzte System der Kräfte $p_k\,\varDelta x$ bei einem über seine Länge gleichmäßig belasteten Stabe ein „mittelbares" Lastsystem des gegebenen ist. Die Eckpunkte des zu diesem Lastsystem konstruierten Seiles (das sind die eben von uns ermittelten Werte der Ordinaten u) müssen ein der wahren Seilkurve eingeschriebenes Sehnenpolygon bilden.

Wenn die Enden des Stabes beiderseits eingespannt sind, lauten, die Grenzbedingungen für die Stabkräfte $x_1 < x < x_5$

$$w_0 = w_2, \quad w_1 = 0, \quad u_4 = u_6, \quad w_4 = w_6. \tag{38}$$

Will man ihn als ein Stück eines durchlaufenden Trägers betrachten, so ist die erste der Gleichungen (28) für die Größen u (die ja nur zur Berechnung von u_0 dient, welche Größe hier nicht interessiert) durch die folgende zu ersetzen

$$x = x_1, \quad u_2 - 2\,u_1 + u_0 = -\frac{7\,p\,l^2}{64\,J\,E}. \tag{39}$$

Im Endpunkt x_1 lautet nämlich die Differenzengleichung

$$\varDelta^2 u_1 = u_2 - 2\,u_1 + u_0 = P_1 \cdot \frac{\varDelta x}{J\,E} + p_1 \frac{\varDelta x^2}{J\,E}. \tag{40}$$

Durch das erste Glied auf der rechten Seite dieser Gleichung wird ausgedrückt, daß bei einem über seine Auflager hinaus verlängerten und zu diesem in symmetrischer Weise belasteten eingespannten Stab an dieser Stelle die Auflagerkraft P_1 hinzukommt. Setzt man in dieser Gleichung $P_1 = -p\,l$, $p_1 = p$ $\varDelta x = \dfrac{l}{8}$, so erhält man die Gl. (39), aus der sich ein richtiger Wert von u_0 für den jenseits des Auflagerpunktes gelegenen Punkt 0 ergibt.

Das Gleichungssystem, das im übrigen zur Bestimmung der u_k und w_k dient, ist genau dasselbe wie beim freiaufliegenden Stab.

Die mit Hilfe der Differenzengleichungen ermittelten Größen u_k und w_k sind für den eingespannten Stab

$$\left.\begin{aligned}
u_1 &= 63\,c_1\\
u_2 &= 21\,c_1\\
u_3 &= -9\,c_1\\
u_4 &= -27\,c_1\\
u_5 &= -33\,c_1
\end{aligned}\right\} (41)
\qquad
\left.\begin{aligned}
w_1 &= 0\\
w_2 &= 63\,c_2\\
w_3 &= 168\,c_2\\
w_4 &= 255\,c_2\\
w_5 &= 288\,c_2
\end{aligned}\right\} (42)
\qquad
\left.\begin{aligned}
c_1 &= \frac{p\,l^2}{4096\,J\,E}\\[2ex]
c_2 &= \frac{p\,l^4}{8192\,J\,E}
\end{aligned}\right\} (43)$$

Wir stellen diesen Werten die aus der elastischen Linie des eingespannten und gleichmäßig belasteten Stabes

$$w = \frac{p \cdot x^2\,(l - x)^2}{24\,J\,E} \tag{44}$$

berechneten entsprechenden Zahlen für $u = \dfrac{d^2 w}{d x^2}$ und w

$$\left.\begin{aligned}
u_1 &= 64\,c_1\\
u_2 &= 22\,c_1\\
u_3 &= -\,8\,c_1\\
u_4 &= -\,26\,c_1\\
u_5 &= -\,32\,c_1
\end{aligned}\right\} \tag{45}
\qquad
\left.\begin{aligned}
w_1 &= 0\\
w_2 &= 49\,c_2\\
w_3 &= 144\,c_2\\
w_4 &= 225\,c_2\\
w_5 &= 256\,c_2
\end{aligned}\right\} \tag{46}$$

gegenüber. **Mit der gleichen Teilungszahl $n = 8$ $\Delta x = l/8$ ergeben sich beim eingespannten Stab die Durchbiegungen w und ihre zweiten Ableitungen viel ungenauer als beim freiaufliegenden Stab.** Der Fehler beträgt bei der größten Durchbiegung w_5 $^1/_8$, bei u_1 $^1/_{32}$ und bei u_5 $^1/_{64}$. Die geringere Genauigkeit erklärt sich durch den Umstand, daß Δx bezogen auf die Entfernung der beiden Wendepunkte der elastischen Linie jetzt ungefähr doppelt so groß wie im ersten Falle ist. Trotz der für einen eingespannten Stab sehr groben Teilung beträgt der Fehler bei der größten Spannung des Stabes, die der Größe u_1 proportional ist, nur $^1/_{32}$, also 3 v.H.; es ist immerhin bemerkenswert, daß sich die zweite Ableitung der Funktion mit einem geringeren relativen Fehler ergeben hat, als die Funktion selbst.

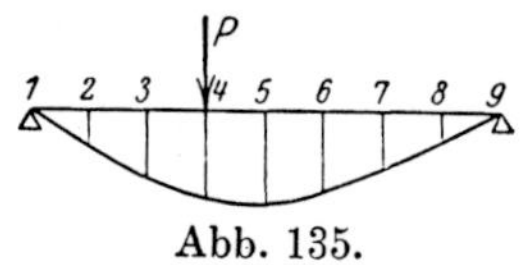

Abb. 135.

Als ein letztes Beispiel sei das Rechenschema für einen freiaufliegenden Stab und für $\Delta x = l/8$ angeführt, der in der Entfernung $x = 3\,l/8$ eine Einzelkraft P trägt:

$$\left.\begin{aligned}
u_3 - 2\,u_2 &= 0\\
u_4 - 2\,u_3 + u_2 &= 0\\
u_5 - 2\,u_4 + u_3 &= +\frac{P\,\Delta x}{J\,E}\\
u_6 - 2\,u_5 + u_4 &= 0\\
u_7 - 2\,u_6 + u_5 &= 0\\
u_8 - 2\,u_7 + u_6 &= 0\\
-\,2\,u_8 + u_7 &= 0
\end{aligned}\right\} \tag{47}
\qquad
\left.\begin{aligned}
w_3 - 2\,w_2 &= u_2 \cdot \Delta x^2\\
w_4 - 2\,w_3 + w_2 &= u_3 \cdot \Delta x^2\\
w_5 - 2\,w_4 + w_3 &= u_4 \cdot \Delta x^2\\
w_6 - 2\,w_5 + w_4 &= u_5 \cdot \Delta x^2\\
w_7 - 2\,w_6 + w_5 &= u_6 \cdot \Delta x^2\\
w_8 - 2\,w_7 + w_6 &= u_7 \cdot \Delta x^2\\
-\,2\,w_8 + w_7 &= u_8 \cdot \Delta x^2
\end{aligned}\right\} \tag{48}$$

Seine Auflösung liefert mit $\Delta x = l/8$, $c_1 = P\,l/64\,J\,E$, $c_2 = \dfrac{P\,l^3}{8192\,J\,E}$ die Werte für u und w:

$$u_2 = 5\,c_1,\quad u_3 = 10\,c_1,\quad u_4 = 15\,c_1,\quad u_5 = 12\,c_1,\quad u_6 = 9\,c_1,\quad u_7 = 6\,c_1,\quad u_8 = 3\,c_1,$$
$$w_2 = 65\,c_2,\quad w_3 = 120\,c_2,\quad w_4 = 155\,c_2,\quad w_5 = 160\,c_2,\quad w_6 = 141\,c_2,\quad w_7 = 114\,c_2,\quad w_8 = 55\,c_2. \tag{49}$$

Für die zweite Ableitung $u = d^2 w/d x^2$ ergaben sich wieder die genauen Werte. Die Durchbiegung w_4 unter der Kraft ist mit einem Fehler von $^1/_{30}$ behaftet.

52. Anwendung der Differenzenrechnung auf Plattenaufgaben.

Wir gehen nunmehr dazu über, die Differenzenrechnung zur näherungsweisen Lösung von Aufgaben aus der Plattenstatik an-

zuwenden und sie insbesondere zur näherungsweisen Integration der
Plattengleichung

$$V^2 V^2 w = \frac{p}{N} \tag{1}$$

heranzuziehen. Um das Zeichen $\varDelta$ für die Bezeichnung der Differenzen zur Verfügung zu haben, wird im folgenden der Laplacesche
Operator $\dfrac{\partial^2}{\partial x^2} + \dfrac{\partial^2}{\partial y^2}$, wie schon in der eben angeschriebenen Gleichung
mit dem Zeichen V^2 bezeichnet. Die folgenden Formeln werden unter
der Annahme entwickelt, daß zur Rechnung rechtwinklige Koordinaten x und y verwendet werden, doch ist die Anwendung der Differenzenrechnung nicht auf diese beschränkt. Wir teilen also die
xy-Ebene durch zwei Systeme äquidistanter, sich senkrecht kreuzender geraden Linien parallel den Koordinatenachsen in gleiche Rechtecke. Die Teilungen der Maschen seien $\varDelta x$ und $\varDelta y$. Der Kreuzungs-
punkt einer Geraden $x = $ konst. mit einer Geraden $y = $ konst. wird
durch die beiden Angaben $x = m\varDelta x$ und $y = n\varDelta y$ bestimmt, wo m
und n eine ganze Zahl $m, n = 0, \pm 1, \pm 2, \ldots$ ist.

Zur Unterscheidung der Werte, welche eine Funktion der Koordinaten x und y, zum Beispiel die Durchbiegung w der Platte im
Punkt $x = m\varDelta x$, $y = n\varDelta y$ annimmt, versehen wir den Buchstaben,
mit dem sie bezeichnet wird, mit zwei Zeigern, die mit den zugehörigen ganzen Zahlen m und n übereinstimmen.
Es bedeutet also w_{mn} die Durchbiegung w an der
Stelle $x = m\varDelta x$, $y = n\varDelta y$. (Wir werden diese,
für die Definition der ersten, zweiten, … Differenzen einer Funktion von zwei Variablen übersicht-
liche Bezeichnungsweise später durch eine einfachere mittels eines Zeigers ersetzen.) Um bei
den ersten, zweiten, … Differenzen der Funktion
die Richtungen x oder y hervorzuheben, in der sie

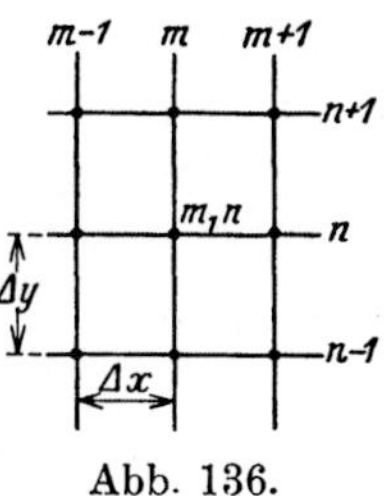

Abb. 136.

zu nehmen sind, versehen wir jetzt das Zeichen $\varDelta$ so oft mit den
Zeigern x oder y, als die Differenz zu nehmen ist. Es bedeuten also

$$\begin{aligned}
\varDelta_x w_{mn} &= w_{m+1,\,n} - w_{m,\,n} \\
\varDelta_y w_{mn} &= w_{m,\,n+1} - w_{m,\,n}
\end{aligned} \tag{2}$$

die ersten Differenzen der Funktion w in der x- bzw. in der y-Rich-
tung, und entsprechend

$$\begin{aligned}
\varDelta_{xx} w_{mn} &= \varDelta_x w_{m+1,\,n} - \varDelta_x w_{m,\,n} = w_{m+2,\,n} - 2 w_{m+1,\,n} + w_{m,\,n} \\
\varDelta_{yy} w_{mn} &= \varDelta_y w_{m,\,n+1} - \varDelta_y w_{m,\,n} = w_{m,\,n+2} - 2 w_{m,\,n+1} + w_{m,\,n} \\
\varDelta_{xy} w_{mn} &= \varDelta_y w_{m+1,\,n} - \varDelta_y w_{m,\,n} = w_{m+1,\,n+1} - w_{m+1,\,n} - w_{n,\,n+1} + w_{m\,n}
\end{aligned} \tag{3}$$

die zweiten Differenzen der Funktion m, n in jenen Richtungen, und so fort.

Wenn die Ableitung einer Funktion zu berechnen ist, deren Werte w_{mn} in einem rechteckigen Gitter von Punkten bekannt sind, verfahren wir in ähnlicher Weise, wie dies auf S. 210 bei den Funktionen von einer Veränderlichen erläutert wurde. Soll die erste Ableitung $\partial w/\partial x$ im Punkt m, n angegeben werden, so legen wir durch die drei Punkte $w_{m-1,\,n}$, $w_{m,\,n}$, $w_{m+1,\,n}$ eine Parabel und bestimmen ihre Ableitung in diesem Punkt:

$$\left(\frac{\partial w}{\partial x}\right)_{m,\,n} = \frac{w_{m+1.\,n} - w_{m-1.\,n}}{2\,\Delta x} = \frac{\Delta_x\,w_{m.\,n} + \Delta_x\,w_{m-1.\,n}}{2\,\Delta x}. \tag{4}$$

Entsprechend ist

$$\left(\frac{\partial w}{\partial x}\right)_{m,\,n} = \frac{w_{m,\,n+1} - w_{m,\,n-1}}{2\,\Delta x} = \frac{\Delta_y\,w_{m.\,n} + \Delta_y\,w_{m.\,n-1}}{2\,\Delta x}. \tag{5}$$

Mit Hilfe der interpolierenden Parabeln ergeben sich ferner die zweiten Ableitungen

$$\left(\frac{\partial^2 w}{\partial x^2}\right)_{m,\,n} = \frac{w_{m+1.\,n} - 2\,w_{m.\,n} + w_{m-1.\,n}}{\Delta x^2} = \frac{\Delta_{xx}\,w_{m-1.\,n}}{\Delta x^2},$$
$$\left(\frac{\partial^2 w}{\partial y^2}\right)_{m,\,n} = \frac{w_{m.\,n+1} - 2\,w_{m.\,n} + w_{m.\,n-1}}{\Delta y^2} = \frac{\Delta_{yy}\,w_{m.\,n-1}}{\Delta y^2}. \tag{6}$$

Schließlich benutzen wir die Interpolationsregel zur Angabe von $\dfrac{\partial^2 w}{\partial x\,\partial y}$. Es ist nach (4)

$$\left(\frac{\partial v}{\partial x}\right)_{m,\,n} = \frac{v_{m+1.\,n} - w_{m-1.\,n}}{2\,\Delta x} \tag{7}$$

oder mit $v = \dfrac{\partial w}{\partial y}$

$$\left(\frac{\partial^2 w}{\partial x\,\partial y}\right)_{m,\,n} = \frac{\left(\dfrac{\partial w}{\partial y}\right)_{m+1,\,n} - \left(\dfrac{\partial w}{\partial y}\right)_{m-1.\,n}}{2\,\Delta x}. \tag{8}$$

Führt man in dieser Gleichung für die ersten Ableitungen ihre Werte aus (4) ein, so ergibt sich für

$$\left(\frac{\partial^2 w}{\partial x\,\partial y}\right)_{m,\,n} =$$
$$= \frac{1}{4\,\Delta x \cdot \Delta y}\left[w_{m+1,\,n+1} - w_{m+1,\,n-1} - w_{m-1,\,n+1} + w_{m-1,\,n-1}\right]. \tag{9}$$

Ist die partielle Differentialgleichung der Durchbiegungen w einer elastischen Platte

$$\nabla^2\nabla^2 w = \frac{p}{N}, \tag{10}$$

in der p die Belastung und N die Plattensteifigkeit $N = Eh^3/12(1-\nu^2)$, E den Elastizitätsmodul, ν die Querdehnungszahl und h die Dicke der Platte bedeuten, unter gegebenen Randbedingungen zu integrieren, so kann man sich diese Gleichung vierter Ordnung in die beiden partiellen Differentialgleichungen zweiter Ordnung

$$V^2 u = \frac{p}{N}, \qquad V^2 w = u \tag{11}$$

zerlegt denken. Man kann diesen Gleichungen mit H. Marcus[1]) eine anschauliche Deutung geben, wenn man sich der Differentialgleichung der Auslenkungen v einer dünnen, vollkommen biegsamen Haut

$$V^2 v = \frac{\partial^2 v}{\partial x^2} + \frac{\partial^2 v}{\partial y^2} = \frac{p}{S} \tag{12}$$

erinnert, die eine Auflast p trägt und mit der in allen Richtungen gleichen Spannung S (bezogen auf die Längeneinheit eines Schnittes) gespannt wird. Die beiden Gleichungen (11) haben, wie man sieht, die Form der Differentialgleichung der Auslenkungen einer gespannten Haut. Man kann deshalb auch sagen: die Durchbiegungen w der Mittelfläche einer durch den Druck p belasteten elastischen Platte sind zugleich die Auslenkungen einer dünnen Haut, deren Auflast der Größe $u = \dfrac{\partial^2 w}{\partial x^2} + \dfrac{\partial^2 w}{\partial y^2}$ verhältnisgleich ist; ferner sind auch die Ordinaten der Fläche u den Einsenkungen einer dünnen Haut verhältnisgleich, die die Auflast p der Platte trägt. Da aber die Grenzbedingungen der Platte sich außer auf die Ordinaten ihrer elastischen Fläche w auch auf ihre Ableitungen beziehen, hängen die Randbedingungen der zweiten Fläche u von der Form der ersten ab. Es lassen sich deshalb im allgemeinen für die zweite Membran physikalisch anschauliche oder leicht realisierbare Randbedingungen wohl kaum angeben. Einen Ausnahmefall, der der Erwähnung wert ist und auf den Marcus gleichfalls hingewiesen hat, bilden die Grenzbedingungen von Navier (s. S. 38), wenn w und u überall auf dem Rande verschwinden. In diesem Fall kann die Form der zweiten Haut u unabhängig von der der ersten w schon aus der Last p ermittelt werden.

Das Rechnen mit kleinen Differenzen kann nun auch zur Lösung von Aufgaben aus der Plattenstatik angewendet werden, wenn man die beiden Differentialgleichungen (11) durch die beiden Differenzengleichungen

$$\frac{\Delta_{xx}\, u_{m-1,\,n}}{\Delta x^2} + \frac{\Delta_{yy}\, u_{m,\,n-1}}{\Delta y^2} = \frac{p_{mn}}{N} \tag{13}$$

$$\frac{\Delta_{xx}\, w_{m-1,\,n}}{\Delta x^2} + \frac{\Delta_{yy}\, w_{m,\,n-1}}{\Delta y^2} = u_{mn} \tag{14}$$

---

[1]) a. a. O. S. 10.

ersetzt. Wie Marcus an zahlreichen Beispielen gezeigt hat, lassen sich aus Gleichungen dieser Art die Durchbiegungen w_{mn} näherungsweise berechnen.

Zur Vereinfachung der Schreibweise genügt, wenn wir fortab die einzelnen Punkte, für die die zweiten Differenzen der Funktionen u und w zu nehmen sind, der Reihe nach durchnumerieren. Wir benützen deshalb im folgenden statt der doppelten Zeiger nur die einfachen. Als Beispiel soll der Biegungsfall einer durch einen gleichförmigen Druck $p = \mathrm{konst.}$ belasteten eingespannten quadratischen Platte behandelt werden.

Wenn man als Teilung

$$\varDelta x = \varDelta y = a/4,$$

ein Viertel der Seitenlänge a des Quadrats wählt, genügt es aus Symmetriegründen die Differenzengleichungen nur für die Punkte 0, 1, 2, 3, 4, 5 anzuschreiben, die ein Achtel der Quadratfläche bilden (Abb. 137). Um die Grenzbedingungen zu berücksichtigen, machen wir von der Bemerkung Gebrauch, daß durch die Angaben der Größen

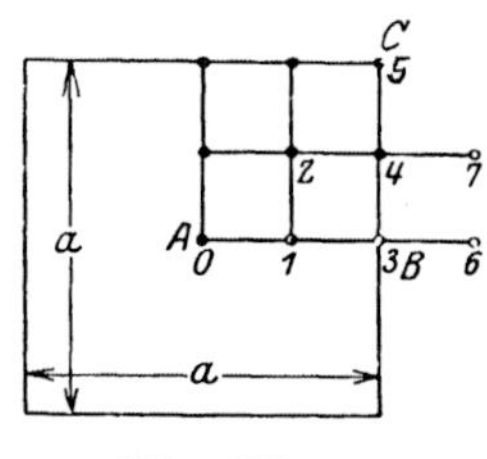

Abb. 137.

u und w in den eben genannten Punkten die Ordinaten u und w auch in den Punkten gegeben sind, die man außerhalb des Quadrates nach ihrer Spiegelung an den Seiten annehmen kann. Es können deshalb die außerhalb des Dreiecks ABC der Abb. 137 angenommenen Punkte mit den Zahlen versehen werden, die ihnen wegen der Symmetrie der Flächen u und w zukommen. Dann drücken sich die Grenzbedingungen der eingespannten quadratischen Platte auf der Seite $x = a/2$ durch die folgenden Gleichungen (vgl. dazu die Abb. 137) aus:

$$w_3 = w_4 = w_5 = 0, \qquad w_6 = w_1, \qquad w_7 = w_2. \qquad (15)$$

In der ausführlichen Schreibweise lauten die Differenzengleichungen im Punkt m, n mit $\varDelta x = \varDelta y = a/4$

$$\varDelta_{xx} u_{m-1,n} + \varDelta_{yy} u_{m,n-1} = \frac{p\,a^2}{16\,N}, \qquad (16)$$

$$\varDelta_{xx} w_{m-1,n} + \varDelta_{yy} w_{m,n-1} = \frac{u_{mn}\,a^2}{16}. \qquad (17)$$

Ist dies beispielsweise der Mittelpunkt 0 des Quadrats, so haben wir aus Symmetriegründen

$$u_{m-1,n} = u_{m,n-1} = u_{m+1,n} = u_{m,n+1} = u_1, \qquad u_{mn} = u_0 \qquad (18)$$

und dementsprechend

$$\Delta_{xx} u_0 = - 2 u_0 + 2 u_1 ,$$
$$\Delta_{yy} u_0 = - 2 u_0 + 2 u_1 . \qquad (19)$$

Schreiben wir noch zur Abkürzung für die rechte Seite der Gl. (16) $\dfrac{p\,a^2}{16\,N} = c$ und für $\dfrac{a^2}{16} = \alpha$, so erhalten wir für die 6 Punkte die folgenden linearen Gleichungen:

$$
\begin{array}{llll}
\text{Punkt } 0 & - 4\,u_0 + 4\,u_1 = c & & - 4\,w_0 + 4\,w_1 = \alpha\,u_0 \\
\text{\textquotedbl}\ \ \ 1 & u_0 - 4\,u_1 + 2\,u_2 + u_3 = c & & w_0 - 4\,w_1 + 2\,w_2 = \alpha\,u_1 \\
\text{\textquotedbl}\ \ \ 2 & 2\,u_1 - 4\,u_2 + 2\,u_4 = c & (20) & 2\,w_1 - 4\,w_2 = \alpha\,u_2 \\
\text{\textquotedbl}\ \ \ 3 & & & 2\,w_1 = \alpha\,u_3 \\
\text{\textquotedbl}\ \ \ 4 & & & 2\,w_2 = \alpha\,u_4 \\
\text{\textquotedbl}\ \ \ 5 & & & 0 = \alpha\,u_5
\end{array}
\qquad (21)
$$

Es genügt, diese Gleichungen nur nach den unbekannten Durchbiegungen (w_0, w_1, w_2) aufzulösen, was am bequemsten durch Beseitigung der Größen u_k geschieht. Da im System der Gleichungen (21) bereits die Größen u_k durch die Unbekannten w_k ausgedrückt sind, genügt es, diese Ausdrücke der u_k in die Gleichungen des ersten Systems (20) einzusetzen. So erhält man die drei Gleichungen

$$10\,w_0 - 16\,w_1 + 4\,w_2 = \frac{c\,\alpha}{2} ,$$

$$- 4\,w_0 + 13\,w_1 - 8\,w_2 = \frac{c\,\alpha}{2} , \qquad (22)$$

$$w_0 - 8\,w_1 + 12\,w_2 = \frac{c\,\alpha}{2} .$$

und aus ihnen die unbekannten Durchbiegungen der eingespannten quadratischen Platte:

$$w_0 = 328\,k, \quad w_1 = 220\,k, \quad w_2 = 149\,k, \ \text{wo} \ k = \frac{1}{256 \cdot 712} \cdot \frac{p\,a^4}{N} . \qquad (23)$$

Nach den Erfahrungen, die wir mit der Differenzenrechnung bei dem eingespannten Stab (S. 214) gemacht haben, werden diese Werte nur sehr rohe Annäherungen der wahren Durchbiegungen einer eingespannten quadratischen Platte sein können. Eine bessere Näherung wird nach einer Verkleinerung der Maschenweite zu erwarten sein. Eine solche Rechnung mit einer Maschenweite gleich einem Achtel der Seitenlänge des Quadrats ($\Delta x = \Delta y = a/8$) ist im Buche von Marcus[1]) zu finden. Aus den 20 Gleichungen, die man bei

----

[1]) S. 152.

dieser Maschenweite erhält, lassen sich sofort 10 Unbekannte eliminieren, die verbleibenden Gleichungen können mit einiger Übung aus einer Differenzengleichung vierter Ordnung hingeschrieben werden. Im Buche von Nielsen[1]) ist dieselbe Rechnung mit einer Teilung = einem Zehntel der Seitenlänge des Quadrats zu finden. Wir lassen die Werte des im Mittelpunkt des Quadrats von den genannten Verfassern errechneten Biegungspfeils hier folgen:

$$\Delta x = a:4, \qquad f = 0{,}00180 \cdot p\,a^4/N$$
$$\Delta x = a:8, \qquad f = 0{,}00143 \cdot p\,a^4/N \quad \text{(nach Marcus)}$$
$$\Delta x = a:10, \qquad f = 0{,}00137 \cdot p\,a^4/N \quad \text{(nach Nielsen)}.$$

Diese Zahlen unterscheiden sich um 41 bzw. um 12 bzw. um 7 v.H. von dem in **44** von uns angegebenen Wert des Biegungspfeils

$$f = 0{,}00128\, p\,a^4/N.$$

Wie beim eingespannten Stab wird auch bei der eingespannten Platte mit wesentlich kleineren Maschenweiten zu rechnen sein als in den Fällen schwacher Krümmungsänderung einer Platte von derselben Größe (frei aufliegende Platte!).

Als zweites Beispiel sei der Biegungsfall einer gleichmäßig belasteten quadratischen Platte betrachtet, auf deren Rand die Navierschen Grenzbedingungen $w = 0$ und $\nabla^2 w = u = 0$ erfüllt sind. Für ihn hat H. Marcus in der schon erwähnten Arbeit die Rechnung mit den Maschenweiten $\Delta x = \Delta y = \dfrac{a}{4}$ und auch mit $\Delta x = \Delta y = \dfrac{a}{8}$ durchgeführt. Die Grenzbedingungen verlangen, daß für alle Randpunkte $w_k = 0$ und $u_k = 0$ seien. Wenn die Teilung gleich $a/4$ ist, lautet das erste System der Gleichungen (mit derselben Bezeichnung der Punkte wie in der Abb. 137)

$$-4\,u_0 + 4\,u_1 = c = \frac{p\,a^2}{16\,N}$$
$$u_0 - 4\,u_1 + 2\,u_2 = c \qquad\qquad (24)$$
$$2\,u_1 - 4\,u_2 = c.$$

Es läßt sich jetzt unabhängig vom zweiten Gleichungssystem nach den Größen u_0, u_1 und u_2 auflösen:

$$u_0 = \tfrac{18}{16}\,c, \qquad u_1 = \tfrac{14}{16}\,c, \qquad u_2 = \tfrac{11}{16}\,c. \qquad (25)$$

Das zweite System (mit der Bezeichnung $\alpha = a^2:16$)

$$-4\,w_0 + 4\,w_1 = \alpha\,u_0$$
$$w_0 - 4\,w_1 + 2\,w_2 = \alpha\,u_1 \qquad\qquad (26)$$
$$2\,w_1 - 4\,w_2 = \alpha\,u_2$$

---

[1]) S. 153.

liefert die Durchbiegungen dieser quadratischen Platte an den Stellen 0,
1 und 2 der Abb. 138

$$w_0 = \tfrac{66}{64}\,\alpha\,c, \qquad w_1 = \tfrac{48}{64}\,\alpha\,c, \qquad w_2 = \tfrac{35}{64}\,\alpha\,c. \tag{27}$$

Berücksichtigt man, daß

$$\alpha\,c = \frac{p\,a^4}{256\,N}$$

ist, so ergibt sich hier für den Biegungspfeil in der Mitte des Quadrats

$$w_0 = \frac{66}{16\,384}\cdot\frac{p\,a^4}{N} = 0{,}004\,03\,\frac{p\,a^4}{N}\,.$$

Der Vergleich mit der exakten Lösung (S. 123) zeigt, daß sich
hier bereits ein recht guter Näherungswert ergeben hat. Wir entnehmen der Zahlentafel 5 auf S. 127 den vermittels der Reihen-
entwickelung berechneten Wert von

$$w_0 = 0{,}004\,06\,\frac{p\,a^4}{N}\,.$$

Mit einer halb so großen Maschenweite ($\varDelta x = a:8$) fand Marcus

$$w_0 = 0{,}004\,055\cdot\frac{p\,a^4}{N}\,,$$

der mit dem genauen auf drei Stellen übereinstimmt.

Es erübrigt sich noch anzugeben, wie die Spannungsmomente
einer Platte ermittelt werden können, deren elastische Fläche nicht
durch einen analytischen Ausdruck, sondern mit Hilfe ihrer Ordinaten
in einzelnen Punkten berechnet worden ist. Man ersetzt zu diesem
Zweck die zweiten Ableitungen in den Grundformeln für die Biegungsmomente m_x, m_y, m_{xy} durch ihre auf S. 216 hier angegebenen Ausdrücke nach dem Schema

$$\left(\frac{\partial^2 w}{\partial x^2}\right)_{m,n} = \frac{w_{m+1,\,n} - 2\,w_{m,\,n} + w_{m-1,\,n}}{\varDelta x^2}\,.$$

H. Marcus zeigte in seinem schon mehrfach zitierten Buch die
Anwendbarkeit der Rechnung mit kleinen Differenzen auch auf andere,
als rechteckige Maschennetze, so auf drei- und sechseckige Maschennetze und spinnengewebeartige Liniensysteme, die er mit dem Sammel-
namen elastischer Gewebe bezeichnet, und die man heranziehen wird,
wenn man es mit drei- und sechseckigen oder polygonartigen Kon-
turen zu tun hat. Der dänische Ingenieur N. J. Nielsen[1]) hat eine
Reihe von Aufgaben aus der Statik der rechteckigen und der durch-

---

[1]) Spændiger i Plader, Kopenhagen 1920.

laufenden Platten mit einer unveränderlichen und auch mit einer veränderlichen Dicke auf diesem Wege gelöst. Es gelang ihm unter anderm eine schöne Übereinstimmung der aus der Rechnung gefolgerten Gestalt einer gleichmäßig belasteten rechteckigen Platte mit dem Seitenverhältnis 2 : 1 mit den im Auftrag des deutschen Ausschusses für Eisenbeton (Heft 30, 1915) vorgenommenen Versuchen mit einer solchen Betonplatte von C. v. Bach und O. Graf nachzuweisen und ferner beispielsweise den versteifenden Einfluß der Säulenköpfe bei den durchlaufenden Betondecken abzuschätzen, mit deren Spannungszuständen er sich ausführlich beschäftigt. Zur Aufstellung einer Lösung einer nichtlinearen partiellen Differentialgleichung aus der Plattenstatik und von andern Aufgaben der Physik hat H. Hencky[1]) die Differenzenrechnung herangezogen, während H. Marcus und H. M. Westergaard sich in ihren oben erwähnten Arbeiten besonders dieses Rechnungsverfahrens zur Bestimmung des Spannungsverlaufes in Pilzdecken bedienten.

IV. Ebene Gleichgewichtszustände.

53. Der ebene Verzerrungszustand und der ebene Spannungszustand.

In einem ebenen Verzerrungszustand ist die eine der drei Komponenten der Verschiebung Null. Nehmen wir die z-Achse in der Richtung an, in der sich die Punkte nicht verschieben, so haben wir $\zeta = 0$. Die Verschiebungen ξ und η sind nur Funktionen von x und y. Von den Spannungen verschwinden τ_{xz} und τ_{yz}. Es sind ferner $\varepsilon_z = \gamma_{xz} = \gamma_{yz} = 0$. Nach **15**, S. 46 kann den Gleichgewichtsbedingungen der Spannungen

$$\frac{\partial \sigma_x}{\partial x} + \frac{\partial \tau}{\partial y} = 0, \qquad \frac{\partial \sigma_y}{\partial y} + \frac{\partial \tau}{\partial x} = 0 \tag{1}$$

genügt werden, wenn man σ_x, σ_y, τ den folgenden Ableitungen einer Spannungsfunktion $F(x, y)$

$$\sigma_x = \frac{\partial^2 F}{\partial y^2}, \qquad \sigma_y = \frac{\partial^2 F}{\partial x^2}, \qquad \tau = -\frac{\partial^2 F}{\partial x \, \partial y} \tag{2}$$

gleich setzt. In einem elastischen Körper müssen σ_x, σ_y, τ außer

---

[1]) Z. ang. Math. Mech. Bd. 1, S. 81. 1921 und Bd. 3, S. 58. 1922.

den Gleichgewichtsbedingungen den drei Elastizitätsgleichungen

$$\varepsilon_x = \frac{\partial \xi}{\partial x} = \frac{1}{2\,G}\left[(1 - \nu)\,\sigma_x - \nu\,\sigma_y\right]$$

$$\varepsilon_y = \frac{\partial \eta}{\partial y} = \frac{1}{2\,G}\left[(1 - \nu)\,\sigma_y - \nu\,\sigma_x\right] \tag{3}$$

$$\gamma_{xy} = \frac{\partial \xi}{\partial y} + \frac{\partial \eta}{\partial x} = \frac{\tau_{xy}}{G}$$

genügen. Damit diese drei Gleichungen für die zwei Funktionen ξ, η miteinander verträglich sind, müssen die Größen ε_x, ε_y, γ_{xy} der Identität

$$\frac{\partial^2 \varepsilon_x}{\partial y^2} + \frac{\partial^2 \varepsilon_y}{\partial x^2} = \frac{\partial^2 \gamma_{xy}}{\partial x\,\partial y} \tag{4}$$

genügen. Drückt man ε_x, ε_y, γ_{xy} durch die Spannungen σ_x, σ_y, τ aus und führt für sie ihre Ausdrücke aus (2) ein, so ergibt sich für die Funktion F die partielle Differentialgleichung

$$\frac{\partial^4 F}{\partial x^4} + 2\,\frac{\partial^4 F}{\partial x^2\,\partial y^2} + \frac{\partial^4 F}{\partial y^4} = \Delta\Delta F = 0. \tag{5}$$

Jeder Spannungsfunktion F, welche dieser Gleichung genügt, entspricht ein ebener Verzerrungszustand in einem elastischen Körper mit den Spannungen (2).

In einem ebenen Spannungszustand ist die eine Normalspannung gleich Null. Es sei dies die Spannung σ_z. Ein ebener Spannungszustand entsteht in einer dünnen Scheibe oder Platte unter Lasten, deren Richtungen in ihre Mittelebene hineinfallen. Die Dehnungen und Spannungen sind nur Funktionen von x und y. In der dünnen Scheibe sind ferner $\tau_{xz} = \tau_{yz} = 0$. Die Dehnungen ε_x, ε_y und die spez. Schiebung γ_{xy} sind nach den Elastizitätsgleichungen gleich:

$$\varepsilon_x = \frac{\partial \xi}{\partial x} = \frac{1}{E}\,(\sigma_x - \nu\,\sigma_y), \qquad \varepsilon_y = \frac{\partial \eta}{\partial y} = \frac{1}{E}\,(\sigma_y - \nu\,\sigma_x),$$

$$\gamma_{xy} = \frac{\partial \xi}{\partial y} + \frac{\partial \eta}{\partial x} = \frac{\tau_{xy}}{G}. \tag{6}$$

Die Spannungen σ_x, σ_y, τ erfüllen die Gl. (1) und (2), die Verträglichkeitsbedingung der drei Gl. (6) ergibt für die Spannungsfunktion wie beim ebenen Verzerrungszustand die Differentialgleichung

$$\Delta\Delta F = 0.$$

Wie man sieht, genügt die Spannungsfunktion F in den beiden ebenen Gleichgewichtszuständen derselben Differential-

gleichung, wie die Durchbiegung w einer nur durch Randkräfte verbogenen elastischen Platte[1]). Daraus folgt, daß sich
die ebenen Verzerrungs- und Spannungszustände eines elastischen
Körpers mit den gleichen Mitteln und Funktionen behandeln lassen,
wie die Aufgaben über die Biegung der elastischen Platten.

Benutzt man Polarkoordinaten r und φ, so drücken sich die
Spannungskomponenten σ_r, σ_t und τ durch die Formeln

$$\sigma_r = \frac{1}{r}\frac{\partial F}{\partial r} + \frac{1}{r^2}\frac{\partial^2 F}{\partial \varphi^2}, \qquad \sigma_t = \frac{\partial^2 F}{\partial r^2}, \qquad \tau = -\frac{\partial}{\partial r}\left(\frac{1}{r}\frac{\partial F}{\partial \varphi}\right) \qquad (7)$$

aus. Es ist

$$\sigma_r + \sigma_t = \sigma_x + \sigma_y = \Delta F = \frac{\partial^2 F}{\partial r^2} + \frac{1}{r}\frac{\partial F}{\partial r} + \frac{1}{r^2}\frac{\partial^2 F}{\partial \varphi^2}. \qquad (8)$$

Mit Lösungen der Gleichung $\Delta\Delta F = 0$ in Polarkoordinaten beschäftigten wir uns in **47**.

Wir haben bei der Besprechung der elastischen Fläche in Polarkoordinaten
(**47**) und der Singularitäten der Plattenbiegung (**49**) gesehen, daß der Gleichung
$\Delta\Delta w = 0$ elastische Flächen genügen können, die keine eindeutigen Funktionen
der Koordinaten mehr sind. Wir erinnern nur an die Funktionen

$$\varphi, \qquad r^2\varphi, \qquad r\varphi\sin\varphi,$$

die nicht zu denselben Werten zurückkehren, wenn der Winkel φ um 2π sich
geändert hat. Diese Funktionen zu benutzen hatte bei den Platten einen Sinn,
wenn die singuläre Stelle auf dem Rande des Bereiches lag. Bei den verbogenen Platten ergab sich dies von selbst. Betrachtet man hingegen einen
ebenen Spannungszustand, der zu einer Airyschen Funktion gehört, von der
man nur weiß, daß ihre Spannungen eindeutige Funktionen der Koordinaten
sind, so ist zunächst noch nicht ersichtlich, ob die zugehörigen Verschiebungen
ξ und η eindeutige oder mehrdeutige Funktionen der Koordinaten sind.

Wenn die Spannungen an einzelnen Stellen unendlich groß werden, muß
man diese, wenn man das Gleichgewicht der Kräfte an einem die singuläre
Stelle enthaltenden Körperteil betrachtet, durch Schnittflächen aus dem Bereich
ausschließen oder in Höhlungen eingeschlossen sich vorstellen. Ist die Verschiebung eine **mehrdeutige** Funktion einer Koordinate u, so wird man den
Körper durch einen Schnitt $u = $ konst. aufschlitzen, damit er einen einfach zusammenhängenden Bereich rings um die singuläre Stelle bilde.

In einem Körper mit Eigenspannungen ist die Verschiebung eine
mehrdeutige Funktion einer Koordinate. Die Eigen- oder Selbstspan-
nungssysteme sind Spannungszustände, die in einem zwei- oder einem mehrfach zusammenhängenden Körper mit vollkommen spannungsfreien Rändern möglich sind, wie z. B. in einem Ring oder in einem Körper mit zwei
zylindrischen Höhlungen. So liefert beispielsweise die Spannungsfunktion

$$F = c\,r^2\ln r$$

---

[1]) Diese Tatsache hat K. Wieghardt (Mitt. üb. Forschungsarb. des V. d. I.
Heft 49. 1908) in einem Gleichnis ausgedrückt.

wohl eindeutige Spannungskomponenten:

$$\sigma_r = c\,(2\ln r + 1)\,, \qquad \sigma_t = c\,(2\ln r + 3)\,, \qquad \tau = 0\,,$$

aber die Verschiebungskomponenten hängen vom Polarwinkel φ in einer Weise ab, daß sie bei einem Umlauf von φ um den Winkel 2π nicht zu ihren ursprünglichen Werten zurückkehren. Mit Hilfe der Spannungsfunktion $r^2 \ln r$ läßt sich in Verbindung mit anderen, in den Verschiebungen eindeutigen Verzerrungszuständen ein Eigenspannungssystem in einem Ring erzeugen[1]).

54. Einige ebene Gleichgewichtszustände elastischer Körper.

1. Berücksichtigung der Massenkräfte.
Wenn im Körper Massenkräfte angreifen, die ein Potential U besitzen, sind die Komponenten der Massenkraft (bezogen auf die Raumeinheit) die negativen Ableitungen von U:

$$X = -\frac{\partial U}{\partial x}\,, \qquad Y = -\frac{\partial U}{\partial y}\,, \qquad Z = 0\,.$$

Die Spannungsfunktion F genügt im Falle des ebenen Verzerrungszustandes der Differentialgleichung:

$$(1 - \nu)\,\varDelta\varDelta F + (1 - 2\nu)\,\varDelta U = 0$$

und im Falle des ebenen Spannungszustandes der Gleichung:

$$\varDelta\varDelta F + (1 - \nu)\,\varDelta U = 0\,.$$

2. Der Halbraum.
Der elastische Körper sei durch die Ebene $y = 0$ begrenzt. Das Material erfülle den Raum $y > 0$. In ihm herrsche ein ebener Verzerrungszustand.

a) **Auf der Ebene $y = 0$ wirken nur Normalspannungen σ_y.** Die Verteilung der σ_y sei durch eine periodische Funktion der Koordinate x $\sigma_y = f(x)$ gegeben. Der Spannungszustand im Halbraum wird durch eine Airysche Spannungsfunktion

$$F = \sum \left(a_n + b_n\,\frac{n\pi y}{a}\right) e^{-\frac{n\pi y}{a}} \cos\frac{n\pi x}{a}\,, \quad \sin\frac{n\pi x}{a}\,, \quad y > 0\,, \qquad (9)$$

$$n = 1,\,2,\,3,\,\ldots$$

dargestellt[2]). Zur Bestimmung der Beiwerte a_n, b_n dienen die Grenz-

---

[1]) Mit den ebenen Gleichgewichtszuständen elastischer Körper haben sich besonders A. E. H. Love („A treatise on the math. theory of elasticity", Cambridge, 2. Ed., 1906, S. 201); Michell (Proc. Math. Soc. London, Bd. 32, S. 35. 1900) und A. Timpe (Diss. Göttingen) eingehend beschäftigt, auf deren Arbeiten zu verweisen ist.

[2]) Vgl. S. 69.

Nádai, Elastische Platten.   15

bedingungen auf $y = 0$: $\sigma_y = f(x)$, $\tau = 0$. Für $y = +\infty$ werden alle Spannungen gleich Null.

Beispiel: Wenn auf der Begrenzung $y = 0$ (innerhalb eines halben Periodenabschnittes $-a/2 < x < a/2$ der Veränderlichen x) die Spannung σ_y auf dem Stück $-c < x < c$ aus einem unveränderlichen Druck $p = $ konst. besteht und außerhalb der Strecke $-c < x < c$ verschwindet, ist:

für $y = 0$

$$\sigma_y = -\frac{4p}{\pi} \sum_n \frac{1}{n} \sin \frac{n\pi c}{a} \cos \frac{n x \pi}{a} \tag{10}$$

$$(n = 1, 3, 5, \ldots).$$

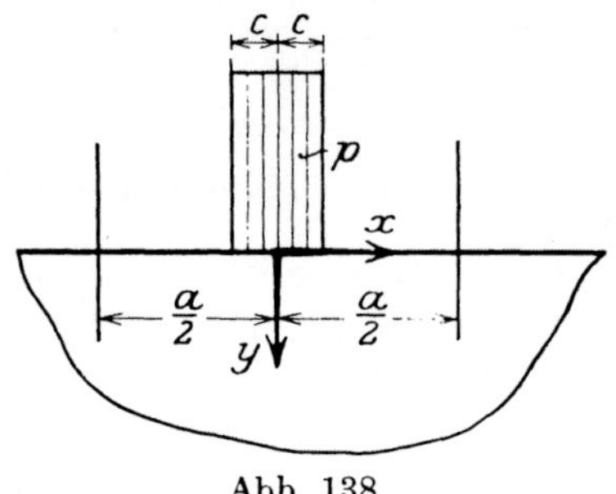

Abb. 138.

(Der Druck $\sigma_y = f(x)$ wurde hier als eine gerade Funktion von x entwickelt. Mit Benutzung der Abkürzungen

$$\xi = \pi x/a, \qquad \eta = \pi y/a, \qquad \gamma = \pi c/a$$

findet man hier die Spannungen gleich

$$\sigma_x = -4p/\pi \sum \frac{1}{n} (1 - n\eta) e^{-n\eta} \sin n\gamma \cos n\xi$$

$$\sigma_y = -4p/\pi \sum \frac{1}{n} (1 + n\eta) e^{-n\eta} \sin n\gamma \cos n\xi \tag{11}$$

$$\tau = -4p/\pi \cdot \eta \sum e^{-n\eta} \sin n\gamma \sin n\xi.$$

b) Wenn der Druck $\sigma_y = f(x)$ zwar keine periodische, aber eine gerade Funktion von x ist, wird man die Spannungsfunktion

$$\frac{1}{\alpha^2} (A + B\alpha y) e^{-\alpha y} \cos \alpha x \tag{12}$$

und statt der Summe das Fouriersche Integral heranziehen.

Wählt man $A = B$, so verschwinden die Schubspannungen τ auf der Begrenzung $y = 0$ des Halbraumes und man erhält den Spannungszustand in der allgemeinen Form:

$$\sigma_x = -\int_0^\infty A (1 - \alpha y) e^{-\alpha y} \cos \alpha x \, d\alpha$$

$$\sigma_y = -\int_0^\infty A (1 + \alpha y) e^{-\alpha y} \cos \alpha x \, d\alpha \tag{13}$$

$$\tau = -y \int_0^\infty A \alpha e^{-\alpha y} \sin \alpha x \, d\alpha.$$

Der von α abhängige Beiwert $A(\alpha)$ ist nach dem Fourierschen Lehrsatz[1]) aus der Grenzbedingung $y = 0$, $\sigma_y = f(x) = - \int\limits_0^\infty A(\alpha) \cos \alpha x\, d\alpha$

zu ermitteln.

c) In ähnlicher Weise verschafft man sich mittels einer Spannungsfunktion

$$\frac{C}{\alpha}\, y\, e^{-\alpha y} \cos \alpha\, x \qquad (14)$$

die allgemeine Lösung für den Halbraum $y > 0$, auf dessen Begrenzung $y = 0$ nur Schubspannungen $\tau = f(x)$ angreifen. $f(x)$ wurde hier als eine ungerade Funktion von x angenommen. Die Spannungsfunktionen (12) und (14) lassen mannigfache Anwendungen zu.

d) **Darstellung des Spannungszustandes im Halbraum aus einer winkeltreuen Abbildung.** Wenn man an Hand der Formeln (13) den Mittelwert der Normalspannungen

$$\frac{\sigma_x + \sigma_y}{2} = - \int\limits_0^\infty A\, e^{-\alpha y} \cos \alpha x\, d\alpha \qquad (15)$$

bildet, erhält man ersichtlich eine Potentialfunktion. Nennen wir sie u, so ist also

$$u = \frac{\sigma_x + \sigma_y}{2}, \qquad \Delta u = \frac{\partial^2 u}{\partial x^2} + \frac{\partial^2 u}{\partial y^2} = 0. \qquad (16)$$

Die Gl. (13) lassen erkennen, daß man den Spannungszustand (13) mit Hilfe der Funktion u auch in der einfachen Form hinschreiben kann:

$$\left. \begin{aligned} \sigma_x &= u + y\, \frac{\partial u}{\partial y} \\[2mm] \sigma_y &= u - y\, \frac{\partial u}{\partial y} \\[2mm] \tau &= \quad - y\, \frac{\partial u}{\partial x} \end{aligned} \right\} \qquad (17)$$

Aus (13) folgt ferner, daß für $y = 0$ $\sigma_x = \sigma_y = u$ wird. In jedem Punkt der Begrenzung ist also $\sigma_x = \sigma_y$. Die Aufgabe der Spannungsermittlung im Halbraum ist damit auf die Bestimmung einer Potentialfunktion u in einer Halbebene oder der Gestalt einer dünnen gespannten Haut über dieser Halbebene aus ihren Randwerten zurückgeführt[2]).

---

[1]) Riemann, Weber, 1. Bd., S. 37. 5. Aufl. 1910.

[2]) S. D. Carothers (Proc. R. Soc. London, Ser. A. Vol. XCVII, p. 110. 1920) hat sich die Frage gestellt, aus welchen unabhängigen Bestandteilen, die nur Potentialfunktionen enthalten, die allgemeine Lösung des ebenen Problems

Eine Verallgemeinerung der hier für den Spannungszustand (13) angegebenen Beziehungen liegt nahe. Man wird zur Darstellung der allgemeineren Spannungszustände im Halbraum neben der Potentialfunktion u auch ihre Konjugierte v aus $u + iv = f(x + iy)$ heranzuziehen haben. Die Gl. (17) enthalten eine analoge Aussage, wie die für den unendlich langen Plattenstreifen entwickelten Sätze in **25** für seinen Biegungszustand.

3. Der strahlige Spannungszustand. Der Spannungsfunktion

$$F = \frac{P}{\pi} r \varphi \cos \varphi = \frac{P}{\pi} x \, \text{arctg} \frac{y}{x} \tag{18}$$

entsprechen nach (7) die Spannungskomponenten

$$\sigma_r = - \frac{2P \sin \varphi}{\pi r}, \qquad \sigma_t = \tau = 0. \tag{19}$$

Dieser, von Michell[1]) zuerst angegebene Spannungszustand hat die Eigentümlichkeit, daß wenn man sich den Körper längs beliebiger Strahlen $\varphi = $ konst. durch Ebenen durchgetrennt denkt, in diesen Schnitten nirgends Spannungen angebracht zu werden brauchen, (18) und (19) stellen den Spannungszustand in einem Halb

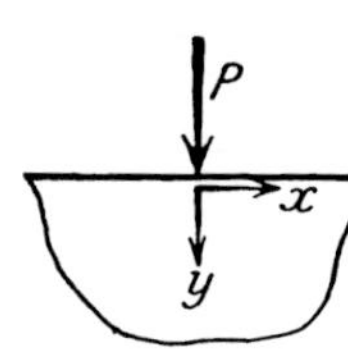

Abb. 139.

raum $y > 0$ dar, auf dessen Begrenzungsebene $y = 0$ eine längs der z-Achse gleichmäßig verteilte „Einzelkraft" von P kg auf 1 cm Länge in der Richtung der positiven y wirkt (Abb. 139). Man überzeugt sich hiervon durch Ausrechnung der Mittelkraft aller Spannungen σ_r und τ, die in einem Halbkreis $r = $ konst. übertragen werden.

Mit der Spannungsfunktion

$$F = \frac{P}{\pi} r \varphi \sin \varphi \tag{20}$$

erhält man die Spannungen $\sigma_r = \dfrac{2P \cos \varphi}{\pi r}$, $\sigma_t = \tau = 0$ (21) für eine

---

besteht. Er findet, daß sich die Spannungskomponenten durch zwei harmonische (Potential-) Funktionen Φ und Ψ in der Form darstellen lassen:

$$\sigma_x = \quad \Phi + \Psi + \left(\Phi - x \frac{\partial \Phi}{\partial x} \right) + \left(\Phi + y \frac{\partial \Phi}{\partial y} \right),$$

$$\sigma_y = - \Phi - \Psi + \left(\Phi - x \frac{\partial \Phi}{\partial x} \right) + \left(\Phi - y \frac{\partial \Phi}{\partial y} \right),$$

$$\tau = - \Psi + \Phi \qquad - x \frac{\partial \Phi}{\partial y} \qquad - y \frac{\partial \Phi}{\partial x},$$

wo $\Phi + i \Psi = f(x + iy)$.

[1]) London Math. Soc. Proc. Vol. 32, p. 35. 1900.

im Ursprung angreifende Einzelkraft P, die die Richtung der negativen x-Achse hat (Abb. 140).

Die Gl. (18) und (20) enthalten auch den **Spannungszustand in einem keilförmigen Raum**, der durch zwei Ebenen $\varphi = \alpha_1$ und $\varphi = \alpha_2$ begrenzt und entlang seiner Kante belastet wird, wenn man den Wert der Einzelkraft für das Bogenstück $r(\alpha_2 - \alpha_1)$ durch eine besondere Integration ermittelt.

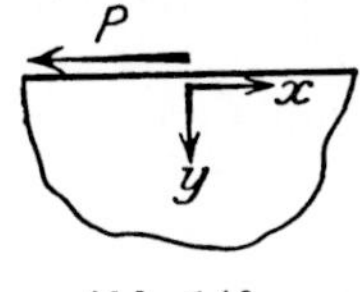

Abb. 140.

4. Gleichförmiger Druck auf einer Halbebene. Die Spannungsfunktion

$$F = \frac{p\,r^2}{2\,\pi}\left(\frac{\sin 2\,\varphi}{2} - \varphi\right) \qquad (21)$$

liefert die Spannungen:

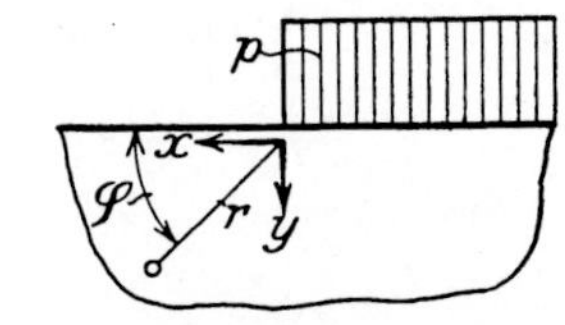

Abb. 141.

$$\left.\begin{aligned}
\sigma_r &= -\frac{p}{\pi}\left(\varphi + \frac{\sin 2\,\varphi}{2}\right)\\[2ex]
\sigma_t &= -\frac{p}{\pi}\left(\varphi - \frac{\sin 2\,\varphi}{2}\right)\\[2ex]
\tau &= \frac{p}{2\,\pi}\left(1 - \cos 2\,\varphi\right)
\end{aligned}\right\} \qquad (22)$$

Für $\varphi = 0$ wird $\sigma_t = \tau = 0$; für $\varphi = \pi$ hingegen $\sigma_t = -p$, $\tau = 0$. Die Formeln (22) stellen die Spannungsverteilung in einem Halbraum nach Abb. 141 dar. Die negative Hälfte $x < 0$ der Begrenzungs-

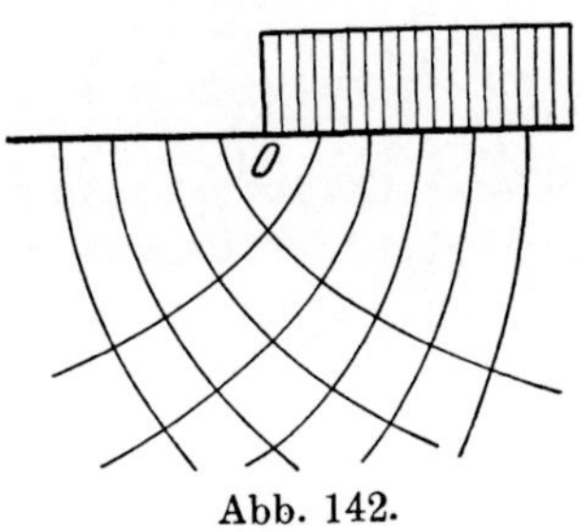

Abb. 142.

ebene $y = 0$ steht unter einer gleichförmigen Druckbelastung von $\sigma_t = -p$ kg/cm², auf der positiven Hälfte $(x > 0)$ wird keine Kraft übertragen.

Bedeutet ψ den Winkel, den die Hauptspannungstrajektorien mit den Strahlen $\varphi = $ konst. bilden, so sind ihre Richtungen durch die Gleichung

$$\operatorname{tg} 2\,\psi = \frac{2\,\tau}{\sigma_r - \sigma_t} \qquad (23)$$

gegeben. Mit (22) erhält man

$$\operatorname{tg} 2\,\psi = \frac{1 - \cos 2\,\varphi}{-\sin 2\,\varphi} = -\operatorname{tg}\varphi,$$

also

$$\psi = -\frac{\varphi}{2}, \qquad \frac{\pi}{2} - \frac{\varphi}{2},$$

d. i. eine Parabeleigenschaft. Die Spannungstrajektorien bilden ein System von orthogonalen Parabeln mit O als Brennpunkt (Abb. 142).

5. Die Begrenzungsebene $y = 0$ des Halbraumes ist auf einem Parallelstreifen von der Breite $2a$ gleichförmig belastet[1]**.** Wenn der Druck $p =$ konst. auf einem Stück der x-Achse wirkt, das vom Punkte O_1 (Abb. 143) von $x = + a$ bis zum Punkt O_2 $x = -a$ reicht, wird

$$F = -\frac{p}{2\pi}\left(r_1{}^2\,\varphi_1 - r_2{}^2\,\varphi_2\right). \tag{24}$$

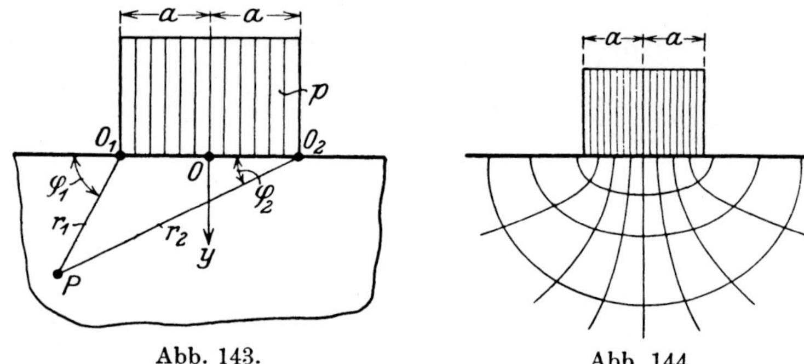

Abb. 143.   Abb. 144.

Hier bedeuten r_1, φ_1 und r_2, φ_2 die Polarkoordinaten eines Punktes P bezüglich der Pole O_1 und O_2 (Abb. 143). Die Spannungen sind in rechtwinkligen Koordinaten:

$$\left.\begin{aligned}
\sigma_x &= -\frac{p}{2\pi}\left[2\left(\varphi_1 - \varphi_2\right) + \sin 2\varphi_1 - \sin 2\varphi_2\right] \\[2mm]
\sigma_y &= -\frac{p}{2\pi}\left[2\left(\varphi_1 - \varphi_2\right) - \sin 2\varphi_1 + \sin 2\varphi_2\right] \\[2mm]
\tau &= \frac{p}{2\pi}\left[\cos 2\varphi_1 - \cos 2\varphi_2\right]
\end{aligned}\right\} \tag{25}$$

Der Spannungszustand (25) entsteht ersichtlich aus zwei überlagerten Spannungszuständen der unter 4. beschriebenen Art. Die **S p a n n u n g s t r a j e k t o r i e n** bilden ein System konfokaler **Ellipsen** und **Hyperbeln** (Abb. 144).

Die **größte Schubspannung** $\tau_{\max}$ ergibt sich aus der Formel

$$\tau_{\max}^2 = \frac{(\sigma_x - \sigma_y)^2}{4} + \tau^2$$

zu

$$\tau_{\max} = \frac{p \sin(\varphi_1 - \varphi_2)}{\pi}. \tag{26}$$

---

[1] Mit verwandten Spannungszuständen beschäftigte sich S. D. Carothers, Engg. S. 1. 1924 und S. 156. 1924.

Auf den Kreisen, welche durch O_1 und O_2 (Abb. 145) hindurchgehen und deren Mittelpunkte auf der Symmetrielinie $x = 0$ liegen, hat τ_{max} einen unveränderlichen Wert.

Ein Material, das unter einer unveränderlichen größten Schubspannung fließt, müßte auf einem Halbkreise mit O als Mittelpunkt und a als Halbmesser (Abb. 145) unter der Druckfläche zu fließen beginnen. Auf diesem Kreise erreicht nämlich $\sin(\varphi_1 - \varphi_2)$ in Gl. (26) seinen größten Wert 1. Man beobachtet in der Tat in den Schnittflächen gedrückter Körper aus weichem Eisen, die in der angegebenen Weise belastet sind,

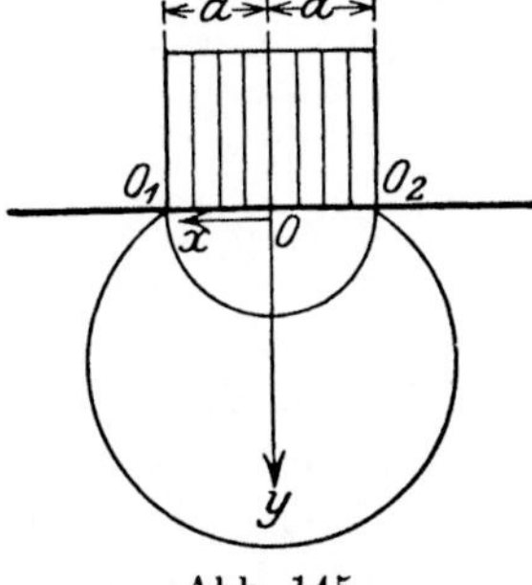

Abb. 145.

Fließfiguren, welche aus den Druckkanten des Stempels ausstrahlen. Unter diesen kommen auch halbkreisförmige gelegentlich vor. Auf die Form der Fließfiguren ist ferner die Reibung in der Druckfläche des Stempels von Einfluß, die hier nicht berücksichtigt wurde[1].

6. Das Rechteck und der Parallelstreifen. Die ebenen Gleichgewichtszustände im Rechteck erledigen sich mit den für die rechteckigen Platten angegebenen Hilfsmitteln. Liegt im besondern beispielsweise die Aufgabe vor, die Verteilung der Spannungen in einem langen Parallelstreifen (breiter Balken von rechteckigem Querschnitt!) zu ermitteln, so wird man die Ansätze in **20**, S. 69, Gl. (33) bis (36) heranziehen können.

V. Die in ihrer Ebene gespannten Platten. Die Stabilität und das Ausknicken der dünnen Platten.

§ 55. Die Zerlegung des Spannungszustandes einer biegsamen Platte mit gespannter Mittelfläche in einen ebenen Spannungs- und in einen Biegungszustand.

Wir haben uns bisher auf die Beschreibung der Formänderungszustände von elastischen Platten beschränkt, deren äußere Belastung entweder aus Momenten allein, oder aus Momenten und zu ihrer Ebene senkrecht gerichteten Kräften bestand. Die Untersuchung

---

[1] Die Gestalt der Gleitlinien im plastischen Bereich der Formänderungen ist durch L. Prandtl (Z. ang. Math. Mech. Bd. 1, Heft 1, S. 14. 1921) angegeben worden.

soll jetzt auf den Fall ausgedehnt werden, in dem die äußeren Belastungen auch in Richtung der Ebene der Platte Teilkräfte besitzen.

Indem wir die Betrachtung weiter auf unendlich kleine Ausbiegungen der Platten beschränken, können wir, ohne die Allgemeinheit des an der Platte angreifenden Kräftesystems einzuschränken, annehmen, daß der eine Teil der äußeren Lasten aus einem ebenen System von Kräften besteht, deren einzelne Kräfte alle in die nicht deformierte Mittelebene hineinfallen. Zum anderen Teil rechnen wir die auf dem Rande der Platte wirkenden äußeren Momente und die zur Platte senkrechten Kräfte, einschließlich eines auf ihrer Seitenfläche lastenden stetig verteilten Druckes.

Den Formänderungs- und Spannungszustand, der von dem ebenen System der Kräfte herrührt und der in einer dünnen Platte auch für sich allein bestehen kann, haben wir in **53** und Beispiele für ihn in **54** angegeben.

56. Der ebene Spannungszustand der Platte.

Der abgetrennte Teil des Spannungszustandes, der von dem ebenen Kraftsystem herrührt, wird in einer dünnen Platte durch die Spannungen und die Verschiebungen der Punkte der Mittelebene beschrieben. Seine Dehnungen und die Spannungen sind nur Funktionen der rechtwinkeligen Koordinaten x, y, wenn die x, y-Ebene des Achsensystems xyz in der Mittelebene der Platte angenommen wird. Wir bezeichnen alle Spannungen und Dehnungen, die von dem ebenen Kraftsystem herrühren, mit einem Strich. Nachdem keine Kräfte senkrecht zur Platte wirken, verschwinden in ihr die Normalspannungen σ_z, die Schubspannungen τ'_{yz} und τ'_{zx} und die Schiebungen γ'_{xz} und γ'_{xz}. Die Dehnungen $\varepsilon_x{}'$, $\varepsilon_y{}'$ und die spez. Schiebung γ'_{xy} der Mittelebene sind nach den Gl. (6) S. 223 gleich

$$\left.\begin{aligned}
\varepsilon_x{}' &= \frac{\partial \xi'}{\partial x} = \frac{1}{E}\left(\sigma_x{}' - \nu\,\sigma_y{}'\right) \\[2mm]
\varepsilon_y{}' &= \frac{\partial \eta'}{\partial y} = \frac{1}{E}\left(\sigma_y{}' - \nu\,\sigma_x{}'\right) \\[2mm]
\gamma'_{xy} &= \frac{\partial \xi'}{\partial y} + \frac{\partial \eta'}{\partial x} = \frac{\tau'_{xy}}{G}.
\end{aligned}\right\}
\tag{1}$$

Hier sind ξ', η' die Verschiebungen der Punkte der Mittelebene.

Mit Rücksicht darauf, daß $\sigma_z{}' = \tau'_{yz} = \tau'_{zx} = 0$ sind, verbleiben von den drei Gleichgewichtsbedingungen der Spannungen nur die beiden Gleichungen

$$\frac{\partial \sigma_x{}'}{\partial x} + \frac{\partial \tau'_{xy}}{\partial y} = 0, \qquad \frac{\partial \sigma_y{}'}{\partial y} + \frac{\partial \tau'_{xy}}{\partial x} = 0.
\tag{2}$$

Man genügt nach Airy diesen Gleichungen, wenn man die Spannungen σ_x', σ_y' τ_{xy}' gleich

$$\sigma_x' = \frac{\partial^2 F}{\partial y^2}, \qquad \sigma_y' = \frac{\partial^2 F}{\partial x^2}, \qquad \tau_{xy}' = -\frac{\partial^2 F}{\partial x \, \partial y} \tag{3}$$

setzt, wo F eine Funktion der Veränderlichen x und y ist.

Die drei Gleichungen (1) sind miteinander verträglich, wenn ε_x', ε_y', γ_{xy}' der Identität

$$\frac{\partial^2 \varepsilon_x'}{\partial y^2} + \frac{\partial^2 \varepsilon_y'}{\partial x^2} = \frac{\partial^2 \gamma_{xy}'}{\partial x \, \partial y} \tag{4}$$

genügen, die aus den drei Gleichungen (1) entsteht, wenn man aus ihnen die Verrückungskomponenten ξ', η' eliminiert. Drückt man die Größen ε_x', ε_y', γ_{xy}' in dieser Verträglichkeitsbedingung mit Hilfe von (1) durch die Spannungen σ_x', σ_y, τ_{xy}' aus, und führt für die letzteren ihre Ausdrücke aus (3) ein, so ergibt sich für die Funktion F die Differentialgleichung

$$\frac{\partial^4 F}{\partial x^4} + 2 \frac{\partial^4 F}{\partial x^2 \, \partial y^2} + \frac{\partial^4 F}{\partial y^4} = \Delta \Delta F = 0. \tag{5}$$

Jeder Funktion F, welche dieser Gleichung genügt, entspricht ein ebener Spannungszustand in einer elastischen Platte mit den Spannungskomponenten (3).

Damit ist der erste Teil der Aufgabe: die Bestimmung eines ebenen Spannungszustandes, auf die Integration der vorstehenden Differentialgleichung unter den gegebenen Randbedingungen für die Spannungskomponenten σ_x', σ_y', τ_{xy}' zurückgeführt.

57. Die Biegungsgleichung der in ihrer Ebene gespannten Platten.

Um nun die Biegungsgleichung der Platte mit Rücksicht auf das ebene System der Kräfte zu ergänzen, bemerken wir, daß die von ihm hervorgerufenen Spannungen und Dehnungen sich während der Ausbiegung der Platte nicht ändern werden, wenn diese letztere klein im Vergleich zu ihrer Dicke bleibt. Wir werden den Nachweis für diese Behauptung in **67** S. 270 erbringen und begnügen uns hier damit, von ihr Gebrauch zu machen.

In einem Punkte x, y, z, der außerhalb der Mittelebene liegt, können deshalb die Zustandsgrößen aus zwei Anteilen

$$\varepsilon = \varepsilon' + \varepsilon'', \qquad \sigma = \sigma' + \sigma'' \tag{6}$$

bestehend betrachtet werden. Die mit einem Strich bezeichneten Verschiebungen, Dehnungen und Spannungen werden durch die in die Mittelebene fallenden Teilkräfte der äußeren Lasten hervorgerufen. Sie beziehen sich auf einen ebenen Zustand der Platte, wie wir ihn in 54 betrachteten und sind vollständig bekannt, wenn die Airysche Spannungsfunktion ermittelt worden ist, zu der sie gehören. Die mit zwei Strichen bezeichneten Verschiebungen, Dehnungen und Spannungen rühren von der Krümmung der Mittelfläche durch die Biegung der Platte her. Für diesen Teil des Spannungszustandes können wir aus 10 die Formeln unverändert übernehmen. Wir wollen die Anteile σ_x'', σ_y'' und τ_{xy}'' die Biegungsspannungen der Platte nennen. Die zur Mittelebene parallelen Spannungskomponenten σ_x, σ_y, τ_{xy} bestehen also aus den Anteilen σ_x', σ_y', τ_{xy}', die von der Streckung oder Zusammendrückung der Mittelfläche herrühren und aus den Biegungsspannungen σ_x'', σ_y'' und τ_{xy}''. Statt dieser letzteren sollen hier, wie früher, die Biegungsmomente m_x, m_y, und das Scherungsmoment m_{xy}

$$m_x = - N\left(\frac{\partial^2 w}{\partial x^2} + \nu\,\frac{\partial^2 w}{\partial y^2}\right), \qquad m_y = - N\left(\frac{\partial^2 w}{\partial y^2} + \nu\,\frac{\partial^2 w}{\partial x^2}\right),$$

$$m_{xy} = - (1 - \nu)\,N\,\frac{\partial^2 w}{\partial x\,\partial y} \tag{7}$$

benutzt werden, deren Formeln wir aus 10 übernehmen können. In ihnen bezeichnet wieder w die Durchbiegung der Platte und N ihre Steifigkeit, ν ist die Querdehnungszahl.

Wir haben jetzt die Spannungsmittelkräfte der Platte anzugeben und betrachten zu dem Zweck die Kräfte, die in den Schnittflächen eines aus ihr herausgeschnittenen kleinen prismatischen Teiles $dx\,dy\,h$ wirken (Abb. 146, 147). In der Schnittfläche $dy\cdot h$, deren nach außen gerichtete Normale entgegengesetzt zur positiven x-Achse zeigt, wirken eine Normalkraft $\sigma_x'\,h\,dx$, eine Scherkraft $\tau_{xy}'\,h\,dx$ in der Mittelebene und eine Scherkraft $p_x\,dx$ senkrecht zu ihr. In der Schnittfläche $dx\,h$, deren äußere Normale entgegen der positiven y-Achse gerichtet ist, werden ebenso eine Normalkraft $\sigma_y'\,h\,dy$, eine Scherkraft $\tau_{xy}'\,h\,dy$ parallel und eine Scherkraft $p_y\,dy$ senkrecht zur Mittelebene der Platte übertragen. Die zur Mittelebene senkrechten Scherkräfte [Gl. (36), S. 21] sind wie früher durch die Formeln gegeben:

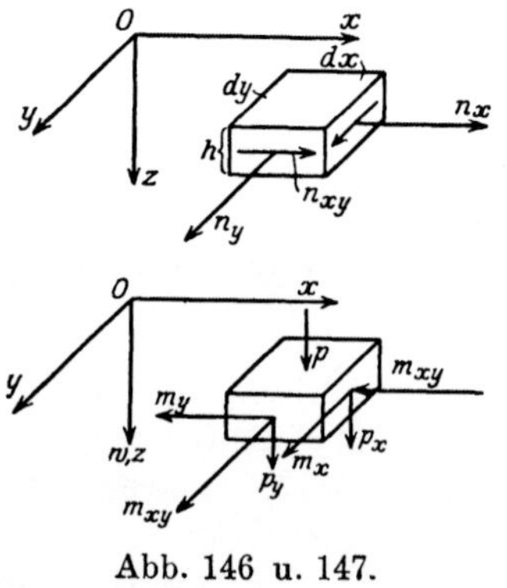

Abb. 146 u. 147.

$$p_x = - N \frac{\partial}{\partial x} \Delta w, \qquad p_y = - N \frac{\partial}{\partial x} \Delta w. \tag{8}$$

Zu diesen treten wegen des ebenen Spannungszustandes die auf die Längeneinheit der Schnittbreite bezogenen Normalkräfte n_x, n_y und die tangentiale Scherkraft n_{xy} der Platte

$$n_x = h \sigma_x', \qquad n_y = h \sigma_y', \qquad n_{xy} = h \tau_{xy}' \tag{9}$$

hinzu. Die Spannungsmittelkräfte n_x, n_y, n_{xy} liegen in der Mittelfläche der Platte (Abb. 146).

In der Gleichgewichtsbedingung der am Element $dx\,dy\,h$ angreifenden und zur Mittelebene senkrechten Teilkräfte ist zu beachten, daß außer den Querkräften der Biegung p_x, p_y und des auf der Seitenfläche $z = - h/2$ lastenden Druckes $p = p_0\,f(x, y)$ der Platte auch die Kräfte n_x, n_y, n_{xy} wegen der Krümmung der Mittelfläche der Platte kleine Komponenten senkrecht zur Tangentialebene besitzen. So liefern beispielsweise die Normalkräfte n_x und $n_x + \frac{\partial n_x}{\partial x}\,dx$, die in den Schnitten x und $x + dx$ wirken, den Beitrag $n_x \frac{\partial^2 w}{\partial x^2}\,dx\,dy$ senkrecht zur Tangentialebene. Desgleichen geben die Kräfte n_y den Beitrag $n_y \frac{\partial^2 w}{\partial y^2}\,dx\,dy$. Schließlich sind auch die Scherkräfte n_{xy} in zwei gegenüberliegenden Querschnitten um die kleinen Winkel $\frac{\partial^2 w}{\partial x\,\partial y}\,dx$, bzw. $\frac{\partial^2 w}{\partial x\,\partial y}\,dy$ gegeneinander geneigt, so daß sie eine Teilkraft $2\,n_{xy} \frac{\partial^2 w}{\partial x\,\partial y}\cdot dx\,dy$ ergeben. Sämtliche Teilkräfte müssen in ihrer Summe Null ergeben:

$$\frac{\partial p_x}{\partial x} + \frac{\partial p_x}{\partial y} + n_x \frac{\partial^2 w}{\partial x^2} + 2\,n_{xy} \frac{\partial^2 w}{\partial x\,\partial y} + n_y \frac{\partial^2 w}{\partial y^2} + p = 0. \tag{10}$$

Führt man in dieser Gleichung die Ausdrücke für die Scherkräfte p_x, p_y aus (8) ein, so erhält man

$$N\,\Delta\,\Delta w = n_x \frac{\partial^2 w}{\partial x^2} + 2\,n_{xy} \frac{\partial^2 w}{\partial x\,\partial y} + n_y \frac{\partial^2 w}{\partial y^2} + p. \tag{11}$$

Dies ist die partielle Differentialgleichung für die Durchbiegung w einer in ihrer Ebene gespannten und durch eine Querbelastung p verbogenen Platte.

Sie gilt ihrer Ableitung gemäß nur für unendlich kleine Durchbiegungen im Vergleich zur Dicke der Platte und ist vornehmlich in den Fällen der Plattenbiegung heranzuziehen, bei denen die Kräfte n_x, n_y, n_{xy} groß im Vergleich zu den Querkräften p_x, p_y sind. Dies ist eigentlich selbstverständlich, denn wenn die Spannungsmittelkräfte n_x, n_y und n_{xy} von gleicher Größenordnung oder kleiner als die p_x, p_y sind, hat der ebene Spannungszustand keinen Einfluß auf die Biegung der Platte, weil die Größen $n_x \, n_y \, n_{xy}$ (9) mit den kleinen Größen $\dfrac{\partial^2 w}{\partial x^2}, \ldots$ multipliziert sind. In diesen Fällen überlagern sich der ebene Spannungszustand in einer Platte $\varDelta \varDelta F = 0$ und ihr Biegungszustand $\varDelta \varDelta w = p/N$.

Die Gleichung (11) bildet die Grundlage der Theorie der Spannungszustände der in ihrer Ebene stark angespannten Platten, die eine Querbelastung zu tragen haben, und dient zur Bestimmung der Knickkräfte der in ihrer Ebene gedrückten Platten. In der Gl. (11) sind n_x, n_y, n_{xy} und p als bekannte Funktionen der Koordinaten x und y anzusehen.

58. Das Ausknicken der dünnen Platten.

Die Kenntnis der Grenzbelastungen, unter denen das Gleichgewicht eines beanspruchten Körpers aufhören kann stabil zu sein, ist von großer praktischer Bedeutung. Schlanke stab- oder dünne plattenförmige Körper können unter bestimmten Lastsystemen in zwei oder in mehreren, voneinander verschiedenen Gleichgewichtsgestalten verharren. Sie werden jene Lage annehmen, in der unter den gegebenen Randbedingungen die gesamte im Körper aufgespeicherte potentielle Energie am kleinsten ist. Befand sich der Körper während der Zunahme der Belastung in der einen Gleichgewichtslage, so hört sie unter einem bestimmten kritischen Wert der Last auf stabil zu sein, und unter dieser Last schlägt der Körper in die zweite Gleichgewichtslage um. Diese Grenzwerte der Belastung dürfen nicht überschritten werden wegen der unzulässig hohen Werte der Spannungen, die im Körper auftreten würden, bis er die neue stabilere Lage angenommen hat, oder wegen der starken Veränderlichkeit der Formänderungen bei den geringsten Änderungen der Belastung in der Nähe des kritischen Wertes, oder schließlich, weil die nach dem labilen Bereich angenommene neue Gleichgewichtsgestalt aus praktischen Gründen überhaupt als unzulässig erachtet wird.

Dünne Platten zeigen ein labiles Verhalten unter der Wirkung von Druckkräften, die in der Richtung der Mittelebene wirken. Wenn keine besonderen Vorkehrungen gegen die Möglichkeit des seitlichen Ausbiegens getroffen sind, knicken die Platten aus. Die

Gefahr für eine Zerstörung nach dem Eintritt unzulässiger Ausbiegungen wird um so größer, je freier die Platten auf ihren
Rändern beweglich sind. Das Mittel zu ihrer Herabminderung ist die
Anordnung von Aussteifungen, deren Wirkung nicht ohne ein näheres
Eingehen auf den Knickungsvorgang der in ihrer Ebene gedrückten
Platten bestimmt werden kann.

Die Aufgabe der Bestimmung der kritischen Lasten, unter denen eine in
ihrer Ebene gedrückte elastische Platte ausknickt, hat viel Ähnlichkeit mit der
in Abschn. 41 behandelten Aufgabe der Bestimmung der Dauer ihrer Biegungsschwingungen. Beide Aufgaben sind sogenannte Eigenwertprobleme, dort wie
hier handelt es sich darum, aus den Lösungen einer linearen Differentialgleichung
gewisse Zahlen (die Eigenwerte) zu bestimmen, denen dann die möglichen
Biegungszustände entsprechen. Der Reihe der zu gegebenen Randbedingungen
gehörigen Schwingungsformen und Frequenzen entspricht hier die der möglichen
Knickungsformen und Knickkräfte.

In den Knickungsaufgaben der gedrückten ebenen Platten interessiert man
sich übrigens weniger für die genaue Form der durchgebogenen Platte als in
den bisher behandelten Aufgaben, weil sich die Platte in ihrer ausgebogenen
Lage nicht mehr im stabilen Gleichgewicht befindet; nach den Spannungen im
ausgebogenen Zustand wird nicht gefragt, alles was zu ermitteln bleibt, ist der
kleinste kritische Druck, unter dem die Platte ausknickt.

Wenn die Kräfte genau in der Ebene der Platte wirken und die Untersuchung auf unendlich kleine Durchbiegungen beschränkt bleibt, läßt sich aus
der Differentialgleichung und den Randbedingungen außer den Knickbelastungen
nur das Gesetz der Durchbiegungen herleiten. Die absoluten Größen dieser
letzteren, die Ausbauchung und die absoluten Werte der spezifischen Spannungen
bleiben unbestimmbar. Das kommt davon her, daß die Kraft, von der die
Ausbauchung herrührt, in Abhängigkeit von den endlichen Durchbiegungen
aufgetragen in der Nachbarschaft der Durchbiegung Null ein analytisches
Minimum besitzt, für die unendlich kleinen Auslenkungen erscheint sie dann
unabhängig von ihnen.

Zur Angabe der Knickbelastungen von Platten stehen im wesentlichen zwei Wege zur Verfügung. Der eine besteht in der Integration
der Differentialgleichung (11), unter Berücksichtigung ihrer Randbedingungen. Wenn man nicht in der Lage ist, ihre Lösung zu gegebenen Grenzbedingungen anzugeben und die Berechnung der Knickkräfte mit ihrer Hilfe versagt, wird man versuchen, die Knickbelastung ohne Kenntnis der genaueren Gestalt der verbogenen
Platte zu bestimmen. Dies kann mit Hilfe von Betrachtungen geschehen, die an die elastische Energie und die Formänderungsarbeit
der äußeren Kräfte anknüpfen. Sie gründen sich auf die Beziehung,
welche mit Rücksicht auf die Stabilität des Gleichgewichtes zwischen
der potentiellen Energie der elastischen Spannkräfte und der äußeren
Belastungen erfüllt sein muß. Im Falle eines schwingenden Systems
hat zuerst Lord Rayleigh[1]) Betrachtungen dieser Art angestellt,

---

[1]) The theory of sound. 1894. Bd. 1 u. 2.

um die Dauer von Eigenschwingungen zu berechnen. Die Stabilitätsbedingung einer elastischen Platte wurde von Bryan[1]), von Walter Ritz[2]) und von S. Timoschenko[3]) zur praktischen Bestimmung ihrer Gleichgewichtsform, bzw. ihrer Knickbelastungen herangezogen.

59. Knickungsfälle von allseitig gedrückten rechteckigen Platten[4]).

Wir nehmen an, daß eine rechteckige Platte durch gleichmäßig verteilte Druckkräfte, die auf ihren vier Seiten angreifen, zusammengedrückt wird, während sie sonst durch keine äußeren Kräfte belastet ist. Wir bezeichnen die auf die Längeneinheit der Seiten bezogene Druckkraft mit n. Der „ebene" Spannungszustand dieser Platte ist ein allseitig gleicher Druck. (Er ist offenbar durch die Spannungsfunktion $F = -\dfrac{n}{2\,h}(x^2 + y^2)$, wo h die Dicke der Platte bedeutet, gegeben. Diese Funktion ergibt nämlich in einer dünnen Scheibe die Spannungsmittelkräfte $n_x = n_y = -n$, $n_{xy} = 0$ eines allseitig gleichen Druckes.) Setzen wir diese Werte in die Differentialgleichung (11) ein und nehmen außerdem in ihr $p = 0$ an, so erhalten wir

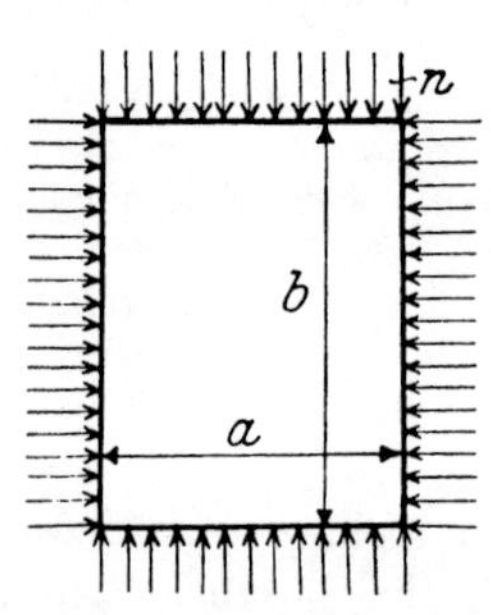

Abb. 148.

$$\varDelta \varDelta w = -\frac{n}{N}\,\varDelta w. \qquad (12)$$

Um dieser Gleichung zu genügen, setzen wir versuchsweise

$$w = c \sin\frac{\alpha\,\pi\,x}{a}\,\sin\frac{\beta\,\pi\,y}{b}. \qquad (13)$$

Hier sollen a, b, c Konstante sein und $\alpha, \beta = 1, 2, 3, \ldots$ genommen werden. Setzt man w in (12) ein, so wird diese Gleichung durch diesen Ansatz befriedigt werden, wenn entweder $c = 0$ ist, d. h. wenn die Platte bei einem beliebigen Wert des Druckes n in ihrer ebenen Lage verharrt oder wenn der Druck n einem der Werte

$$n = N\pi^2\left(\frac{\alpha^2}{a^2} + \frac{\beta^2}{b^2}\right) \qquad (14)$$

[1]) Proc. of the London math. Soc. 22, S. 54. 1891.
[2]) Crelles Journal Bd. 135, S. 1. 1908. S. auch seine Gesammelten Werke, Paris 1911.
[3]) Sur la stabilité des systemes élastiques. Annales des ponts et chaussées 1913; auch als Sonderabdruck erschienen.
[4]) Mit diesem Knickungsfall hat sich zuerst Bryan beschäftigt (a. a. O.)

gleich ist. In einer durch die vier Geraden $x = 0$, $x = a$, $y = 0$, $y = b$ begrenzten rechteckigen Platte mit den Seitenlängen a und b erfüllen diese Flächen die Grenzbedingungen $w = 0$, $\Delta w = 0$ von Navier (s. S. 38).

Wir erhalten entsprechend den noch frei verfügbaren ganzen Zahlen α und β eine unendliche Reihe von bestimmten Werten des allseitigen Druckes n. Wenn der Druck n gleich einem dieser kritischen Werte ist, beult sich die Platte nach der Gleichgewichtsform seitlich aus, die den ganzen Zahlen α und β nach (13) entspricht.

Der niedrigste Wert des Umfangsdruckes, unter dem die Platte ausknickt, ist der für $\alpha = \beta = 1$ oder

$$n = \frac{\pi^2 (a^2 + b^2) N}{a^2 b^2} = \frac{\pi^2 (a^2 + b^2) h^3 E}{12 (1 - \nu^2) a^2 b^2}. \tag{15}$$

Die höheren Knickbelastungen haben nur dann eine praktische Bedeutung, wenn die rechteckige Platte entlang den zugehörigen Knotenlinien (Linien der Durchbiegung $w = 0$) an ihrer seitlichen Ausbiegung tatsächlich verhindert wird.

60. Knickungsfälle von rechteckigen Platten, die parallel zu einem Seitenpaar unter Druck stehen. Die Lösungen von H. Reißner.

Im folgenden sollen einige Knickungsfälle untersucht werden, die entstehen können, wenn eine rechteckige Platte parallel zur Richtung eines Seitenpaares eine Druckbelastung aufzunehmen hat. Man wird in den Anwendungen vor die Frage gestellt, derartige Knickungsfälle zu betrachten, wenn es gilt die Stegbleche (Abb. 149) gedrückter vollwandiger Träger so zu bemessen, daß eine Gefahr ihrer Knickung vermieden werden soll. Mit dieser für die Stabilität vieler Konstruktionen des Eisenbaues wichtigen Frage hat sich H. Reißner eingehend beschäftigt[1]). Er leitete die Knickbelastungen der gedrückten Stegbleche aus der Theorie der in ihrer Ebene gedrückten rechteckigen Platten ab.

Abb. 149.

Die rechteckige Platte möge durch die Geraden $x = 0$, $x = a$, $y = 0$, $y = b$ begrenzt sein und parallel zur y-Achse unter einem Drucke n (bezogen auf die Längeneinheit der ge-

---

[1]) Über die Knicksicherheit ebener Bleche. Zentralbl. Bauverw. 1909, S. 93.

drückten Seiten) stehen, der sich auf dem Seitenpaar $y = 0$ und $y = b$ auf sie überträgt (Abb. 150). Die Spannungsmittelkräfte sind jetzt

$$n_x = 0, \quad n_y = -n, \quad n_{xy} = 0. \tag{16}$$

Wir suchen der jetzt geltenden Gleichung

$$N \varDelta \varDelta w = -n \frac{\partial^2 w}{\partial y^2} \tag{17}$$

nach dem Vorgange von Reissner durch elastische Flächen von der Form

$$w = X \sin \frac{k \pi y}{b} \qquad (k = 1, 2, 3, \ldots) \tag{18}$$

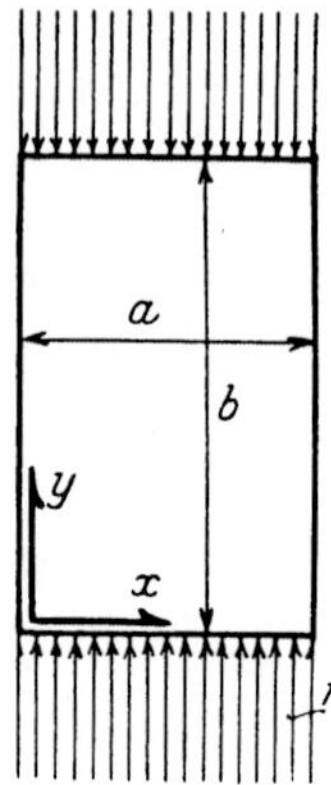

Abb. 150.

zu genügen, wo X eine Funktion von x ist. Diese Flächen erfüllen auf dem Seitenpaar $y = 0$ und $y = b$ des Rechtecks die Randbedingung $w = 0$, $\varDelta w = 0$; auf dem anderen Seitenpaar lassen sie noch verschiedene Möglichkeiten zur Befriedigung der Grenzbedingungen offen, von denen einige im folgenden angedeutet werden sollen. Setzt man (18) in die Gl. (17) ein und bezeichnet zur Abkürzung

$$\lambda = k \pi / b, \qquad \mu^2 = n/N, \tag{19}$$

so entsteht für die Funktion X die folgende lineare Differentialgleichung

$$\frac{d^4 X}{d x^4} - 2 \lambda^2 \frac{d^2 X}{d x^2} + \lambda^2 (\lambda^2 - \mu^2) X = 0. \tag{20}$$

Mit dem üblichen Ansatz $X = e^{\alpha x}$ folgt aus ihr zur Bestimmung von α die Gleichung vierten Grades

$$(\alpha^2 - \lambda^2)^2 = \lambda^2 \mu^2, \tag{21}$$

woraus

$$\alpha = \pm \sqrt{\lambda(\lambda \pm \mu)}. \tag{22}$$

a) **Auf den vier Seiten des Rechtecks** sind $w = 0$, $\varDelta w = 0$.

Wenn auf dem Seitenpaar $x = 0$ und $x = a$ ebenfalls die Grenzbedingungen $w = 0$, $\varDelta w = 0$ zu erfüllen sind, lautet die Lösung

$$w = c \sin \frac{m \pi x}{a} \sin \frac{k \pi y}{b} \qquad (m, k = 1, 2, 3, \ldots) \,{}^1). \tag{23}$$

Man überzeugt sich leicht, daß diese Funktion unter den vier

---

¹) Diesen Knickungsfall hat bereits Bryan (a. a. O.) behandelt.

Lösungen von (20) enthalten ist. Sie genügt der Differentialgleichung (20), wenn der Druck n einem der kritischen Werte

$$n = \frac{\pi^2 b^2 N}{k^2} \left(\frac{m^2}{a^2} + \frac{k^2}{b^2} \right)^2 \tag{24}$$

gleich ist. Nehmen wir $m = k = 1$ an. Die elastische Fläche w der Platte besitzt dann keine Knotenlinien innerhalb des Rechtecks. Eine quadratische Platte $(a = b)$ knickt nach dieser Form unter einem Druck

$$n = 4 \frac{\pi^2 N}{b^2} \tag{25}$$

aus. Ist hingegen $a = \infty$, so liefert die Gl. (24) den knickenden Druck n

$$n = \frac{\pi^2 N}{b^2} \tag{26}$$

für das senkrecht zur Druckrichtung unendlich breite Rechteck. (Dieser Wert unterscheidet sich von der **Euler**schen Knickkraft

$$n = \frac{\pi^2 E h^3}{12 b^2}$$

eines aus dem Plattenstreifen herausgeschnittenen Stabes von der Breite eins nur um die Zahl $1 - \nu^2$ im Nenner, weil $N = E h^3 / 12 (1 - \nu^2)$.)

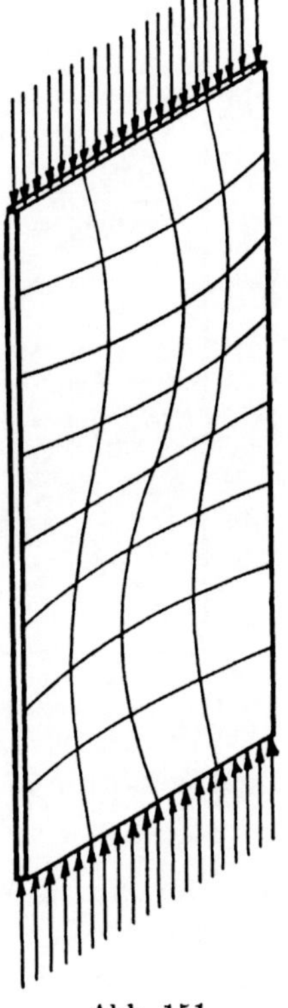

Abb 151.

Wenn $a > b$ ist, d. h. wenn im Rechteck die zur Druckrichtung senkrechte Seite die längere ist, nimmt die Knickkraft für $k = 1$ ihren kleinstmöglichen Wert an, die Platte beult nach einer Halbwelle aus. Die quadratische Platte knickt unter einem viermal so großen Druck aus, als das senkrecht zur Druckrichtung unendlich breite Rechteck. Wir können, wenn $a > b$ ist, die Formel (24) für die niedrigste Knickbelastung auch in der bequemen Form

$$\sqrt{\frac{n}{N}} \cdot b = \pi \left(1 + \frac{b^2}{a^2} \right) \tag{27}$$

anschreiben.

Wenn hingegen $a < b$ ist und die zur Druckrichtung parallelen Seiten die längeren sind, werden wir $m = 1$ und a festhalten und zusehen, wie sich die Knickkraft n ändert, wenn das Seitenverhältnis b/a und die Zahl k der Halbwellen, nach denen sich das Rechteck verwirft, vergrößert werden. Wir schreiben die Knickbedingung (24) zu diesem Zweck in der Form

$$\sqrt{\frac{n}{N}} \cdot a = \pi \left(\frac{b}{ka} + \frac{ka}{b} \right) \tag{28}$$

an. Die Knickkraft n nimmt mit b/ka zuerst ab, dann wieder zu und besitzt für

$$b/ka = 1$$

ihren kleinsten Wert

$$\sqrt{\frac{n}{N}} \cdot a = 2\,\pi. \tag{29}$$

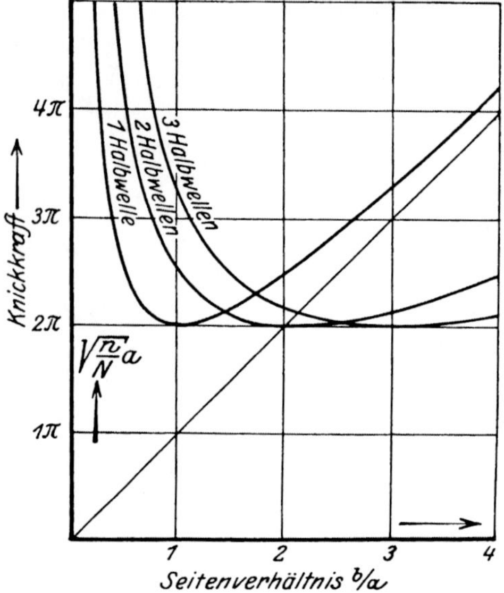

Abb. 152. Die Knickkräfte von parallel zum längeren Seitenpaar gedrückten rechteckigen Platten.

Daraus folgt, daß mit zunehmendem Seitenverhältnis b/a die Zahl der Wellen, nach denen sich die Platte verwirft, zunehmen muß. Die Abb. 152 zeigt die Abhängigkeit der Knickkraft mit dem Seitenverhältnis b/a. Wenn $b/a \geq \sqrt{2}$ werden zwei, wenn $b/a \geq \sqrt{6}$ drei Halbwellen sich bilden, usf. Man sieht der Abb. 152 jedoch an, daß die Knickkraft mit wachsendem Verhältnis b/a praktisch sich nicht viel von ihrem Minimalwert unterscheiden wird.

Wir können die vorstehenden Bemerkungen zu der Regel zusammenfassen, daß die kleinste Knickkraft einer in der angegebenen Weise gestützten ($w = 0$, $\varDelta w = 0$) rechteckigen Platte sich aus den Formeln berechnet:

$$\text{wenn } a > b \qquad \sqrt{\frac{n}{N}} \cdot b = \pi \left(1 + \frac{b^2}{a^2} \right) \tag{30}$$

$$\text{wenn } a < b \qquad \sqrt{\frac{n}{N}} \cdot a \sim 2\,\pi, \tag{31}$$

wo die zur Druckrichtung senkrechte Seite mit a bezeichnet ist.

b) Das zur Druckrichtung parallele Seitenpaar ist eingespannt. Reißner hat in seiner erwähnten Arbeit gezeigt, daß sich dieser Knickungsfall durch den Ansatz $X = e^{\alpha x}$ erledigen läßt. Wir kehren in Anlehnung an die Reißnersche Arbeit zur Gl. (20) zurück. Man wird auf diesen Knickungsfall einer rechteckigen Platte bei der Untersuchung der Stabilität des Stegbleches eines breiten, gedrückten Blechträgers mit steifen Gurtwinkeln geführt (Abb. 149). Wenn $\mu > \lambda$ ist, wird das eine Wurzelpaar der charakteristischen Gl. (21) rein imaginär. Bezeichnen wir unter Bezugnahme auf (22) mit α_1 und α_2 die Wurzeln

$$\alpha_1 = \sqrt{\lambda(\mu + \lambda)}, \qquad \alpha_2 = \sqrt{\lambda(\mu - \lambda)}, \tag{32}$$

so lautet die Lösung von (20)

$$X = A \operatorname{\mathfrak{Cof}} \alpha_1 x + B \operatorname{\mathfrak{Sin}} \alpha_1 x + C \cos \alpha_2 x + D \sin \alpha_2 x. \tag{33}$$

Wir nehmen den Koordinatenursprung in der Mitte der einen zur Druckrichtung senkrechten Seite an und betrachten zuerst den Fall, daß X eine gerade Funktion von x ist:

$$X = A \operatorname{\mathfrak{Cof}} \alpha_1 x + C \cos \alpha_2 x. \tag{34}$$

Wegen der Einspannung des Seitenpaares $x = \pm\, a/2$ muß für

$$x = \pm\, a/2, \quad X = 0, \quad dX/dx = 0 \tag{35}$$

oder

$$A \operatorname{\mathfrak{Cof}} \alpha_1 a/2 + C \cos \alpha_2 a/2 = 0, \quad A \alpha_1 \operatorname{\mathfrak{Sin}} \alpha_1 a/2 - C \alpha_2 \sin \alpha_2 a/2 = 0 \tag{36}$$

sein. Diese beiden Gleichungen können mit von Null verschiedenen A und C erfüllt werden, wenn die Determinante ihrer Koeffizienten

$$\alpha_1 \operatorname{\mathfrak{Tg}} \alpha_1 a/2 + \alpha_2 \operatorname{tg} \alpha_2 a/2 = 0 \tag{37}$$

verschwindet. Um die Erörterung dieser Knickbedingung zu erleichtern, führen wir die Bezeichnungen

$$m_1 = \alpha_1 a/2, \qquad m_2 = \alpha_2 a/2 \tag{38}$$

ein und schreiben die Gleichungen (19) und (32) mit diesen Veränderlichen an. Aus ihnen folgt

$$\lambda^2 = \frac{k^2 \pi^2}{b^2} = \alpha_1^2 - \alpha_2^2, \qquad \mu = \sqrt{\frac{n}{N}} = \frac{\alpha_1^2 + \alpha_2^2}{2\lambda}. \tag{39}$$

In den Veränderlichen m_1 und m_2 lauten diese Gleichungen wie folgt:

$$m_1 \operatorname{\mathfrak{Tg}} m_1 + m_2 \operatorname{tg} m_2 = 0, \tag{40}$$
$$m_1^2 - m_2^2 = k^2 \pi^2 a^2 / 2 b^2,$$

$$\sqrt{\frac{n}{N}} \cdot a = 2 (m_1^2 + m_2^2) b / k \pi a. \tag{41}$$

Die beiden ersten Gleichungen bestimmen zu einem gegebenen Verhältnis $b:a$ der Rechteckseiten und zu einer angenommenen Zahl k der Halbwellen, nach denen sich die Platte während der Knickung in der Druckrichtung verwirft, die unbekannten Zahlen m_1 und m_2. Die dritte Gleichung liefert den gesuchten Wert der Knickkraft n.

Nehmen wir $k = 1$ und $a = b$ an. Wir suchen also die Knickkraft der quadratischen Platte für den Fall, daß ihre elastische Fläche noch keine Knotenlinien im Innern des Quadrats besitzt. Wir haben dazu die Wurzeln der beiden Gleichungen:

$$m_1 \, \mathfrak{Tg} \, m_1 + m_2 \, \mathrm{tg} \, m_2 = 0$$
$$m_1{}^2 - m_2{}^2 = \pi^2/2 \tag{42}$$

zu ermitteln. Durch die erste wird eine Funktion $m_2 = f(m_1)$ oder eine Kurve mit den Abszissen m_1 und den Ordinaten m_2 dargestellt,

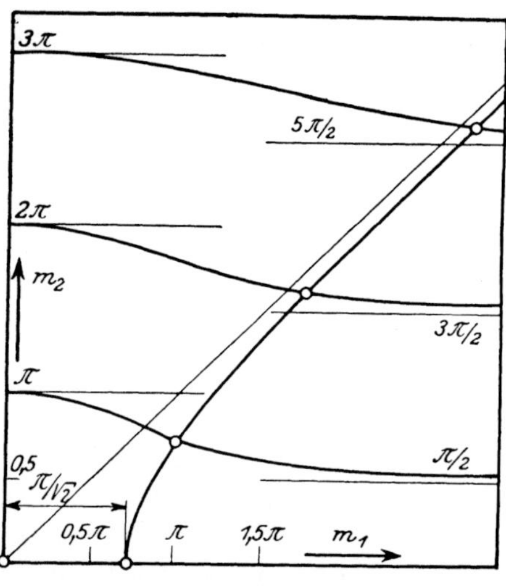

Abb. 153.

die aus unendlich vielen Zweigen besteht. Man stellt leicht fest, daß sie in den Punkten $m_1 = 0$, $m_2 = \pm \pi$, $\pm 2\pi$, ... beginnen und die Geraden $m_2 = \pm \pi/2$, $3\pi/2$, ... als Asymptoten besitzen. Die Funktion $m_2 = f(m_1)$ ist überdies doppeltsymmetrisch, es genügt also ihren Verlauf im ersten Quadranten zu kennen. Die zweite Gl. (42) stellt eine gleichseitige Hyperbel mit den Winkel halbierenden $m_2 = \pm m_1$ als Asymptoten und $m_1 = \pm \pi/\sqrt{2}$ als Scheitelpunkte dar. Die Abb. 153 läßt erkennen, daß beide Kurven sich innerhalb des positiven Quadranten unendlich oft schneiden. Zu den Koordinaten m_1 und m_2 eines jeden Schnittpunktes gehört ein bestimmter Wert der Knickkraft n. Die Koordinaten m_1 und m_2 des zum Ursprung am nächsten gelegenen Schnittpunktes

$$m_1 = 3{,}12, \qquad m_2 = 2{,}19$$

bestimmen nach (41) die kleinste Druckkraft n

$$\sqrt{\frac{n}{N}} \cdot a = \frac{2}{\pi}\,(m_1{}^2 + m_2{}^2) = \frac{3{,}12^2 + 2{,}19^2}{1{,}57} = 9{,}25,$$

unter der eine quadratische Platte ausknickt, von der
das zur Druckrichtung parallele Seitenpaar eingespannt
und das andere zwanglos in Geraden unterstützt ist. (Wenn
alle vier Seiten geradlinig unterstützt sind, war nach (25) der vorstehende Ausdruck gleich 2π, die Kraft n ist hier mehr als doppelt
so groß, wie bei zwanglos unterstützten Seiten.) Die weiteren
Schnittpunkte der Kurven von Abb. 153 bestimmen die höheren
Knicklasten der quadratischen Platte, unter denen sich die Platte
senkrecht zur Druckrichtung in Falten wirft.

An Hand der Kurven von Abb. 153 lassen sich die Knickkräfte
für alle Seitenverhältnisse a/b der in der vorausgesetzten Weise unterstützten rechteckigen Platten ermitteln. Hält man nämlich $k = 1$
und die zur Druckrichtung senkrechte Seite a fest und verändert b,
so ändert sich offenbar nur die Hyperbel Gl. (42) und ihre Schnittpunkte verschieben sich entlang der Kurve $m_2 = f(m_1)$. Wenn $b < a$
ist, rückt der Schnittpunkt der Hyperbel mit der Kurve $m_2 = f(m_1)$
in der Abb. 153 nach rechts, m_1 nimmt zu und ist jedenfalls größer
als die Abszisse $m_1 = 3{,}12$, die sich für die quadratische Platte ergeben hat. In diesem Bereich darf $\mathfrak{Tg}\, m_1 \sim 1$ gesetzt werden. Man
kann jetzt m_1 aus den beiden Gleichungen (40) eliminieren und findet
in Parameterdarstellung das Seitenverhältnis a/b und die mit der

Knickkraft n gebildete dimensionslose Größe $\sqrt{\dfrac{n}{N}} \cdot a$:

$$a/b = \frac{m_2}{\pi}\sqrt{2\,(\mathrm{tg}^2\, m_2 - 1)}\,, \qquad \sqrt{\frac{n}{N}}\,a = \frac{m_2}{\cos^2 m_2}\cdot\sqrt{\frac{2}{\mathrm{tg}^2\, m_2 - 1}}\,. \qquad (43)$$

Abb. 154 zeigt den durch diese
beiden Gleichungen vermittelten
Zusammenhang. Vermindert man
also die Länge der Seite b in
der Druckrichtung, so nimmt die
Knickkraft zuerst ab und später
wieder zu. Sie erreicht ihren
kleinsten Wert

$$\sqrt{\frac{n}{N}} \cdot a = 8{,}30$$

bei einem Seitenverhältnis von
etwa $a/b = 1{,}52$. Dies ist also
der kleinste Wert, dem sich

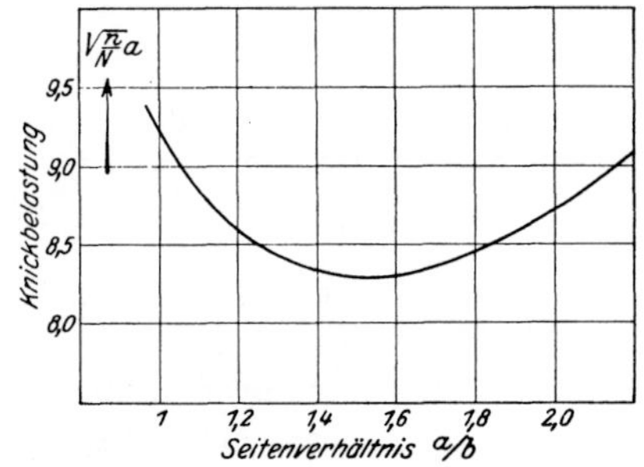

Abb. 154. Knickbelastungen von rechteckigen Platten.

Das zur Druckrichtung parallele Seitenpaar $x = 0$, $x = a$ ist eingespannt, das
andere ist geradlinig frei gestützt.

die Knickkraft eines Rechtecks nähert, wenn die zur Druckrichtung parallelen, eingespannten Seiten unendlich lang

angenommen werden. Der in der Druckrichtung unendlich lange Plattenstreifen wird durch die Knotenlinien in Rechtecke $a/b = 1{,}52$ geteilt.

Behält man hingegen $k = 1$ und b bei und läßt a beliebig zunehmen, so nimmt die Knickkraft von ihrem Wert bei der quadratischen Platte

$$\sqrt{\frac{n}{N}} \cdot b = 9{,}25 \quad \text{(für } a = b)$$

allmählich auf den Eulerschen Knickwert

$$\sqrt{\frac{n}{N}} \cdot b = \pi \quad \text{(für } a = \infty)$$

gemäß der Kurve der Abb. 155 ab.

c) Die vorhin ausgeschlossene Annahme, daß die Funktion X eine ungerade Funktion sei, führt ersichtlich zu einer Knotenlinie der elastischen Fläche in der zur Druckrichtung parallelen Seitenhalbierenden des Rechtecks. Durch diese Annahme wird also die Knickungsaufgabe einer rechteckigen Platte erledigt, von der drei Seiten geradlinig frei-aufliegen und die vierte, zur Druckrichtung parallele Seite eingespannt ist.

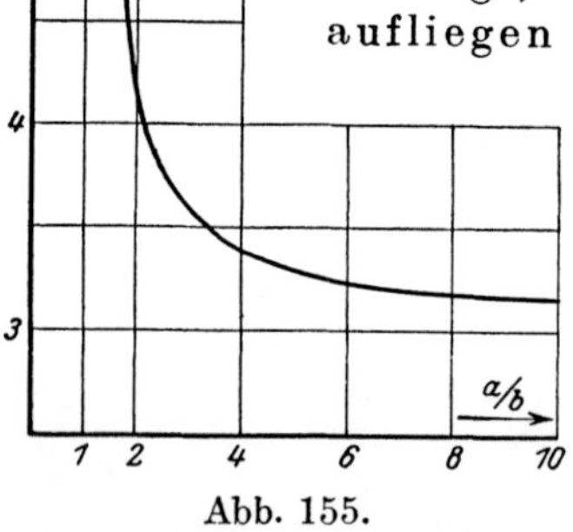

Abb. 155.

61. Die Stabilität des Gleichgewichtes eines auf Scherung beanspruchten dünnen Plattenstreifens.

R. V. Southwell und Sylvia W. Skan haben in einer beachtenswerten Arbeit[1]) die Biegungsschwingungen eines dünnen Blechstreifens untersucht, der auf seinen beiden Begrenzungsgeraden gleichförmig verteilten Schubkräften ausgesetzt ist. Wir werden weiter unten (S. 263) zeigen, daß die Dauer der Biegungsschwingungen einer dünnen Platte sich mit den Spannungen ändert, die in ihrer Mittelebene wirken und daß sie stets unendlich groß wird, wenn die Platte unter einer Knickbelastung steht. Aus den Biegungsschwingungen ergibt sich der Fall der Knickung eines unendlich langen Platten-streifens unter der Wirkung von gleichförmig verteilten Scherkräften,

[1]) „On the stability under shearing forces of a flat elastic strip". Proc. Roy. Soc. London, Ser. A. Bd. 105, S. 585. 1924.

sobald seine Schwingungsdauer unbegrenzt zunimmt. Wir können ihn aus der Differentialgleichung (11) erhalten, wenn $n_x = n_y = 0$ angenommen werden. Wir bezeichnen mit $n_{xy} = s$ die in der Richtung der Kanten des Parallelstreifens wirkenden Scherkräfte (bezogen auf die Längeneinheit), mit a seine Breite und mit h seine Dicke (Abb. 156). Mit $n_x = n_y = 0$ nimmt Gl. (11) S. 235 die Form an:

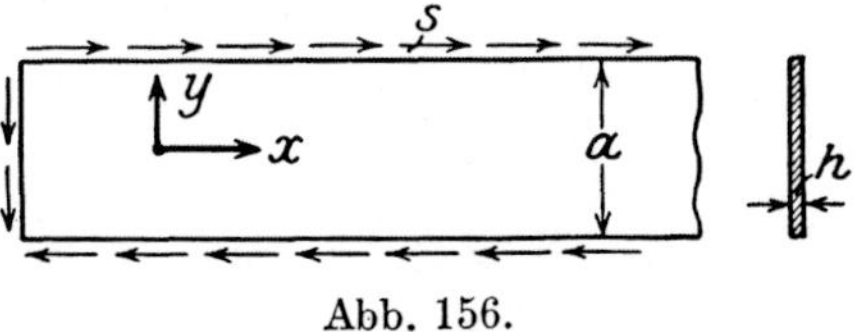

Abb. 156.

$$N \, \varDelta \, \varDelta \, w = 2 \, s \frac{\partial^2 w}{\partial x \, \partial y}. \quad (44)$$

Southwell und Skan haben die Lösung dieser Differentialgleichung für einen freiaufliegenden und für einen eingespannten Plattenstreifen aufgestellt. Aus (44) entsteht mit Hilfe des Ansatzes

$$w = Y e^{i \varkappa x}, \quad (i = \sqrt{-1}) \quad (45)$$

die totale Differentialgleichung

$$Y^{(4)} - 2 \varkappa^2 Y'' - 2 i k s Y' + \varkappa^4 Y = 0 \quad (46)$$

für die Funktion $Y_{(y)}$. Sie ist für die Grenzbedingungen $y = \pm a/2$, $Y = Y'' = 0$ für den freiaufliegenden, bzw. $Y = Y' = 0$ für den eingespannten Plattenstreifen zu integrieren. Mit $Y = e^{i \lambda y}$ ergibt sich eine charakteristische Gleichung vierten Grades für λ, deren vier Wurzeln die gesuchte Lösung liefern.

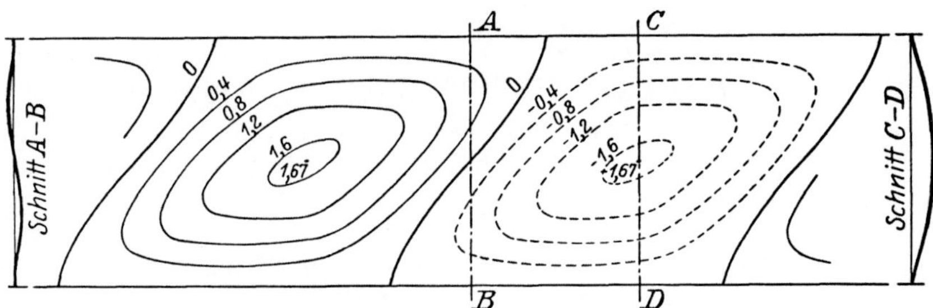

Abb. 157. Wellenförmige Verzerrung der Mittelfläche eines auf Scherung beanspruchten Plattenstreifens. Die Kanten liegen frei auf.

Die Rechnung führt zu dem Ergebnis, daß die Mittelebene des Plattenstreifens im Augenblick des Ausknickens nach einer regelmäßigen wellenförmigen Fläche sich verzieht. Southwell und Skan haben die kleinste knickende Scherkraft s gleich

$$s = 3{,}30 \, N/a^2 \text{ beim frei aufliegenden und}$$

$$s = 5{,}54 \, N/a^2 \text{ beim eingespannten Plattenstreifen}$$

berechnet. (N ist die Plattensteifigkeit $= E\, h^3/12\,(1 - \nu^2)$, a die Breite, h die Dicke des Streifens.) Die entsprechenden Wellenlängen l ergaben sich gleich $2{,}67\,a$, bzw. $1{,}6\,a$. Sie hängen, wie man sieht, gar nicht von der Plattendicke h ab.

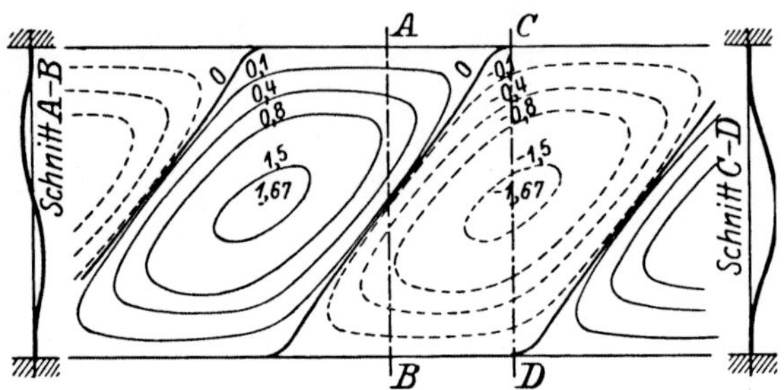

Abb. 158. Wellenförmige Verzerrung der Mittelfläche eines auf Scherung beanspruchten Plattenstreifens mit eingespannten Seiten.

Die Gestalt der Wellen, nach welchen sich die Mittelebene verzieht, wird durch die beiden, der erwähnten Abhandlung entnommenen Abbildungen 157 und 158 mittels ihrer Schichtenlinien dargestellt. Die Abb. 157 bezieht sich auf den freiaufliegenden, die Abb. 158 auf den eingespannten Plattenstreifen. Abb. 159 gibt die Abhängig-

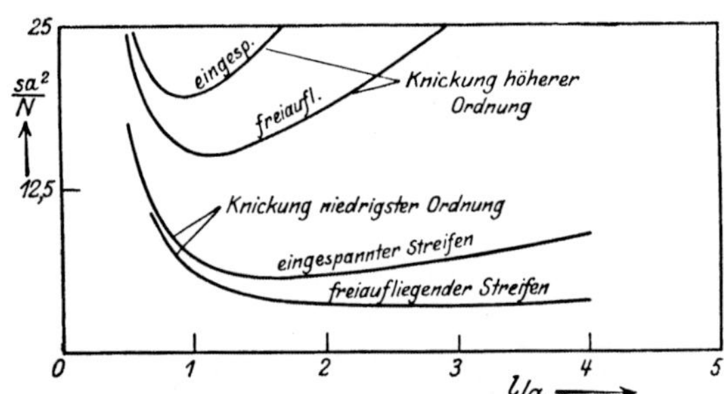

Abb. 159. Die knickenden Scherkräfte in Abhängigkeit von der Wellenlänge.

keit der knickenden Scherkräfte vom Verhältnis der Wellenlänge l zur Breite a wieder[1]. Die beiden unteren Kurven entsprechen den Knickungsfällen mit einer, die beiden oberen mit zwei Halbwellen in der Breitenrichtung des Streifens.

---

[1] Mit einem zwischen zwei parallelen, starren Linealen fest eingespannten Kupferblech gelang es Southwell, die wellenförmige Fläche des knickenden Streifens schön sichtbar zu machen. (Vgl. den Bericht seines Vortrages auf dem internat. Kongreß für angewandte Mechanik in Delft, 1924, in den Kongreßberichten.)

62. Die Stabilität von kreisförmigen Platten.

Eine durch radial gerichtete, gleichförmig verteilte Druckkräfte auf ihrem Rande belastete kreisförmige Platte kann in ein labiles Gleichgewicht geraten und ausknicken oder ausbeulen. Im folgenden sollen einige Belastungsfälle dieser Art für verschiedene Grade der Freiheit betrachtet werden, mit der die Punkte der kreisförmigen Platte sich bewegen können.

α) **Ausbauchung nach einer Umdrehungsfläche.** Neben der Durchbiegung w soll hier die Neigung des Meridianschnittes der Platte als abhängige Veränderliche benutzt werden. Mit ihrer Hilfe drücken sich das radiale bzw. das tangentiale Biegungsmoment m_r, m_t und die Querkraft p_r (s. Gl. (4) S. 53) auf Grund der Formeln

$$m_r = -N\left(\frac{d\varphi}{dr} + \nu\,\frac{\varphi}{r}\right), \qquad m_t = -N\left(\nu\,\frac{d\varphi}{dr} + \frac{\varphi}{r}\right),$$

$$p_r = -N\,\frac{d}{dr}\left(\frac{d\varphi}{dr} + \frac{\varphi}{r}\right) \tag{1}$$

aus. Als neue Spannungsmittelkräfte kommen jetzt eine radiale (n_r) und eine tangentiale (n_t) Normalkraft, beide in der Richtung der Mittelebene wirkend,

$$n_r = h\,\sigma_r', \qquad n_t = h\,\sigma_t' \tag{2}$$

hinzu, wo mit σ_r', σ_t' die entsprechenden Spannungen in der Mittelebene der Platte und mit h die Dicke der Platte bezeichnet sind. Sie ergeben sich nach **53** aus der radialsymmetrischen Spannungsfunktion

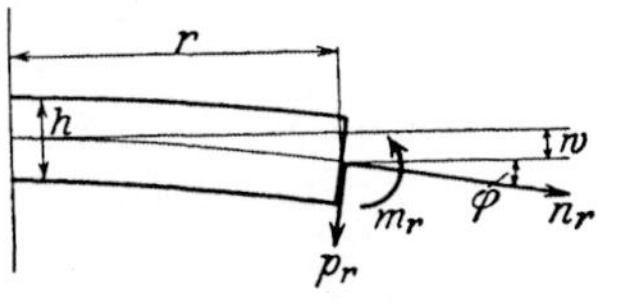

Abb. 160.

$$F = c_1 + c_2\,r^2 + c_3\,r^2 \ln r + c_4 \ln r, \qquad \sigma_r' = \frac{1}{r}\frac{dF}{dr}, \qquad \sigma_t' = \frac{d^2 F}{dr^2}. \tag{3}$$

Eine Reihe verschiedener Knickungsfälle kommt bereits dadurch zustande, daß man verschiedene von diesen ebenen Spannungszuständen in Betracht zieht. Einer der einfachsten Belastungsfälle entsteht bei der vollen Kreisscheibe, die durch gleichmäßig verteilte radial nach innen gerichtete Kräfte auf ihrem Umfang zusammengedrückt wird. Die Festwerte c_1, c_3 und c_4 der Spannungsfunktion sind dann gleich Null und $n_r = n_t =$ konst. anzunehmen. Mit Rücksicht darauf, daß die Platte durch Druckkräfte beansprucht wird, ist diese Konstante negativ anzunehmen.

Um die Biegungsgleichung der Platte abzuleiten, betrachten wir die Gleichgewichtsbedingungen der Kräfte und der Momente, die an einem kleinen Element der Platte angreifen, das von zwei benachbarten Schnitten $r =$ konst. und von zwei in der z-Achse sich schneidenden benachbarten Meridianebenen begrenzt wird (Abb. 161). Wir stellen unter Bezugnahme auf die entsprechende Betrachtung in **16** und unter der Annahme, daß außer den radialen und tangentialen Spannungsmittelkräften n_r und n_t noch eine seitwärts gerichtete Belastung p (die eine Funktion von r sein kann) und eine Einzelkraft P im Mittelpunkt des Kreises wirken, die drei Gleichgewichtsbedingungen der Platte zusammen.

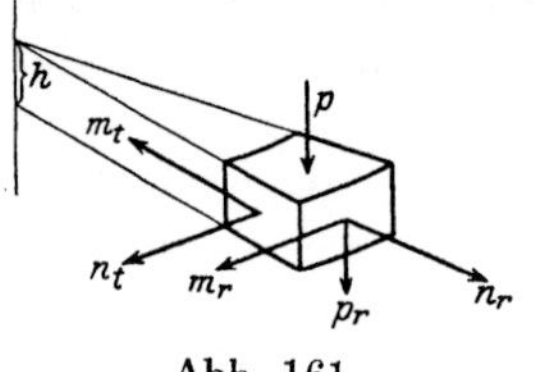

Abb. 161.

$$\frac{d(r\,n_r)}{dr} - n_t = 0, \qquad (4)$$

$$r\,p_r + r\,n_r\,\varphi + \int p\,r\,dr + \frac{P}{2\,\pi} = 0, \qquad (5)$$

$$\frac{d(r\,m_r)}{dr} - m_t - r\,p_r = 0. \qquad (6)$$

Die erste dieser Gleichungen drückt das Gleichgewicht der Kraftkomponenten aus, die parallel zur Mittelebene gerichtet sind. Wir haben sie bereits dadurch berücksichtigt, daß wir die Spannungsmittelkräfte n_r und n_t aus einer Airyschen Spannungsfunktion nach (3) berechnet haben. Die zweite drückt das Gleichgewicht der zur Ebene senkrechten Kraftkomponenten aus und unterscheidet sich von der Gl. (7) S. 54 nur durch das neu hinzugekommene Glied $r\,n_r\,\varphi$, das von den Spannungen in der Mittelebene herrührt. Die dritte Gleichung ist die bereits früher (Gl. (6) S. 54) abgeleitete Momentengleichung.

$\beta)$ **Anwendungen.** Die Belastung der kreisförmigen Platte besteht nur aus einer gleichmäßig verteilten radial nach innen gerichteten Druckkraft n auf dem Umfang der Platte. Die Spannungsmittelkräfte sind

Abb. 162.

$$n_r = n_t = -n = \text{konst.} \qquad (7)$$

Die auf die Längeneinheit des Umfanges bezogene Druckkraft n ist auch gleich $n = h\,\sigma$, wo h die Dicke der Platte ist und σ die Spannung in der Mittelebene bedeutet. Da nur ein Umfangsdruck n allein wirkt, sind die zur Ebene senkrechte Druckbelastung p und die Einzelkraft P gleich Null anzunehmen. Aus der Gl. (5) folgt der Wert der Scherkraft p_r

$$p_r = n\,\varphi. \qquad (8)$$

Setzen wir den Wert von p_r und die Ausdrücke für die Spannungsmomente m_r und m_t aus (1) in die dritte Gleichung (6) ein, so ergibt sich für die Neigung φ der Tangente des Meridianschnittes der elastischen Fläche eine lineare homogene Differentialgleichung zweiter Ordnung

$$r^2 \frac{d^2 \varphi}{dr} + r \frac{d\varphi}{dr} + (\alpha^2 r^2 - 1)\,\varphi = 0. \tag{9}$$

Die in dieser Gleichung vorkommende Konstante α ist gleich

$$\alpha^2 = \frac{n}{N} = \frac{12\,(1 - \nu^2)\,\sigma}{E\,h^2}. \tag{10}$$

Führt man statt αr eine neue unabhängige Veränderliche $u = \alpha r$ ein, so entsteht die Gleichung

$$u^2\,\varphi'' + u\,\varphi' + (u^2 - 1)\,\varphi = 0. \tag{11}$$

Sie gehört zum Typus der Besselschen Differentialgleichungen:

$$u^2\,\varphi'' + u\,\varphi' + (u^2 - k^2)\,\varphi = 0. \tag{12}$$

Der Parameter k der Gleichung hat im vorliegenden Fall den Wert $k = 1$. Das allgemeine Integral der Gl. (12) setzt sich aus zwei Funktionen

$$\varphi = c_1\,J_k(u) + c_2\,Y_k(u) \tag{13}$$

zusammen, c_1 und c_2 sind Integrationskonstanten. Für alle ganzzahligen Parameter k läßt sich ein Integral der Besselschen Differentialgleichung stets durch eine, für alle Werte von u beständig konvergente Potenzreihe darstellen, die man sich aus der Differentialgleichung nach der Methode der unbestimmten Koeffizienten bilden kann. Dieses Integral der Gl. (12) sei mit $J_k(u)$ bezeichnet. Die für solche Zahlen k gültige Erklärungsgleichung der Besselschen Funktion erster Art $J_k(u)$ ist[1]

$$J_k(u) = \frac{1}{k!}\left(\frac{u}{2}\right)^k\left[1 - \frac{1}{1(k+1)}\cdot\left(\frac{u}{2}\right)^2 + \frac{1}{1\cdot 2(k+1)(k+2)}\left(\frac{u}{2}\right)^4 - + \cdots\right]. \tag{14}$$

Als Sonderfälle ergeben sich die in der Plattenstatik häufig auftretenden Funktionen

$$\text{für } k = 0, \quad J_0(u) = 1 - \frac{1}{1!^2}\left(\frac{u}{2}\right)^2 + \frac{1}{2!^2}\left(\frac{u}{2}\right)^4 - + \cdots, \tag{15}$$

$$\text{für } k = 1, \quad J_1(u) = \frac{u}{2}\left[1 - \frac{1}{1\cdot 2}\cdot\left(\frac{x}{2}\right)^2 + \frac{1}{1\cdot 2\cdot 2\cdot 3}\left(\frac{x}{2}\right)^4 - + \cdots\right]. \tag{16}$$

---

[1] P. Schafheitlin: „Die Theorie der Besselschen Funktionen", Math.-phys. Schriften für Ingenieure und Studierende. Leipzig: Teubner 1908. Die am häufigsten gebrauchten Besselschen Funktionen sind durch ihre Zahlwerte und durch Kurven dargestellt in den Funktionentafeln von Jahnke und Emde. Teubner 1909.

Die zweiten Integrale $Y_k(u)$ enthalten außer gewissen Potenzreihen an der Stelle $u = 0$ unendlich werdende Bestandteile.

Die Differentialgleichung (12) läßt sich, wenn man φ vermöge der Substitution

$$\psi = \sqrt{u} \cdot \varphi \tag{17}$$

durch ψ ersetzt, auf die einfachere Form

$$\psi'' + \left(1 - \frac{4\,k^2 - 1}{4\,u^2}\right)\psi = 0 \tag{18}$$

bringen. Aus dieser Gleichung erkennt man, wenn u sehr große Werte annimmt, daß sich ψ offenbar der Lösung der Gleichung $\psi'' + \psi = 0$ oder $\quad \psi = C_1 \sin u + C_2 \cos u$

oder daß sich φ der Funktion

$$\varphi = \frac{1}{\sqrt{u}}(C_1 \sin u + C_2 \cos u) \tag{19}$$

asymptotisch nähern muß. Die Besselschen Funktionen $J_k(u)$ und $Y_k(u)$ nähern sich mit den zunehmenden Werten der unabhängigen Veränderlichen u zwei langsam abklingenden Wellenzügen. Die Besselschen Funktionen (für ein reelles Argument) haben für große Werte der unabhängigen Veränderlichen den Charakter von langsam abklingenden oszillierenden Funktionen.

Das vorliegende Plattenproblem führt uns auf die beiden Besselschen Funktionen erster Ordnung

$$\varphi + c_1 J_1(\alpha r) + c_2 Y_1(\alpha r). \tag{20}$$

Bei einer Platte ohne Bohrung muß die Konstante c_2 gleich Null angenommen werden, damit φ im Mittelpunkt des Kreises endlich bleibe. Das übrigbleibende Integral läßt sich nach Gl. (16) durch die beständig konvergente Reihe

$$\varphi = c_1 J_1(\alpha r) = c_1 \frac{\alpha r}{2}\left[1 - \frac{\alpha^2 r^2}{2 \cdot 4} + \frac{\alpha^4 r^4}{2 \cdot 4 \cdot 4 \cdot 6} - \frac{\alpha^6 r^6}{2 \cdot 4 \cdot 6 \cdot 4 \cdot 6 \cdot 8} + \cdots\right] \tag{21}$$

darstellen.

Wenn die Platte auf ihrem Umfang $r = a$ eingespannt ist, muß $\varphi = dw/dr$ auf ihm verschwinden und wir haben die Bedingung

$$r = a, \quad \varphi = c_1 J_1(\alpha a) = 0 \tag{22}$$

zu erfüllen.

Entweder ist $c_1 = 0$, die Platte bleibt eben unter einem beliebigen Wert des Druckes n $\left(\text{der Zahl } \alpha^2 = \dfrac{n}{N}\right)$, oder es ist

$$J_1(\alpha a) = 0. \tag{23}$$

Bezeichnen wir mit λ_k eine der unendlich vielen Wurzeln dieser transzendenten Gleichung (die Funktion $J_1(u)$ stellt, wie wir eben bemerkt haben, einen langsam abklingenden Wellenzug vor, der die Abszissenachse unendlich oft schneidet), so ergibt sich für die Platte jedesmal eine Ausbiegung, wenn die Spannung σ auf dem Umfang, oder wenn der Umfangsdruck $n = h\,\sigma$ einem der kritischen Werte

$$\sigma = \frac{n}{h} = \frac{\lambda_k^{\,2}\,N}{a^2\,h} = \frac{\lambda_k^{\,2}\,E\,h^2}{12\,(1-\nu^2)\,a^2} \tag{24}$$

gleich ist. Hier bedeuten E die Elastizitätsziffer, h die Dicke, a den Halbmesser der Platte, ν ist die Poissonsche Zahl. Die ersten positiven Wurzeln der Besselschen Funktion erster Ordnung sind $\lambda_0 = 0$, $\lambda_1 = 3{,}8317$, $\lambda_2 = 7{,}0156$, $\lambda_3 = 10{,}1735$, $\ldots$, der kleinste Umfangsdruck m kg/cm ist mit $\lambda_1^{\,2} = 14{,}682$ gleich

$$n = \frac{14{,}682\,E\,h^3}{12\,(1-\nu^2)\,a^2}. \tag{25}$$

Ein Streifen, den man aus der Platte längs eines Durchmessers herausschneidet, würde bei eingespannten Enden unter einer Eulerschen Kraft $n' = \dfrac{\pi^2\,E\,h^3}{12\,a^2}$ ausknicken; wenn für $\nu = {}^1\!/_4$ genommen wird, ist $n = 1{,}587\,n'$ und wenn $\nu = 0{,}3$ $n = 1{,}635\,n'$; die Platte knickt unter einem mehr als anderthalbmal größeren Druck aus, wie ein aus ihr herausgeschnittener schmaler Streifen. Um schließlich auch die Form anzugeben, nach der sie ausbeult, integrieren wir die Funktion $\varphi = dw/dr$ nach r und erhalten die Gleichung ihrer elastischen Fläche w gleich

$$w = \int \varphi\,dr + c_0 = \int J_1(\alpha r)\,dr + c_0. \tag{26}$$

Nun ist
$$\int J_1(u)\,du = -J_0(u),{}^1) \tag{27}$$

${}^1)$ Zwischen den Besselschen Funktionen mit verschiedenem Zeiger und ihren Ableitungen bestehen die beiden Beziehungen

$$
\begin{aligned}
J_{m-1} &= \frac{m}{x}\,J_m + J'_m,\\[2mm]
J_{m+1} &= \frac{m}{x}\,J_m - J'_m.
\end{aligned}
\tag{29}
$$

Sie dienen zur Berechnung der Ableitungen oder der Funktionen höherer Ordnung aus zwei Besselschen Funktionen, deren Zeiger sich um die Einheit unterscheiden. Da für ganzzahlige Parameter außerdem die Beziehung

$$J_{-m} = (-1)^m\,J_m$$

gilt, folgt aus der ersten der Gl. (29) für $m = 0$, daß

$$J_0' = \frac{dJ_0(u)}{du} = -J_1 \qquad \text{oder} \qquad \int J_1(u)\,du = -J_0(u) + \text{konst.}$$

ist. (P. Schafheitlin, a. a. O. S. 15 u. 17.)

folglich ist mit Rücksicht auf (15)

$$w = c_0 - \frac{c_1}{\alpha} J_0(\alpha r) = c_0 - \frac{c_1}{\alpha}\left[1 - \left(\frac{\alpha r}{2}\right)^2 + \frac{1}{2!^2}\left(\frac{\alpha r}{2}\right)^4 - + \cdots\right), \qquad (28)$$

wo $J_0(\alpha r)$ die Besselsche Funktion des Zeigers Null ist. Die Platte verwirft sich nach einem System von konzentrischen Wellen, ähnlich denen, die ein auf ein stilles Wasser geworfener Stein auf der Oberfläche erzeugt. Zum niedrigsten Knickungsdruck gehört die Ausbauchung mit einem Wellenberg, zur nächst größeren Kraft die mit einem Wellenberg und einem Wellental, usf.

Wenn auf keine Einspannung auf dem Rande gerechnet werden kann und das radiale Biegungsmoment m_r auf dem Umfang verschwindet, lautet die Grenzbedingnng

$$r = a, \quad m_r = -N\left(\frac{d\varphi}{dr} + \nu\frac{\varphi}{r}\right) = -Nc_1\left[\alpha\frac{dJ_1(\alpha r)}{dr} + \nu\frac{J_1(\alpha r)}{r}\right] = 0. \quad (30)$$

Nun ist $\dfrac{dJ_1}{du} = J_0 - \dfrac{J_1}{u},$[1] demnach erhalten wir als die Knickbedingung für die freiaufliegende Platte:

$$\alpha a \cdot J_0(\alpha a) - (1 - \nu)J_1(\alpha a) = 0. \qquad (31)$$

Aus dieser transzendenten Gleichung für $\lambda = \alpha a$ ermittelt man mit einer Querdehnungszahl $\nu = 0{,}3$ die ersten positiven Wurzeln $\lambda_1 = 2{,}05$, $\lambda_2 = 5{,}39$, $\lambda_3 = 8{,}57$, ... und den kleinsten Umfangsdruck

$$n = \frac{\lambda_1^2 N}{a^2} = \frac{4{,}20\,E h^3}{12(1 - \nu^2)a^2} = 0{,}385\frac{E h^3}{a^2}. \qquad (32)$$

Bei vollkommener Einspannung war der Druck dreiundeinhalbmal so groß. Ein Beispiel für eine derartige Knickerscheinung bietet das Ausbeulen eines ebenen kreisförmigen Behälterbodens, der innerhalb eines von außen gekühlten Behältermantels befestigt ist.

γ) Wenn die Platte außer der Umfangskraft $n_r = -n$ durch einen gleichförmig verteilten Druck p belastet ist, muß die Querkraft p_r Gl. (5) um das Glied $-p r^2/2$ ergänzt werden. Sie ist gleich

$$p_r = n\varphi - \frac{p r}{2} \qquad (33)$$

anzunehmen. Die Differentialgleichung für φ erhält jetzt ein Glied auf ihrer rechten Seite

$$r^2\varphi'' + r\varphi' + (\alpha^2 r^2 - 1)\varphi = \frac{p r^3}{2 N}. \qquad (34)$$

---

[1] s. die letzte Anmerkung.

Da dieser nicht homogenen Gleichung $\varphi = \dfrac{p\,r}{2\,\alpha^2\,N}$ genügt, ist ihre vollständige Lösung

$$\varphi = \frac{p\,r}{2\,\alpha^2\,N} + c_1\,J_1(\alpha\,r) + c_2\,Y_1(\alpha\,r). \tag{35}$$

Die Integration von $\varphi = \dfrac{d\,w}{d\,r}$ liefert für eine Platte ohne Bohrung, $(c_2 = 0)$, die auf ihrem Umfang eingespannt ist, die elastische Fläche

$$w = \frac{p\,a^2}{4\,\alpha^2\,N}\left\{\frac{2\,[J_0(\alpha\,r) - J_0(\alpha\,a)]}{\alpha\,a\,J_1(\alpha\,a)} - 1 + \frac{r^2}{a^2}\right\}. \tag{36}$$

Unter einem von Null anwachsenden Druck p biegt sich die Platte allmählich aus, die Ausbiegung wächst um so rascher, je größer die Umfangskraft n ist. Wegen der im Nenner stehenden Funktion $J_1(\alpha\,a)$ werden die Durchbiegungen unendlich groß, wenn $J_1(\alpha\,a) = 0$ oder wenn $\alpha\,a = \lambda_k$ eine Wurzel dieser Gleichung ist. Das sind dieselben kritischen Werte von α oder des Umfangsdruckes n, die wir vorhin unter der Annahme $p = 0$ ermittelt haben. Eine gleichzeitig mit einem radialen Druck vorhandene seitliche Belastung durch einen Druck $p =$ konst. hat also keinen Einfluß auf die Größe des knickenden Umfangsdruckes.

δ) Der Fall einer in ihrem Mittelpunkt durch eine Einzelkraft P und auf ihrem Umfang $r = a$ durch einen konstanten radialen Druck $n_r = -n$ belasteten kreisförmigen Platte, der zu der Differentialgleichung

$$r^2\,\varphi'' + r\,\varphi' + (\alpha^2\,r^2 - 1)\,\varphi = \frac{P\,r}{2\,\pi\,N} \tag{37}$$

mit der Lösung

$$\varphi = \frac{P}{2\,\pi\,\alpha^2\,N}\cdot\frac{1}{r} + c_1\,J_1(\alpha\,r) + c_2\,Y_1(\alpha\,r) \tag{38}$$

und der elastischen Fläche

$$w = \frac{P}{2\,\pi\,\alpha^2\,N}\,\ln r - \frac{c_1}{\alpha}\,J_0(\alpha\,r) - \frac{c_2}{\alpha}\,Y_0(\alpha\,r) + c_3 \tag{39}$$

führt, möge wegen des lehrreichen Beispiels erwähnt werden, das die Bestimmung der Integrationsfestwerte bietet. Im allgemeinen Integral (38) kommen nämlich jetzt zwei am Nullpunkt unstetig werdende Lösungen $\dfrac{1}{r}$ und $Y_1(\alpha\,r)$ vor und gerade dieser Umstand gestattet es der Endlichkeitsbedingung in ihm im Falle einer Scheibe ohne Anbohrung zu genügen. Die Funktion $Y_1(u)$ [1]

$$Y_1(u) = J_1(u) \cdot \ln u -$$

$$- \frac{J_0(u)}{u} - \frac{u}{2} + \left(1 + \frac{1}{2}\right)\frac{(u/2)^3}{1!\,2!} - \left(1 + \frac{1}{2} + \frac{1}{3}\right)\frac{(u/2)^5}{2!\,3!} + - \cdots \quad (40)$$

wird nämlich am Nullpunkt wegen $J_0 = 1 - \dfrac{u^2}{4} + - \cdots$, $J_1 = \dfrac{u}{2} - \dfrac{u^3}{16} + \cdots$

wie $-\dfrac{1}{u}$ unendlich. Soll nun φ für $u = 0$ verschwinden, so müssen die beiden in (38) vorkommenden Glieder mit $1/u$ sich fortheben. Es muß also c_2 gleich

$$c_2 = \frac{P}{2\,\pi\,\alpha\,N}$$

angenommen werden. Die elastische Fläche einer eingespannten kreisförmigen Platte, die in ihrer Mitte eine Einzelkraft P trägt und auf ihrem Umfang $r = a$ durch einen radial gerichteten Druck n belastet wird, hat die Gleichung

$$w = \frac{P}{2\,\pi\,\alpha^2 N}\left\{\ln\frac{r}{a} + Y_0(\alpha a) - Y_0(\alpha r) + \frac{1 + \alpha a\,Y_1(\alpha a)}{\alpha a\,J_1(\alpha a)}[J_0(\alpha r) - J_0(\alpha a)]\right\}. \quad (41)$$

Das scheinbare Vorkommen eines einzelnen Logarithmus darf hier nicht stören, für $r = 0$ bleibt die Durchbiegung w trotzdem endlich, weil die Funktion $Y_0(\alpha a) - Y_0(\alpha r)$ dasselbe Glied mit dem entgegengesetzten Vorzeichen enthält. An Hand der Entwicklung für die Funktion $Y_0(u)$ [1]

$$Y_0(u) = J_0(u) \cdot \ln u + \left(\frac{u}{2}\right)^2 - \left(1 + \frac{1}{2}\right)\frac{(u/2)^4}{2!^2} + \left(1 + \frac{1}{2} + \frac{1}{3}\right)\frac{(u/2)^6}{3!^2} - \cdots \quad (42)$$

überzeugen wir uns, daß die Lösung für w die Form

$$w = \text{konst.}\,(r^2 + a_1 r^4 + \cdots)\ln r + \text{Potenzreihe} \quad (43)$$

besitzt und die für eine im Nullpunkt angreifende Einzelkraft P charakteristische Singularität $r^2 \ln r$ (siehe Gl. (25) S. 61) tatsächlich aufweist.

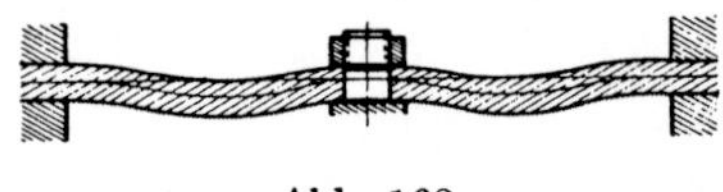

Abb. 163.

Aus (39) ergibt sich der bemerkenswerte Sonderfall der Knickung einer außer auf ihrem Umfang noch in ihrem Mittelpunkt festgehaltenen ebenen Kreisscheibe (Abb. 163). Die Grenzbedingungen im „eingespannten" Mittelpunkt $r = 0$, $\varphi = 0$, $w = 0$ sind erfüllt,

---

[1] Jahnke u. Emde, Funktionentafeln, S. 94.

wenn $c_2 = \dfrac{P}{2\,\pi\,\alpha\,N}$ und $c_3 = c_1$ genommen werden, die auf dem eingespannten Umfang $r = a$, $w = 0$, $\varphi = 0$, wenn $\lambda = \alpha\,a$ eine Wurzel der transzendenten Gleichung

$$\frac{1 + \lambda\,Y_1(\lambda)}{\lambda\,J_1(\lambda)} = \frac{\ln \lambda - Y_0(\lambda)}{1 - J_0(\lambda)}$$

ist.

63. Knickungsfälle von kreisförmigen Platten mit unsymmetrischer Ausbeulung bei festgehaltenem Umfang.

Diese folgen aus der Differentialgleichung der unter einem allseitigen Druck n stehenden Platte [s. Gl. (12) S. 238]

$$N\varDelta\varDelta w = -\,n\varDelta w, \tag{44}$$

wenn man sie in Polarkoordinaten r, φ anschreibt[1]). Dieser Gleichung genügen die Funktionen

$$w = [c_1\,J_\mu(\alpha\,r) + c_2\,r^\mu + c_3\,Y_\mu(\alpha\,r) + c_4\,r^{-\mu}]\sin\mu\varphi \quad (\mu = 1, 2, 3, \ldots), \tag{45}$$

wo $J_\mu(\alpha\,r)$, $Y_\mu(\alpha\,r)$ die Besselschen Funktionen des Zeigers μ sind. α^2 steht zur Abkürzung für

$$\alpha^2 = \frac{n}{N}. \tag{46}$$

Für Platten ohne Anbohrung sind $c_3 = c_4 = 0$ zu setzen. Auf ihrem Umfang $r = a$ eingespannte Platten knicken aus, wenn für $r = a$, $w = 0$, $\dfrac{\partial w}{\partial r} = 0$ oder wenn die beiden homogenen Gleichungen

$$\begin{aligned} c_1\,J_\mu(\alpha\,a) + c_2\,(\alpha\,a)^\mu &= 0 \\ c_1\,J_\mu{}'(\alpha\,a) + c_2\,\mu(\alpha\,a)^{\mu-1} &= 0 \end{aligned} \tag{47}$$

erfüllt sind. Damit ihre Determinante verschwinde, muß

$$\mu\,J_\mu(\alpha\,a) = \alpha\,a \cdot J_\mu{}'(\alpha\,a) \tag{48}$$

sein.

Durch Anwendung der Rekursionsformeln (s. die Anmerkung S. 253) für die Besselschen Funktionen läßt sich diese Gleichung in die Knickbedingung

$$J_{\mu+1}(\alpha\,a) = 0 \tag{49}$$

umformen.

---

[1]) Vgl. Bryan: London Math. Soc. Proc. 54, 1891 und meine Arbeit über das Ausbeulen von kreisförmigen Platten, Z. V. d. J. 1915, S. 169.

Die Wurzeln $\lambda_k = \alpha a$ dieser Gleichung — das sind die Nullstellen der Besselschen Funktion $p + 1$-ter Ordnung — liefern die Folge der Knickbelastungen

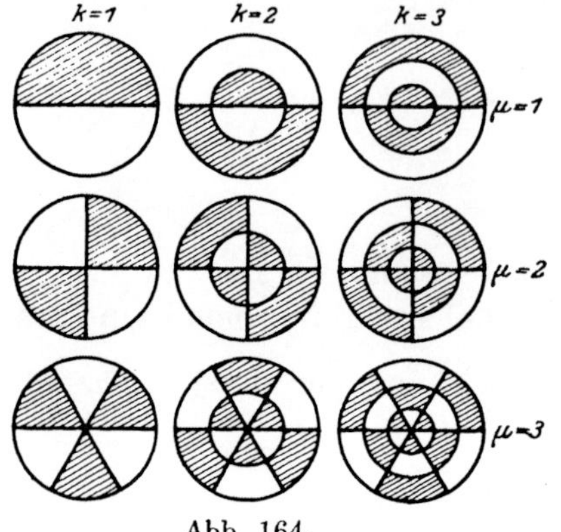

Abb. 164.

$$n_{\mu k} = \alpha^2 N = \frac{\lambda^2 N}{\alpha^2}. \qquad (50)$$

Die Knotenlinien oder die Kurven, auf denen die Durchbiegung w verschwindet, sind konzentrische Kreise und Gerade durch den Mittelpunkt des Kreises $r = a$. In den schraffierten Gebieten (Abb. 164) sind die Durchbiegungen positiv, in den nicht schraffierten negativ. Jeder Figur in Abb. 164 entspricht ein möglicher Knickungsfall unter der Voraussetzung, daß die Platte in der Knotenlinie sich nicht seitlich ausbiegen kann.

64. Biegung einer in ihrer Ebene gespannten kreisförmigen Platte.

Mit den beschriebenen Knickungsfällen mathematisch verwandt sind gewisse achsensymmetrische Biegungszustände von kreisförmigen Platten. Wir wollen annehmen, daß auf der Platte ein Druck $p = p_0\, f(r)$ oder eine im Mittelpunkt angreifende Einzelkraft P lastet, während sie gleichzeitig in ihrer Ebene durch Zugkräfte gleichmäßig angespannt wird. Bezeichnet n die auf dem Umfang wirkende Zugkraft, bezogen auf die Längeneinheit, so sind die Normalkräfte n_r und n_t gleich

$$n_r = n_t = n = \text{konst}. \qquad (51)$$

Im Ausdruck der Querkraft (Gl. (33)) ändert sich jetzt auf der rechten Seite von Gl. (33) das Vorzeichen vor dem ersten Gliede. Wir wollen die Rechnung für den Fall eines gleichförmigen Druckes $p = \text{konst}.$ ($P = 0$) andeuten. Schreiben wir für

$$n/N = \beta^2, \qquad (52)$$

so lautet die Differentialgleichung für die Winkelneigung φ mit denselben Bezeichnungen wie in **63**

$$r^2\,\varphi'' + r\,\varphi' - (\beta^2 r^2 + 1)\,\varphi = \frac{p\,r}{2\,N}. \qquad (53)$$

Die Gleichung unterscheidet sich von der für den Fall der Knickung abgeleiteten Gleichung (34)

$$r^2 \varphi'' + r \varphi' + (\alpha^2 r^2 - 1)\varphi = \frac{p\,r}{2\,N} \tag{54}$$

nur im Vorzeichen des Gliedes $\alpha^2 r^2$. Wir können die Umkehrung der Richtung der Normalkräfte dadurch zum Ausdruck bringen, daß wir in den Entwickelungen von 63 für $\alpha = i\beta$ $(i = \sqrt{-1})$ setzen. Wir erhalten so beispielsweise aus (36) **unmittelbar die Gleichung der elastischen Fläche einer durch einen Druck $p =$ konst. belasteten und durch Zugkräfte n angespannten, auf ihrem Rande eingeklemmten kreisförmigen Platte**

$$w = \frac{p\,a^2}{4\,\beta^2\,N}\left[\frac{2\,[J_0(i\beta a) - J_0(i\beta r)]}{i\beta a \cdot J_1(i\beta a)} + 1 - \frac{r^2}{a^2}\right]. \tag{55}$$

Die Besselschen Funktionen $J_0(iu)$ und $iu\,J_1(iu)$ sind, wie man aus ihren Reihenentwicklungen ersieht, reell[1]):

$$J_0(iu) = 1 + (u/2)^2 + \frac{1}{2!^2}(u/2)^4 + \cdots,$$

$$iu\,J_1(iu) = -\frac{u^2}{2}\left(1 + \frac{u^2}{2\cdot4} + \frac{u^4}{2\cdot4\cdot4\cdot6} + \cdots\right). \tag{56}$$

Die größte Durchbiegung der Platte ist für $r = 0$ gleich

$$w_0 = \frac{p\,a^4}{4\,N}\left[1 + \frac{[2\,J_0(i\beta a) - 1]}{i\beta^3 a^3 J_1(i\beta a)}\right]. \tag{57}$$

Im Gegensatz zu den Funktionen oszillierender Natur $J_0(u)$ und $J_1(u)$, auf welche der Knickungsfall bei negativen Umfangskräften hinführte, ändert sich jetzt der Charakter der Biegung der Platte. Wenn die Umfangskräfte positiv sind und in ihrer Mittelebene Zugspannungen wirken, erscheinen die Funktionen $J_0(iu)$ und $-iu\,J_1(iu)$, mit rein imaginärem Argument, die mit u beständig anwachsen. Lassen wir den Zug n (oder die Konstanze β) allmählich gegen Null abnehmen, so erscheint der vorstehende Klammerausdruck in der unbestimmten Form $0\,0$; an Hand der eben angeschriebenen Reihen erkennt man leicht seinen wahren Wert $\frac{1}{16}$, wir erhalten für $n = 0$ in der Grenze

$$w_0 = \frac{p_0\,a^4}{64\,N}$$

den früher ermittelten Biegungspfeil (Gl. (18) S. 56) der gleichförmig belasteten eingespannten Kreisplatte wieder. Wir haben für einige

---

[1]) Über ihren Verlauf enthalten die Zahlentafeln von Jahnke und Emde ebenfalls ausführliche Zahlenangaben.

Werte von βa aus (57) den Biegungspfeil w_0 der durch einen Druck $p = \text{konst.}$ belasteten und in ihrer Ebene gleichmäßig angespannten Kreisplatte ausgerechnet:

$$
\begin{aligned}
\beta a = 0 \qquad & w_0 = 0,0156 \cdot p\,a^4/N, \\
1 \qquad & 0,0146 \cdot p\,a^4/N, \\
2 \qquad & 0,0122 \cdot p\,a^4/N, \\
3 \qquad & 0,0096 \cdot p\,a^4/N, \\
4 \qquad & 0,0074 \cdot p\,a^4/N, \\
5 \qquad & 0,0057 \cdot p\,a^4/N, \\
\cdots \qquad & \cdots\cdots\cdots\cdots
\end{aligned}
$$

Nachdem die Spannung $\sigma = \dfrac{n}{h} = \dfrac{\beta^2 N}{h}$, mit der die Platte in ihrer Ebene gespannt wird, proportional β^2 ist, nehmen ihre zu den angeschriebenen Zahlenwerten von βa gehörigen Werte wie die Quadrate dieser Zahlen zu. Die Zahlen zeigen die Abhängigkeit des Durchhanges einer dünnen, in der Querrichtung belasteten Platte von den in ihrer Mittelebene vorhandenen Spannungen. Nehmen wir beispielsweise eine kreisförmige Platte von einem Halbmesser $a = 10$ cm und einer Dicke von $h = 0,3$ cm aus Eisenblech mit einem Elastizitätsmodul $E = 2 \cdot 10^6$ kg/cm² und einer Poissonschen Zahl $\nu = 0,25$ an, so entspricht $\beta a = 1$, $\beta = {}^1/_{10}$ eine Zugspannung σ in ihrer Mittelebene, die nach (52) gleich

$$
\sigma = \frac{E\,h^2\,\beta^2}{12\,(1 - \nu^2)} = \frac{2 \cdot 10^6 \cdot 0,09 \cdot 0,01}{12 \cdot 0,937} = 160\,\frac{\text{kg}}{\text{cm}^2}\ \text{ist.}
$$

Der Biegungspfeil ist um 6,4 Hundertstel kleiner als die Durchbiegung einer in ihrer Ebene nicht gespannten Kreisplatte. Wird die Platte in ihrer Ebene viermal stärker angespannt, so ist ihr Biegungspfeil bereits um 21,8 v.H. kleiner, als die größte Durchbiegung der in ihrer Ebene nicht gespannten Kreisplatte.

Sollten in einem größeren Teil einer dünnen Platte aus irgendeinem Grunde Zug- oder Druckspannungen in ihrer Mittelebene vorhanden sein, über die man nicht unterrichtet ist, so zeigt uns diese kleine Rechnung, daß sie sich im Verhalten der Platte während eines Biegungsversuches verraten müssen. Die Platte verhält sich, wenn in ihr die Zugspannungen überwiegen, Kräften gegenüber, die sie zu verbiegen suchen, steifer, und umgekehrt wenn in ihrer Mittelebene die Druckspannungen vorherrschen, weicher als in ihrem natürlichen Zustand. Das Richten einer ursprünglich nicht ebenen Metallplatte oder eines Bleches im kalten Zustand geschieht bekanntlich in der Weise, daß man die Platte oder das Blech durch Schläge in der Umgebung der Beulen bearbeitet. Dadurch werden um die Beule herum in einem Ring bleibende Formänderungen erzeugt und ein Teil der entstandenen Spannungen zieht die Beule in ihre Ebene zurück. In einer durch Hämmern gerichteten Platte müssen deshalb große Eigenspannungen vorhanden sein. Wenn man von ihrer Existenz keine Notiz nimmt, wird man aus einem Biegungsversuch, den man mit einer durch Schläge bearbeiteten oder gerichteten Platte vornimmt, einen anderen Wert des Elastizitätsmoduls finden, als beispielsweise aus einem Zugversuch mit einem Stab aus demselben Stoff.

65. Ähnliche Biegungszustände.

Wie bereits Lord Rayleigh[1]) bemerkt hat, sind gewisse Schwingungsformen einer rechteckigen Platte und einer dünnen, gleichmäßig gespannten rechteckigen Haut oder Membran identisch. Die Funktionen, auf die uns gewisse Knickungsaufgaben einer rechteckigen Platte mit gestützten Seiten geführt haben, zeigen, daß in diese Identität auch ihre entsprechenden Knickungsformen einbezogen werden können. Es würde eine reizvolle Aufgabe sein, näher nachzuprüfen, wie weit diese an einzelnen Lösungen festgestellte Übereinstimmung sich verallgemeinern läßt. Zur Förderung des Vergleiches seien wenigstens die Differentialgleichungen der in Betracht kommenden Probleme zusammengestellt $\left(\varDelta \text{ bedeutet stets } \dfrac{\partial^2}{\partial x^2} + \dfrac{\partial^2}{\partial y^2} \right)$:

$$\varDelta u = -\frac{p}{n} \tag{1}$$

für die ruhende Haut unter seitlichem Druck p, n ist die Spannung der Haut.

$$\varDelta \varDelta w = \frac{p}{N} \tag{2}$$

für die ruhende Platte unter seitlichem Druck p, N ist die Plattensteifigkeit.

$$\varDelta u' = \frac{\mu}{n}\, \frac{\partial^2 u'}{\partial t^2} \tag{3}$$

für die schwingende Haut. μ ist die auf die Flächeneinheit bezogene Masse.

$$\varDelta \varDelta w' = -\frac{\mu}{N}\, \frac{\partial^2 w'}{\partial t^2} \tag{4}$$

für die schwingende Platte. μ ist die auf die Flächeneinheit bezogene Masse.

---

[1]) The Theory of sound, Bd. 1, S. 371. 1894.

Setzt man zur Abspaltung des mit der Zeit t periodisch veränderlichen Bestandteiles in den Integralen der beiden letzten Gleichungen

$$u' = u(x, y) \sin \alpha t \quad \text{bzw.} \quad w' = w(x, y) \sin \alpha t, \tag{5}$$

so erhält man die ersten beiden der folgenden vier Differentialgleichungen, für die Elongationen u bzw. w:

$$\Delta u = - \alpha^2 \frac{\mu}{n} u \tag{6}$$

für die schwingende Haut.

$$\Delta \Delta w = \beta^2 \frac{\mu}{N} w \tag{7}$$

für die schwingende Platte.

$$\Delta \Delta w = - \frac{n}{N} \Delta w \tag{8}$$

auf die Platte wirkt ein allseitig gleicher Druck n in der Richtung ihrer Ebene.

$$\Delta \Delta w = - \frac{n_1}{N} \cdot \frac{\partial^2 w}{\partial x^2} \tag{9}$$

auf die Platte wirkt eine einseitige Belastung n_1 in der Ebene parallel zur x-Achse.

Auf die dritte und die vierte Gleichung wurden wir bei den Knickungsaufgaben der Platten geführt. Die dritte Gleichung geht, wenn man $u = \Delta w$ setzt, abgesehen von der nebensächlichen Bezeichnung ihrer Dimensionskonstanten, in die erste Gleichung über. Die drei letzten Gleichungen sind Sonderfälle einer Differentialgleichung, die wir noch anschreiben wollen.

Wenn nämlich eine in ihrer Ebene in zwei zueinander senkrechten Richtungen mit verschiedenen Kräften n_1 und n_2 angespannte Platte zu Schwingungen erregt wird (wir beschränken uns auf die Untersuchung ihrer Biegungsschwingungen), haben wir es nach der Grundgleichung (11) S. 235 mit der Differentialgleichung

$$N \Delta \Delta w' = - \mu \frac{\partial^2 w'}{\partial t^2} + n_1 \frac{\partial^2 w'}{\partial x^2} + n_2 \frac{\partial^2 w'}{\partial y^2} \tag{10}$$

zu tun (μ ist die auf die Flächeneinheit bezogene Masse, n_1 und n_2 sind die Spannkräfte).

Setzt man wieder für

$$w' = w(x, y) \cdot \sin \gamma t, \tag{11}$$

so fällt die Zeit t aus der Gleichung heraus und der übrigbleibenden Gleichung

$$N\Delta\Delta w = \mu \gamma^2 w + n_1 \cdot \frac{\partial^2 w}{\partial x^2} + n_2 \frac{\partial^2 w}{\partial y^2} \tag{12}$$

genügt unter den Randbedingungen $w = 0$, $\Delta w = 0$ die Funktion

$$w = w_0 \sin \frac{\alpha \pi x}{a} \sin \frac{\beta \pi x}{b}. \tag{13}$$

Die Dauer dieser Biegungsschwingung ist

$$T = \frac{2\pi}{\gamma} = \frac{2\mu}{\pi N} \cdot \frac{1}{\pi^2 \left(\frac{\alpha^2}{a^2} + \frac{\pi^2}{b^2}\right)^2 + \frac{\alpha^2 n_1}{a^2 N} + \frac{\beta^2 n_2}{b^2 N}}. \tag{14}$$

Mit den Biegungsschwingungen der in ihrer Ebene nicht angespannten Platte $(n_1 = n_2 = 0)$ haben wir uns in Abschnitt 41 beschäftigt, die Schwingungsdauer ergab sich in diesem Fall gleich

$$T_0 = \frac{2\mu}{\pi^3 \left(\frac{\alpha^2}{a^2} + \frac{\beta^2}{b^2}\right)^2 N}. \tag{15}$$

Wenn die Spannungsmittelkräfte n_1 und n_2 beide positiv sind und die Platte in ihrer Ebene durch Zugkräfte gespannt ist, wird $T < T_0$. Wenn hingegen die Spannkräfte entgegengesetztes Vorzeichen haben und das Glied mit dem negativen Vorzeichen überwiegt oder wenn n_1 und n_2 beide negativ sind, nimmt die Zeit T zu. Es gibt dann eine Reihe von zusammengehörigen Kräften n_1 und n_2, für die der Nenner des Ausdruckes für T verschwindet und $T = \infty$ wird. Das ist der Fall, wenn

$$\frac{\alpha^2 n_1}{a^2 N} + \frac{\beta^2 n_2}{b^2 N} = -\pi^2 \left(\frac{\alpha^2}{a^2} + \frac{\beta^2}{b^2}\right)^2. \tag{16}$$

Diese Gleichung ist die Knickbedingung der rechteckigen Platte.

Wir können das Ergebnis der vorstehenden Betrachtung dahin zusammenfassen, daß Zugspannungen, die in der Mittelebene wirken, die Schwingungsdauer einer Platte verkürzen und daß Druckspannungen sie verlängern. Ein Lastsystem, unter dem die Dauer der freien Biegungsschwingungen unendlich groß geworden ist, ist eine Knickbelastung der Platte.

Ein wichtiges Beispiel für die Biegungsschwingungen der in ihrer Ebene gespannten elastischen Platten bietet die Aufgabe der Bestimmung der Dauer der Erzitterungen einer rasch umlaufenden Dampfturbinenscheibe. Die mit großer Geschwindigkeit sich drehenden Räder der Dampfturbinen sind meist schlanke, scheibenförmige Umdrehungskörper, die in ihrem mittleren Teil wie eine Linse verdickt sind. Ihre Dicke nimmt gegen den äußeren Rand des Rades stark ab, der in den Kranz übergeht, an dem die Schaufeln befestigt sind. Man gibt den Umdrehungskörpern ein schlankes Profil wegen der Beanspruchung der schnell umlaufenden Räder durch die Fliehkräfte. Gegen Kräfte, die quer zu ihrer Ebene gerichtet sind, sind die Scheiben oft nicht starr genug und durch solche Kräfte können sie zu Schwingungen angeregt werden. Diese Erzitterungen können zum Streifen der Ränder an den feststehenden Teilen Anlaß geben und haben bereits schwere Betriebsstörungen großer Dampfturbinen verursacht, die in einzelnen Fällen mit der gänzlichen Zerstörung großer Einheiten endeten. Wir möchten in diesem Zusammenhang an die sehr lehrreiche Schilderung der auf derartige Mängel zurückgeführten gänzlichen Zerstörung zweier Einheiten von 35000 kW in A. Stodolas „Dampf- und Gasturbinen" (5. Aufl., Verlag von J. Springer, Berlin 1922) verweisen. Seinem Verfasser verdankt der Dampfturbinenbau auch die Theorie dieser Biegungsschwingungen einer umlaufenden Scheibe, bei der es sich im wesentlichen um die Bestimmung der Eigenfrequenzen der transversalen Schwingungen einer in ihrem Mittelpunkt festgehaltenen und auf ihrem Rande freien kreisförmigen Scheibe handelt, die in ihrer Ebene außerdem durch die Fliehkräfte gespannt wird. Eine bedeutende Erschwerung der Aufgabe liegt in der veränderlichen Dicke der Scheibe. Wir müssen uns mit diesen Andeutungen begnügen und verweisen den Leser bezüglich des Näheren auf das angeführte Werk. Es darf hier vielleicht noch ein Umstand erwähnt werden, auf den Stodola aufmerksam wurde, nämlich der Einfluß der ungleichmäßigen Erwärmung der Scheiben auf die Höhe ihrer Schwingungsdauer. Wenn der Kranz kälter wie das Innere ist, können in den mittleren Teilen der Scheibe unter Umständen Druckspannungen entstehen, die die Schwingungsdauer erheblich verlängern müssen.

66. Die Wärmespannungen in Platten.

Wird ein Körper ungleichmäßig erwärmt, so dehnen sich die wärmeren Teile stärker als die anderen aus, und es entstehen in ihm Wärmespannungen. Dies ist auch der Fall, wenn der Körper zwar gleichmäßig erwärmt wurde, aber mit Körpern in Verbindung steht, die ihn in seiner freien Ausdehnung hindern. Solche Wärmespannungen entstehen beispielsweise in den von außen durch Wasser gekühlten Deckeln der Zylinder der Gasmaschinen, deren Wandungen auf ihrer inneren Seite sehr hohen Temperaturen ausgesetzt sind, oder in den Fahrbahnen der Straßenbrücken bei ihrer einseitigen Erwärmung durch die Sonne, in Eisenbetondecken über geheizten Räumen usw. Die Verschiedenheit der Temperatur in solchen Konstruktionsteilen war schon oft die Ursache für die Entstehung von Spannungen, die sie nicht mehr ertragen konnten, und man hat eine Reihe von Sicherheitsmaßregeln ersinnen müssen (Anordnung von Dilatationsfugen), um der Bildung von Wärmespannungen zulässige Grenzen zu setzen.

Die Wärmespannungen in einer Platte hängen von der Verteilung der Temperatur in ihrem Innern ab. Denken wir uns die x, y-Ebene eines rechtwinkligen Koordinatensystems in die Mittelebene der Platte gelegt und die Platte durch die Ebenen $z = \pm h/2$ begrenzt, so wird es für die meisten Fälle der Anwendungen bereits genügen, die Verteilung der Temperatur im Innern einer dünnen Platte durch eine Funktion

$$t = t'(x, y) + \frac{2\,z}{h}\, t''(x, y) \tag{1}$$

darzustellen, in der $t'(x, y)$ und $t''(x, y)$ nur Funktionen der Koordinaten x und y sind. Wir bezeichnen mit α den Wärmeausdehnungskoeffizient des Materiales (die Verlängerung der Längeneinheit für eine Erhöhung der Temperatur um ein Grad) und nehmen an, daß die Platte sich bei der Temperatur $t = 0$ in einem spannungslosen Zustand befand. Die Größe $d\xi$, um die sich eine kleine Strecke der x-Achse ausdehnt, wenn die Platte bei der Temperatur $t = 0$ durch äußere Kräfte gespannt wird, ist gleich $d\xi = \varepsilon_x\,dx$. Steigt die Temperatur an derselben Stelle um t Grad, so ist

$$d\xi = \varepsilon_x\,dx + \alpha\,t\,dx,$$

woraus

$$\frac{\partial \xi}{\partial x} = \varepsilon_x + \alpha\,t\,.$$

Entsprechend erhalten wir für die Verschiebung η parallel zur y-Achse

$$\frac{\partial \eta}{\partial y} = \varepsilon_y + \alpha\,t\,.$$

Auf die spezifische Schiebung

$$\gamma_{xy} = \frac{\partial \xi}{\partial \eta} + \frac{\partial \eta}{\partial x},$$

sowie auch auf die Schiebungen γ_{yz}, γ_{zx} hat die Temperaturerhöhung keinen Einfluß, weil die Winkel eines freien Elementes sich durch einen Temperatureinfluß nicht ändern.

Der erste Anteil t' der Temperaturfunktion t versetzt die Platte in einen ebenen Spannungszustand mit den Spannungen $\sigma_z = \tau_{zx} = \tau_{zy} = 0$, den wir zuerst angeben wollen. Wir bezeichnen alle Spannungen und Dehnungen, die sich auf ihn beziehen, mit einem Strich. Wir haben nach den Gleichungen für die Verschiebungen ξ', η'

$$\frac{\partial \xi'}{\partial x} = \varepsilon_x' + \alpha t', \qquad \frac{\partial \eta'}{\partial y} = \varepsilon_y' + \alpha t', \qquad \frac{\partial \xi'}{\partial y} + \frac{\partial \eta'}{\partial x} = \gamma_{xy}'. \tag{2}$$

Die in diesen Gleichungen vorkommenden Dehnungen ε_x', ε_y' und die spez. Schiebung γ_{xy}' sind nach dem Hookeschen Gesetz gleich

$$\varepsilon_x' = \frac{1}{E}(\sigma_x' - \nu\,\sigma_y'), \qquad \varepsilon_y' = \frac{1}{E}(\sigma_y' - \nu\,\sigma_x'), \qquad \gamma_{xy}' = \frac{\tau_{xy}'}{G}. \tag{3}$$

Die drei Spannungskomponenten σ_x', σ_y', τ_{xy}' müssen sich, wie früher gezeigt wurde, aus einer Spannungsfunktion F berechnen lassen:

$$\sigma_x' = \frac{\partial^2 F}{\partial y^2}, \qquad \sigma_y' = \frac{\partial^2 F}{\partial x^2}, \qquad \tau_{xy}' = -\frac{\partial^2 F}{\partial x\,\partial y}. \tag{4}$$

Die Verträglichkeitsbedingung der drei Gleichungen (2)

$$\frac{\partial^2 \varepsilon_x'}{\partial y^2} + \frac{\partial^2 \varepsilon_y'}{\partial x^2} - \frac{\partial^2 \gamma_{xy}'}{\partial x\,\partial y} = -\alpha\,\Delta t' = -\alpha\left(\frac{\partial^2 t'}{\partial x^2} + \frac{\partial^2 t'}{\partial y^2}\right) \tag{5}$$

liefert, wenn in ihr alle vorstehenden Ausdrücke eingeführt werden, hier die Differentialgleichung

$$\Delta\Delta F = -E\alpha\cdot\Delta t' \tag{6}$$

für die Spannungsfunktion F. Sie dient zu ihrer Bestimmung; $\Delta t'$ ist, da die Temperaturfunktion $t'(x, y)$ gegeben ist, eine bekannte Funktion der Koordinaten x und y. Ist die Spannungsfunktion zu den gegebenen Grenzbedingungen ermittelt worden, so berechnen sich mit ihrer Hilfe nach den Gl. (3) die zur Mittelebene parallelen Normalkräfte n_x, n_y und die zur Mittelebene parallele Scherkraft n_{xy} der Platte

$$n_x = h\,\sigma_x' = h\,\frac{\partial^2 F}{\partial y^2}, \qquad n_y = h\,\sigma_y' = h\,\frac{\partial^2 F}{\partial x^2}, \qquad n_{xy} = h\,\tau_{xy}' = -h\,\frac{\partial^2 F}{\partial x\,\partial y} \tag{7}$$

Bei der Ermittelung der Biegungsspannungen der Platte haben wir erstens zu berücksichtigen, daß dieses ebene Kraftsystem bei der Wölbung der Platte ein wenig aus seiner Ebene gezerrt wird, so daß die Kräfte n_x, n_y, n_{xy} kleine Komponenten senkrecht zur Mittelebene bekommen, und zweitens zu beachten, daß wegen des zweiten, mit der Koordinate z linear veränderlichen Anteiles der Temperaturverteilungsfunktion (Gl. 1)

$$\frac{2z}{h} t''(x, y) \qquad (8)$$

neue Glieder in der Plattengleichung auftreten werden. Bezeichnen wir wie früher die zu den Spannungen σ_x', ... hinzutretenden neuen Spannungen mit σ_x'', ..., ebenso die von der Biegung der Platte herrührenden Dehnungen mit ε_x'', ..., so haben wir erstens entsprechend den Gl. (28) und (29) in Nummer 10 die Gleichungen

$$\varepsilon_x'' + \frac{2z\alpha t''}{h} = -z \frac{\partial^2 w}{\partial x^2}$$

$$\varepsilon_y'' + \frac{2z\alpha t''}{h} = -z \frac{\partial^2 w}{\partial y^2} \qquad (9)$$

$$\gamma_{xy}'' = -2z \frac{\partial^2 w}{\partial x \partial y}$$

und zweitens die Gleichungen

$$\varepsilon_x'' = \frac{1}{E} (\sigma_x'' - \nu \sigma_y'')$$

$$\varepsilon_y'' = \frac{1}{E} (\sigma_y'' - \nu \sigma_x'') \qquad (10)$$

$$\gamma_{xy}'' = \tau_{xy}''/G .$$

Mit ihrer Hilfe lassen sich die Ausdrücke für die Biegungsmomente m_x, m_y und für das Torsionsmoment m_{xy}

$$m_x = \int \sigma_x'' z \, dz = -N \left[\frac{\partial^2 w}{\partial x^2} + \nu \frac{\partial^2 w}{\partial y^2} + \frac{2(1+\nu)\alpha t''}{h} \right]$$

$$m_y = \int \sigma_y'' z \, dz = -N \left[\frac{\partial^2 w}{\partial y^2} + \nu \frac{\partial^2 w}{\partial x^2} + \frac{2(1+\nu)\alpha t''}{h} \right] \qquad (11)$$

$$m_{xy} = \int \tau'' z \, dz = -(1-\nu) N \frac{\partial^2 w}{\partial x \partial y}$$

angeben.

Die beiden Gleichgewichtsbedingungen für die Momente liefern schließlich die Ausdrücke für die Scherkräfte p_x, p_y der Platte

$$p_x = \frac{\partial m_x}{\partial x} + \frac{\partial m_{xy}}{\partial y} = -N \frac{\partial}{\partial x} \left[\Delta w + \frac{2(1+\nu)\alpha t''}{h} \right]$$

$$p_y = \frac{\partial m_y}{\partial y} + \frac{\partial m_{xy}}{\partial x} = -N \frac{\partial}{\partial y} \left[\Delta w + \frac{2(1+\nu)\alpha t''}{h} \right] \qquad (12)$$

und die Gleichgewichtsbedingung der zur Mittelebene senkrechten Kraftkomponenten

$$\frac{\partial p_x}{\partial x} + \frac{\partial p_y}{\partial y} + p + n_x \frac{\partial^2 w}{\partial x^2} + 2 n_{xy} \frac{\partial^2 w}{\partial x \partial y} + n_y \frac{\partial^2 w}{\partial y^2} = 0 \qquad (13)$$

ergibt die Differentialgleichung für die Durchbiegung w

$$N \varDelta \varDelta w = - \frac{E h^2 \alpha}{6 (1 - \nu)} \cdot \varDelta t'' + p + n_x \frac{\partial^2 w}{\partial x^2} \\ + 2 n_{xy} \frac{\partial^2 w}{\partial x \partial y} + n_y \frac{\partial^2 w}{\partial y^2}. \qquad (14)$$

Die beiden Differentialgleichungen (6) und (14) bilden die Grundlage zur Berechnung der Temperaturspannungen von elastischen Platten.

67. Die Formänderungsarbeit einer Platte.

Wir nennen die im Innern einer verzerrten Platte aufgespeicherte Energie der elastischen Spannkräfte ihre Formänderungsarbeit. Diese Energie ist die Summe der in den einzelnen Elementen der Platte angehäuften Arbeitsvorräte. Wir setzen voraus, daß die Platte in der anfänglichen Lage ihrer Punkte, von der aus ihre Verschiebungen ξ, η, ζ gerechnet werden, sich in einem völlig spannungslosen Zustand befunden habe. Ein Element $dx\,dy\,dz$ möge, nachdem es bis zu den Dehnungen $\varepsilon_x, \varepsilon_y, \varepsilon_z$ und Schiebungen $\gamma_{xy}, \gamma_{yz}, \gamma_{zx}$ verzerrt worden ist, sich in dem Zustand befinden, den es im Innern der verbogenen Platte angenommen hat.

Bei der Berechnung der Formänderungsarbeit einer Platte werden zwei Fälle zu unterscheiden sein, je nachdem die Mittelfläche während der Ausbiegung nicht gespannt wird oder in ihr schon vor derselben Spannungen vorhanden waren. Wir nennen den Arbeitsvorrat, der in einer Platte ohne eine Spannung ihrer Mittelfläche aufgespeichert werden kann, ihre Biegungsarbeit und die zu einer etwaigen Dehnung ihrer Mittelfläche erforderliche Energie ihre Streckungsarbeit.

Bei der Berechnung der Biegungsarbeit werden wir von den vereinfachenden Annahmen Gebrauch machen, die wir schon immer über die Art des Formänderungszustandes einer nur wenig aus ihrer Ebene verbogenen dünnen Platte in Betracht gezogen haben, daß nämlich ihre Dehnungen nur lineare Funktionen der Entfernung z ihrer Punkte von der Mittelebene sind. Bezeichnen wir mit $\sigma_x, \sigma_y, \ldots$ die Spannungen, welche an dem erwähnten Element $dx\,dy\,dz$ in der verbogenen Endlage der Platte wirken, so ist die in seinem Innern aufgespeicherte elastische Energie oder Formänderungsarbeit gleich

$$\frac{1}{2}\left(\sigma_x\varepsilon_x + \sigma_y\varepsilon_y + \sigma_z\varepsilon_z + \tau_{xy}\gamma_{xy} + \tau_{yz}\gamma_{yx} + \tau_{zx}\gamma_{zx}\right)dx\,dx\,dz. \tag{1}$$

Die Spannungen sind hier mit den Dehnungen und Schiebungen durch die sechs Gleichungen (12) S. 9 verbunden, welche das Elastizitätsgesetz ausdrücken. Wenn wir die letzteren mit Hilfe der ersteren ausdrücken und beachten, daß die Arbeit der Spannungskomponenten σ_z, τ_{xz}, τ_{yz} in einer dünnen Platte gegen die Arbeit der anderen vernachlässigt werden kann, so ergibt sich für die in einem Element enthaltene Arbeit der Ausdruck

$$\frac{1}{2}\left[(\sigma_x^2 + \sigma_y^2 - 2\nu\sigma_x\sigma_y)/E + \tau_{xy}^2/G\right]dx\,dy\,dz.$$

Führt man hier statt der Spannungen ihre Momente m_x, m_y und m_{xy} nach 9 S. 17 ein, indem man diese letzteren durch die Formeln

$$\sigma_x = 12\,m_x z/h^3, \qquad \sigma_y = 12\,m_y z/h^3, \qquad \tau_{xy} = 12\,m_{xy}z/h^3$$

ersetzt, so läßt sich die Integration von (1) nach der Koordinate z zwischen den Grenzen $z = -h/2$ und $z = h/2$ (h ist die Dicke der Platte) ausführen. Sie liefert für die in einem Element $dx\,dy\,h$ enthaltene Biegungsarbeit

$$\frac{6}{E h^3}\left[m_x^2 + m_y^2 - 2\nu m_x m_y + 2(1+\nu)m_{xy}^2\right]dx\,dy. \tag{2}$$

Mit Benutzung der Formeln für die Spannungsmomente m_x, m_y, m_{xy} erhalten wir hieraus den Ausdruck für die **Biegungsarbeit einer Platte**:

$$N\iint\left[\frac{(\Delta w)^2}{2} - (1-\nu)\left(\frac{\partial^2 w}{\partial x^2}\cdot\frac{\partial^2 w}{\partial y^2} - \left(\frac{\partial^2 w}{\partial x\,\partial y}\right)^2\right)\right]dx\,dy \tag{3}$$

(hier bezeichnet $N = E h^3/12(1-\nu^2)$ die Steifigkeit, w die Durchbiegung der Platte, die Integration ist über ihr Gebiet zu erstrecken).

Wenn die Platte in ihrer Mittelebene gespannt wird, können wir ihre Formänderungsarbeit aus drei Teilen bestehend betrachten. Wir denken uns sie zuerst nur in ihrer Ebene gestreckt, bis die Verschiebungen der Punkte der Mittelebene ihre gewünschten Werte angenommen haben. Die Energie e_0, die sie in diesem Zustand besitzt, kann mit Hilfe der Gl. (1) berechnet werden. Da es im folgenden nur auf die Änderung der Formänderungsarbeit während der Ausbiegung der Platte ankommt, werden wir e_0 nicht auszurechnen brauchen.

Wenn nun die Platte ein wenig verbogen wird, ändert sich die Energie e_0 um zwei Beträge e' und e''. Die Wölbung der Mittelfläche hat eine geringe Ausdehnung des Materials zur Folge. Während der Ausbiegung dürfen die Spannungen in der Mittelfläche als unveränderliche Größen betrachtet werden. Die Arbeit, die diese Spannungen während der geringen Streckung der Mittelfläche leisten, habe die Änderung e' der inneren Energie zur Folge. Die mit der Wölbung verbundenen Dehnungen der Mittelfläche sind zwar kleine Größen gegenüber den Dehnungen, die außerhalb von ihr im Material wegen der Biegung der Platte auftreten. Allein die während dieser Deformation aufgespeicherte Arbeit e' ist mit der Biegungsarbeit e'' oder der Energie vergleichbar, die durch die Überschüsse der Spannungen σ_x, σ_y, τ_{xy} über ihre Mittelwerte in den außerhalb der Mittelfläche gelegenen Elementen der Platte angehäuft wird.

Um dies zu zeigen, berechnen wir die Streckungsarbeit e'. Die Verschiebungen ξ und η der Punkte der Mittelebene, die wir im folgenden benötigen, rechnen wir jetzt von der Lage aus, in der sich die Punkte im gestreckten Zustand der Platte mit der potentiellen Energie e_0 befunden haben. (Die Verschiebungen ξ und η sind kleine Größen zweiter Ordnung, wenn die von der Biegung herrührenden ξ und η solche erster Ordnung sind.) Die Endpunkte P und Q einer kleinen, zur x-Achse parallelen Strecke dx in der Mittelebene

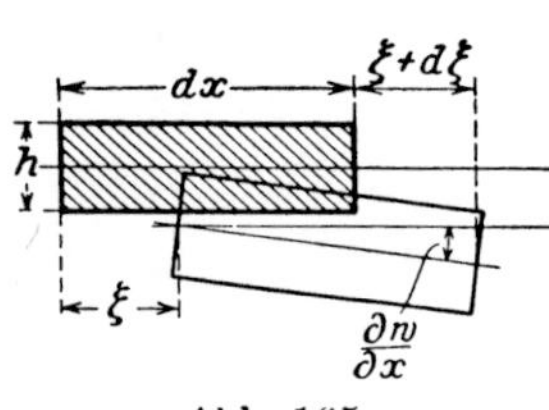

Abb. 165.

verschieben sich, wenn das Element in seine Endlage im ausgebogenen Zustand der Platte gelangt, um ξ bzw. um $\xi + d\xi$. Da sich die Strecke PQ gleichzeitig um $\varepsilon_x\, dx$ streckt und um den kleinen Winkel $\partial w/\partial x$ gegen ihre ursprüngliche Lage neigt, wird ihre spezifische Dehnung gleich

$$\varepsilon_x = \frac{1}{2}\left(\frac{\partial w}{\partial x}\right)^2 + \frac{\partial \xi}{\partial x}. \tag{4}$$

In entsprechender Weise folgt die spezifische Dehnung der Elemente der Mittelfläche parallel zur y-Achse

$$\varepsilon_y = \frac{1}{2}\left(\frac{\partial w}{\partial y}\right)^2 + \frac{\partial \eta}{\partial y}. \tag{5}$$

Schließlich ist zu berücksichtigen, daß sich beim Übergange der Platte aus dem ebenen in den gewölbten Zustand der rechte Winkel zwischen den ursprünglich senkrechten Strecken dx und dy um die kleine Größe zweiter Ordnung

$$\gamma_{xy} = \frac{\partial w}{\partial x}\cdot\frac{\partial w}{\partial y} + \frac{\partial \xi}{\partial y} + \frac{\partial \eta}{\partial x} \tag{6}$$

ändern wird.

Die Spannungen in der Mittelfläche sollen wie früher (**57**, S. 233) mit einem Strich bezeichnet werden. Nachdem sie sich während der Ausbiegung nur um Größen höherer Ordnung ändern, dürfen die aus ihnen gebildeten Spannungsmittelkräfte

$$n_x = h\,\sigma'_x, \qquad n_y = h\,\sigma'_y, \qquad n_{xy} = h\,\tau'_{xy} \tag{7}$$

als von der Durchbiegung w unabhängig angesehen werden. Demnach ist die Streckungsarbeit e'

$$e' = \iint [n_x \varepsilon_x + n_{xy}\gamma_{xy} + n_y \varepsilon_y]\,dx\,dy, \tag{8}$$

wo das Integral sich auf das Gebiet der Platte bezieht. Mit den Werten für $\varepsilon_x, \varepsilon_y, \gamma_{xy}$ nach (4) bis (6) ist auch

$$e' = \iint \left[\frac{n_x}{2}\left(\frac{\partial w}{\partial x}\right)^2 + n_{xy}\cdot\frac{\partial w}{\partial x}\cdot\frac{\partial w}{\partial y} + \frac{n_y}{2}\left(\frac{\partial w}{\partial y}\right)^2 \right] dx\,dy$$
$$+ \iint \left[n_x \frac{\partial \xi}{\partial x} + n_{xy}\left(\frac{\partial \xi}{\partial y} + \frac{\partial \eta}{\partial x}\right) + n_y \frac{\partial \eta}{\partial y}\right] dx\,dy. \tag{9}$$

Diese Gleichung wird gewöhnlich auf die Berechnung der Knickbelastungen von Platten angewendet, also auf Fälle, in denen die Spannungsmittelkräfte n_x, n_y, n_{xy} einem Gleichgewichtssystem von ebenen Kräften angehören. Für ein solches läßt sich das zweite Integral in der letzten Gleichung vereinfachen, wenn man es nach dem folgenden Schema durch partielle Integration umformt:

$$\iint \left(n_x \frac{\partial \xi}{\partial x} + n_{xy}\frac{\partial \xi}{\partial y}\right) dx\,dy = \int dy\,[n_x\xi]_1^2 + \int dx\,[n_{xy}\xi]_3^4$$
$$- \iint \left(\frac{\partial n_x}{\partial x} + \frac{\partial n_{xy}}{\partial y}\right) dx\,dy$$
$$\iint \left(n_y \frac{\partial \eta}{\partial y} + n_{xy}\frac{\partial \eta}{\partial x}\right) dx\,dy = \int dx\,[n_y\eta]_3^4 + \int dy\,[n_{xy}\eta]_1^2$$
$$- \iint \left(\frac{\partial n_y}{\partial y} + \frac{\partial n_{xy}}{\partial x}\right) dx\,dy. \tag{10}$$

Die Summe der vier einfachen Integrale ist hier nämlich nichts anderes, als die Abnahme der potentiellen Energie der parallel zur Mittelebene gerichteten Randkräfte des ebenen Kraftsystems, während die beiden Doppelintegrale auf der rechten Seite der letzten Gleichungen wegen der Gleichgewichtsbedingungen der n_x, n_{xy}, n_y

$$\frac{\partial n_x}{\partial x} + \frac{\partial n_{xy}}{\partial y} = 0, \qquad \frac{\partial n_y}{\partial y} + \frac{\partial n_{xy}}{\partial x} = 0 \tag{11}$$

offenbar gleich Null sind. Bezeichnen wir also die Abnahme der potentiellen Energie der Randkräfte n_x, n_y, n_{xy} mit $-e_a'$, so ergibt sich für die Streckungsarbeit der Platte der Ausdruck

$$e' = \int\!\!\int \left[\frac{n_x}{2}\left(\frac{\partial w}{\partial x}\right)^2 + n_{xy}\frac{\partial w}{\partial x}\cdot\frac{\partial w}{\partial y} + \frac{n_y}{2}\left(\frac{\partial w}{\partial y}\right)^2 \right] dx\,dy - e_a'. \qquad (12)$$

Es erübrigt sich, noch zu zeigen, daß diese Arbeit e' von derselben Größenordnung ist, wie die Biegungsarbeit der Platte e'', deren Ausdruck wir bereits in Gl. (3) aufgestellt haben. Setzt man die Durchbiegung w gleich einem Bruchteil $w = \omega h$ der Dicke h der Platte und $x = \mu a$, wo a eine lineare Abmessung der Platte ist, so hat der Integrand in (12) die Größenordnung $\omega^2 \cdot n_x h^2/a^2$ und der in (3) die Größenordnung $\omega^2 \cdot N h^2/a^4$. Sollen beide von gleicher Ordnung sein, so muß $n_x a^2/N$ von der Ordnung der Einheit sein. Das ist, wie ein Blick auf die Knickungsformeln der Abschnitte 59, 60 lehrt, in der Tat der Fall.

Die Formänderungsarbeit einer gestreckten und verbogenen Platte ist die Summe der drei Beträge e_0, e' (Gl. 12) und e'' (Gl. 3):

$$e_i = e_0 + e' + e''. \qquad (13)$$

68. Die Variation des Formänderungszustandes.

Wenn die Platte aus einer ausgebogenen Anfangslage mit der Durchbiegung w in eine benachbarte Lage mit der Durchbiegung $w + \delta w$ gebracht wird, ändert sich ihre Formänderungsarbeit oder die Energie ihrer elastischen Spannkräfte um

$$\delta e_i = \delta e' + \delta e''. \qquad (14)$$

Hier bedeuten $\delta e'$ die Änderung ihrer Streckungsarbeit und $\delta e''$ die Änderung ihrer Biegungsarbeit. Gleichzeitig werden die Angriffspunkte der Lasten und der Randkräfte, welche die Platte trägt, sich ein wenig verschieben. Wir nennen die kleine Änderung der Durchbiegung δw eine Variation des Formänderungszustandes der Platte, wenn während ihrer Vornahme an den äußeren Kräften und an den auf dem Rande wirkenden Momenten nichts geändert wird. Während dieser Verschiebung nimmt die potentielle Energie der äußeren Kräfte um die Arbeit ab, welche sie selbst leisten, oder um

$$\delta e_a = -\sum P_k \delta s_k, \qquad (15)$$

wo mit δs_k der in die Richtung der äußeren Kraft P_k fallende Verschiebungsweg ihres Angriffspunktes bezeichnet wird.

Wenn die Kräfte, die an einem elastisch deformablen Körper angreifen, sich das Gleichgewicht halten, muß die Summe der potentiellen Energie der äußeren Lasten und der inneren Spannkräfte für jede kleine Verschiebung seiner Punkte ein Extremum und im besonderen Falle einer stabilen Gleichgewichtslage ein Minimum sein. Wird einer in einer Gleichgewichtslage befindlichen Platte eine kleine Verschiebung δw erteilt, so nimmt ihre innere Energie um eine kleine Größe δe_i und außerdem die potentielle Energie ihrer Lasten um eine ebensolche Größe δe_a zu. Die Bedingung dafür, daß die betrachtete Lage eine Gleichgewichtslage sei, ist mithin

$$\delta e_i + \delta e_a = 0. \tag{16}$$

Eine der gebräuchlichsten Anwendungen dieser Gleichgewichtsbedingung bezieht sich auf den Biegungsfall einer elastischen Platte, auf die keine Kräfte in der Richtung ihrer Ebene wirken. Wenn die Mittelebene spannungslos ist, sind $e' = 0$ und auch $\delta e' = 0$. Die potentielle Energie der elastischen Spannkräfte besteht dann nur aus der Biegungsarbeit e'' Gl. (3). Der Ausdruck für die potentielle Energie e_a der äußeren Kräfte ist von Fall zu Fall anzugeben. Wenn beispielsweise auf der Platte ein Druck $p = f(x, y)$ lastet und die Randkräfte und die Randmomente während der Variation des Formänderungszustandes keine Arbeit leisten, sei es weil sie verschwinden oder auch weil die Variation der Plattengestalt von der besonderen Art ist, daß während derselben die Randkräfte und Momente keine Arbeit leisten können, nimmt die potentielle Energie der unveränderlich gedachten Druckkräfte p um

$$e_a = - \iint p \, w \, dx \, dy \tag{17}$$

zu. Die Gleichgewichtsbedingung (16) lautet in diesem Fall

$$\delta \iint \left[(\varDelta w)^2/2 - (1 - \nu)\left(\frac{\partial^2 w}{\partial x^2} \cdot \frac{\partial^2 w}{\partial y^2} - \left(\frac{\partial^2 w}{\partial x \, dy} \right)^2 \right) - p w/N \right] dx \, dy = 0. \tag{18}$$

Gestützt auf diese Gleichung hat Gustav Kirchhoff in seiner schon erwähnten Abhandlung[1] nach Durchführung der Variation die partielle Differentialgleichung der verbogenen Platte

$$N \varDelta \varDelta w = p$$

und ihre statischen Grenzbedingungen abgeleitet.

---

[1] Crelles Journal 1850, S. 51. Vgl. auch Kirchhoffs „Vorlesungen über math. Physik", Bd. 1. Mechanik, in denen er seinen grundlegenden Untersuchungen über die Biegung dünner Platten einen Abschnitt (30. Vorlesung, S. 449) widmet.

69. Das Verfahren von W. Ritz.

Auf der Tatsache, daß in einer stabilen Gleichgewichtslage die potentielle Energie der äußeren Lasten und der elastischen Spannkräfte ein Minimum sein muß, beruht ein Integrationsverfahren der partiellen Differentialgleichung einer verbogenen Platte

$$N \varDelta \varDelta w = p,$$

das der jung verstorbene Mathematiker Walter Ritz[1]) entwickelt hat. Es knüpft an die in der vorigen Nummer abgeleitete Kirchhoffsche Gleichung (18) an.

Wenn man nicht in der Lage ist, die exakte Lösung der Plattengleichung zu vorgeschriebenen Grenzbedingungen anzugeben, wird man versuchen, sie durch willkürliche Funktionen anzunähern. Jedes Verfahren, das gestattet diese Funktion zu verbessern und die Differenz der Werte der Näherungsfunktion und der genauen Lösung beliebig klein zu machen, muß als eine Integrationsmethode der vorgelegten Differentialgleichung angesehen werden. Zur Verbesserung und auch zur Fehlerschätzung wird nach dem Vorgange von Ritz die Integralbedingung (18) herangezogen. Man setzt für die gesuchte Fläche w eine Näherungsfunktion

$$w = a_1 w_1 (x, y) + \cdots + a_n w_n (x, y) \qquad (18\,\mathrm{a})$$

an. Die in ihr vorkommenden Funktionen $w_k (x, y)$ wird man zweckmäßig so wählen, daß sie den Randbedingungen der Platte bereits genügen. Ändert man im Ansatz die unbestimmten Beiwerte a_k unter Beibehaltung der $w_k(x, y)$, so heißt dies, daß man unter allen möglichen Flächen w eine Gruppe ausgewählt hat, die man gewissermaßen zu einem engeren Wettbewerb zur Variation zuläßt. Jedem System der a_k entspricht mit dem Ansatz ein bestimmter Wert der potentiellen Energie der Platte. Unter den Flächen w wird sich von der wahren Gleichgewichtslage die am wenigsten unterscheiden, die unter ihnen den kleinsten Wert der potentiellen Energie besitzt. Wenn man die Näherungsfunktion (18 a) in das Integral (18) einsetzt und die Integration nach x und y ausführt, entsteht ein quadratischer Ausdruck in den Beiwerten a_k. Man bestimmt sie schließlich so, daß er ein Minimum wird, was auf ein System von n linearen Gleichungen für die n Unbekannten a_k führt. Soll eine Näherungsfunktion weiter verbessert werden, so wird der Ansatz durch weitere Glieder zu ergänzen sein[2]).

---

[1]) Crelles Journal, Bd. 135, S. 1 1908 oder Gesammelte Werke, Paris. 1911.

[2]) Das System der $w_n (x, y)$ muß im Sinne von Abschnitt 42 S. 171 ein „vollständiges" sein.

In gewissen Fällen der Grenzbedingungen ergeben sich Vereinfachungen. So liefert bei einer rings auf ihrem Rande eingespannten Platte, wie schon W. Ritz und A. Stodola[1]) bemerkt haben, das Teilintegral

$$\delta \iint \left(\frac{\partial^2 w}{\partial x^2} \cdot \frac{\partial^2 w}{\partial y^2} - \left(\frac{\partial^2 w}{\partial x \partial y} \right)^2 \right) dx\,dy \qquad (19)$$

keinen Beitrag zu δe_i und braucht deshalb in der Forderung des Minimums nicht berücksichtigt zu werden. Dies ist auch der Fall bei einer durch ein geradliniges Polygon begrenzten Platte, auf deren Seiten die Grenzbedingungen $w = 0$, $\varDelta w = 0$ erfüllt sind[2]).

Für eine rechteckige Platte mit eingespannten oder mit geradlinig frei gestützten Seiten lautet die Forderung, die zur Bestimmung der Beiwerte a_k im Ansatz dient,

$$e = \iint \left[\frac{(\varDelta w)^2}{2} - \frac{p\,w}{N} \right] dx\,dy \text{ Minimum.} \qquad (20)$$

Mit Hilfe des Verfahrens von Ritz sind eine Reihe von wichtigen Aufgaben der Elastizitätslehre behandelt worden. Man verdankt besonders den Arbeiten von Kármán und von Stodola seine weitere Ausgestaltung zu einer Lösungsmethode der Probleme der technischen Elastizitätslehre[3]).

Als Beispiel für die Anwendung des Ritzschen Verfahrens sei im Anschluß an eine Arbeit von H. Lorenz[4]) die Bestimmung einer Näherungsfunktion für eine gleichmäßig belastete rechteckige Platte mit den Randbedingungen $w = 0$, $\varDelta w = 0$ gewählt. Eine Fläche, die diese Bedingungen erfüllt, ist

$$w = a_1 \sin \frac{\pi x}{a} \sin \frac{\pi y}{b}, \qquad (21)$$

denn sie liefert auf den Seiten $x = 0$, $x = a$, $y = 0$, $y = b$ eines Rechtecks $a \times b$ $w = \varDelta w = 0$. Betrachten wir also diese Funktion als eine Näherungslösung für den vorliegenden Belastungsfall und berechnen mit ihrer Hilfe die potentielle Energie e Gl. (20) der verbogenen Platte, so liefert wegen

$$\frac{1}{2} \int_0^a \int_0^b (\varDelta w)^2 \, dx\,dy = \frac{\pi^4 (a^2 + b^2)^2 a_1^2}{8\,a^3 b^3}, \qquad \iint p\,w \, dx\,dy = \frac{4\,a\,b\,a_1\,p}{\pi^2} \qquad (22)$$

---

[1]) Schweiz. Bauzg., Zürich 1914, S. 251.

[2]) Zum Nachweis führe man die Variation unter dem Integralzeichen in (18) durch.

[3]) Stodola: Dampf- und Gasturbinen, 5. Aufl., S. 914. — Kármán, Phys. Z. 1913, S. 253.

[4]) Z. V. d. I. 1913, S. 543.

das Minimum von e $(\delta e = 0)$ oder die Bedingung $\dfrac{\partial e}{\partial a_1} = 0$ den unbekannten Beiwert:

$$a_1 = \frac{16\, a^4 b^4 p}{\pi^6 (a^2 + b^2)^2\, N}. \tag{23}$$

Wir erhalten hier nach dem Verfahren von Ritz dieselbe Näherungsfläche

$$w = \frac{16\, a^4 b^4 p}{\pi^6 (a^2 + b^2)^2\, N} \sin \frac{\pi x}{a} \sin \frac{\pi y}{b}, \tag{24}$$

für eine durch einen Druck $p = $ konst. belastete rechteckige Platte, die wir früher (S. 114) aufgestellt haben.

Wenn mit Hilfe der nach dem Ritzschen Verfahren ermittelten Näherungsfunktionen für die elastische Fläche auch die Spannungen der Platte berechnet werden sollen, wird man verlangen müssen, daß auch die aus den Näherungsfunktionen berechneten zweiten Ableitungen ihre wahren Werte mit hinreichender Genauigkeit wiedergeben. Nach einem sehr bemerkenswerten Vorschlag von R. Courant[1]) wird die Konvergenz der Ritzschen Folge von Funktionen im Hinblick auf die höheren Ableitungen verstärkt, wenn im Integral, dessen Extremum gefordert wird, Glieder mit den höheren Ableitungen hinzugefügt werden, die selbst gleich Null sind.

Eine andere Bemerkung ist von Wichtigkeit, wenn die Aufgabe vorliegt, die Spannungen einer Platte zu berechnen, die Einzelkräfte trägt. Man wird nicht erwarten können, daß sich der Spannungsverlauf in der Nähe des Angriffspunktes einer Einzelkraft durch einen Ansatz mit stetigen Funktionen in wenigen Gliedern wird darstellen lassen. In einem solchen Falle empfiehlt sich, ein Glied von der Form

$$\frac{P}{8\,\pi\, N}\, r^2 \ln r$$

im Ansatz einzustellen, durch das man der Singularität im Spannungszustand gerecht wird.

Das Ritzsche Verfahren und die mit ihm verwandten Verfahren von Lord Rayleigh und von S. Timoschenko bieten ihre Vorzüge 1. wenn es darauf ankommt, nur die Funktion (nicht auch ihre zweiten Ableitungen) anzunähern und 2. in den Eigenwertproblemen der Mechanik, so bei der Bestimmung der Knickbelastungen von elastischen Platten oder anderen elastischen Körpern und ihrer Eigen-

---

[1]) Über ein konvergenzerzeugendes Prinzip in der Variationsrechnung. Göttinger Nachrichten 1923.

frequenzen. Ein vielleicht noch ziemlich grober Näherungsansatz für eine Lösung einer linearen Differentialgleichung kann dazu dienen, um einen gesuchten **Eigenwert** (die Knickkraft, die Periode der Schwingung) rasch anzunähern, wenn man nur nach Ritz, Rayleigh oder Timoschenko diesen letzteren mit Hilfe der Näherungsfunktion aus einer **Extremumsforderung** ermittelt.

70. Die Knickbedingung von Timoschenko[1]).

Eine weitere wichtige Anwendung der Gl. (16) bezieht sich auf das Knicken einer in ihrer Ebene belasteten Platte. Wir nehmen an, daß die Platte in ihrem unbelasteten Zustand vollkommen eben war und lediglich durch Kräfte zur Ausbiegung veranlaßt wird, die in der Richtung ihrer Mittelebene wirken. Vom ebenen Kraftsystem wird ferner Gleichgewicht vorausgesetzt und angenommen, daß seine Komponenten n_x, n_y, n_{xy} bekannt sind.

Die **innere Arbeit** e_i einer gestreckten und verbogenen Platte besteht nach Gl. (13) aus der Summe der drei Beträge: e_0 (Anfangswert der inneren Energie bevor die Ausbiegung beginnt), e' (Streckungs-) und e'' (Biegungsarbeit)

$$e_i = e_0 + e' + e''. \tag{25}$$

Die potentielle Energie ihrer **äußeren** Kräfte setzt sich aus der Energie $e_a{}'$ ihrer in die Ebene der Platte fallenden **Randkräfte** n_x, n_y, n_{xy} und der Energie $e_a{}''$ der Randscherkräfte und Randmomente zusammen. Die gesamte potentielle Energie der verbogenen Platte ist mithin

$$e = e_i + e_a{}' + e_a{}''. \tag{26}$$

Soll die betrachtete Lage eine Gleichgewichtslage sein, so muß für jede kleine, virtuelle Verschiebung δw der Platte

$$\delta e = 0 \tag{27}$$

sein. Da der auf S. 169 eingeführte Anfangswert e_0 der Energie der noch nicht ausgebogenen Platte die Durchbiegung w nicht enthält und sich im Ausdruck für e wegen (12) und (26) die Größen $- e_a{}'$ und $e_a{}'$ fortheben, nimmt die Gleichgewichtsbedingung (26) die Form

$$
\delta \iint \left[\frac{n_x}{2} \left(\frac{\partial w}{\partial x} \right)^2 + n_{xy} \cdot \frac{\partial w}{\partial x} \cdot \frac{\partial w}{\partial y} + \frac{n_y}{2} \left(\frac{\partial w}{\partial y} \right)^2 \right] dx\,dy
$$
$$
+ N \delta \iint \left[\frac{(\Delta w)^2}{2} - (1 - \nu) \left(\frac{\partial^2 w}{\partial x^2} \cdot \frac{\partial^2 w}{\partial y^2} - \left(\frac{\partial^2 w}{\partial x\,\partial y} \right)^2 \right) \right] dx\,dy + \delta e_a{}'' = 0 \tag{28}
$$

---

[1]) Sur la stabilité des systèmes élastiques. Annales des ponts et chaussées 1913 oder Z. Math. Phys. Bd. 58, S. 337. 1910. — Ferner: „Über die Stabilität versteifter Platten". Der Eisenbau. Müller-Breslau-Festschrift. 12. Heft 5 und 6. S. 147.

an. Von zwei mit dieser Gleichung gleichwertigen Bedingungen hat S. Timoschenko in seinen beachtenswerten Arbeiten[1]) über die Knickung von elastischen Platten Gebrauch zur Bestimmung ihrer Knickbelastungen gemacht.

Um die Vorstellungen, die uns zur Aufstellung dieser Gleichgewichtsbedingung für eine knickende Platte geführt haben, anschaulicher hervortreten zu lassen, wollen wir sie auf einen unendlich langen Plattenstreifen anwenden, dessen parallele Begrenzungsgeraden unter einer gleichmäßig verteilten Druckbelastung stehen. Wir nehmen zur y-Achse die Mittellinie des Parallelstreifens an und bezeichnen mit $2\,a$ seine Breite und mit $n_x = -\,n$ die Druckkraft auf seinen Begrenzungsgeraden $x = \pm\,a$. Da die Durchbiegung w nur von der Koordinate x abhängt, sind alle Ableitungen von w nach y gleich Null. Führt man in (28) die Integration nach y für eine Breite gleich der Längeneinheit aus, so lautet die Gl. (28) einfacher

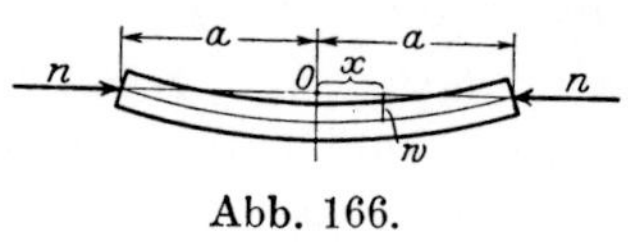

Abb. 166.

$$\delta e = \delta\left[\frac{N}{2}\int_{a}^{a}\left(\frac{d^2 w}{d x^2}\right)^2 dx - \frac{n}{2}\int_{-a}^{a}\left(\frac{d w}{d x}\right)^2 dx + e_a{}''\right] = 0\,. \qquad (29)$$

Ein freiaufliegender Plattenstreifen, der senkrecht zu seiner Längsrichtung durch eine Kraft $n_x = -\,n = $ konst. gedrückt wird, knickt nach **60** Gl. (23) unter der niedrigsten Kraft nach einer Halbwelle einer gewöhnlichen Cosinuslinie

$$w = c\cos\frac{\pi\,x}{2\,a} \qquad (30)$$

aus. Da die Momente in der Geraden $x = \pm\,a$ verschwinden, wird hier keine Arbeit $e_a{}''$ der äußeren Kräfte geleistet, es ist $e_a{}'' = 0$. Um die Gl. (29) anzuwenden, werde die potentielle Energie e mit dieser Funktion w berechnet[2]):

$$e = \frac{N}{2}\int_{-a}^{a} w''^2\, dx - \frac{n}{2}\int_{-a}^{a} w'^2\, dx =$$

$$= \frac{\pi^2 c^2}{8\,a^2}\left[\frac{N\pi^2}{4\,a^2}\cdot\int_{-a}^{a}\cos^2\frac{\pi\,x}{2\,a}\,dx - n\int_{-a}^{a}\sin^2\frac{\pi\,x}{2\,a}\,dx\right]$$

---

[1]) Vgl. die Anmerkung auf S. 277.
[2]) Der nur die Rolle einer additiven Konstante spielende Anfangswert e_0 der Energie wird im folgenden überall fortgelassen.

oder

$$e = \frac{\pi^2 c^2}{8\,a}\left(\frac{\pi^2 N}{4\,a^2} - n\right). \tag{31}$$

Wir wollen unter allen möglichen Variationen δw der Gleichgewichtslage w (Gl. (30)) zunächst jene ins Auge fassen, für welche auch die benachbarte Lage $w + \delta w$ wieder eine Gleichgewichtslage ist. Es ist dann

$$\delta w = \delta c \cdot \cos \frac{\pi\,x}{2\,a}. \tag{32}$$

Dieser kleinen Änderung δc des Beiwertes c entspricht eine Variation des Gesamtwertes der potentiellen Energie e in Gl. (31)

$$\delta e = \frac{\partial e}{\partial c}\,\delta c \tag{33}$$

und diese Variation muß nach Gl. (29) gleich Null sein:

$$\delta e = \frac{\pi^2 c\,\delta c}{4\,a}\left(\frac{\pi^2 N}{4\,a^2} - n\right) = 0. \tag{34}$$

Es ist entweder $c = 0$, der Plattenstreifen befindet sich in seiner ebenen Gleichgewichtslage unter einer beliebigen Druckkraft n, oder der Klammerausdruck wird Null:

$$n = \frac{\pi^2 N}{4\,a^2}, \tag{34a}$$

während c jeden beliebigen Wert haben kann. Wir erhalten den Eulerschen Wert für die niedrigste Knickkraft, wie unter 60 Gl. (26)[1]. Die Bedingung (28), nach der die erste Variation der potentiellen Energie einer Platte in einer Gleichgewichtslage verschwinden muß,

---

[1]) Der betrachtete Biegungsfall eines Plattenstreifens ist ersichtlich mit dem Fall der Knickung eines schlanken Stabes und die Gl. (34a) für die Druckkraft n mit der Eulerschen Knickformel identisch. Um sie in der bekannten Form zu erhalten, hat man nur die Plattensteifigkeit N durch das Produkt JE des Trägheitsmomentes mit dem Elastizitätsmodul des Stabes zu ersetzen.

Wie bereits Timoschenko bemerkt hat, ist die Bedingung (29) gleichwertig mit den beiden anderen:

$$e = \frac{N}{2}\int w''^2\,dx - \frac{n}{2}\int w'^2\,dx = 0 \tag{37}$$

(woraus die Knickkraft $\frac{n}{N} = \int w''^2\,dx / \int w'^2\,dx$ folgt) und $\delta\left(\frac{n}{N}\right) = 0$. A. Stodola hat auf einen analogen Zusammenhang bei dem Rayleighschen Verfahren zur Bestimmung der Frequenzen eines schwingenden elastischen Körpers aufmerksam gemacht, indem er das Verfahren von Ritz mit dem von Rayleigh am Beispiel der schwingenden Dampfturbinenscheibe miteinander verglich. (S. Dampf- und Gasturbinen, 5. Aufl., S. 915.)

bietet uns also hier eine Möglichkeit zur Berechnung einer Kraft, unter der die Platte ausknickt. Aus Gl. (31) folgt, daß sich der Gesamtwert der potentiellen Energie e des Plattenstreifens während dieser besonderen Variation δw seiner verbogenen Fläche überhaupt nicht ändert, denn es ist wegen (34a) nach (31) auch $e = 0$ für alle c. Das Gleichgewicht des Plattenstreifens ist gegenüber diesen Variationen seiner verbogenen Fläche indifferent.

Der Wert der Bedingung (28) beruht darauf, daß sie ein Mittel zur Berechnung der Knickbelastung einer Platte bietet, wenn ihre wahre Gleichgewichtsgestalt nicht bekannt ist. Man wählt eine Näherungsfunktion für die Durchbiegung w von der Form

$$w = c_1 w_1(x, y) + \cdots + c_k w_k(x, y), \tag{35}$$

wo man die $w_i(x, y)$ so annimmt, daß sie nach Möglichkeit bereits den Randbedingungen genügen, berechnet mit ihrer Hilfe den Wert der gesamten potentiellen Energie e der Platte nach (26) und sucht ihre Knickkraft und die Beiwerte c_i der Näherungsfunktion aus der Forderung (27) oder

$$\delta e = 0 \tag{36}$$

zu ermitteln.

Wenn der Ausdruck für die Näherungsfunktion w Gl. (35) in die Formel für die Energie e (26) eingesetzt wird, entsteht in den Fällen, in denen e_a'' gleich Null ist, eine homogene quadratische Funktion der Beiwerte c_i. Die Forderung, daß e ein Extremum sei, hat zur Folge, daß für alle Werte der c_i, welche der Bedingung (36) genügen, dauernd die potentielle Energie $e = \text{konst.} = 0$ wird [1]). Man erhält deshalb den ersten Näherungswert der Knickkraft bereits aus der Forderung

$$e = 0, \tag{37}$$

durch Auflösung dieser Gleichung nach der Knickkraft, nachdem man die erste Näherungsfunktion $w = c_1 w_1(x, y)$ in dem Ausdruck für e eingesetzt und die Integrationen ausgeführt hat.

Man kann, wenn man will, die Gleichung (37) oder in ausgeschriebener Form

$$e = N \int\!\!\int \left[\frac{(\Delta w)^2}{2} - (1 - \nu)\left(\frac{\partial^2 w}{\partial x^2} \cdot \frac{\partial^2 w}{\partial y^2} - \left(\frac{\partial^2 w}{\partial x\,\partial y} \right)^2 \right) \right] dx\,dy +$$

$$+ \int\!\!\int \left[\frac{n_x}{2}\left(\frac{\partial w}{\partial x} \right)^2 + n_{xy}\frac{\partial w}{\partial x} \cdot \frac{\partial w}{\partial y} + \frac{n_y}{2}\left(\frac{\partial w}{\partial y} \right)^2 \right] dx\,dy = 0 \tag{37a}$$

---

[1]) Man erhält nämlich $e = A\,c_1{}^2 + B\,c_1 c_2 + C\,c_2{}^2 + \cdots$ und die Gleichungen $\dfrac{\partial e}{\partial c_1} = 0$, $\dfrac{\partial e}{\partial c_2} = 0$, ... lieferte, wenn man sie der Reihe nach mit $c_1, c_2, \ldots$ multipliziert und dann ihre Summe bildet:

$$2\,e = 0.$$

zum Ausgangspunkt der Rechnung wählen. Denkt man sich näm-
lich die Platte durch die Kräfte n_x, n_y, n_{xy} in ihrer Ebene zusammengedrückt und hierauf in einem starren Rahmen überall dort befestigt,
wo die Kräfte auf dem Rand übertragen werden, so wird während
der Ausbiegung keine Arbeit von den äußeren Kräften geleistet.
Wenn man der Platte eine kleine virtuelle Verschiebung δw erteilt, nimmt ihre gesamte Formänderungsarbeit um die Summe e der
Biegungsarbeit und der Streckungsarbeit zu. Diese beiden Ar-
beitsbeträge werden durch das erste und durch das zweite Integral
in (37a) dargestellt. Wenn die Kräfte n_x, n_x, n_{xy} kleiner sind als ihre
kritischen Werte n_{xk}, n_{yk}, n_{xyk} an der Knickgrenze, wird die Platte
in der ausgebogenen Lage mehr potentielle Energie besitzen müssen
als in ihrem ebenen Zustande, und es wird $e > 0$ sein müssen. Umgekehrt wird $e < 0$, wenn die Kräfte n_x, n_y, n_{xy} größer als ihre
kritischen Werte sind. Die Bedingung dafür, daß die ebene Gleichgewichtslage der Platte noch eine sichere (stabile) Gleichgewichtslage sei, ist also

$$e \geqq 0. \tag{38}$$

Wir merken uns, daß die Stabilitätsbedingung (37a) zwar
eine notwendige, aber keine hinreichende Bedingung für
das Gleichgewicht einer Platte ist, die unter einer Knickbelastung steht, während die Extremumsforderung (28) zur
Bestimmung einer Gleichgewichtslage hinreicht.

So läßt sich beispielsweise mit Hilfe der Näherungsfunktion

$$w = c_1 \left(1 - \frac{x^2}{a^2}\right) + c_2{}^2 \left(1 - \frac{x^4}{a^4}\right) \tag{39}$$

aus der Bedingung (29) ein Näherungswert für die Knickkraft n des
Plattenstreifens berechnen. Wir setzen zur Abkürzung

$$w_1 = 1 - \frac{x^2}{a^2}, \qquad w_2 = 1 - \frac{x^4}{a^4}, \qquad \alpha = \frac{n\,a^2}{N} \tag{40}$$

und bezeichnen mit Strichen die Ableitungen nach x. Die potentielle Energie e

$$e = \frac{N}{2} \int_{-a}^{a} w''^2 \, dx - \frac{n}{2} \int_{-a}^{a} w'^2 \, dx \tag{41}$$

wird ein Extremum, wenn

$$\frac{\partial e}{\partial c_1} = 0, \qquad \frac{\partial e}{\partial c_2} = 0, \tag{42}$$

oder wenn die beiden Gleichungen

$$c_1\left[\int w_1''^2\,dx - \frac{n}{N}\int w_1'^2\,dx\right] + c_2\left[\int w_1''\,w_2''\,dx - \frac{n}{N}\int w_1'\,w_2'\,dx\right] = 0$$
$$c_1\left[\int w_1''\,w_2''\,dx - \frac{n}{N}\int w_1'\,w_2'\,dx\right] + c_2\left[\int w_2''^2\,dx - \frac{n}{N}\int w_2'^2\,dx\right] = 0 \tag{43}$$

erfüllt sind. Die Ausführung der Integrationen liefert zwei lineare homogene Gleichungen für die Beiwerte c_1, c_2:

$$c_1\left(1 - \frac{\alpha}{3}\right) + c_2\left(2 - \frac{2\,\alpha}{5}\right) = 0,$$
$$c_1\left(1 - \frac{\alpha}{5}\right) + c_2\left(\frac{18}{5} - \frac{2}{7}\,\alpha\right) = 0. \tag{44}$$

Es muß also entweder $c_1 = c_2 = 0$ sein, oder die Determinante verschwinden:

$$\left(1 - \frac{\alpha}{3}\right)\left(\frac{9}{5} - \frac{\alpha}{7}\right) - \left(1 - \frac{\alpha}{5}\right)^2 = 0. \tag{45}$$

Sie liefert die quadratische Gleichung

$$\alpha^2 - 45\,\alpha + 105 = 0$$

mit den Wurzeln

$$\alpha = 2{,}469 \ \text{und}\ 42{,}531. \tag{46}$$

Die erste Wurzel ergibt für die Knickkraft n

$$\frac{n\,a^2}{N} = \alpha = 2{,}469$$

einen Näherungswert, der sich nur in der vierten Stelle um eine Einheit vom genauen Wert

$$\frac{n\,a^2}{N} = \frac{\pi^2}{4} = 2{,}468$$

unterscheidet.

Wir wollen noch einen zweiten Ansatz betrachten und wählen für ihn

$$w = c_1\cos\frac{\pi\,x}{2\,a} + c_2\left(1 - \frac{x^2}{a^2}\right), \tag{47}$$

so daß jetzt

$$w_1 = \cos\frac{\pi\,x}{2\,a}, \qquad w_2 = 1 - \frac{x^2}{a^2} \tag{48}$$

sind. Es soll jetzt während der Variation die Konstante c_1 festgehalten werden und nur der Beiwert c_2 sich ändern. Da durch den ersten Teil der Funktion w bereits die richtige Gleichgewichtslage dargestellt ist, beziehen sich also die Variationen auf die kleinen Änderungen der Cosinuskurve durch das hinzutretende Glied. Wir berechnen die potentielle Energie nach Gl. (37) gleich

$$e = \frac{N}{2\,a^3}\left[\frac{\pi^4}{32}\,c_1{}^2 + 2\,\pi\,c_1\,c_2 + 4\,c_2{}^2\right] - \frac{n}{2\,a}\left[\frac{\pi^2}{8}\,c_1{}^2 + \frac{8\,c_1\,c_2}{\pi} + \frac{4\,c_2{}^2}{3}\right]. \quad (49)$$

Wenn der Plattenstreifen gerade unter seiner wahren Knickkraft $n = \dfrac{\pi^2\,N}{4\,a^2}$ steht, heben sich die Glieder mit c_1 in dieser Gleichung fort und es bleibt

$$e = \frac{2\,N\,c_2{}^2}{a^3}\left(1 - \frac{\pi^2}{12}\right). \quad (50)$$

Diese Gleichung zeigt uns, daß die potentielle Energie e des unter seiner Knickkraft stehenden Plattenstreifens in jeder zur Gleichgewichtslage

$$w = c_1 \cos\frac{\pi\,x}{2\,a} \quad (51)$$

benachbarten Form nach der Gl. (47) größer ist als in dieser selbst, denn wegen $1 > \dfrac{\pi^2}{12}$ nimmt e zu, wenn c_2 wächst. Hinsichtlich solcher Variationen unterscheidet sich also das Gleichgewicht des Plattenstreifens in gar nichts von einem stabilen, seine potentielle Energie ist in der Gleichgewichtslage ($c_2 = 0$, Gl. (51)) ein Minimum.

Wir wollen schließlich den Nutzen der Gleichgewichtsbedingung (37) an einem schwierigeren Fall der Knickung einer rechteckigen Platte zeigen und wählen dazu eines der zahlreichen von Timoschenko behandelten Beispiele. Von einer solchen Platte sollen drei Seiten ($x = 0$, $y = 0$, $y = b$) wie in der nebenstehenden Abb. 167 angedeutet wurde, frei gestützt und die vierte ($x = a$) frei sein während die Seiten $y = 0$ und $y = b$ unter einer gleichmäßig verteilten Druckkraft $n_y = -\,n$ stehen.

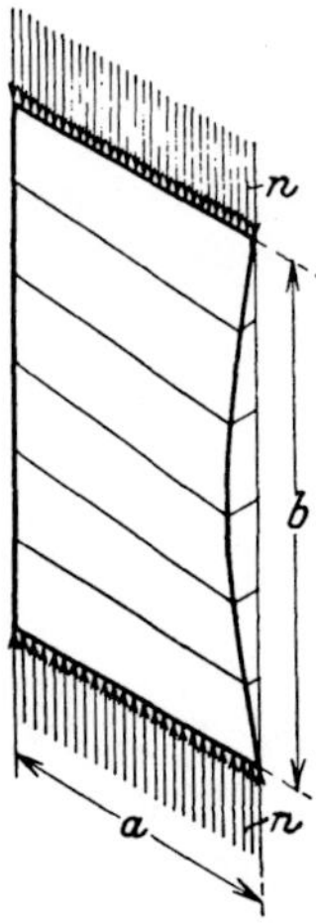

Diesen Grenzbedingungen genügt ein Näherungsansatz

Abb. 167.

$$w = c\,x \sin\frac{\pi\,y}{b}. \quad (52)$$

Da wir es hier mit einem eingliedrigen Ansatz zu tun haben, reicht die Stabilitätsbedingung in der Form (37a) bereits zur Bestimmung der

Knickkraft aus. Wir haben zu diesem Zweck die ersten und zweiten Ableitungen von w nach x und y zu bilden und mit ihrer Hilfe die Integrale in (37a) auszurechnen. Das erste der beiden Doppelintegrale in (37a), das die Biegungsarbeit darstellt, wird

$$= N \int_0^a \int_0^b \left[\frac{\pi^4 x^2}{2\,b^4} \sin^2 \frac{\pi y}{b} + (1 - \nu) \frac{\pi^2}{b^2} \cos^2 \frac{\pi y}{b} \right] dx\,dy = \tag{53}$$

$$= \frac{\pi^2 a\, c^2 N}{2\,b} \left(\frac{a^2 \pi^2}{6\,b^2} + 1 - \nu \right)$$

und das zweite Doppelintegral oder die Streckungsarbeit:

$$= - \frac{n}{2} \int_0^a \int_0^b \left(\frac{\partial w}{\partial y} \right)^2 dx\,dy = - \frac{\pi^2 c^2 n}{2\,b^2} \int_0^a \int_0^b x^2 \cos^2 \frac{\pi y}{b} \, dx\,dy = \tag{54}$$

$$= - \frac{\pi^2 a^3 c^2 n}{12\,b} .$$

Die Stabilitätsbedingung

$$e = 0$$

verlangt, daß die Summe der vorstehenden Ausdrücke gleich Null werde, woraus der erste Näherungswert der Knickkraft

$$n = N \left(\frac{\pi^2}{b^2} + \frac{6\,(1 - \nu)}{a^2} \right) \tag{55}$$

folgt.

VI. Die biegsamen Platten mit Gewölbespannungen.

71. Die Platten mit großen Ausbiegungen.

Im folgenden soll die Annahme kleiner Durchbiegungen im Vergleich zur Dicke der Platte, die wir allen bisherigen Rechnungen zugrunde gelegt haben, fallen gelassen werden. Wir haben hier nur Formänderungs- und Spannungszustände von Platten im Sinne, deren Tragkraft auf ihrer Biegungssteifigkeit oder doch hauptsächlich auf ihr beruht. Wir können unter diesen Zuständen zwei Gruppen unterscheiden, je nachdem mit der Biegung der Platte eine Dehnung der Mittelfläche verbunden ist oder diese letztere im wesentlichen ungespannt bleibt. Die Spannungszustände der ersten Art entstehen in hinreichend dünnen Platten, die auf ihrem Rand so fest eingeklemmt sind, daß sich die Randpunkte in Richtung der Mittelebene nicht verschieben können. Im Gegensatz zu diesen fest eingeklemmten Platten steht das Verhalten der Platten mit freien Rändern bei großen Durchbiegungen.

Belastet man beispielsweise eine in drei Punkten unterstützte biegsame Platte an einer Stelle durch eine Kraft im Innern des Dreiecks, das die drei Auflagerpunkte bilden, so wird man an ihr zwei verschiedene Arten der Biegung beobachten können. Wenn die Durchbiegungen noch sehr klein sind, krümmt sie sich nach einer Fläche, welche von einem senkrechten Kreiszylinder, der die drei Stützpunkte enthält, in einer wellenförmigen Linie geschnitten wird. Diese Kurve besitzt drei Wellentäler und drei Wellenberge. Sowie die Last jedoch einen gewissen Wert erreicht, biegt sich die Platte in einer völlig verschiedenen Weise weiter, nämlich nach einer Zylinderfläche, deren Erzeugenden einer der drei Verbindungsgeraden der Stützpunkte parallel sind. In dieser Gestalt kann die Platte stark durchgebogen werden, ohne daß in ihrer Mittelfläche größere Spannungen zu entstehen brauchen[1]). Es gibt offenbar eine Grenzbelastung, oberhalb der die Platte nur die zweite, unterhalb der sie nur die erste Gleichgewichtsgestalt annimmt. Wir werden uns darauf beschränken, die Grundlagen für die Theorie der Spannungszustände der ersten Art zu geben, deren Erörterung sich an die bisher betrachteten Zustände bei unendlich kleinen Ausbiegungen anschließen kann.

Wir nehmen also an, daß die Mittelfläche der Platte während ihrer Formänderung sich strecken kann, ohne daß die Stabilität ihres Gleichgewichts gefährdet wird. Wir müssen die Dehnungen und die Winkeländerungen der Elemente ihrer Mittelfläche, die mit der Ausbiegung verbunden sind, berechnen. Nach Voraussetzung braucht die Ausbiegung nicht mehr ein verschwindender Bruchteil der Plattendicke zu sein, hingegen wird weiterhin angenommen, daß sie eine kleine Größe im Vergleich zu den Abmessungen der Platte ist.

Wir bezeichnen mit ξ und η die kleinen Verschiebungen eines Punktes der Mittelfläche in Richtung der Mittelebene und der Koordinatenachsen x und y und mit w die Ordinaten der elastischen Fläche oder die Durchbiegungen der Platte. Das rechtwinklige Koordinatensystem x, y, z verlegen wir wie immer mit seiner xy-Ebene in die Mittelebene der Platte in ihrer undeformierten Anfangslage. Nach unserer Annahme sind die Durchbiegung w und die Dicke h

---

[1]) Ein Stück eines steifen Papieres (Postkarte), das man auf den Spitzen von drei Fingern der einen Hand in wagerechter Lage hält und durch einen Finger der andern belastet, zeigt die zweite Art der Biegung.

der Platte kleine Größen im Vergleich zu den Koordinaten x und y. Ein Element $dx\,dy$ der Mittelebene befindet sich in der verbogenen Platte auf ihrer Mittelfläche und erfährt die Dehnungen $\varepsilon_x{}'$, $\varepsilon_y{}'$ und eine Winkeländerung γ'_{xy}

$$\varepsilon_x{}' = \frac{\partial \xi}{\partial x} + \frac{1}{2}\left(\frac{\partial w}{\partial x}\right)^2, \qquad \varepsilon_y{}' = \frac{\partial \eta}{\partial y} + \frac{1}{2}\left(\frac{\partial w}{\partial y}\right)^2,$$

$$\gamma'_{xy} = \frac{\partial \xi}{\partial y} + \frac{\partial \eta}{\partial x} + \frac{\partial w}{\partial x}\cdot\frac{\partial w}{\partial y}. \tag{1}$$

Ihre Beträge haben wir unter Einschluß ihrer von der Ausbiegung herrührenden Anteile zweiter Ordnung bereits berechnet (S. 270, Gl. (4)—(6)). Die Spannungen σ_x, σ_y, τ_{xy} im Punkte x, y, z können aus zwei Anteilen bestehend betrachtet werden. Wir bezeichnen mit $\sigma_x{}'$, $\sigma_y{}'$, τ'_{xy} die Spannungskomponenten, die in der Mittelebene wegen der Wölbung der Platte hervorgerufen werden, und mit $\sigma_x{}''$, $\sigma_y{}''$, ... die Biegungsspannungen. In einem Punkte x, y, z außerhalb der Mittelfläche sind (vgl. S. 234, Gl. (6) S. 233, Gl. (7) S. 271):

$$\sigma_x = \sigma_x{}' + \sigma_x{}'', \qquad \sigma_y = \sigma_y{}' + \sigma_y{}'', \qquad \tau_{xy} = \tau'_{xy} + \tau''_{xy}. \tag{2}$$

Nach dem Hookeschen Gesetz sind die Spannungskomponenten σ'_x, σ'_y, τ'_{xy} in der Mittelfläche gegeben durch die Formeln

$$\sigma_x{}' = \frac{E}{1-\nu^2}(\varepsilon_x{}' + \nu\varepsilon_y{}') = \frac{E}{1-\nu^2}\left[\frac{\partial \xi}{\partial x} + \nu\frac{\partial \eta}{\partial y} + \frac{1}{2}\left(\frac{\partial w}{\partial x}\right)^2 + \frac{\nu}{2}\left(\frac{\partial w}{\partial y}\right)^2\right],$$

$$\sigma_y{}' = \frac{E}{1-\nu^2}(\varepsilon_y{}' + \nu\varepsilon_x{}') = \frac{E}{1-\nu^2}\left[\frac{\partial \eta}{\partial y} + \nu\frac{\partial \xi}{\partial x} + \frac{1}{2}\left(\frac{\partial w}{\partial y}\right)^2 + \frac{\nu}{2}\left(\frac{\partial w}{\partial x}\right)^2\right], \tag{3}$$

$$\tau'_{xy} = G\cdot\gamma'_{xy} = G\left[\frac{\partial \xi}{\partial y} + \frac{\partial \eta}{\partial x} + \frac{\partial w}{\partial x}\cdot\frac{\partial w}{\partial y}\right].$$

Wir können sie in ihre Spannungsmittelkräfte

$$n_x = h\,\sigma_x{}', \qquad n_y = h\,\sigma_y{}', \qquad n_{xy} = h\,\tau'_{xy} \tag{4}$$

zusammenfassen. Die mit zwei Strichen bezeichneten Spannungen lassen sich wie früher zu einer Querkraft, einem Biegungs- und einem Scherungsmoment vereinigen, deren Ausdrücke wir den Gl. (32) S. 20 und (36) S. 21 unverändert entnehmen können:

$$\text{Momente}\ \begin{cases} m_x = -N\left(\dfrac{\partial^2 w}{\partial x^2} + \nu\dfrac{\partial^2 w}{\partial y^2}\right), \\[2ex] m_y = -N\left(\dfrac{\partial^2 w}{\partial y^2} + \nu\dfrac{\partial^2 w}{\partial x^2}\right), \\[2ex] m_{xy} = -(1-\nu)N\dfrac{\partial x\,\partial y}{\partial^2 w}; \end{cases} \tag{5}$$

$$\text{Querkräfte} \begin{cases} p_x = -\,N\,\dfrac{\partial\,\varDelta w}{\partial x}\,, \\[2ex] p_y = -\,N\,\dfrac{\partial\,\varDelta w}{\partial y}\,. \end{cases} \tag{6}$$

Die Gleichgewichtsbedingungen der Kräfte n_x, n_y, n_{xy} (oder der Spannungen σ_x', σ_y', τ_{yx}') sind dieselben, wie wenn diese Kräfte an einer ebenen Platte angreifen würden, nämlich

$$\frac{\partial\,\sigma_x'}{\partial x} + \frac{\partial\,\tau_{xy}'}{\partial y} = 0\,, \qquad \frac{\partial\,\sigma_y'}{\partial y} + \frac{\partial\,\tau_{xy}'}{\partial x} = 0\,, \tag{7}$$

weil nach Voraussetzung die Durchbiegung w gegen x und y eine kleine Größe ist.

Die Spannungen σ_x', σ_y', τ_{yx}' in der Mittelfläche der Platte können deshalb wie früher aus einer Spannungsfunktion F nach den Formeln

$$\sigma_x{}' = \frac{\partial^2 F}{\partial y^2}\,, \qquad \sigma_y{}' = \frac{\partial^2 F}{\partial x^2}\,, \qquad \tau_{xy}' = -\,\frac{\partial^2 F}{\partial x\,\partial y} \tag{8}$$

berechnet werden, doch genügt diese Funktion jetzt nicht mehr der linearen Differentialgleichung $\varDelta\varDelta F = 0$, wie im Falle unendlich kleiner Ausbiegungen, sondern einer anderen Gleichung. Wir werden sie erhalten, wenn wir aus der Gl. (1) die Verschiebungen ξ, η eliminieren. Dies ergibt:

$$\frac{\partial^2 \varepsilon_x{}'}{\partial y^2} + \frac{\partial^2 \varepsilon_y'}{\partial x^2} - \frac{\partial^2 \gamma_{xy}'}{\partial x\,\partial y} = \frac{1}{2}\frac{\partial^2}{\partial y^2}\left(\frac{\partial w}{\partial x}\right)^2 - \frac{\partial^2}{\partial x\,\partial y}\left(\frac{\partial w}{\partial x}\cdot\frac{\partial w}{\partial y}\right) + \frac{1}{2}\frac{\partial^2}{\partial x^2}\left(\frac{\partial w}{\partial y}\right)^2 =$$

$$= \left[\frac{\partial^2 w}{\partial x\,\partial y}\right]^2 - \frac{\partial^2 w}{\partial x^2}\cdot\frac{\partial^2 w}{\partial y^2}\,. \tag{9}$$

Drückt man in der letzten Gleichung ε_x', ε_y', γ_{xy}' durch die Spannungen σ_x', σ_y', τ_{xy}' aus, so entsteht die Differentialgleichung

$$\varDelta\varDelta F = E\left\{\left(\frac{\partial^2 w}{\partial x\,\partial y}\right)^2 - \frac{\partial^2 w}{\partial x^2}\cdot\frac{\partial^2 w}{\partial y^2}\right\}\,. \tag{10}$$

Zu ihr tritt als zweite Bedingung, welche die Funktionen F und w verbindet, die Gleichgewichtsgleichung der zur Platte senkrechten Kräfte

$$\frac{\partial p_x}{\partial x} + \frac{\partial p_y}{\partial y} + n_x\frac{\partial^2 w}{\partial x^2} + 2\,n_{xy}\frac{\partial^2 w}{\partial x\,\partial y} + n_y\frac{\partial^2 w}{\partial y^2} + p = 0 \tag{11}$$

hinzu. Sie ergibt mit den Ausdrücken (6) und (8) für p_x, p_y, n_x, n_y, n_{xy} die zweite partielle Differentialgleichung

$$N\,\varDelta\varDelta w = p - h\left\{\frac{\partial^2 F}{\partial y^2}\cdot\frac{\partial^2 w}{\partial x^2} - 2\,\frac{\partial^2 F}{\partial x\,\partial y}\cdot\frac{\partial^2 w}{\partial x\,\partial y} + \frac{\partial^2 F}{\partial x^2}\cdot\frac{\partial^2 F}{\partial y^2}\right\}\,, \tag{12}$$

der die Funktionen F und w zu genügen haben.

An die beiden Gl. (10) und (12)[1]), die die Grundlage der Theorie der Platten mit großer Ausbiegung bilden, knüpft sich die wichtige Bemerkung, daß ihre linken Seiten linear sind. Wie wir am Beispiel der kreisförmigen Platte mit großen Durchbiegungen nunmehr zeigen wollen, gestattet dieser Zustand eine angenäherte Integration des simultanen Systems.

72. Die kreisförmige Platte mit Gewölbespannungen.

Wenn die elastische Fläche eine Umdrehungsfläche ist, wird die Verzerrung ihrer Mittelfläche durch die radiale Verschiebung ϱ eines Punktes und die Neigung φ der Tangente ihres Meridianschnittes gegeben. Ihre Mittelfläche erfährt die radialen und tangentialen Dehnungen in der Richtung des Halbmessers r und senkrecht zu ihm

$$\varepsilon_r' = \frac{d\varrho}{dr} + \frac{\varphi^2}{2}, \qquad \varepsilon_t' = \frac{\varrho}{r}. \tag{13}$$

Die radiale und tangentiale Spannung in der Mittelfläche sind somit

$$\begin{aligned}
\sigma_r' &= \frac{E}{1-\nu^2}\left[\varepsilon_r' + \nu\,\varepsilon_t'\right] = \frac{E}{1-\nu^2}\left[\frac{d\varrho}{dr} + \frac{\varphi^2}{2} + \nu\,\frac{\varrho}{r}\right], \\
\sigma_t' &= \frac{E}{1-\nu^2}\left[\varepsilon_t' + \nu\,\varepsilon_r'\right] = \frac{E}{1-\nu^2}\left[\nu\,\frac{d\varrho}{dr} + \nu\,\frac{\varphi^2}{2} + \frac{\varrho}{r}\right].
\end{aligned} \tag{14}$$

Bei der Angabe der übrigen Gleichungen können wir uns kurz fassen. Wir können die Ausdrücke für die Biegungsmomente m_r, m_t und die drei Gleichgewichtsbedingungen aus Abschnitt 62 in ungeänderter Form

$$m_r = -N\left(\frac{d\varphi}{dr} + \nu\,\frac{\varphi}{r}\right), \qquad m_t = -N\left(\nu\,\frac{d\varphi}{dr} + \frac{\varphi}{r}\right), \tag{15}$$

$$\frac{d\left(r\,\sigma_r'\right)}{dr} + \sigma_t' = 0, \tag{16}$$

$$r\,p_r + h\,r\,\sigma_r'\,\varphi + \frac{P}{2\,\pi} + \int pr\,dr = 0, \tag{17}$$

$$\frac{d}{dr}\left(r\,m_r\right) - m_t - p_r\,r = 0. \tag{18}$$

hier übernehmen. Die Bedeutung der Bezeichnungen ist die frühere. Die erste der drei Gleichgewichtsbedingungen liefert mit den Werten von σ_r', σ_t' aus (14) die eine Differentialgleichung

$$\frac{d\varrho^2}{dr^2} + \frac{1}{r}\frac{d\varrho}{dr} - \frac{\varrho}{r^2} = -\varphi\,\frac{d\varphi}{dr} - \frac{1-\nu}{2}\cdot\frac{\varphi^2}{r} \tag{19}$$

---

[1]) Diese beiden Differentialgleichungen hat Th. v. Kármán (Enzyklopädie d. math. Wiss. Bd. 4, Heft 27, S. 350) zuerst angegeben.

der Funktionen ϱ und φ und die beiden andern (Gl. (17), (18)) die zweite Differentialgleichung

$$\frac{d^2\varphi}{dr^2} + \frac{1}{r}\frac{d\varphi}{dr} - \frac{\varphi}{r^2} = \frac{12\,\varphi}{h^2}\left(\frac{d\varrho}{dr} + \nu\,\frac{\varrho}{r} + \frac{\varphi^2}{2}\right) + \frac{P}{2\,\pi\,r\,N} +$$
$$+ \frac{1}{N}\cdot\frac{1}{r}\int pr\,dr, \tag{20}$$

der ϱ und φ zu genügen haben.

Über die Druckverteilung $p = p_0\,f(r)$ soll vorerst keine nähere Annahme gemacht werden. Um aber einen einfacheren Belastungsfall im Auge zu behalten, beschränken wir uns auf den Fall, daß auf die Platte keine Einzelkraft wirkt und setzen $P = 0$.

Das Rechnen mit den Größen verschiedener Dimension würde sich hier unbequem gestalten, wir führen deshalb die folgenden neuen Veränderlichen ein:

$$u = \frac{r}{a}, \qquad \Phi = 2\sqrt{3}\cdot\frac{a}{h}\,\varphi, \qquad \Psi = \frac{12\,a^2}{h^2}\cdot\frac{\varrho}{a}. \tag{21}$$

Hier kann a eine beliebige Länge sein. Wir wählen für sie den Halbmesser des Kreises, mit dem die Platte begrenzt sei. Statt des Halbmessers r haben wir die neue unabhängige Veränderliche $u = r/a$ eingeführt $(0 < u < 1)$. Die neuen abhängigen Veränderlichen Φ und Ψ sind der Neigung der Tangente des Meridianschnittes φ bzw. der Radialverschiebung ϱ proportional. Schließlich ersetzen wir die Belastungsfunktion $p = p_0\,f(u)$ durch eine Größe p^*

$$p^* = 24\sqrt{3}\,(1 - \nu^2)\frac{p_0\,a^4}{E\,h^4}\cdot f(u) \tag{22}$$

und die spezifischen Spannungen σ durch Größen s

$$s = 12\,(1 - \nu^2)\frac{a^2}{h^2}\cdot\frac{\sigma}{E}. \tag{23}$$

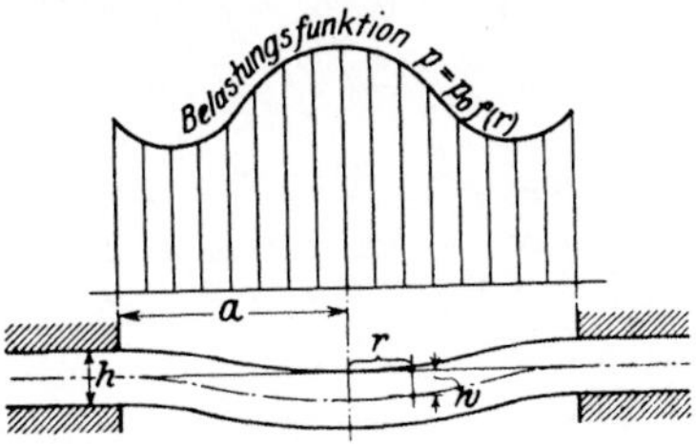

Abb. 168.

Wir haben vier Größen $s_r{}'$, $s_t{}'$, $s_r{}''$, $s_t{}''$, entsprechend den vier Spannungen $\sigma_r{}'$, $\sigma_t{}'$, $\sigma_r{}''$, $\sigma_t{}''$ zu unterscheiden. Hier sind $\sigma_r{}''$, $\sigma_t{}''$ die Biegungsspannungen in der Randschicht $z = h/2$ der Platte, die sich aus den Biegungsmomenten m_r, m_t in der üblichen Weise

$$\sigma_r{}'' = \frac{6\,m_r}{h^2}, \qquad \sigma_t{}'' = \frac{6\,m_t}{h^2} \tag{24}$$

bestimmen. $\sigma_r{}'$, $\sigma_t{}'$ sind die Spannungen in der Mittelfläche. Die neuen Veränderlichen u, Φ, Ψ, die von ihnen abhängigen Größen s, sowie die neue Belastungsfunktion p^* sind sämtlich dimensionslose Größen. Die mit ihrer Hilfe gebildeten Differentialgleichungen

$$\frac{d}{du}\left(\frac{1}{u}\frac{d}{du}(u\,\Psi)\right) = -\,\Phi\,\frac{d\Phi}{du} - \frac{1-\nu}{2}\cdot\frac{\Phi^2}{u}, \qquad (25)$$

$$\frac{d}{du}\left(\frac{1}{u}\frac{d}{du}(u\,\Phi)\right) = \Phi\cdot s_r{}' + \frac{1}{u}\int p^*\,u\,du \qquad (26)$$

enthalten außer der Poissonschen Zahl ν keine Material- und nur numerische Konstanten. An die Stelle der vier Gleichungen für die Spannungen treten hier die vier Differentialausdrücke

$$s_r{}' = \Psi' + \frac{\Phi^2}{2} + \nu\,\frac{\Psi}{u}$$

$$s_t{}' = \nu\,\Psi' + \nu\,\frac{\Phi^2}{2} + \frac{\Psi}{u} \qquad (27)$$

$$s_r{}'' = -\,\sqrt{3}\left(\Phi' + \nu\,\frac{\Phi}{u}\right)$$

$$s_t{}'' = -\,\sqrt{3}\left(\nu\,\Phi' + \frac{\Phi}{u}\right) \qquad (28)$$

Hat man Φ und Ψ aus den Gl. (25), (26) bestimmt, so liefern die letzten vier Gleichungen den Verlauf der Spannungsverteilung. Will man von den Größen s zu den Werten der spezifischen Spannungen übergehen, so hat man nach (23) nur

$$\sigma = \frac{E\,h^2}{12\,(1-\nu^2)\,a^2}\cdot s \qquad (29)$$

auszurechnen. Hier bedeuten, um es zu wiederholen, E die Elastizitätsziffer, ν die Poissonsche Zahl, h die Dicke, a den Halbmesser der Platte: $\sigma_r{}'$, $\sigma_t{}'$ sind die spezifischen Spannungen in der Mittelfläche und $\sigma_r{}''$, $\sigma_t{}''$ die Spannungen, die in der äußersten Randschicht $z = h/2$ der Platte zu $\sigma_r{}'$, $\sigma_t{}'$ hinzuzufügen sind.

Die Durchbiegung der Platte w ist durch das Integral

$$w = -\frac{h}{2\,\sqrt{3}}\int \Phi\,du + \text{konst.} \qquad (30)$$

gegeben.

Die Integration des simultanen Systems[1] nichtlinearer Differentialgleichungen wird erleichtert durch den Umstand, daß für unendlich

---

[1] Mit einer angenäherten Integration beschäftigte sich auf anderem Wege auch K. Federhofer: „Über die Berechnung der dünnen Kreisplatte mit großer Ausbiegung." Eisenbau, 9. Jahrg., S. 152. 1918.

kleine Durchbiegungen (unendlich kleine Φ) seine Lösung bekannt ist. Wenn beispielsweise der Druck $p^* = $ konst. ist, ist sie gegeben durch

$$\Phi = \frac{p^* u^3}{16} + c_1 u + \frac{c_2}{u}\,.\tag{31}$$

Die Differentialgleichung (25) ist in Ψ linear und integrabel, wenn ihre rechte Seite, die von Φ allein abhängt, bekannt ist. Man wird deshalb versuchen, eine erste Näherungsfunktion für Ψ so zu bestimmen, daß man die erste Gleichung mit Benutzung eines ersten Näherungsausdruckes für Φ integrieren kann. Die zweite Gleichung gestattet sodann, nachdem man in ihrer rechten Seite Ψ und Φ durch ihre ersten Näherungsfunktionen ersetzt hat, für Φ eine zweite Näherungsfunktion zu berechnen. Durch Wiederholung dieser Rechnung müssen sich die ersten Näherungsfunktionen weiter verbessern lassen, vorausgesetzt, daß dieses Verfahren konvergiert.

In einer Platte ohne Anbohrung ist $c_2 = 0$; beginnt man mit der ersten Näherungsfunktion

$$\Phi = \frac{p^* u^3}{16} + c_1 u,\tag{32}$$

so werden die rechten Seiten nur ganze Potenzen von u enthalten und man erkennt, daß sich die Integrale von (25), (26) durch Potenzreihen darstellen lassen müssen.

Wir werden diese Reihen nicht aufstellen, weil sich zeigt, daß man die Lösung für die eingespannte Platte mittels eines Ausdruckes

$$\Phi = c\,(u - u^n)\tag{33}$$

und die für die freiaufliegende Platte mittels der Funktion

$$\Phi = c\left(u - \frac{1+\nu}{n+\nu}\cdot u^n\right)\tag{34}$$

in einem beschränkten Bereich der Durchbiegungen bereits mit befriedigender Genauigkeit annähern kann. Diese Ansätze sind so gewählt worden, daß sie die Grenzbedingungen für die Funktion Φ auf dem Randkreis $r = a$, $u = 1$ erfüllen. Die Konstante c und der Exponent n sind jetzt so zu bestimmen, daß die Ansätze die Lösung Φ der beiden Gleichungen unter den angenommenen Grenzbedingungen möglichst gut annähern.

73. Die eingespannte kreisförmige Platte mit großer Ausbiegung.

Man kann leicht Lösungspaare Φ und Ψ angeben, welche den beiden Differentialgleichungen und vorgeschriebenen Grenzbedingungen genügen, wenn man die Belastungsfunktion p^* als eine Unbekannte und zu bestimmende Funktion der unabhängigen Veränderlichen u betrachtet. Zu einer angenommenen Funktion Φ, beispielsweise zum eben erwähnten Ansatz

$$\Phi = c\,(u - u^n) \tag{35}$$

läßt sich aus der ersten der beiden Differentialgleichungen

$$\frac{d}{du}\left(\frac{1}{u}\frac{d}{du}(u\,\Psi)\right) = -\,\Phi\frac{d\Phi}{du} - (1-\nu)\frac{\Phi^2}{u} \tag{36}$$

nach ihrer Integration eine Funktion Ψ

$$\Psi = c_1\,u + \frac{c_2}{u} - \frac{c^2}{2}\left\{\frac{(3-\nu)\,u^3}{8} - \frac{2\,(n+2-\nu)\,u^{n+2}}{(n+3)(n+1)} + \frac{(2\,n+1-\nu)\,u^{2\,n+1}}{(2\,n+2)\,2\,n}\right\} \tag{37}$$

angeben, die ihr genügt. Für eine Platte ohne Bohrung ist $c_2 = 0$ zu setzen, weil sonst die mit der Radialverschiebung verhältnisgleiche Größe Ψ im Mittelpunkt des Kreises unendlich groß werden würde. Der zweite Integrationsfestwert bestimmt sich aus der Randbedingung für die Funktion Ψ auf dem Kreise $r = a$, $u = 1$. Für eine eingespannte Platte, deren Rand auch in radialer Richtung festgehalten ist, muß auf dem Rande die Radialverschiebung verschwinden und für

$$u = 1, \quad \psi = 0 \tag{38}$$

sein. Dies ergibt für den zweiten Festwert

$$c_1 = \frac{c^2}{8}\left[\frac{3-\nu}{2} - \frac{8\,(n+2-\nu)}{(n+3)(n+1)} + \frac{2\,n+1-\nu}{(n+1)\,n}\right]. \tag{39}$$

Mit Ψ und Φ folgen aus den Differentialausdrücken (27), (28) die vier Größen, die den Spannungszustand bestimmen:

$$s_r' = (1+\nu)\,c_1 - (1-\nu^2)\frac{c^2}{8}\left[\frac{u^2}{2} - \frac{8\,u^{n+1}}{(n+3)(n+1)} + \frac{u^{2\,n}}{(n+1)\,n}\right]$$

$$s_t' = \frac{d}{dr}(u\,s_r') \tag{40}$$

$$s_r'' = -\,\sqrt{3}\,c\,[1+\nu - (n+\nu)\,u^{n-1}]$$

$$s_t'' = -\,\sqrt{3}\,c\,[1+\nu - (n\,\nu+1)\,u^{n-1}]. \tag{41}$$

Die zweite Differentialgleichung (Gl. (26))

$$\frac{1}{u}\int_0^u p^*\,u\,du = \frac{d}{du}\left(\frac{1}{u}\frac{d}{du}(u\,\Phi)\right) - \Phi\,s_r' \equiv F(u) \tag{42}$$

gestattet eine Belastungsfunktion p^* anzugeben, für welche die gewählte Funktion Φ und die eben ermittelte Ψ eine Lösung sind. Das ist die Druckverteilungsfunktion

$$p^* = \frac{1}{u}\frac{d}{du}\big(u\,F(u)\big). \tag{43}$$

Für sie sind Φ und Ψ strenge Lösungen des in Frage stehenden Plattenproblems. Nachdem über den Beiwert c und den Exponenten n im Ansatz für Φ noch nicht verfügt worden ist, können der Verteilung p^*, in welche sie auch eingehen, zwei Bedingungen auferlegt werden. Nimmt man sie umgekehrt willkürlich an, so lassen sich die Abweichungen der errechneten Werte der Verteilungsfunktion p^* von ihren vorgeschriebenen angeben und zu einer Fehlerabschätzung heranziehen, wenn man sie als die Ordinaten einer Näherungsfunktion der vorgeschriebenen Belastungsfläche betrachtet.

In der Abb. 169 sind mit der Poissonschen Zahl $\nu = {}^1/_4$ zum Exponenten $n = 5$ drei Belastungskurven in Abhängigkeit vom Halbmesserverhältnis $u = r/a$ angegeben worden. Die mit einem Wert $c = -15{,}4$ gezeichnete mittlere, stärker ausgezogene Kurve schmiegt sich ihrer mittleren Ordinate unter den drei Belastungskurven (die

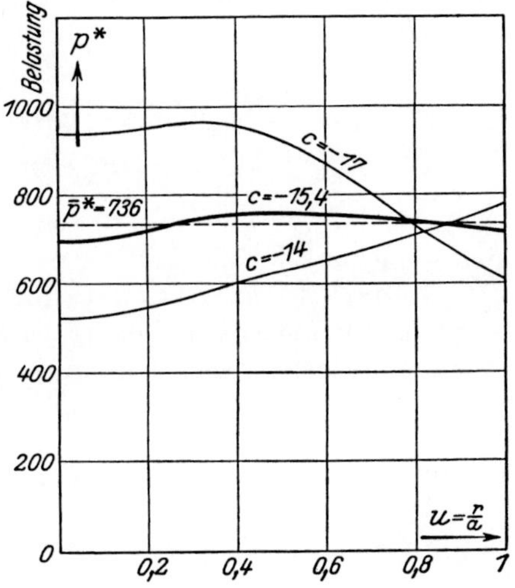

Abb. 169. Belastungsfunktion p^* für die eingespannte Kreisplatte für verschiedene Beiwerte c. $(n = 5)$

beiden anderen sind für $c = -14$ und $c = -17$ gezeichnet) am besten an. Mit $\nu = {}^1/_4$ und $n = 5$ erhält man

$$\Phi = c\,(u - u^5) \qquad c_1 = \frac{73\,c^2}{960} = 0{,}0760\,c^2 \tag{44}$$

$$s_r' = \frac{c^2}{256}\,(73 - 15\,u^2 + 5\,u^6 - u^{10}) \tag{45}$$

und die Belastungsfunktion

$$p^* = -\,96\,c\,u^2 + \frac{c^3}{8}\left[\frac{73}{48} - \frac{15}{8}\,u^2 - \frac{73}{16}\,u^4 + 5\,u^6 - \frac{9}{4}\,u^{10} + \frac{u^{14}}{2}\right] \tag{46}$$

Diese Funktion wird von ihrer mittleren Ordinate

$$\bar{p}^* = \int_0^1 p^*\,du = -\,32\,c - 0{,}0658\,c^3 \tag{47}$$

sich möglichst wenig unterscheiden, wenn die Quadratsumme

$$\int_0^1 (p^* - \bar{p}^*)^2 \, du$$

als Funktion von c am kleinsten ist. Wir haben uns damit begnügt, die Summe der Quadrate der Abweichung $\bar{p}^* - p^*$ nur in den sechs Punkten $u = 0, \frac{1}{5}, \frac{2}{5}, \frac{3}{5}, \frac{4}{5}, 1$ des Intervalles $0 < u < 1$ zu einem Minimum zu machen. Diese Forderung ergibt entweder $c = 0$ oder eine Gleichung $A c^4 + B c^2 + C = 0$. Den Wurzeln dieser quadratischen Gleichung für c^2 entspricht ein relatives Maximum und ein relatives Minimum der Quadratsumme, das Minimum gehört zum Wert

$$c = - 15{,}4 .$$

Der mit diesem Werte von c genommenen Funktion

$$\Phi = c\,(u - u^5) \tag{48}$$

entspricht unter den mit diesem Ansatz (mit $n = 5$!) erreichbaren Belastungsfunktionen die Verteilung, welche die Belastung $\bar{p}^* = \text{konst.}$ einer durch einen gleichförmigen Druck verbogenen Platte am besten annähert. Die mittlere Ordinate dieser günstigsten Funktion ergab sich gleich

$$\bar{p}^* = 736, \tag{49}$$

welcher Zahl nach Gleichung (22)

$$\frac{p_0\,a^4}{E\,h^4} = 18{,}9 \tag{50}$$

entspricht. Die elastische Fläche der Platte ist nach (30)

$$w = \frac{h}{2\sqrt{3}} \int \Phi \, du + c_0 = \frac{h c}{4\sqrt{3}} \left(u - \frac{u^6}{3} \right) + c_0 \tag{51}$$

oder wegen der Grenzbedingung $u = 1$, $w = 0$

$$c_0 = - h c / 6\sqrt{3} , \tag{52}$$

$$w = - \frac{h c}{12\sqrt{3}} (2 - 3 u + u^6) = 0{,}75\, h\,(2 - 3 u + u^6). \tag{53}$$

Der Biegungspfeil der Platte ist

$$w_0 = - \frac{h c}{6\sqrt{3}} = 1{,}49\, h , \tag{54}$$

anderthalbmal so groß wie die Dicke h.

Auf dem beschriebenen Wege wurde eine Näherungsfunktion für die elastische Fläche einer durch einen gleichförmigen Druck belasteten, eingespannten, kreisförmigen Platte ermittelt, deren Biegungspfeil das Anderthalbfache der Dicke beträgt. Daß diese Näherungsfunktion den praktischen Anforderungen genügt, zeigt der nahe Anschluß ihrer Belastungsfunktion für $c = -15{,}4$ in Abb. 169 an die der gleichförmig belasteten Platte. Zur Fläche (53) gehören die folgenden vier Verteilungsfunktionen der Spannungen:

$$s_r' = \frac{c^2}{256}\left(\frac{73}{3} - 15\,u^2 + 5\,u^6 - u^{10}\right)$$

$$s_t' = \frac{c^2}{256}\left(\frac{73}{3} - 45\,u^2 + 35\,u^6 - 11\,u^{10}\right), \tag{55}$$

$$s_r'' = \frac{\sqrt{3}\,c}{4}\,(5 - 21\,u^4)$$

$$s_t'' = \frac{\sqrt{3}\,c}{4}\,(5 - 9\,u^4) \tag{56}$$

deren Verlauf die Abb. 170 zeigt. s_r', s_t' sind den Gewölbespannungen σ_r', σ_t' und s_r'', s_t'' den Biegungsspannungen σ_r'', σ_t'' proportional (vgl. Gl. (23)). Die Platte wird am stärksten auf ihrem Rande verbogen, die Biegungsspannungen σ_r'' im Einspannungskreis sind für die größte Inanspruchnahme maßgebend.

Wir haben die Rechnung noch für zwei andere Exponenten n (für $n = 4$ und $n = 7$) durchgeführt (für $n = 3$ erhielte man die Formeln für Φ bei unendlich kleinen Ausbiegungen) und ihr Ergebnis in der Zahlentafel 7 zusammengestellt. Die Abb. 171 und 172 geben eine Vorstellung der Abweichung der Belastungsflächen, die zu den entsprechenden Näherungsfunktionen gehören, von der des Druckes $p_0 = \text{konst}$. Die Abb. 173 und 174 zeigen den Verlauf des auf der Platte lastenden Druckes und der spezifischen Spannungen σ_r', σ_t', σ_r'', σ_t'' in der Mitte ($u = 0$) und

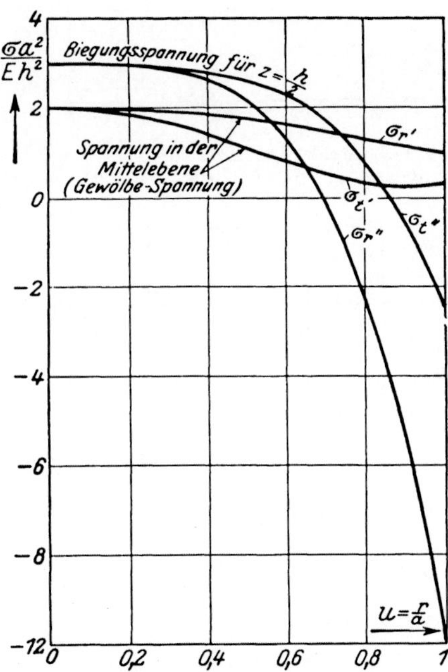

Abb. 170. Die Spannungsverteilung in einer gleichmäßig belasteten eingespannten Kreisplatte beim Wölbungspfeil $f = 1{,}49\,h$.

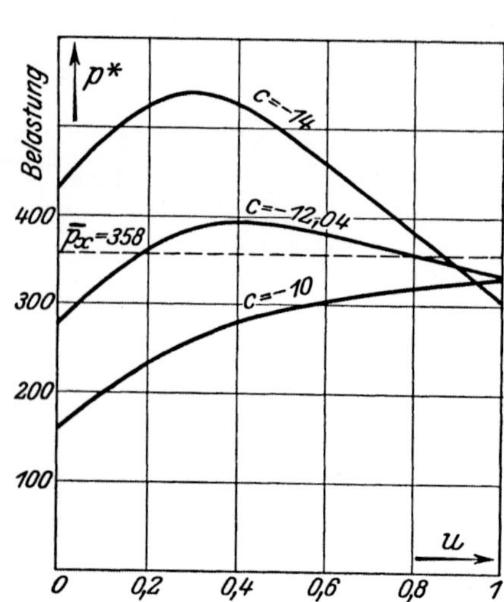

Abb. 171. Belastungsfunktion für eine eingespannte Kreisplatte. $(n = 4)$

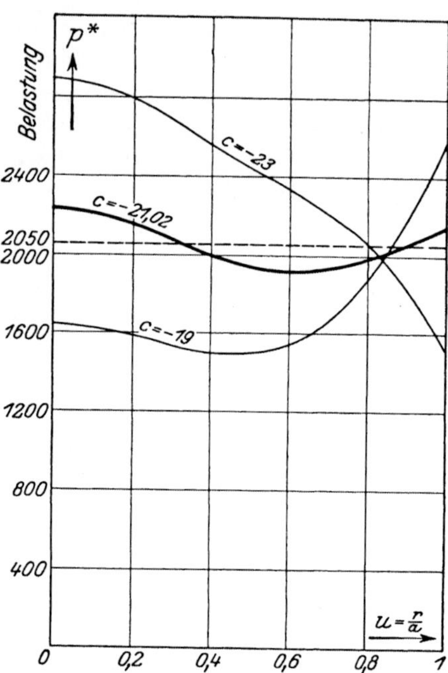

Abb. 172. Belastungsfunktion für eine eingespannte Kreisplatte. $(n = 7)$

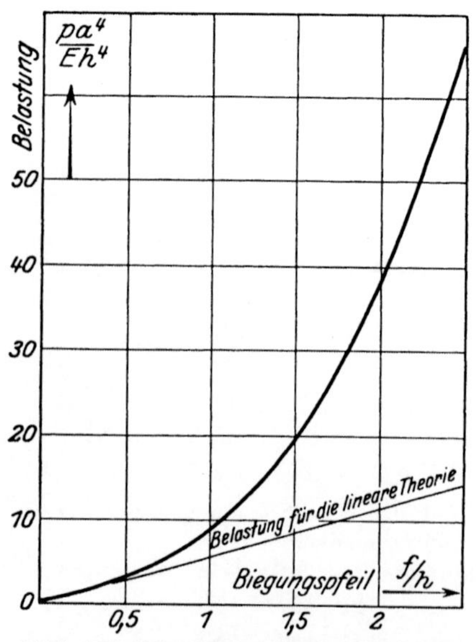

Abb. 173. Die Abhängigkeit des Druckes p mit dem größten Wölbungspfeil f für eine eingespannte Kreisplatte bei großen Ausbiegungen.

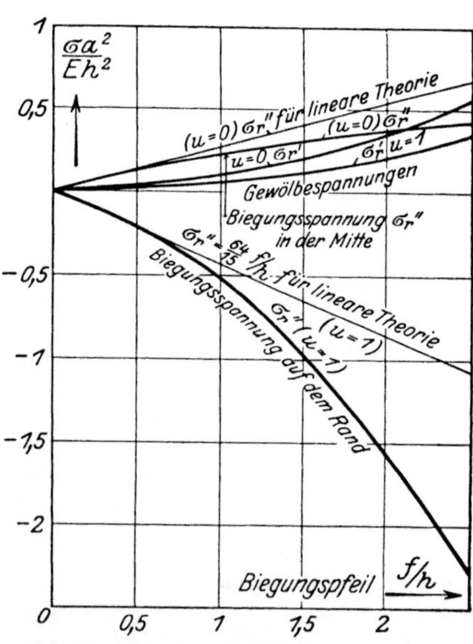

Abb. 174. Die Gewölbespannungen σ' und die Biegungsspannungen σ'' im Mittelpunkt u. auf dem Rand einer gleichmäßig belasteten eingespannten Kreisplatte.

im eingeklemmten Rand ($u = 1$) mit zunehmendem Biegungspfeil; die schrägen Geraden entsprechen der Theorie für die unendlich kleinen Durchbiegungen. Man erkennt, daß die Kurven mit der zunehmenden Wölbung der Platte ziemlich schnell die Geraden verlassen.

Zahlentafel 7.

Eingespannte kreisförmige Platte großer Ausbiegung.

p Druck, a Halbmesser, h Dicke, f Wölbungspfeil, E Elastizitätsmodul, σ' die Gewölbespannungen, σ'' die Biegungsspannungen.

	Ansatz $\varphi = c\,(u - u^n)$.		Exponent $n =$	4	5	7
	Biegungspfeil in der Mitte		$\dfrac{f}{h} =$	1,04	1,49	2,28
	Belastung		$\dfrac{p\,a^4}{E\,h^4} =$	9,19	18,9	52,6
In der Mitte	Spannung i. d. Mittelfläche für $u = 0$		$\dfrac{\sigma_r'\,a^2}{E\,h^2} =$	1,00	2,02	4,68
	Zusätzliche Biegungsspannung für $u = 0,\ z = h/2$		$\dfrac{\sigma_r''\,a^2}{E\,h^2} =$	2,32	2,97	4,04
Auf dem Rand	Spannung i. d. Mittelfläche für $u = 1$		$\dfrac{\sigma_r'\,a^2}{E\,h^2} =$	0,52	1,11	2,77
	Zusätzliche Biegungsspannung für $u = 1,\ z = h/2$		$\dfrac{\sigma_r''\,a^2}{E\,h^2} =$	$-5,55$	$-9,51$	$-19,4$

Der Zusammenhang des Biegungspfeiles f in der Mitte der Platte mit dem Druck p kann etwa bis zur zweieinhalbfachen Dicke $f = 2{,}5\,h$ in erster Näherung durch die Funktion

$$\frac{p\,a^4}{E\,h^4} = 5{,}69\,\frac{f}{h} + 3{,}32\left(\frac{f}{h}\right)^3 \tag{57}$$

wiedergegeben werden. Die Platte wird von den unendlich kleinen Durchbiegungen angefangen immer auf dem Rande am stärksten beansprucht, mit ihrer zunehmenden Wölbung konzentriert sich die Biegung mehr und mehr in einem Randring, während die Mittelfläche allmählich Zugspannungen bekommt. Der Anstieg der Biegungsspannung gegen den eingeklemmten Rand wird um so schärfer, je mehr sich die Platte durchbiegt.

74. Die freiaufliegende kreisförmige Platte mit Gewölbespannungen.

In ähnlicher Weise wie die eingespannte Platte läßt sich die freiaufliegende durch den Ansatz

$$\Phi = c\left(u - \frac{1+\nu}{n+\nu}\,u^n\right) \tag{58}$$

in erster Näherung erledigen.   Man erhält

$$\psi = c_1 u -$$
$$-\frac{c^2}{8}\left\{\frac{3-\nu}{2}\,u^3 - \frac{8(n+2-\nu)(1+\nu)}{(n+3)(n+1)(n+\nu)}\cdot u^{n+2} + \frac{(2n+1-\nu)}{(n+1)n}\left(\frac{1+\nu}{n+\nu}\right)^2\cdot u^{2n+1}\right\}. \tag{59}$$

Die ungehinderte Beweglichkeit eines freien Randes wird man hier durch die Grenzbedingung zum Ausdruck bringen, daß auf dem Rand die Radialspannung σ_r' bzw. die Größe s_r' zu verschwinden habe. Man erhält

$$_1 = \frac{(1-\nu)c^2}{8}\left\{\frac{1}{2} - \frac{8(1+\nu)}{(n+3)(n+1)(n+\nu)} + \frac{1}{(n+1)n}\cdot\left(\frac{1+\nu}{n+\nu}\right)^2\right\} \tag{60}$$

und

$$_r' = \frac{(1-\nu^2)c^2}{8}\left\{\frac{1-u^2}{2} - \frac{8(1+\nu)(1-u^{n+1})}{(n+3)(n+1)(n+\nu)} + \frac{1}{(n+1)n}\cdot\left(\frac{1+\nu}{n+\nu}\right)^2\cdot(1-u^{2n})\right\} \tag{61}$$

Die Belastungsfunktion wird gleich

$$p^* = -\frac{1+\nu}{n+\nu}\,(n^2-1)(n-1)\,c\,u^{n-3} - \frac{1}{u}\,\frac{d}{du}(u\,\Phi\,s_r'). \tag{62}$$

Die Rechnung wurde für den Exponent $n = 5$ und eine Poissonsche Zahl $\nu = {}^1/_4$ mit dem Ansatz

$$\Phi = c\left(u - \frac{5}{21}\,u^5\right) \tag{63}$$

und der elastischen Fläche

$$w = -\frac{c\,h}{256\sqrt{3}}(58 - 63\,u^2 + 5\,u^6) \tag{64}$$

durchgeführt, wobei sich

$$c_1 = \frac{1223\,c^2}{64\cdot441} = 0{,}0433\,c^2, \tag{65}$$

$$\psi = \frac{c^2}{64}\left\{\frac{1223}{441} - 11\,u^3 + \frac{15}{7}\,u^7 - \frac{215}{1323}\,u^{11}\right\}, \tag{66}$$

die günstigste Näherung für $c = -10{,}9$, ferner als Mittelwert von $\bar{p}^* = 128$ mit einer Belastung $\dfrac{p\,a^4}{E\,h^4} = 3{,}27$ und mit einem Biegungspfeil $\dfrac{f}{h} = 1{,}45$ ergaben. Drei Kurven für die Belastungsfunktion p^*, darunter die für den Beiwert $c = -10{,}9$ erhaltene „güngstigste" Verteilung, zeigt die Abb. 175.

Schließlich haben wir die Rechnung statt mit dem eingliedrigen Ansatz, für kleinere Durchbiegungen als die eben ermittelte mit einem zweigliedrigen

$$\varPhi = c\left[u - \frac{5}{13}u^3 + \alpha\left(u - \frac{5}{21}u^5\right)\right] \tag{67}$$

zu verbessern versucht. Er enthält außer c noch einen weiteren Beiwert α, und wenn $\alpha = 0$ genommen wird, die Lösung der freiauliegenden Platte für die unendlich kleinen Durchbiegungen. Der Beiwert α in Gl. (67) wurde fest angenommen und der Beiwert c aus der Minimumsforderung wie früher ermittelt. Es zeigte sich, daß man mit $\alpha = 0$, also mit der Funktion

$$\varPhi = c\left(u - \frac{5}{13}u^3\right) \tag{68}$$

der Platte für die unendlich kleinen Durchbiegungen die Lösung in einem gewissen Gebiet der endlichen Durchbiegungen bereits befriedigend beherrscht, wenn man c aus der erwähnten

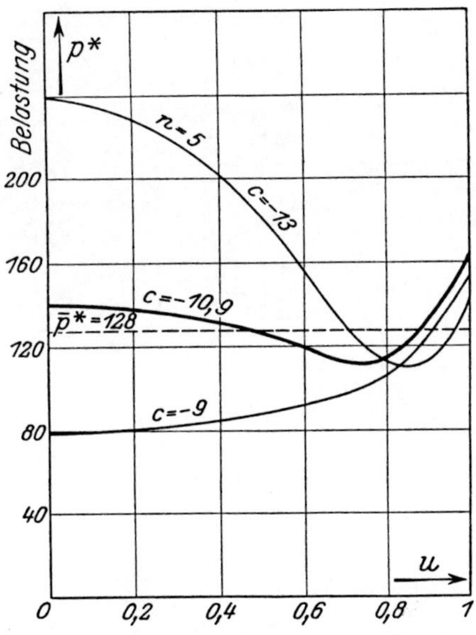

Abb. 175. Belastungsfunktionen für eine freiauliegende Kreisplatte. $(n = 5)$

Minimumsforderung bestimmt. Einige der so bestimmten Punkte sind in den Kurven der Abb. 177 durch die schwarzen Kreise dargestellt. Die günstigsten Belastungskurven, welche zwei Ansätzen nach Gl. (67) mit $\alpha = 1$ und mit $\alpha = 2$ entsprechen, sind in der Abb. 176 eingetragen. Den Verlauf der Belastung (aufgetragen ist wie immer die dimensionslose Kombination $\dfrac{p\,a^4}{E\,h^4}$, wo p den Druck, a den Halbmesser, h die Dicke, E den Elastizitätsmodul der Platte bedeuten) und die größte Gesamtspannung $\sigma_{\max} = \sigma_r' + \sigma_r''$ (aufgetragen ist die dimensions-

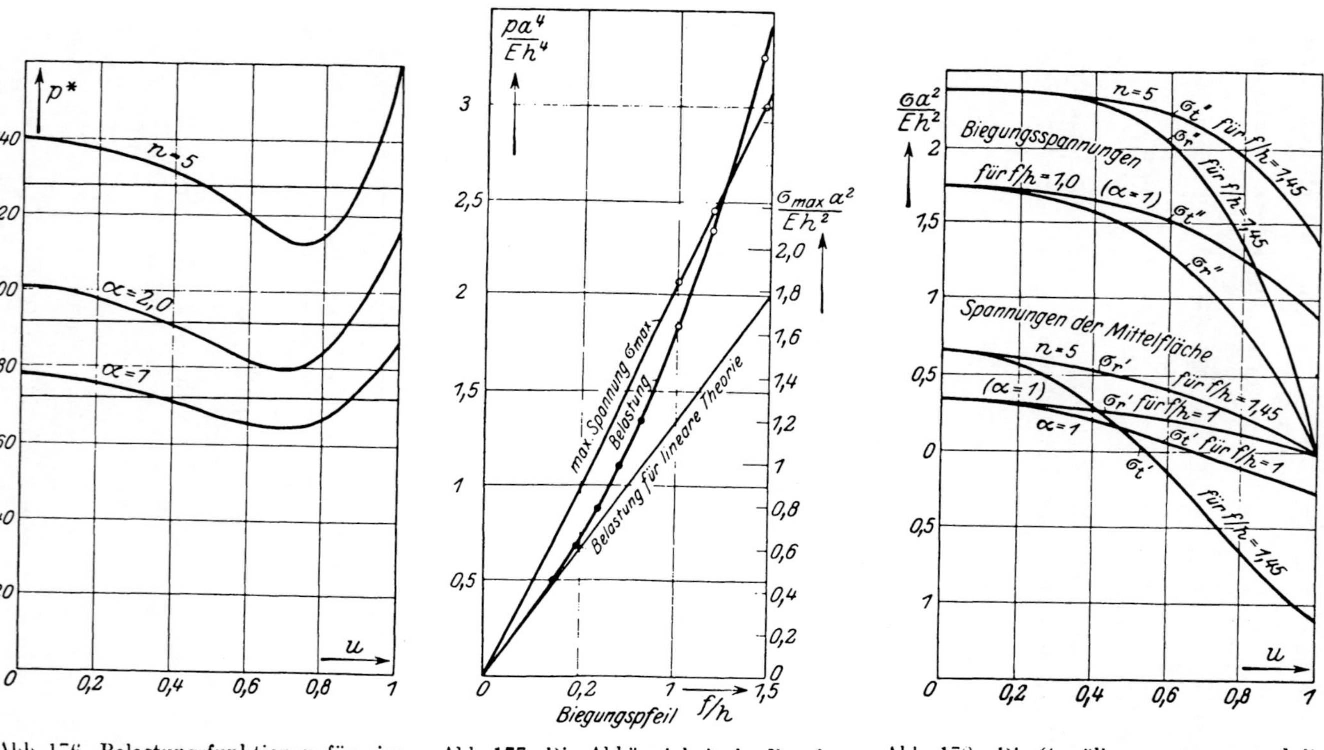

Abb. 176. Belastungsfunktionen für eine freiaufliegende Kreisplatte.

Abb. 177. Die Abhängigkeit des Druckes p und der größten Inanspruchnahme σ_{max} einer freiaufliegenden Kreisplatte vom Biegungspfeil f.

Abb. 178. Die Gewölbespannungen und die Biegungsspannungen in einer gleichmäßig belasteten, freiaufliegenden Kreisplatte für eine größte Durchbiegung von $f = 1\,h$, bzw. $f = 1{,}45\,h$.

lose Größe $\dfrac{\sigma_{max}\,a^2}{E\,h^2}$), welche hier — wenigstens unter den betrachteten Durchbiegungen — auf der konvexen Seite der ausgebogenen Platte im Kreismittelpunkt $u = 0$ auftritt, in Abhängigkeit von der größten Durchbiegung, entnimmt man aus Abb. 177; den Verlauf einer Spannungsverteilung unter dem Biegungspfeil $f = 1,0\,h$ und $1,45\,h$ der Abb. 178. Wie aus dieser Abbildung zu ersehen ist, entstehen in einer freiaufliegenden Kreisplatte in der Mittelfläche Druckspannungen in tangentialer Richtung längs des Randes, auf die bereits H. Hencky[1]) hingewiesen hat.

75. Versuche mit kreisförmigen Stahlblechplatten.

Die Frage, bis zu welchem Grade die der Rechnung zugrunde gelegten Grenzbedingungen freiaufliegender und eingespannter Plattenränder in den praktischen Konstruktionen als erfüllt betrachtet werden können, ist noch nicht hinreichend geklärt. Über einige Versuche, die nach dieser Richtung hin vom Verfasser mit dünnen unbearbeiteten Stahlblechplatten gemacht worden sind, soll hier kurz berichtet werden[2]).

---

[1]) Z. ang. Math. Mech. Bd. 1, S. 89. 1920.

[2]) Vgl. des Verfassers Vortrag auf der Naturforscherversammlung 1922 in Leipzig; Z. ang. Math. Mech. Bd. 2, S. 381, 1922.

Zahlentafel 8.

Freiaufliegende kreisförmige Platte großer Ausbiegung.

	$\alpha = 0$								$\alpha = 1$	$\alpha = 1,6$	$\alpha = 2$	$n = 5$
Biegungspfeil in der Mitte $\dfrac{f}{h} =$	0,12	0,23	0,35	0,47	0,58	0,70	0,82	1,12	1,00	1,14	1,18	1,45
Belastung $\dfrac{p\,a^4}{E\,h^4} =$	0,16	0,32	0,49	0,68	0,88	1,10	1,34	2,27	1,84	2,21	2,35	3,27
$u = 0,\quad z = 0,\quad s_r' =$	0,05	0,18	0,41	0,73	1,13	1,63	2,22	4,53	3,3	4,1	4,4	6,4
$u = 0,\quad z = \dfrac{h}{2},\quad s_r'' =$	2,17	4,37	6,50	8,74	10,83	12,99	15,16	21,65	17,4	19,5	20,1	23,6
$u = 0,\quad s_r' + s_r'' =$	2,22	4,55	6,91	9,47	11,96	14,62	17,38	26,18	20,7	23,6	24,5	30,0
$u = 0,\quad \dfrac{\sigma_{max}\,a^2}{E\,h^2} = \dfrac{4\,h^2}{45\,a^2}(s_r' + s_r'') =$	0,20	0,41	0,61	0,84	1,06	1,30	1,55	2,33	1,84	2,10	2,18	2,67

(Die letzten vier Zeilen sind mit einer Klammer als „Spannung in der Mitte" zusammengefaßt.)

Die kreisförmigen Platten entstammten einer Stahlblechtafel von 4 Millimeter Stärke. Sie wurden einem hydraulischen Druck ausgesetzt. Die Durchbiegung der Platten wurde mit Hilfe des bei den Biegungsversuchen mit den Glasplatten benutzten Gerätes im Kreismittelpunkt gemessen.

Die Versuchsanordnung zeigt die Abb. 179. Sie bestand aus einer massiven Stahlgußscheibe a und einem schmiedeeisernen Ring b; im Raum c konnte ein Flüssigkeitsdruck erzeugt werden, unter dem die Platte d sich ausbog. In ihr konnten sowohl eingespannte, als

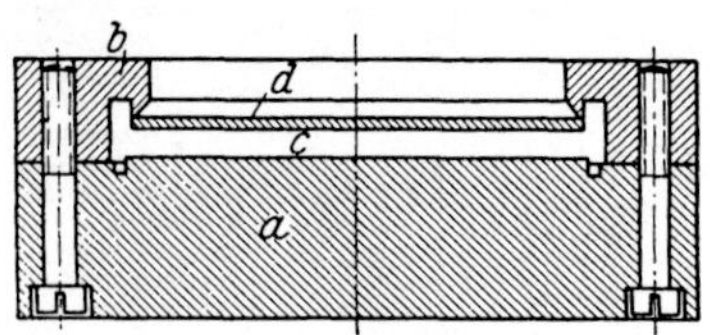

Abb. 179.
Versuchsanordnung für Biegungsversuche mit Stahlblechplatten.

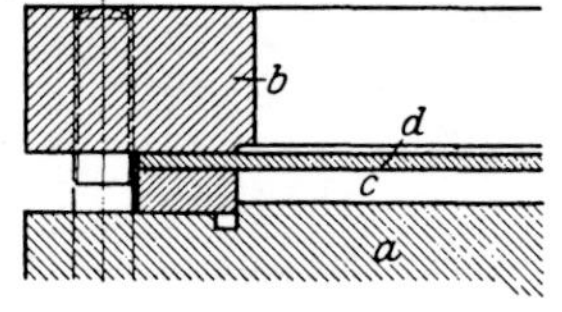

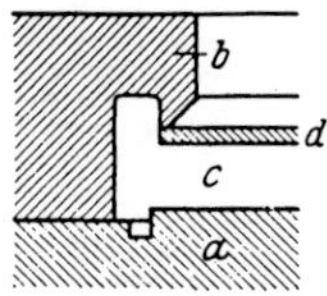

Abb. 180.   Abb. 181.
a Stahlgußscheibe. b schmiedeeiserner Ring.
c Druckraum. d der Versuchskörper.

freiaufliegende kreisförmige Platten belastet werden. Die Einzelheiten der Randbefestigung sind aus der Abb. 180 für den eingespannten und aus der Abb. 181 für den freiaufliegenden Rand zu ersehen. Der Elastizitätsmodul des Stahlblechs wurde an zwei schmalen Streifen aus einem Biegungsversuch zu

$$E = 2\,080\,000, \qquad 2\,140\,000 \text{ kg/cm}^2$$

und mit Spiegelgeräten von Martens aus einem Zugversuch gleich

$$E = 2\,090\,000, \qquad 2\,110\,000 \text{ kg/cm}^2$$

im Mittel gleich $E = 2\,110\,000 \text{ kg/cm}^2$ ermittelt.

Die eingespannten Platten hatten einen äußeren Durchmesser von 25 cm und einen Halbmesser des Einspannungskreises von $a = 10{,}77$ cm. Die Platte 14 war im Anlieferungszustand eben, die Platten 11 und 12 waren um einige Zehntel Millimeter krumm und wurden nicht gerichtet. Die mit ihnen vorgenommenen Biegungsversuche sind in der Abb. 182 enthalten. Als Abszissen sind die Durchbiegungen in der Mitte (f), als Ordinaten die Drucke in Atm. aufgetragen. Die einzelnen Kurven sind in wagerechter Richtung verschoben gezeichnet.

Die Zahl unter dem Anfangspunkt jeder Kurve bedeutet die aus den vorangehenden Versuchen zurückgebliebene bleibende Durchbiegung in Schätzungseinheiten der Beobachtungsskala. (100 S.-E. bedeuten 0,02 mm.) Mit Benutzung des aus den Biegungsversuchen mit den Streifen und den Zugversuchen bestimmten Wertes des Elastizitätsmoduls und einer Poissonschen Zahl $\nu = 0{,}3$ mußte einer Zunahme des Druckes p um 1 Atm. nach der für unendlich kleine Durchbiegungen giltigen Formel des Biegungspfeiles

$$f = \frac{3\,(1 - \nu^2)}{16} \cdot \frac{p\,a^4}{E\,h^3} = 0{,}171\,\frac{p\,a^4}{E\,h^3}$$

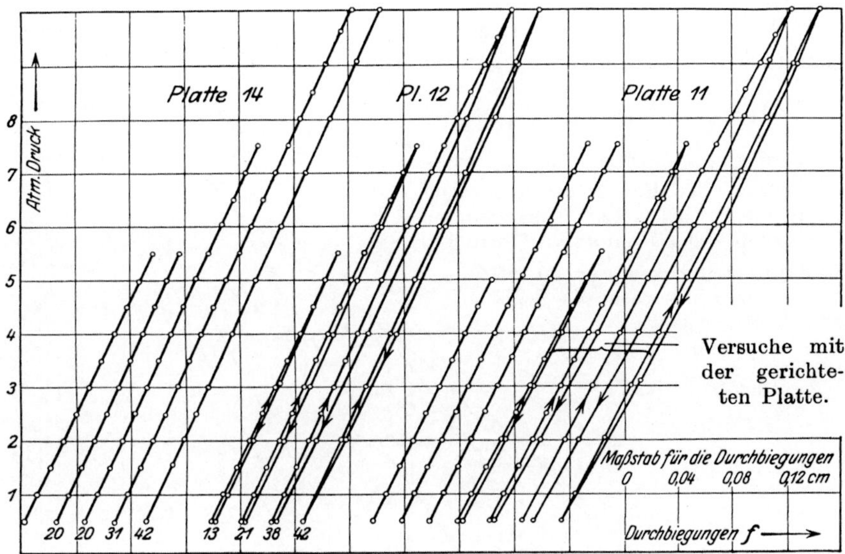

Abb. 182. Biegungsversuche mit gleichförmig belasteten, eingespannten kreisförmigen Stahlblechplatten.

der auf ihrem Umfang $r = a$ eingespannten Kreisplatte von der Dicke h eine Zunahme der Durchbiegung $\varDelta f$ in der Mitte um

	Platte 14	11	12	
Dicke:	$h = 0{,}398$	0,402	0,405	cm
Halbmesser:	$a = 10{,}77$	10,77	10,77	„
Durchbiegung:	$\varDelta f = 0{,}0174$	0,0168	0,0165	„

entsprechen. Die beobachteten Werte von $\varDelta f$ waren

Platte 14: Versuch	1	0,0190		Platte 11: Versuch	1	0,0192
	2	0,0184			2	0,0194
	3	0,0184			3	0,0195
	4	0,0182				
	5	0,0183				

Platte 12: Versuch	1	0,0189
	2	0,0183
	3	0,0183
	4	0,0184

durchwegs größer, im Mittel um 6,1, 12,0, 15,3 vH. Man wird kaum fehlgehen, wenn man diesen Unterschied einer wohl kaum zu vermeidenden Unvollkommenheit des eingespannten Randes zuschreibt. Die radialen Dehnungen der Platte können längs des Randkreises $r = a$ nicht plötzlich aufhören und ein Stück der Platte jenseits des Einspannungskreises muß zur Deformation herangezogen werden. Die Wirkung dieses mit Gleiten verbundenen radialen Nachgebens ist dieselbe wie eine Vergrößerung des „Einspannungshalbmessers" a.

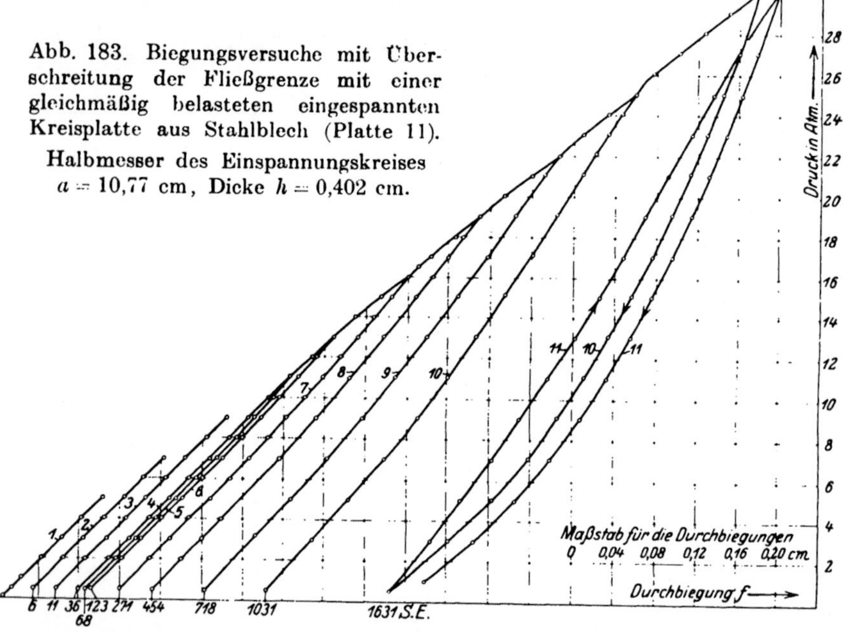

Abb. 183. Biegungsversuche mit Überschreitung der Fließgrenze mit einer gleichmäßig belasteten eingespannten Kreisplatte aus Stahlblech (Platte 11).

Halbmesser des Einspannungskreises
$a = 10,77$ cm, Dicke $h = 0,402$ cm.

Gelegentlich von Stabilitätsversuchen mit flachen eingespannten Stäben hat Prandtl ähnliche Beobachtungen gemacht, in denen eine durch die Reibung während des Gleitens in den Einspannungsbacken hervorgerufene Hysteresis in den Last-Durchbiegungskurven zutage trat.

Eine Versuchsreihe mit einer eingespannten Platte (Nr. 11) nach der Überschreitung der Fließgrenze zeigt die Abb. 183. Wie man sieht, nimmt die anfängliche Neigung der Kurven bei der Last Null nach jeder Laststeigerung zu. Einer Zunahme des Druckes um 1 Atm. bei der Last Null entsprachen die Durchbiegungen Δf:

Versuch	4	5	6	7	8	9	10	11
die Platte ist vor dem Versuch belastet gewesen bis	9	11	13	16	19	22	25	30 Atm.
Durchbiegung Δf	198	196	196	194	191	184	178	$151 \cdot 10^{-2}$ cm.

In diesen Zahlen äußert sich das Steiferwerden der Platte während der Wölbung, trotz des durch das starke Fließen einsetzenden Spannungsausgleiches. Die große Hysteresisschleife zwischen den Belastungs- und den Entlastungskurven am Ende der Versuchsreihe (Abb. 183) entstand durch ein starkes Fließen, das nach jeder Lastumkehr von neuem einsetzte. Nach dem letzten Versuch hatte die Platte um einen mittleren Pfeil von ungefähr 3,3 mm durchgebogen. Sie wurde hierauf mittels Hämmern, so gut es ging, nochmals eben gerichtet. Ein acht Monate später mit ihr vorgenommener Elastizitätsversuch ergab für 1 Atm. Druckzunahme bei der ersten 0,0212 cm und bei der zweiten Belastung 0,0205 cm Durchbiegung. Die versteifende Wirkung der Wölbung war zwar verschwunden, dafür zeigten sich aber von den kleinsten Drucken angefangen sehr beträchtliche bleibende Formänderungen, zum Zeichen der starken Nachspannungen, die das Richten in ihr hinterlassen hatte[1]).

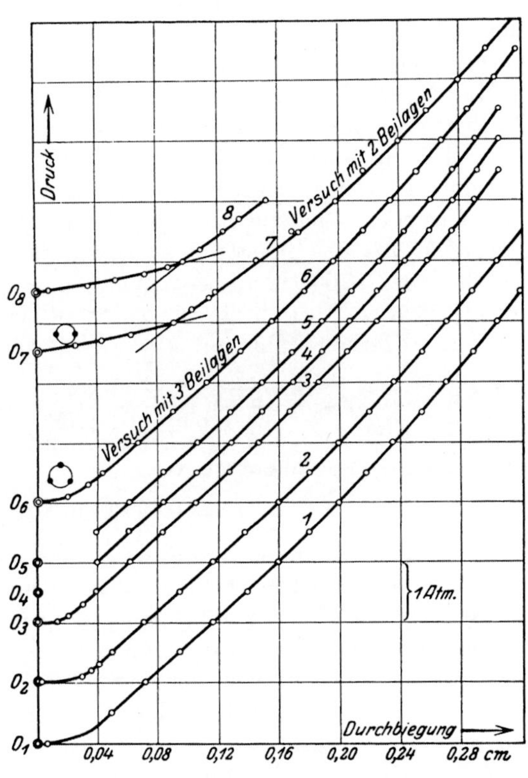

Abb. 184. Biegungsversuche mit einer gleichmäßig belasteten freiaufliegenden Kreisplatte aus Stahlblech.
Dicke 0,401 cm, Halbmesser des Auflagerkreises 9,79 cm, Halbmesser der Platte 9,97 cm.

Einen Elastizitätsversuch mit einer freiaufliegenden kreisförmigen Platte (Dicke 0,401 cm, Halbmesser des Auflagerkreises 9,79 cm, Halbmesser der Platte 9,97 cm) zeigt die Abb. 184. Die mit Nr. 6 versehene Kurve wurde erhalten, nachdem zwischen die Platte und ihre Unterlage drei dünne Beilagen von $^1/_{10}$ mm

---

[1]) Die nach dem Richten gemachten Versuche mit Platte 11 sind in den vier letzten Kurven in der Abb. 182 zu sehen.

Dicke in drei, annähernd ein gleichseitiges Dreieck bildenden Punkten, gelegt wurden. Sie verläuft etwas flacher als die früher aufgenommenen Kurven und weist eine Zunahme von 0,0457 cm auf. Die Kurven 7 und 8 beziehen sich schließlich auf zwei Biegungsversuche, während welchen durch zwei Beilagen von 0,67 mm Stärke eine Stützung der Platte in zwei auf einem Durchmesser gelegenen Punkten erzwungen wurde. Die Erklärung für den Knick in den Kurven liegt auf der Hand; unter der Last, die ihr entspricht, erreichte der Plattenrand an neuen Stellen zwischen den beiden ersten Stützpunkten die Unterlage und ruhte von diesem Druck angefangen vermutlich in vier Punkten auf. Wenn man nicht dicke Platten mit einer sorgfältig bearbeiteten Auflagerfläche verwendet, wird man wohl eine ebenso genaue Erfüllung der Randbedingungen, wie bei den Versuchen mit den in statisch bestimmter Art unterstützten Platten (Abschn. 48, S. 200) kaum erwarten können. Die Durchbiegung der freiaufliegenden Platte hätte für die unendlich kleinen Wölbungen (mit einer Poissonschen Zahl von $\nu = 0{,}3$)

$$f = \frac{3\,(5 + \nu)(1 - \nu)}{16} \cdot \frac{p\,a^4}{E\,h^3} = 0{,}696\,\frac{p\,a^4}{E\,h^3}$$

betragen und eine Zunahme von

$$\Delta f = 0{,}0471 \text{ cm/Atm.}$$

aufweisen müssen. Dieser Betrag weicht um 6,3 v. H. vom beobachteten Mittel ab. Die Kurven 1 bis 5 zeigen in ihrem weiteren Verlauf die von der Theorie der Platten großer Ausbiegung verlangte Form. Ein genauer Vergleich mit der von der Rechnung geforderten Gestalt dieser Kurven wird wegen der bereits am Nullpunkt um den eben angegebenen Betrag abweichenden Neigung erschwert.

Wir haben vorhin auf die Wirkung der Eigenspannungen in der nach einer bleibenden Wölbung wieder durch Hämmern eben gerichteten Platte hingewiesen. Während die möglicherweise vorhandenen Eigenspannungen in einem kugel- oder würfelförmigen Metallstück in einem Elastizitätsversuch nicht festgestellt werden können und sich höchstens in der Verschiebung der Fließgrenze äußern werden, wird man erwarten müssen, daß Eigenspannungsysteme, welche die Mittelebene einer dünnen Platte spannen, sich in ihrem Verhalten während eines Biegungsversuches verraten müssen. Wenn die Zugspannungen in ihr überwiegen, verhält sich die Platte steifer, und umgekehrt, wenn in ihrer Mittelebene die Druckspannungen vorherrschen, weicher als im natürlichen Zustand.

Wenn eine kreisförmige Platte durch einen gleichförmigen Druck belastet und in ihrer Ebene gleichmäßig durch eine Zugspannung σ

angespannt wird, ist ihr Wölbungspfeil in der Mitte nach der Theorie der unendlich kleinen Durchbiegungen (s. Gl. (57) S. 259) gleich:

$$w = \frac{p\,a^4}{4\,N}\left[1 + \frac{2\,(J_0\,(i\,\alpha\,a) - 1)}{i\,\alpha^3\,a^3 J_1\,(i\,\alpha\,a)}\right],$$

wo mit a ihr Halbmesser, mit h ihre Dicke, mit $N = Eh^3/12\,(1 - \nu^2)$, mit $\alpha^2 = \sigma h/N$ und mit J_0 bzw. J_1 die Besselschen Funktionen der Zeiger Null und Eins bezeichnet sind. Den Zahlen αa entsprechen die Wölbungspfeile w

$\alpha a =$	0	1	2	3	4	5	...
$w =$	0,0156	0,0146	0,0122	0,0096	0,0074	0,0057,	....

Nachdem die Spannung proportional α^2 ist, nehmen die zu den angeschriebenen Zahlen αa gehörigen Spannungen wie die Quadrate zu. Sie zeigen bereits innerhalb unendlich kleiner Durchbiegungen die starke Abhängigkeit des Durchhanges von einer in ihrer Mittelebene gleichmäßig angespannten und durch einen Druck in der Querrichtung belasteten Platte von dieser Spannung an. In einer gerichteten Metallplatte oder einer Platte, welche in ihrer Ebene bleibend verzerrt worden ist, verbleiben nach ihrer Entlastung Selbstspannungen. Es ist deshalb wahrscheinlich, daß man für die Elastizitätskonstanten aus Versuchen mit vorher bleibend beanspruchten Platten nicht dieselben Werte finden wird, wenn auf die Eigenspannungssysteme keine Rücksicht genommen wird, wie aus Versuchen mit Platten, deren Mittelebene im natürlichen Zustand ungespannt ist. Um den störenden Einfluß der Eigenspannungen auszuschalten, müßten die Versuche mit ausgeglühten Metallplatten gemacht werden [1]).

Die Versuche mit den nicht besonders hergerichteten Stahlplatten lassen die Größenordnung der Abweichung erkennen, die man mit den Anordnungen nach den Abb. 179 bis 181 bei einem eingespannten und bei einem freiaufliegenden Rande beim Kreis zu erwarten hat. Die Versuche von A. Föppl, mit kreisförmigen Eisenplatten und die des Verfassers mit den Flußeisen- und den Glasplatten dürften den Nachweis bestärken, daß wenn auf die Voraussetzungen der Rechnung in den Versuchen hinreichend geachtet wird, die berech-

---

[1]) Neuerdings hat Prof. G. Tammann in Göttingen Schwingungsversuche mit Platten aus gewalzten Blechen gemacht und ihre „Klangfiguren" (Knotenlinien) beobachtet. Aus der Verzerrung der Knotenlinien konnte auf eine Anisotropie des gewalzten Bleches geschlossen werden. (Z. Metallkunde 1924.) Selbst nachdem die Bleche bei höheren Temperaturen ausgeglüht wurden, konnte die von der bleibenden Beanspruchung entstandene Anisotropie nicht beseitigt werden.

nete Form der verbogenen Platte mit der beobachteten gut übereinstimmt. Die Versuche mit den Stahlplatten zeigen, daß mit den
Anordnungen der Abb. 179 bis 181 eine Verwirklichung der Grenzbedingungen eines eingespannten und eines freiaufliegenden Randes
nur innerhalb der angegebenen Fehlergrenzen erwartet werden darf.
Das Verhältnis der Dicke zum Durchmesser betrug für die untersuchten Platten 1 : 50, für dickere Platten und solche mit bearbeiteten
Auflagerflächen dürfte eine kleinere Abweichung zu erwarten sein,
für wesentlich dünnere Platten jedoch die Einhaltung oder Verwirklichung genauer definierter Randbedingungen um so schwieriger
werden. Einige Versuche, die der Verfasser in dieser Richtung mit
3 mm starken Stahlblechplatten von denselben Abmessungen machte,
scheiterten an ihren anfänglichen Unebenheiten.

VII. Abriß einer Theorie der durch unstetige Oberflächenkräfte belasteten dicken Kreisplatte.

76. Die dicke Kreisplatte.

Zur Untersuchung der Spannungszustände genügte es bisher die
Verschiebungen der Punkte der Mittelfläche einer verbogenen
Platte zu betrachten, weil sich die in ihrem Innern wirkenden Spannungen mit Hilfe der Ableitungen der Verschiebungsvektoren der
Mittelfläche berechnen ließen. Wenn die Mittelfläche spannungslos
war, ergaben sich alle Dehnungen und Spannungen im Innern der
verbogenen Platte als die Ableitungen einer einzigen Funktion der
Koordinaten, nämlich ihrer Durchbiegung. Wenn die Oberflächenkräfte an einzelnen Stellen der beiden Begrenzungsebenen der Platte
große Werte annehmen, läßt sich der Formänderungszustand in der
Umgebung dieser Stellen allein mit Hilfe der Verschiebungen der
Mittelfläche nicht vollständig wiedergeben. Man wird auf einen derartigen Fall bei der Bestimmung der Spannungen in der Umgebung
der Angriffsstelle einer Einzelkraft geführt. Die Angabe der Durchbiegung reicht zur Beschreibung des Spannungszustandes dann nicht
aus, wenn entweder die Abmessungen der Fläche, in der die Druckkräfte sich auf die Platte übertragen, von derselben Größenordnung
sind, wie ihre Dicke, so daß die durch die Biegung hervorgerufenen
Spannungen mit den in der Druckfläche übertragenen Spannungen
der Einzelkraft vergleichbar sind, oder wenn die Platten dick sind.

Im ersten Falle kann nicht mehr damit gerechnet werden, daß die Voraussetzungen der Kirchhoffschen Theorie der Plattenbiegung in der Umgebung der Druckfläche der Einzelkraft hinreichend genau erfüllt sind. Im zweiten Falle ist das Innere der Platte als ein Gebiet anzusehen, in dem die Grundgleichungen der Elastizitätslehre in ihrer ursprünglichen Form [Gl. (13) S. 11] zu befriedigen sind. In beiden Fällen lassen sich die Grundlagen für eine Berechnung der Spannungen aus den Grundgleichungen angeben.

Im folgenden soll die Theorie der dicken Kreisplatte für den besonderen Fall einer achsensymmetrischen Verteilung der Oberflächenkräfte entwickelt werden, wobei wir uns vorbehalten, auch unstetige Verteilungsfunktionen von vornherein zuzulassen. Wir setzen ferner voraus, daß auch die elastischen Verzerrungen axial symmetrisch sind.

Ein Punkt A im Innern der Platte erleidet dann unter der Wirkung des achsensymmetrischen äußeren Kraftsystems nur eine radiale Verschiebung ϱ und eine axiale Verschiebung ζ, welche nur Funktionen der Zylinderkoordinaten r und z sind (Abb. 185).

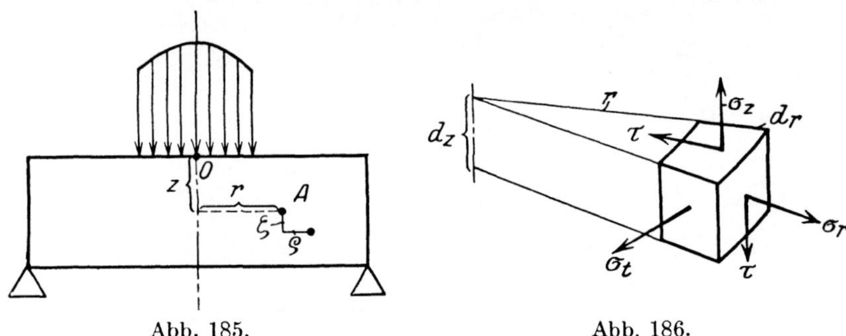

Abb. 185.　　　　　　　　　Abb. 186.

In einem kleinen prismatischen Element, das man sich durch zwei zu den Seitenflächen der Platte parallele Ebenen $z =$ konst. und $z + dz =$ konst., zwei benachbarte Meridianebenen und zwei benachbarte Zylinder $r =$ konst. und $r + dr =$ konst. abgegrenzt hat, wirken eine radiale Normalspannung σ_r, eine tangentiale Normalspannung σ_t, eine axiale Normalspannung σ_z und eine Schubspannung τ (Abb. 186). Das kleine Element erleidet eine radiale, eine tangentiale und eine axiale Dehnung ε_r, ε_t, ε_z, für welche man hat:

$$\varepsilon_r = \frac{d\varrho}{dr}, \qquad \varepsilon_t = \frac{\varrho}{r}, \qquad \varepsilon_z = \frac{\partial \zeta}{\partial z}. \tag{1}$$

Die kleine Änderung des rechten Winkels seiner Kanten in der

Meridianebene beträgt

$$\gamma = \frac{\partial \varrho}{\partial z} + \frac{\partial \zeta}{\partial r}. \tag{2}$$

Das Elastizitätsgesetz drückt sich nach den Gl. (12) S. 9 wie folgt aus:

$$\sigma_r = 2\,G\left(\frac{\partial \varrho}{\partial r} + \frac{\nu\,e}{1 - 2\,\nu}\right)$$

$$\sigma_t = 2\,G\left(\frac{\varrho}{r} + \frac{\nu\,e}{1 - 2\,\nu}\right)$$

$$\sigma_z = 2\,G\left(\frac{\partial \zeta}{\partial z} + \frac{\nu\,e}{1 - 2\,\nu}\right) \tag{3}$$

$$\tau = G\left(\frac{\partial \varrho}{\partial z} + \frac{\partial \zeta}{\partial r}\right).$$

Hier bedeuten e die räumliche Dehnung

$$e = \varepsilon_r + \varepsilon_t + \varepsilon_z = \frac{\varrho}{r} + \frac{\partial \varrho}{\partial r} + \frac{\partial \zeta}{\partial z}, \tag{4}$$

G den Schubmodul und ν die Querdehnungszahl.

Setzt man die Werte (3) in die beiden Gleichgewichtsbedingungen

$$\frac{\partial \sigma_r}{\partial r} + \frac{\sigma_r - \sigma_t}{r} + \frac{\partial \tau}{\partial z} = 0, \qquad \frac{\partial \sigma_r}{\partial z} + \frac{\partial \tau}{\partial r} + \frac{\tau}{r} = 0 \tag{5}$$

ein, so entstehen die beiden Gleichungen:

$$(1 - 2\,\nu)\,\varDelta \zeta + \frac{\partial e}{\partial z} = 0$$

$$(1 - 2\,\nu)\left(\varDelta \varrho - \frac{\varrho}{r^2}\right) + \frac{\partial e}{\partial r} = 0 \tag{6}$$

für die Funktionen ϱ und ζ. $\varDelta$ ist die Abkürzung für

$$\varDelta = \frac{\partial^2}{\partial z^2} + \frac{\partial^2}{\partial r^2} + \frac{1}{r}\frac{\partial}{\partial r}. \tag{7}$$

Die räumliche Dehnung e genügt nach 6 S. 11 der Potentialgleichung:

$$\varDelta e = \frac{\partial^2 e}{\partial z^2} + \frac{\partial^2 e}{\partial r^2} + \frac{1}{r}\frac{\partial e}{\partial r} = 0, \tag{8}$$

man kann in den Gl. (5) unter Berücksichtigung von (8) die beiden Verschiebungen ϱ und ζ trennen und erhält für sie die Gleichungen vierter Ordnung[1]

$$\varDelta \varDelta \zeta = 0, \tag{9}$$

$$\left(\varDelta - \frac{1}{r^2}\right)\left(\varDelta \varrho - \frac{\varrho}{r^2}\right) = 0. \tag{10}$$

---

[1] Vgl. z. B. A. Föppl: Vorl. ü. t. Mechanik Bd. 5, 4. Aufl., S. 216.

Die in jedem elastischen Körper mit achsensymmetrischer Verzerrung gültigen Gleichungen (6), (8), (9) und (10) bilden die Grundlage für eine Theorie der dicken kreisförmigen Platte.

A. Timpe hat in einer kürzlich erschienenen Arbeit[1]) eine wertvolle Gruppe von Lösungen dieser Gleichungen angegeben. An dieser Stelle sei nur auf die Funktionen hingewiesen, die er mit Hilfe von Potenzausdrücken in den Koordinaten r und z erhielt und die ihm zur Darstellung strenger Lösungen in beliebig dicken kreis- oder kreisringförmigen Platten unter einer gleichförmig verteilten Druckbelastung dienten. Unter den

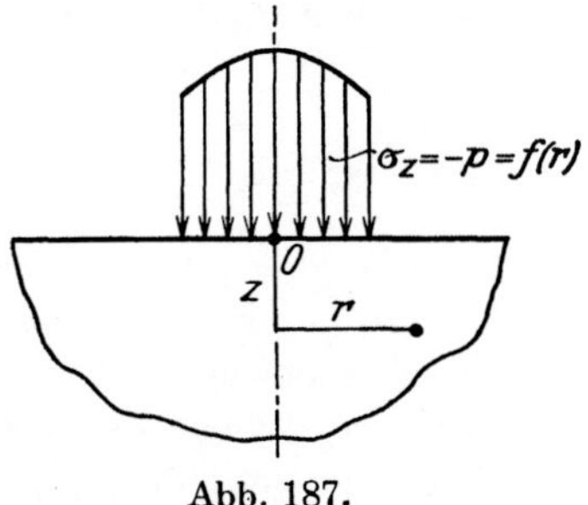

Abb. 187.

Integralen der Gl. (6) sind unter anderm enthalten der Spannungszustand des reinen allseitigen Zuges:

$$\sigma_z = 0, \qquad \sigma_r = \sigma_t = c, \qquad \tau = 0,$$

mit den Verschiebungen:

$$\varrho = \frac{(1 - \nu)\, c\, r}{2\,(1 + \nu)\, G}, \qquad \zeta = -\frac{\nu\, c\, z}{(1 + \nu)\, G} + c_1$$

oder die reine, allseitige Biegung einer dicken Platte:

$$\sigma_z = 0, \qquad \sigma_r = \sigma_t = 2\, c\, z/h, \qquad \tau = 0,$$

mit den Verschiebungen:

$$\varrho = \frac{(1 - \nu)\, c\, z\, r}{(1 + \nu)\, G\, h}, \qquad \zeta = -\frac{c\,[2\,\nu\, z^2 + (1 - \nu)\, r^2]}{2\,(1 + \nu)\, G\, h} + c_1 \qquad (11)$$

(h ist die Dicke der Platte, c und c_1 sind Konstanten).

Eine weitere Gruppe wichtiger Lösungen der Gl. (9) und (10) bilden die Ausdrücke von der Form

$$\varrho,\ \zeta = Z \cdot R,$$

wo Z eine Funktion von z und R eine von r ist. Der Gl. (9) genügen z. B. die Funktionen

$$\zeta = e^{\pm a z} \cdot J_0(\alpha r), \qquad \zeta = z\, e^{\pm a z}\, J_0(\alpha r),$$

der Gl. (10) hingegen: $\qquad\qquad\qquad\qquad\qquad\qquad\qquad\qquad (12)$

$$\varrho = e^{\pm \beta z} \cdot J_1(\beta r), \qquad \varrho = z\, e^{\pm \beta z}\, J_1(\beta r),$$

wo J_0 und J_1 die Besselschen Funktionen der Ordnungen Null und Eins, und α und β beliebige reelle feste Werte sind. Man wird aus

---

[1]) Achsensymmetrische Deformation von Umdrehungskörpern. Z. ang. Math. Mech. Bd. 4, S. 361. 1924.

Summen oder aus Integralen dieser Lösungen gebildete Ausdrücke mit Vorteil anwenden, wenn die auf den ebenen Seitenflächen der Platte wirkenden Spannungen unstetige Funktionen von r sind, wie dies beispielsweise der Fall ist, wenn auf der Platte eine Einzelkraft angreift.

77. Die Oberflächenspannungen in einem durch eine Ebene begrenzten Körper.

Es erweist sich als zweckmäßig zuerst die Spannungsverteilung in einem elastischen Körper zu bestimmen, der durch eine Ebene begrenzt ist. Wenn durch diese Ebene nur Normalspannungen (keine Schubspannungen) übertragen werden, genügt bereits das System der Verschiebungen

$$\varrho = \quad A\,[1 - 2\,\nu - \alpha\,z]\,e^{-\alpha z}\,J_1\,(\alpha\,r)\,,$$
$$\zeta = -\,A\,[2\,(1 - \nu) + \alpha\,z]\,e^{-\alpha z}\,J_0\,(\alpha\,r) \tag{13}$$

zur Darstellung des Spannungszustandes. Diese Aufgabe der Elastizitätslehre haben bekanntlich Boussinesq und H. Hertz gelöst. Wir ziehen es vor, hier im Anschluß an eine allgemeine Darstellung derartiger Lösungen mittels bestimmter Integrale im Buche von Riemann und H. Weber[1]) die Spannungsverteilung mit Hilfe der Funktionen (13) zu bestimmen. Die Ansätze (13) sind so gewählt worden, daß sie den Gl. (6) genügen und auf der Begrenzungsebene $z = 0$ des unendlich ausgedehnten Körpers keine Schubspannungen ergeben. Der Beiwert A ist vorerst unbestimmt. Mit Hilfe von (4) berechnet man die räumliche Dehnung e. Alsdann ergeben die Gl. (3) mit (13) die Ausdrücke für die Spannungskomponenten. Um die Lösung (13) einer vorgelegten (stetigen oder auch unstetigen) Verteilung der Druckspannungen $\sigma_z = f(r)$ auf der Ebene $z = 0$ anzupassen, betrachte man den Beiwert A als eine Funktion des Parameters α, multipliziere die rechten Seiten der Gl. (13) mit $d\alpha$ und integriere sie zwischen den Grenzen 0 und ∞. Auf diese Weise entstehen die im Gebiete $z > 0$ gültigen Entwickelungen:

$$\varrho = \int_0^\infty A\,(\alpha)\,[1 - 2\,\nu - \alpha\,z]\,e^{-\alpha z}\,J_1\,(\alpha\,r)\,d\alpha$$

$$\zeta = -\int_0^\infty A\,(\alpha)\,[2\,(1 - \nu) + \alpha\,z]\,e^{-\alpha z}\,J_0\,(\alpha\,r)\,d\alpha \tag{14}$$

$$e = 2\,(1 - 2\,\nu)\int_0^\infty A\,(\alpha)\cdot\alpha\,e^{-\alpha z}\,J_0\,(\alpha\,r)\,d\alpha\,.$$

---

[1]) Die partiellen Differentialgleichungen der math. Physik nach Riemanns Vorlesungen in 5. Aufl. bearbeitet von H. Weber, 2. Bd., S. 184. 1912.

Zur Bestimmung von A dient die Gleichung für die Normalspannung σ_z in der Ebene $z = 0$. Wir nehmen an, daß der Druck p in der Ebene $z = 0$ gegeben ist durch die Funktion

$$\sigma_z = - p = f(r). \tag{15}$$

Die Gl. (3) ergeben mit (14) für $z = 0$

$$\sigma_z = 2\,G \int_0^\infty A(\alpha) \cdot \alpha\, J_0(\alpha r)\, d\alpha. \tag{16}$$

Da man eine willkürlich gegebene Funktion $f(r)$ (unter gewissen einschränkenden Voraussetzungen, welche jedoch hier erfüllt sind) durch den Ausdruck[1])

$$f(r) = \int_0^\infty \alpha\, J_0(\alpha r)\, d\alpha \int_0^\infty f(u)\, J_0(\alpha u)\, u\, du \tag{17}$$

darstellen kann, zeigt der Vergleich mit (15) und (16), daß

$$2\,G\,A(\alpha) = - \int_0^\infty p(u) \cdot u\, J_0(\alpha u)\, du \tag{18}$$

ist.

Nimmt man in der letzten der drei Gl. (14) $z = 0$ an, so zeigt ein Vergleich des so erhaltenen Ausdruckes für e, daß in der Begrenzungsebene $z = 0$ die räumliche Dehnung e

$$e = - \frac{1 - 2\nu}{G} \cdot p \tag{19}$$

dem äußeren Druck p proportional ist. Da e im Gebiete $z > 0$ der Differentialgleichung

$$\varDelta e = 0 \tag{20}$$

genügt, ist damit die Bestimmung von e auf eine Aufgabe der Potentialtheorie zurückgeführt.

Ist das Verteilungsgesetz des Normaldruckes $\sigma_z = - p = f(r)$ gegeben, so lassen sich die Spannungen in der Ebene $z = 0$ angeben. Um dies zu zeigen, braucht außer e, dessen Wert aus (19) folgt, nur noch die Radialverschiebung ϱ aus (14) unter Berücksichtigung von (18) für $z = 0$ berechnet zu werden. Sie ist

$$\varrho = (1 - 2\nu) \int_0^\infty A(\alpha) \cdot J_1(\alpha r)\, d\alpha = - \frac{1 - 2\nu}{2\,G} \int_0^\infty J_1(\alpha r)\, d\alpha \int_0^\infty p(u) J_0(\alpha u)\, u\, du$$

oder

$$\varrho = - \frac{1 - 2\nu}{2\,G} \int_0^\infty p(u)\, u\, du \int_0^\infty J_1(\alpha r)\, J_0(\alpha u)\, d\alpha. \tag{21}$$

---

[1]) a.a.O. Bd. 1, S. 200.

Das innere Integral stellt nach einer bekannten Formel der Integral-
rechnung die folgende unstetige Funktion dar:

$$\int\limits_0^\infty J_1(\alpha r)\,J_0(\alpha u)\,d(\alpha r) = 1 \quad \text{wenn}\ \ 0 < u < r$$
$$\qquad\qquad\qquad\qquad = 0 \quad \text{\glqq}\quad r < u < \infty. \tag{22}$$

Mithin ist die Radialverschiebung ϱ in der Ebene $z = 0$ gegeben
durch

$$\varrho = -\frac{1-2\,\nu}{2\,G}\cdot\frac{1}{r}\int\limits_0^r p(u)\,u\,du. \tag{23}$$

Wir konnten hier die obere Grenze ∞ durch r ersetzen, weil der
„diskontinuierliche Faktor“ in (21) für alle Werte von $u > r$ verschwindet. Das Integral in der letzten Gleichung multipliziert mit
$2\,\pi$ ist die Mittelkraft aller Druckspannungen, die innerhalb des
Kreises mit dem Halbmesser r auf den Körper übertragen werden.
Bedeutet $\bar p$ den mittleren Druck innerhalb des Kreises
$r = \mathrm{konst.}$, so daß

$$2\int\limits_0^\infty p(u)\,u\,du = \bar p\cdot r^2, \quad \text{so ist} \quad \varrho = -\frac{(1-2\,\nu)\bar p\,r}{4\,G}. \tag{24}$$

Mit Benutzung dieses Wertes für ϱ ergeben sich aus den Formeln (3)
die spezifischen Spannungen in der Begrenzungsebene $z = 0$
in der außerordentlich einfachen Form:

$$\sigma_z = -p, \quad \sigma_r = -p + \frac{1-2\,\nu}{2}\,\bar p, \quad \sigma_t = -2\,\nu\,p - \frac{1-2\,\nu}{2}\,\bar p,$$
$$\tau = 0. \tag{25}$$

Wenn die Ebene $z = 0$ nur innerhalb eines Kreises vom Halbmesser
$r = c$ belastet ist, ist in diesen Formeln für alle Halbmesser r, welche
größer als c sind, $p = 0$, jedoch $\bar p = P : \pi r^2$ anzunehmen, sofern mit
P die im Kreise $r = c$ übertragene Einzelkraft bezeichnet wird.
Außerhalb der Angriffsfläche der Einzelkraft P sind somit die radiale
und die tangentiale Spannung in der Oberfläche $z = 0$

$$\sigma_r = -\sigma_t = \frac{(1-2\,\nu)}{2\,\pi\,r^2}\cdot P$$

oder, wie man durch Vergleich mit den von Boussinesq herrührenden
Formeln feststellt, ebenso groß, wie wenn die Kraft P im Mittelpunkt
des Kreises $r = c$ konzentriert wäre.

78. Die durch eine Einzelkraft belastete dicke Kreisplatte.

Die Platte sei durch die Ebenen $z = 0$ und $z = h$ und durch den Zylinder $r = a$ begrenzt. Auf ihrer Ebene $z = 0$ werde sie innerhalb eines Kreises mit dem Halbmesser $r = c$ durch Druckspannungen $\sigma_z = - p = f(r)$ belastet[1].

Wir betrachten zuerst einen achsensymmetrischen Verzerrungszustand in einem Zylinder, der durch die Gl. (13) gegeben ist:

$$\varrho' = \sum_\lambda K_\lambda \left[1 - 2\,\nu - \frac{\lambda z}{a} \right] e^{-\frac{\lambda z}{a}} J_1 \left(\frac{\lambda r}{a} \right), \qquad 0 < r < a,\ z > 0 \qquad (26)$$

$$\zeta' = - \sum_\lambda K_\lambda \left[2\,(1 - \nu) + \frac{\lambda z}{a} \right] e^{-\frac{\lambda z}{a}} J_0 \left(\frac{\lambda r}{a} \right). \qquad (27)$$

Diese Formeln unterscheiden sich von den Gl. (13) nur durch eine andere Bezeichnungsweise (α ist durch λ/a, A durch K_λ ersetzt); die λ bedeuten hier eine Folge von Zahlen, die Summen sind über alle λ zu nehmen. Wir bestimmen die Zahlen λ so, daß die axiale Verschiebung ζ' längs des Zylindermantels $r = a$ verschwinde, d. h. aus der Gleichung

$$J_0(\lambda) = 0. \qquad (27\,\mathrm{a})$$

Die λ sind also die Wurzeln der Besselschen Funktion nullter Ordnung:

$$\lambda_1 = 2{,}4048, \qquad \lambda_2 = 5{,}5201, \qquad \lambda_3 = 8{,}6537, \ \ldots \ \ [2]$$

Die Ausdrücke (26), (27) sind ferner so gewählt worden, daß sie auf der Ebene $z = 0$ die Schubspannung $\tau = 0$ ergeben. Die Beiwerte K_λ können so bestimmt werden, daß die Normalspannungen σ_z auf der Ebene $z = 0$ die vorgeschriebenen Werte $\sigma_z = - p = f(r)$ annehmen. Die räumliche Dehnung e wird nach Gl. (4) gleich

$$e = 2\,(1 - \nu) \sum \frac{\lambda}{a} K_\lambda\, e^{-\frac{\lambda z}{a}} J_0 \left(\frac{\lambda r}{a} \right). \qquad (28)$$

---

[1] Mit Spannungsproblemen verwandter Art in einer unbegrenzten Platte beschäftigte sich besonders J. Dougall (Trans. Roy. Soc. of Edinburgh, 1904) in einer großen Arbeit. Die Betrachtung einer unbegrenzten Platte hat den Vorzug, daß auf die Befriedigung vorgeschriebener Grenzbedingungen auf einem Zylinderschnitt nicht geachtet werden braucht, sie hat den Nachteil, daß dann die Spannungen und Verschiebungen mit zunehmender Entfernung von der Angriffsstelle der Einzelkraft unbegrenzt anwachsen, was die Rechnung erschwert. — Über achsensymmetrische Verzerrungszustände vergleiche man ferner Arbeiten von Chree, Filon (s. bei Love, Elasticity).

[2] Jahnke und Emde: Funktionentafeln, S. 122. Leipzig: Teubner.

Berechnet man jetzt mit Hilfe von (26), (27), (28) aus der Gl. (3) die Normalspannung σ_z

$$\sigma_z = 2\,G\left(\frac{\partial \zeta}{\partial z} + \frac{\nu\,e}{1-2\,\nu}\right), \qquad (29)$$

so findet man sie gleich:

$$\sigma_z = 2\,G \sum K_\lambda \frac{\lambda}{a}\left(1 + \frac{\lambda z}{a}\right) e^{-\frac{\lambda z}{a}} J_0\left(\frac{\lambda r}{a}\right) \qquad (30)$$

oder für $z = 0$:

$$\sigma_z = 2\,G/a \cdot \sum K_\lambda \lambda\, J_0\left(\frac{\lambda r}{a}\right) = -\,p = f\left(\frac{r}{a}\right). \qquad (31)$$

Die Beiwerte in dieser Summe lassen sich in bekannter Weise so berechnen, daß man die letzte Gleichung mit $\dfrac{r}{a} J_0\left(\dfrac{r}{a}\right) d\left(\dfrac{r}{a}\right)$ multipliziert und zwischen den Grenzen 0 und a integriert. Setzt man zur Abkürzung noch $x = r/a$, so ergeben sich die Beiwerte K_λ der Reihe (31) gleich .

$$K_\lambda = \frac{a\displaystyle\int_0^1 f(x)\,x\,J_0(\lambda x)\,dx}{2\,G\,\lambda\displaystyle\int_0^1 x\,J_0{}^2(\lambda x)\,dx}. \qquad (32)$$

Das Integral im Nenner ist $= J_1{}^2(\lambda)\,2$.

Wir wollen hier gleich den Beiwert K_λ ausrechnen für den Fall, daß sich der Druck im Kreis $r = c$ gleichmäßig verteilt, und für $r > c$ verschwindet. Mit $0 < r < c$ $f(x) = -\,p_0$ und $c < r < \infty$ $f(x) = 0$ wird das Integral im Zähler von (32)

$$\int_0^1 f(x)\,x\,J_0(\lambda x)\,dx = -\,p_0 \int_0^{c/a} x\,J_0(\lambda x)\,dx = -\,\frac{p_0}{\lambda}\cdot\left[x\,J_1(\lambda x)\right]_0^{c/a}.$$

Man erhält

$$K_\lambda = -\,\frac{p_0\,c}{G}\cdot\frac{J_1\left(\frac{\lambda c}{a}\right)}{\lambda^2\,J_1{}^2(\lambda)}. \qquad (33)$$

Wenn der Halbmesser c des Druckkreises unbegrenzt verkleinert und gleichzeitig der Druck p_0 in dem Maße vergrößert wird, daß die Mittelkraft P der Druckspannungen σ_z sich nicht ändert, nähert sich K_λ wegen $\displaystyle\lim_{u=0}\frac{J_1(u)}{u} = \frac{1}{2}$ einem Grenzwert, nämlich

$$K_\lambda{}^* = -\,\frac{P}{2\,\pi\,a\,G}\cdot\frac{1}{\lambda\,J_1{}^2(\lambda)}. \qquad (34)$$

Dieser Wert von K_λ wird im Falle einer **Punktbelastung** $P = \pi c^2 p_0$ (unter gewissen Einschränkungen mit Rücksicht auf die Konvergenz der Reihen) zu verwenden sein.

Wir haben bis jetzt von der Lösung nur verlangt, daß sie auf der Ebene $z = 0$ die vorgeschriebenen Spannungen liefert. Aus dem Kreiszylinder $r = a$ kann nunmehr durch eine zweite Ebene $z = h$ eine kreisförmige Platte abgegrenzt werden. Der Formänderungszustand ϱ', ζ' von Gl. (26), (27) mit den eben bestimmten Werten von K_λ ergibt auf der Ebene $z = h$ Spannungen σ_z' und τ'. Sie können zum Verschwinden gebracht werden, wenn zu ϱ', ζ' ein zweiter Gleichgewichtszustand mit den Verschiebungen ϱ'', ζ'' hinzugefügt wird:

$$\varrho'' = \sum_\lambda \left\{ A \operatorname{\mathfrak{Cof}} \frac{\lambda z}{a} + B \frac{\lambda z}{a} \operatorname{\mathfrak{Cof}} \frac{\lambda z}{a} + C \operatorname{\mathfrak{Sin}} \frac{\lambda z}{a} + D \frac{\lambda z}{a} \operatorname{\mathfrak{Sin}} \frac{\lambda z}{a} \right\} J_1\left(\frac{\lambda r}{a}\right), \quad (35)$$

$$\zeta'' = \sum_\lambda \left\{ - A \operatorname{\mathfrak{Sin}} \frac{\lambda z}{a} + B \left[(3 - 4\nu) \operatorname{\mathfrak{Cof}} \frac{\lambda z}{a} - \frac{\lambda z}{a} \operatorname{\mathfrak{Sin}} \frac{\lambda z}{a} \right] \right.$$
$$\left. - C \operatorname{\mathfrak{Cof}} \frac{\lambda z}{a} + D \left[(3 - 4\nu) \operatorname{\mathfrak{Sin}} \frac{\lambda z}{a} - \frac{\lambda z}{a} \operatorname{\mathfrak{Cof}} \frac{\lambda z}{a} \right] \right\} J_0\left(\frac{\lambda r}{a}\right). \quad (36)$$

Die Beiwerte A, B, C, D sind hier aus den Grenzbedingungen

$$
\begin{array}{lll}
z = 0 & 1.\ \sigma_z'' = 0, & 2.\ \tau'' = 0, \\
z = h & 3.\ \sigma_z' + \sigma_z'' = 0, & 4.\ \tau' + \tau'' = 0
\end{array}
\quad (37)
$$

zu ermitteln. Die Ausrechnung liefert:

$$A = 2(1 - \nu) D = 2(1 - \nu) K_\lambda \cdot \frac{\omega^2}{\operatorname{\mathfrak{Sin}}^2 \omega - \omega^2},$$
$$C = (1 - 2\nu) B = - \frac{(1 - 2\nu)}{2} K_\lambda \cdot \frac{1 - e^{-2\omega} + 2\omega(1 + \omega)}{\operatorname{\mathfrak{Sin}}^2 \omega - \omega^2},$$
$$(38)$$

wo zur Abkürzung $\omega = \lambda h / a$ gesetzt wurde.

Die Grenzbedingungen 1 und 2 drücken aus, daß durch den Spannungszustand ϱ'', ζ'' keine neuen Spannungen auf der Ebene $z = 0$ hinzugekommen sind; die Bedingungen 3 und 4, daß die Ebene $z = h$ eine freie Oberfläche der Platte ist. Wegen (27a) und (32) ist auf dem Zylindermantel auch $\zeta'' = 0$.

Durch den Formänderungszustand

$$\varrho = \varrho' + \varrho'', \qquad \zeta = \zeta' + \zeta'' \quad (39)$$

sind die radiale und die axiale Verschiebung der Punkte einer kreisförmigen Platte gegeben, die 1. **auf ihrer (oberen) Seite** $z = 0$ **innerhalb eines Kreises** $r = c$ **durch einen gleichförmig verti-**

kalen Druck $p = p_0$ belastet ist, 2. deren (untere) Seite $z = h$ frei ist, 3. deren axiale Verschiebung ζ auf dem Rande $r = a$ verschwindet und 4. deren Dicke h nicht mehr klein im Verhältnis zu ihrem Halbmesser a zu sein braucht. — Ihre Radialspannung ist längs des Randkreises $r = a$ von Null verschieden. (Die Hinzufügung einer reinen allseitigen Biegung (S. 311) würde es gestatten, die Biegungsmomente auf dem Kreiszylinder $r = a$ auch zum Verschwinden zu bringen.)

Zusammenhang mit der Kirchhoffschen Plattentheorie. Die Tatsache, daß die Biegungsspannungen σ_r und σ_t in einer dünnen Platte nur von ihrer Krümmung, bzw. von den zweiten Ableitungen ihrer Durchbiegung und die Schubspannungen τ von einer dritten Ableitung abhängen, findet hier ihren Ausdruck darin, daß der Formänderungszustand der dicken Platte für kleine Werte des Verhältnisses h/a, der Dicke zum Halbmesser, eine asymptotische Lösung besitzt. Um sie zu erhalten, genügt es, die Grenzwerte der Bestandteile der Reihen, die h und z enthalten (das sind die Beiwerte A, B, C, D und $\mathfrak{Sin}, \mathfrak{Cof}\, \frac{\lambda z}{a}$) für kleine Verhältnisse h/a und z/a zu bilden. Der Formänderungszustand ζ', ϱ' kommt für die asymptotische Lösung nicht in Betracht. Wenn die Platte durch eine Einzelkraft P verbogen wird, gibt die Ausführung des Grenzüberganges unter Benützung des Wertes von K_λ^* aus Gl. (34)

$$\zeta'' = \frac{6(1-\nu)\,P\,a^2}{\pi\,G\,h^3} \sum_\lambda \frac{J_0\!\left(\frac{\lambda r}{a}\right)}{\lambda^4\,J_1^{\,2}(\lambda)}. \tag{40}$$

Nun stellt die hier erhaltene Reihe im Intervall $0 \leqq x \leqq 1$ die folgende Funktion dar:

$$\sum_\lambda \frac{J_0(\lambda x)}{\lambda^4\,J_1^{\,2}(\lambda)} = \frac{1}{8}\,(x^2 \ln x + 1 - x^2), \quad \text{im besondern ist} \quad \sum_\lambda \frac{1}{\lambda^4\,J_1^{\,2}(\lambda)} = \frac{1}{8}$$

(λ ist eine Wurzel von $J_0(x) = 0$, die Summe ist mit den wachsend geordneten Wurzeln λ zu bilden). Ersetzt man hier x durch $\frac{r}{a}$ und die Reihe in (40) durch die Funktion, die sie darstellt, so folgt für

$$\zeta'' = \frac{3(1-\nu)\,P\,a^2}{4\,\pi\,G\,h^3}\left[\frac{r^2}{a}\ln\frac{r}{a} + 1 - \frac{r^2}{a^2}\right]. \tag{40a}$$

Die asymptotische Lösung der dicken Platte führt in der Tat auf die Formel für die Durchbiegung einer dünnen Kreisplatte zurück, die man aus der Differentialgleichung der verbogenen Platte $\Delta\Delta\zeta'' = 0$ unter den Randbedingungen $r = a$, $\zeta'' = 0$, $\Delta\zeta'' = 0$ erhalten haben

würde. Die aufgestellte Lösung (39) für die dicke Platte geht
also asymptotisch für kleine Dicken h in die Gl. (40a) einer
in der Mitte durch eine Einzelkraft belasteten dünnen
Kreisplatte über, deren Radialspannung auf dem Rande $r = a$

$$\sigma_r'' = -\frac{4(1-\nu)P}{2\pi h^3}\left(\frac{h}{2}-z\right) \tag{41}$$

ist.

Die axiale Verschiebung oder die Durchbiegung ζ der
dicken Platte ist durch (26), (35) und (39) gegeben. Die Punkte,
die ursprünglich in der oberen Begrenzungsebene $z = 0$ lagen, verschieben sich um die Strecke

$$\zeta = -(1-\nu)\sum_\lambda K_\lambda J_0\left(\frac{\lambda r}{a}\right)\left[2+\frac{1-e^{-2\omega}+2\,\omega(1+\omega)}{\mathfrak{Sin}^2\,\omega-\omega^2}\right]. \tag{42}$$

Wenn die Platte durch einen gleichmäßigen Druck $\sigma_z = -p_0$ in
einem Kreise $r = c$ belastet ist, ist die Verschiebung des Mittel-
punktes des Druckkreises $(z = 0,\ r = 0)$

$$\zeta = \frac{(1-\nu)\,p\,c}{G}\sum\frac{J_1\left(\frac{\lambda c}{a}\right)}{\lambda^2\,J_1^2(\lambda)}\left[2+\frac{1-e^{-2\omega}+2\,\omega(1+\omega)}{\mathfrak{Sin}^2\,\omega-\omega^2}\right].$$

Die Durchbiegung der Plattenmitte strebt auf der zweiten (unbelasteten) Seite $(z = h,\ r = 0)$ bei starker Konzentration der Last
$P = \pi\,c^2\,p_0$ einem Wert:

$$\zeta = \frac{(1-\nu)\,P}{\pi\,a\,G}\sum\frac{1}{\lambda\,J_1^2(\lambda)}\cdot\frac{\mathfrak{Sin}\,\omega+\omega\,\mathfrak{Cof}\,\omega}{\mathfrak{Sin}^2\,\omega-\omega^2}$$

zu, der größer ist, als ihr aus der Kirchhoffschen Theorie der Plattenbiegung gemäß (40a) gefolgerter Wert, nämlich

$$\zeta^* = \frac{6(1-\nu)P\,a^2}{\pi\,G\,h^3}\sum\frac{1}{\lambda^4\,J_1^2(\lambda)} = \frac{3(1-\nu)P\,a^2}{4\,\pi\,G\,h^3}. \tag{42a}$$

Der Unterschied $\zeta - \zeta^*$ in den Durchbiegungen macht sich mit zunehmender Dicke der Platte stärker bemerkbar und nimmt mit
wachsendem Abstand r von der Mitte wieder ab. Daß die von
einer Einzelkraft hervorgebrachten Einsenkungen in der
Umgebung der Angriffsstelle größer sind, als ihre aus der
gewöhnlichen Theorie der Plattenbiegung ermittelten
Werte, ist eine Folge des starken Anwachsens der Schubspannungen τ an diesen Stellen, deren Beiträge zu den
Verzerrungen in dieser nicht berücksichtigt sind. Die Abweichungen finden sich experimentell bestätigt in den Versuchen

von A. Föppl mit kreisförmigen[1]) und des Verfassers mit rechteckigen Platten[2]). Föppl fand anläßlich von vergleichenden Biegungsversuchen, die er mit in der Mitte durch eine Einzelkraft belasteten kreisförmigen Platten und Streifen von rechteckigem Querschnitt machte, die aus gleichen Blechtafeln herausgeschnitten waren, daß sich die Elastizitätsziffer E aus den Plattenversuchen im Mittel um $7^0/_0$ kleiner als aus den Biegungsversuchen mit den Streifen ergab. Zur Berechnung von E aus den Plattenversuchen diente eine der Gl. (42a) für die frei aufliegende Kreisplatte entsprechende Formel des Biegungspfeils ζ^*. Für das Zustandekommen dieses Unterschiedes maßgebend scheint der Umstand gewesen zu sein, daß die Durchbiegung der Platte (mit Ausnahme einer Versuchsreihe) in der Mitte und unterhalb der Druckstelle der Last gemessen wurde. Alle Beobachtungen (mit Ausnahme der erwähnten Reihe) enthielten den Einfluß der Schubspannungen. Der Sinn der beobachteten Abweichung beim Elastizitätsmodul entsprach $\zeta > \zeta^*$. In ihm dürfte sich der Einfluß der Schubspannungen bemerkbar gemacht haben. Bei den Biegungsversuchen, die ich mit durch Einzelkräfte in den Ecken belasteten bedeutend dickeren quadratischen Platten 1912 gemacht habe, ergaben sich ebenfalls die beobachteten Durchbiegungen größer, als die berechneten; die Abweichungen nahmen regelmäßig zu, wenn die Meßstelle näher an die Angriffspunkte der Kräfte gelegt wurde und waren von der zu erwartenden Größenordnung.

Der Verlauf der Spannungen in der Nähe der Druckfläche. Die abgeleiteten Gleichungen gestatten den Verlauf der Spannungen in der Platte bis in die Nähe der Druckfläche und in dieser selbst zu verfolgen. Entsprechend den beiden Formänderungszuständen ϱ', ζ' und ϱ'', ζ'' setzen sich die Spannungen der dicken Platte aus zwei Bestandteilen zusammen. Wegen der Unstetigkeit, die im allgemeinen der Verlauf der Normalspannung σ_z in der Ebene $z = 0$ auf dem Rande des Druckkreises aufweist, empfiehlt es sich, die Spannungen für die beiden Lösungen in dieser Ebene getrennt anzugeben. Ähnlich wie sich die Radialverschiebung ϱ aus Gl. (14), (18) ergab, wird jetzt ϱ' aus den Gl. (26) und (33) gleich

$$z = 0 \cdots\cdots \varrho' = -\frac{1-2\nu}{G\,a} \int\limits_0^1 p\,u\,du \sum_\lambda \frac{J_1\left(\frac{\lambda r}{a}\right) J_0\left(\frac{\lambda u}{a}\right)}{\lambda\,J_1{}^2(\lambda)}$$

---

[1]) Mitt. d. mech.-techn. Laboratoriums München, 1900.
[2]) Mitt. ü. Forschungsarbeiten Heft 170, 171.

gefunden. Nun stellt die Summe

$$\frac{2\,r}{a}\sum_{\lambda}{}' \frac{J_1\left(\frac{\lambda\,r}{a}\right) J_0\left(\frac{\lambda\,u}{a}\right)}{\lambda\,J_1{}^2(\lambda)} \begin{cases} = 1 & \text{wenn}\ \ 0 < u < r \\ = 0 & \text{\grq}\ \ \ \ \ \ r < u < a \end{cases}$$

ähnlich wie Gl. (22) einen „diskontinuierlichen Faktor" dar, und es ist

$$\varrho' = -\frac{1-2\,\nu}{2\,G\,r}\int_0^r p\,u\,d u\,.$$

Ferner ist für $z = 0$ so wie früher

$$e' = -\frac{1-2\,\nu}{G}\cdot p\,.$$

Der Vergleich der vorstehenden Formeln mit den Gl. (14) und (19) zeigt, daß die Spannungen des Zylinders für $0 < r < a$ und die des eingangs betrachteten, durch eine Ebene begrenzten unendlich ausgedehnten Körpers in der Ebene $z = 0$ gleich sind. Die Spannungen der ersten Lösung $\zeta'\,\varrho'$ in der Ebene $z = 0$ sind also bereits durch die Formeln (25) oder durch

$$\sigma_z' = -\,p\,, \qquad \sigma_r' = -\,p + \frac{1-2\,\nu}{2}\,\bar p\,,$$

$$\sigma_t' = -\,2\,\nu\,p - \frac{1-2\,\nu}{2}\,\bar p\,, \qquad \tau' = 0 \tag{43}$$

dargestellt. Wenn die Druckfläche im Verhältnis zur Dicke der Platte klein ist (so daß K_λ nach (33) durch $K_\lambda{}^*$ ersetzt werden kann), berechnen sich die Spannungen der zweiten Lösung für $r = 0$ zu

$$\sigma_z'' = 0\,, \quad \sigma_r'' = \sigma_t'' = -\frac{(1+\nu)\,P}{\pi\,a^2}\sum_\lambda \frac{\omega^2}{J_1{}^2(\lambda)\,(\mathfrak{Sin}^2\,\omega - \omega^2)}\,, \quad \tau = 0. \tag{44}$$

Die Summen von $\sigma' + \sigma''$ nach Gl. (43) und (44) sind also die resultierenden Spannungen im Mittelpunkt der Druckfläche.

Auf der unteren Seite $z = h$ der Platte ist die Trennung der beiden Spannungszustände wegen des stetigen Verlaufes der Spannungen in dieser Ebene nicht erforderlich, die größten resultierenden Spannungen treten hier in der Mitte $(z = h,\ r = 0)$ auf und sind gleich

$$\sigma_r = \sigma_t = \frac{P\,\nu}{\pi\,a^2}\sum_\lambda \frac{\omega\,\mathfrak{Sin}\,\omega}{J_1{}^2(\lambda)\,(\mathfrak{Sin}^2\,\omega - \omega^2)}\,, \tag{45}$$

σ_z und τ sind hier Null. In dieser und in der vorletzten Gleichung wurde, wie schon erwähnt, für K_λ der Grenzwer $K_\lambda{}^*$ aus (34) genommen. Physikalisch bedeutet dies, daß die Spannungen in der Ebene $z = h$, die von der wahren Verteilung des Druckes p herrühren, durch die Spannungen ersetzt wurden, die von einer im

Punkte $z = r = 0$ konzentrierten Kraft $P = 2\pi \int_0^c p\, r\, dr$ erzeugt werden. Die Formeln (44), (45) gelten also für die Beanspruchung
von Platten durch stark konzentrierte Kräfte, oder genauer gesagt,
wenn der Halbmesser c des Druckkreises selbst im Verhältnis zur
Dicke h der Platte klein ist.

Es ist kaum notwendig zu erwähnen, daß die abgeleiteten Formeln für die Spannungen von den besonderen Bedingungen unabhängig gemacht werden können, die der Lösung $\zeta = \zeta' + \zeta''$ hinsichtlich der Radialspannungen σ_r auf dem Umfang $r = a$ der Platte
auferlegt wurden. Es genügt, zu diesem Zweck von den resultierenden
Spannungen σ_r und σ_t die der asymptotischen Lösung σ_r^* und σ_t^*,
die zu derselben Druckverteilung $p = f(r)$ und zu den gleichen
Randbedingungen auf dem Kreisumfang $r = a$ gehört, in Abzug zu
bringen. (Die asymptotische Lösung genügt also innerhalb des be-
lasteten Teiles $r < c$ der Oberfläche $z = 0$ der Gleichung $\Delta\Delta\zeta^* = \dfrac{p}{N}$,
wo p den Druck und N die Plattenziffer bezeichnen, und außerhalb
$r > c$ der Gleichung $\Delta\Delta\zeta^* = 0$, außerdem den Grenzbedingungen
auf dem äußeren Rand und gewissen Stetigkeitsbedingungen auf der
Randkurve des Druckgebietes.) Die so erhaltenen Differenzen

$$\sigma - \sigma^*$$

wird man passend als die „Störungsspannungen" der Platte bezeichnen können[1]). Von Wichtigkeit ist die Bemerkung, daß die
beiden Formänderungs- und Spannungszustände ζ, ϱ und ζ^*, ϱ^* in
dünnen Platten sich voneinander nur in der Umgebung der Druck-
fläche unterscheiden. Die Störungsspannungen in der Nähe der
Angriffstelle der Kraft sind demnach in einer dünnen Platte praktisch von der Gestalt ihrer Randkurve und den Grenzbedingungen
unabhängig. Sie hängen lediglich von der Art der Verteilung des
Druckes p (von der Funktion $p = f(x, y)$) und vom Verhältnis der
linearen Abmessungen der Druckfläche zur Dicke der Platte ab.

Zusammenfassung. Die vorstehenden Betrachtungen dürften die
Grundlagen zur Ermittlung der Biegungsbeanspruchung von Platten
durch Einzelkräfte in der Umgebung der Druckfläche und in dieser
selbst für die kreissymmetrische Druckverteilung, sowie für die
Theorie der dicken kreisförmigen Platte enthalten. Die auf Grund
der Theorie der dicken Platte berechnete Korrektur des Biegungspfeils einer durch eine Einzelkraft belasteten Kreisplatte findet in
Elastizitätsversuchen ihre Bestätigung.

---

[1]) Solche örtlich schnell abklingende Spannungszustände hat Boussinesq
„perturbations locales" genannt.

Anhang.
Zur Entstehungsgeschichte der Plattentheorie.
Literatur.

Den Anstoß zu einer mathematischen Behandlung der Biegungsfälle elastischer Platten scheinen die sogenannten Klangfiguren gegeben zu haben, die vom Physiker Chladni entdeckt wurden. Sie
sind in seinem im Jahre 1787 erschienenen Buche „Entdeckungen
über die Theorie des Klanges" beschrieben[1]). Um die Bewegungen
schwingender Platten sichtbar zu machen, regte Chladni eine
wagerecht gehaltene Platte durch Streichen mittels eines Violin-
bogens zu Schwingungen oder zum Tönen an und streute auf sie
ein feines Pulver. Er beobachtete, daß sich dasselbe oft in sehr
regelmäßigen Figuren auf ihr verteilt. Es sammelt sich nämlich
über den Stellen der Platte an, die während der schwingenden Bewegung in Ruhe bleiben. Zur Bestimmung der Gestalt der Knotenlinien der schwingenden Platten, die sich durch die Chladnischen
Klangfiguren anzeigten, hat Jakob Bernouilli der Jüngere (der
Großneffe des Mathematikers des gleichen Namens, von dem die
ersten Untersuchungen über die elastische Linie eines verbogenen
Stabes herrühren) bereits im Jahre 1788 Rechnungen angestellt. Sie
fußten auf einer Betrachtungsweise, welche schon Leonhard Euler
zur Berechnung der Tonhöhe von Glocken benutzte, auf der „Streifen-
methode", nach der die Platte in zwei Gruppen von zueinander senkrechten Streifen zerlegt wurde. Auf diese Stabsysteme wendeten Euler
und Bernouilli die damals bereits bekannten Gesetze der Stab-
schwingung an. Allein schon Chladni konnte zeigen, daß die auf
diesem Wege ermittelten Schwingungsformen nicht mit den in seinen
Versuchen beobachteten in Übereinstimmung standen.

Im Jahre 1811 schrieb die Pariser Akademie einen Preis für
eine Theorie der Plattenschwingungen aus, um den sich die Mathe-
matikerin Sophie Germain bewarb. Um zu einem mathematischen
Ansatz zu gelangen, ging sie von der Annahme aus, daß die in einem
Elemente der verbogenen Platte aufgespeicherte Formänderungsarbeit
dem Quadrate der Summe der beiden Krümmungen ihrer Mittelfläche verhältnisgleich sei. Lagrange, der dem zur Begutachtung
der Preisarbeiten eingesetzten Ausschuß angehörte, ergänzte diesen

---

[1]) Vgl. auch Todhunter and Pearson's „History of Elasticity". Diesem
umfassenden Werk über die Geschichte der mathematischen Elastizitätslehre
sind einige der obigen Angaben entnommen.

Ansatz durch die noch fehlenden Glieder und leitete aus ihm die partielle Differentialgleichung für die Durchbiegung der Platte ab. Im Jahre 1821 hat Navier zwei Grundlösungen dieser Gleichung für das Rechteck angegeben, die er mit Hilfe der kurz vorher von Fourier eingeführten trigonometrischen Reihen ausdrückte.

Die von Navier aufgestellten Grundgleichungen der Elastizitätslehre sind das erstemal in einer Abhandlung von Poisson (1829) auf die Biegung der elastischen Platten angewendet worden. Sie enthält die vollständige Theorie der Biegungsschwingungen einer kreisförmigen Platte mit kreissymmetrischer Verwölbung. Die von Poisson aufgestellten Randbedingungen sind von Gustav Kirchhoff in seiner berühmten Abhandlung: „Über das Gleichgewicht und die Bewegung einer elastischen Scheibe" (1850) beanstandet worden. Kirchhoff gelangte auf Grund seiner für elastische Körper aufgestellten, das Prinzip der virtuellen Verrückungen enthaltenden Gleichung und nachdem er über den Formänderungszustand der Platte eine Annahme gemacht hatte, auf. dem Wege der Variationsrechnung zu derselben Differentialgleichung für ihre Durchbiegung, wie Poisson und Lagrange, aber zu anderen Grenzbedingungen. Die beiden Physiker W. Thomson (Lord Kelvin) und P. G. Tait haben im Jahre 1876 gezeigt, daß die drei Randbedingungen von Poisson nur bei einer dicken Platte zu erfüllen sind, und, wenn man die Dicke der Platte verringert, sich in die beiden Kirchhoffschen Grenzbedingungen zusammenziehen lassen. In seiner erwähnten Abhandlung hat G. Kirchhoff auch die vollständige Theorie der Schwingungen der kreisförmigen Platte entwickelt.

Die weitere Ausgestaltung der Lehre von der Plattenbiegung ist vor allem das Verdienst von A. E. H. Love. Man verdankt Love die Einführung der Spannungsmittelkräfte und der Spannungsmomente in den Plattenrechnungen. Love und J. H. Michell haben die Grundlagen der Biegungslehre der Platten von beliebiger Dicke entwickelt.

Der Besprechung und dem ferneren Ausbau der Theorie der ebenen Platten, sowie ihren Anwendungen wurde ein größerer Raum gewidmet in folgenden neueren Werken:

Clebsch: Theorie der Elastizität fester Körper, Leipzig 1862; vgl. insbesondere die von St. Venant nach Clebsch's Tode herausgegebene wesentlich erweiterte Auflage dieses Buches.
Kelvin and Tait: Natural philosophy. 2. Edition 1879—1883.
Grashof: Theorie der Elastizität und Festigkeit. 2. Aufl. 1878.
Kirchhoff, G.: Vorlesungen über math. Physik. Bd. 1, Mechanik. 4. Aufl. S. 449.
Love, A. E. H.: A treatise on the math. theory of elasticity. 2. Ed. Cambridge 1906, oder deutsche Ausgabe: Lehrbuch der Elastizität, von A. Timpe. Leipzig 1907.
Rayleigh, Lord: The Theory of sound.

Die Enzyklopädie der mathematischen Wissenschaften. Bd. 4. Mechanik. Vgl. die Artikel über Elastizität und Festigkeit von C. H. Müller und Timpe (Art. 23), H. Lamb (Art. 26) und v. Kármán (Art. 27).

C. Bach und R. Baumann: Elastizität und Festigkeit. 9. Aufl. Berlin: Julius Springer.

Föppl, A.: Vorl. über techn. Mechanik Bd. 3 und Bd. 5. (4. Aufl. 1922.) Leipzig.

Föppl, A. und L.: Drang und Zwang, eine höhere Festigkeitslehre für Ingenieure. 1. Bd. München und Berlin 2. Aufl. 1923.

Föppl, O.: Grundzüge der Festigkeitslehre. Leipzig 1923.

Hencky, H.: Der Spannungszustand in rechteckigen Platten. Verlag von Oldenbourgh. München 1913.

Lewe: Die strenge Lösung des Pilzdeckenproblems. Tabellen der Durchbiegungen, Momente und Querkräfte von Platten. Berlin 1922.

Lorenz, H.: Lehrbuch der techn. Physik. Bd. 3. Mechanik der deformierbaren Körper. München 1909.

Marcus: Die Theorie elastischer Gewebe und ihre Anwendung auf die Berechnung biegsamer Platten, unter besonderer Berücksichtigung der trägerlosen Pilzdecken. Berlin: Julius Springer 1924.

Nielsen, N. J.: Bestemmelse af spændinder i plader. Kopenhagen 1920.

Timoschenko, S.: Sur la stabilité des systèmes élastiques. Paris 1913.

Elastizitäts- und Bruchversuche mit ebenen Platten.

Chladni: Entdeckungen über die Theorie des Klanges, 1787; Akustik, 1802; Neue Beiträge zur Akustik, 1817.

Strehlke, F.: Über Klangfiguren auf Quadratscheiben. Pogg. Annalen Bd. 18, S. 198. 1830. Über die Schwingungen homogener elastischer Scheiben. Bd. 40, S. 577. 1855.

Wheatstone: Acoustic figures. Phil. Trans. 1833.

C. Bach und R. Baumann: Elastizität und Festigkeit, 9. Aufl., Berlin; C. v. Bach: Die Maschinenelemente, Stuttgart. Der Leser findet ein vollständiges Verzeichnis der Veröffentlichungen von C. v. Bach über die Festigkeitsversuche, die in der Materialprüfungsanstalt der Techn. Hochschule Stuttgart angestellt wurden, im Anhange zu seiner Schrift: „Ingenieurlaboratorium und Materialprüfungsanstalt der Techn. Hochschule Stuttgart“, Verlag von K. Wittwer, 1915. Daselbst die genaueren Angaben über seine und seiner Mitarbeiter Versuche über die Widerstandsfähigkeit ebener und gewölbter Platten.

Ensslin, Max: Studien und Versuche über die Elastizität kreisrunder Platten aus Flußeisen. Dingler. 1903, S. 705. (Elastizitätsversuche mit kreis- und kreisringförmigen Platten von 56 cm Durchmesser, Belastung ringförmig verteilt.)

Föppl, A.: Mitteilungen aus dem mechanisch-techn. Laboratorium der T. H. München 1900. Heft 11, S. 28. Elastizitätsversuche mit freiaufliegenden Kreisplatten, die in der Mitte durch eine Einzelkraft belastet waren.
1915, Heft 33, S. 26. Bruchversuche mit Glasplatten und Durchbiegungsversuche mit einer freiaufliegenden quadratischen Platte bei zentrischem und exzentrischem Kraftangriff. Schichtenlinienbilder der elastischen Flächen.

Nádai, A.: Die Formänderungen und die Spannungen von rechteckigen elastischen Platten. Mitt. üb. Forschungsarbeiten 1915, Heft 170, 171 und Z. V. d. I. 1914. — Die Verbiegungen in einzelnen Punkten unterstützter kreisförmiger Platten. Physik. Zeitschr. Bd. 23, S. 366. 1922. (Versuche mit Glasplatten) — Theorie der Plattenbiegung und ihre experimentelle Bestätigung. Vortrag auf der Naturforscherversammlung in Leipzig 1922. Z. ang. Mech. Math. Bd. 2, S. 381. 1922.

Westergaard, H. M., and W. A. Slater: Moments and stresses in slabs. Proc. american concrete inst. Boston Vol. 17. 1921. Versuche von Slater an vier Feldern einer durchlaufenden Platte aus Eisenbeton. Im Anhang eine wertvolle Zusammenstellung der sämtlichen, in den Vereinigten Staaten angestellten Versuche mit elastischen Platten.

Veröffentlichungen des Deutschen Ausschusses für Eisenbeton, Berlin.

Heft 30. 1915. Bach, C. v., und O. Graf: Versuche mit allseitig aufliegenden rechteckigen Platten.

„ 44. 1920. Bach, C. v., und O. Graf: Versuche mit zweiseitig aufliegenden Eisenbetonplatten bei konzentrierter Belastung.

Probst, E.: Vorlesungen über Eisenbeton. Bd. 1. Berlin 1917. (Versuche von Lord an einer durchlaufenden Decke, S. 529.)

Mörsch: Der Eisenbetonbau, seine Anwendung und Theorie. 5. Aufl. Stuttgart.

Talbot and Gonnermann: Bulletin Nr. 106 of the eng. exp. station of the University of Illinois, Urbana, U. S. 1918.

Marcus, H.: Neuere Ausführungen trägerloser Pilzdecken. Bauingenieur, 2. Jahrg., S. 373. Berlin 1921.

Bezeichnungen.

ξ, η die Verschiebungen eines Punktes in Richtung der Achsen x, y eines rechtwinkeligen Koordinatensystems x, y, z („Rechtssystem").

w die Durchbiegung einer verbogenen Platte.

$\varepsilon_x, \varepsilon_y, \varepsilon_z$ die spezifischen Dehnungen in Richtung der Achsen x, y, z.

$\gamma_{yz}, \gamma_{zx}, \gamma_{xy}$ die spezifischen Schiebungen.

$\sigma_x, \sigma_y, \sigma_z$ die spezifischen Normalspannungen.

$\tau_{yz}, \tau_{zx}, \tau_{xy}$ die spezifischen Schubspannungen.

E der Elastizitätsmodul des Werkstoffes.

G der Schubmodul des Werkstoffes.

ν das Verhältnis der Querzusammenziehung zur Längsdehnung (Poissonsche Zahl).

h die Dicke einer Platte.

$N = E h^3 / 12 \, (1 - \nu^2)$ die Plattensteifigkeit,

$$\varDelta w = \frac{\partial^2 w}{\partial x^2} + \frac{\partial^2 w}{\partial y^2}, \quad \varDelta \varDelta w = p/N \text{ die Plattengleichung.}$$

p die spezifische Druckbelastung (auf der Seite $z = - h/2$ einer Platte in der Richtung der positiven Durchbiegungen w wirkend).

P eine Einzelkraft.

m_x, m_y die Biegungsmomente einer Platte.

m_{xy} das Scherungsmoment einer Platte.

n_x, n_y die Spannungsmittelkräfte der Normalspannungen σ_x, σ_y.

n_{xy} die Spannungsmittelkraft der Schubspannung τ_{xy}.

p_x, p_y die Scherkräfte einer Platte.

$$q_x = p_x + \frac{\partial m_{xy}}{\partial y}, \quad q_y = p_y + \frac{\partial m_{xy}}{\partial x} \quad \text{die Randscher- (Auflager-) kräfte einer Platte.}$$

Druck von Oscar Brandstetter in Leipzig.